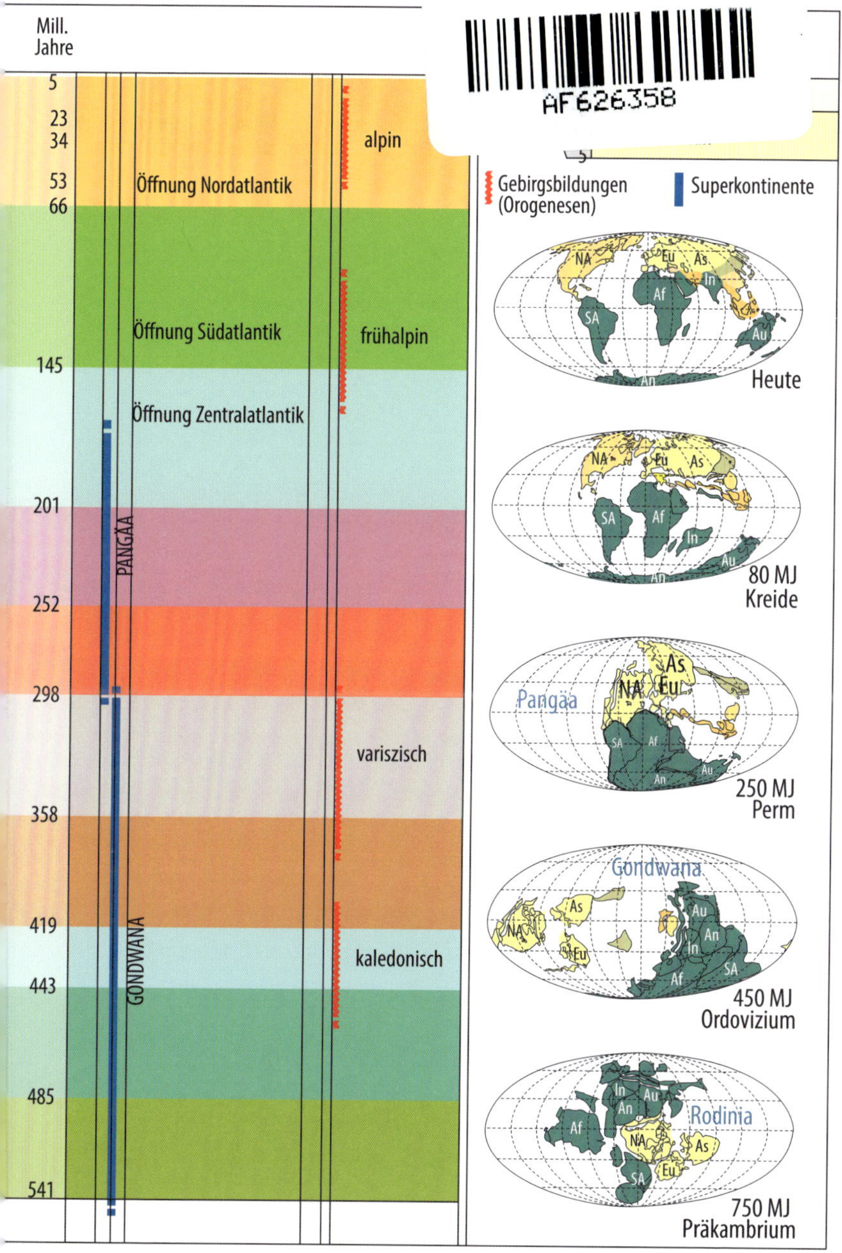
Mill. Jahre
5
23
34
53
66
145
201
252
298
358
419
443
485
541
Öffnung Nordatlantik
Öffnung Südatlantik
Öffnung Zentralatlantik
PANGÄA
GONDWANA
alpin
frühalpin
variszisch
kaledonisch
Gebirgsbildungen (Orogenesen)
Superkontinente
NA
Eu
As
In
Af
SA
Au
An
Heute
80 MJ Kreide
Pangäa
250 MJ Perm
Gondwana
450 MJ Ordovizium
Rodinia
750 MJ Präkambrium

Hann – Gesteinsbestimmung

Horst Peter Hann

Gesteinsbestimmung

Grundlagen und Praxis

3., korrigierte Auflage

Quelle & Meyer Verlag Wiebelsheim

Bibliografische Information der Deutschen Nationalbibliothek
Die Deutsche Nationalbibliothek verzeichnet diese Publikation in der Deutschen Nationalbibliografie; detaillierte bibliografische Daten sind im Internet über http://dnb.d-nb.de abrufbar.

3., korrigierte Auflage

www.quelle-meyer.de

Umschlagabbildungen: Rückseite: oben Granite – Wollsackverwitterung, Dobrudscha-Gebirge (Rumänien), unten links Schillkalk (Südkarpaten – Oltenien, Rumänien), unten rechts Omphazit mit Zoisit (Syros)
Druck und Verarbeitung: Belvédère Print & Packaging B.V., Niederlande
Printed in the EU/Imprimé en Europe
ISBN 978-3-494-01966-6

„Die Dinge sollten so einfach wie möglich gemacht werden, aber nicht einfacher."

Albert Einstein

Kurzbiografie des Autors

Dr. Horst Peter Hann war 20 Jahre lang als Dozent und wissenschaftlicher Mitarbeiter an der Universität Tübingen, Fachbereich Geowissenschaften tätig. Dabei leitete er zahlreiche geologische Kartierkurse und Exkursionen in ganz unterschiedlichen Gebieten. Seine Erfahrungen in der Gesteinskunde beruhen gleichzeitig auf der großen Anzahl von offiziellen geologischen Karten, die er in den verschiedensten Gebieten angefertigt hat. Er ist Autor von über 100 Publikationen in internationalen Fachzeitschriften, die unter anderem mineralogische und petrografische Aspekte behandeln.

Horst Peter Hann ist in Hermannstadt (Sibiu, Rumänien) aufgewachsen, wo er das renommierte Brukenthal-Gymnasium besuchte. Anschließend studierte er an der Universität Bukarest Geologie, wo er auch promovierte. Danach war er am Geologischen Institut in Bukarest tätig, wo er die Grundlagen seiner wissenschaftlichen Laufbahn setzte und sie auch erfolgreich weiterentwickelte.

Ende Dezember 2022 erschien eine Autobiographie des Autors unter dem Titel „Zwei Generationen – zwei Fluchten" (Verlagshaus Schlosser). Hier werden innerhalb eines zeitgeschichtlichen Rahmens, der Siebenbürgen, beziehungsweise Rumänien des vorigen Jahrhunderts umfasst, Ereignisse beschrieben, die sich in einem Abstand von 50 Jahren zugetragen haben und welche für Vater und Sohn risikobehaftet und gefahrvoll waren. Das Buch ist spannend und informativ zugleich. (Zwei Generationen – zwei Fluchten. Verlagshaus Schlosser, 86 S., 8. Abb., € 10,90)

Inhaltsverzeichnis

Inhaltsverzeichnis der Infokästen

Danksagung

Dieses Buch lebt zum guten Teil durch seine Bilder und deshalb spreche ich gleich zu Beginn Herrn Wolfgang Gerber meinen tiefsten Dank aus; er hat die Handstückfotos meisterhaft angefertigt und gleichzeitig auch die Qualität der anderen Fotos verbessert.

Andererseits haben mich im Laufe der Entwicklung der Arbeit an den verschiedenen Kapiteln des Buches eine ganze Reihe von Personen auf unterschiedliche Art und Weise unterstützt und ich bin allen aus ganzem Herzen ausgesprochen dankbar. Aber diesbezüglich eine „gerechte" Reihenfolge aufzustellen, ist mir unmöglich. Ich hoffe Verständnis dafür zu erhalten.

Zu Beginn soll Herr Dr. Manfred Martin vom Landesamt für Geologie, Rohstoffe und Bergbau Baden-Württemberg genannt werden, denn ohne dessen Vermittlung und Anstoß wäre es nicht dazu gekommen, dass ich dieses Buch schreibe. Ebenfalls seitens des Geologischen Landesamtes möchte ich Herrn Diplom-Geologen Hubert Zedler für mehrfache Hilfestellungen danken.

Sorgfältig, konstruktiv und jedes Mal sehr prompt wurde der gesamte Text von Prof. Dr. Wolfgang Frisch gegengelesen; er hat dafür viel Zeit, Wissen und Freundschaft investiert. Das Gleiche gilt auch für Dr. Anett Weisheit, die mit großer Hingabe und Konsequenz dem Manuskript sinnvolle Korrekturen und oft auch neue Ideen hinzugefügt hat. Gleichzeitig wurden große Teile des Buches auch von Prof. Dr. Martin Meschede und Dr. Michael Marks gegengelesen, denen ich auch zahlreiche Abbildungen bzw. Hilfe für die Anfertigung derselben verdanke. Allen bin ich für zahlreiche Verbesserungen, Anmerkungen und Vorschläge zu großem Dank verpflichtet.

Für die Überlassung von Bildmaterial danke ich zusätzlich noch Prof. Dr. Gregor Markl, Prof. Dr. Wolfgang Frisch, Prof. Dr. Martin Meschede und Prof. Dr. Roland Vinx. Vielfältige Unterstützung bei der Anfertigung der Abbildungen habe ich von dem Diplom-Geologen Johannes Staude erhalten; mein aufrichtiger Dank sei ihm gesichert.

Einen besonderen Dank richte ich an Herrn Dr. Călin Ricman vom Geologischen Institut Bukarest. Ebenfalls nach Bukarest richtet sich mein Dank an Prof. Dr. Eugen Grădinaru, Prof. Dr. Nicolae Anastasiu, an Dr. Marian Constantin und an Prof. Dr. Sorin Udubaşa.

Für kleinere, aber in jedem betreffenden Fall sehr wichtige Hinweise und Korrekturen bedanke ich mich noch bei Prof. Dr. Wolfgang Siebel, Dr. Volker Schuller, Dr. Peter Zweigel, Dr. Radu Gîrbacea, Dr. Benjamin Walter und Dr. Johannes Giebel.

Einführung

Der Zweck dieses Buches ist das Bestimmen der wichtigsten Gesteinsarten nach makroskopischen Kriterien zu ermöglichen. Dies wird mit den einfachsten Hilfsmitteln bewerkstelligt: ein Nagel oder ein Taschenmesser, der Fingernagel, eine Lupe (10-fach) und eventuell ein Fläschchen verdünnte (10 %) Salzsäure. Die Farb- und Gewichtsabschätzung sowie der Geschmack können weitere Merkmale darstellen. Die theoretischen Grundlagen sollen in diesem Buch ebenfalls in einer verständlichen Art und Weise und einfach nachvollziehbar dargestellt werden. Wenn man z. B. nicht weiß, wie und wo die verschiedenen Gesteine entstanden sind, unter welchen Bedingungen sie sich gebildet oder welche mineralogische bzw. chemische Zusammensetzung sie haben, kann man auch nicht richtig lernen, sie zu erkennen und zu bestimmen. Ein gewisses Hintergrundwissen ist also in diesem Zusammenhang erforderlich; deshalb werden wichtige Grundbegriffe der Gesteinskunde oder Petrografie näher erläutert.

Der Gesteinsführer richtet sich an einen weiten Kreis von Personen – an Studenten der Geologie, Geografie, Biologie, Umwelt und Naturschutz und Archäologie in den ersten Semestern; sie werden dieses Buch während der Gesteinsbestimmungskurse und Exkursionen verwenden können. Es richtet sich aber auch an Denkmalschützer und Architekten, an Gymnasiallehrer und wissbegierige Schüler, an Förster, an Wanderer und allgemein an naturwissenschaftlich Interessierte. Jeder sollte daraus entnehmen können, was er lernen und wissen will.

Um die verschiedenen Gesteinsarten zu veranschaulichen, wurden entsprechende Proben („Handstücke") aus mehreren petrografischen Sammlungen, aber auch Stücke aus persönlichem Besitz fotografiert. Dabei wurde vermieden, nur „ideale" Fotos von Gesteinen darzustellen, weil diese Situationen im Gelände eher selten anzutreffen ist. Auf diese Weiser erhöht sich die Treffsicherheit, die verschiedenen Gesteinsarten im Gelände schnell und richtig zu erkennen. Fotos von Gesteinen, deren Herkunft nicht angegeben ist, stammen aus der petrgrafischen Lehrsammlung des Geologischen Institut der Universität Tübingen, wobei der Ursprung derselben nicht mehr bekannt ist. Ein Gestein, z. B. ein Granit, hat überall auf der Erde etwa die gleiche mineralogische und chemische Zusammensetzung und ein ähnliches Gefüge, sollte also mehr oder weniger gleich aussehen. Schon kleine Unterschiede können jedoch Aspekte hervorrufen, die das Gestein auf den ersten Blick anders aussehen lassen. Deshalb wurden möglichst viele Fotos von Graniten präsentiert. Damit soll gezeigt werden, dass Gesteine gleichen Namens nicht identisch sein müssen. Wer aber die Prinzipien versteht, nach denen die Gesteine bestimmt und eingeteilt werden, dem wird es überall gelingen, ein Gestein korrekt einzuordnen.

Die einzelnen Kapitel sollen in einer logischen Reihenfolge, beginnend mit den theoretischen Grundlagen, die Abläufe in der Entstehung der Gesteine widerspiegeln. Gleichzeitig wird der Leser an die Praxis der Gesteinsbestimmung herangeführt. In den farbigen Kästen sind Exkurse dargestellt, die gewisse Themen in kurz gefasster Form vertiefen.

I Grundbegriffe

Ein Petrograf muss die Materialien, welche unsere Erde aufbauen, genauer definieren und die geologischen Prozesse erklären, die zu ihrer Bildung geführt haben. Es stellt sich also zuerst die Frage: Was ist ein Gestein, woraus besteht es und welche Arten von Gesteinen gibt es?

Gesteine sind durch natürliche Vorgänge entstandene Aggregate aus Mineralen, aus Gesteinsbruchstücken oder Organismen-Resten. Die Gesteine können **monomineralisch** sein; so besteht ein Marmor fast ausschließlich aus Kalzit und ein Dunit fast ausschließlich aus Olivin. Meistens sind sie aber aus einem Mineralgemisch zusammengesetzt und damit dann **polymineralisch**. Ein Granit z.B. besteht aus Quarz, Feldspat und Glimmer und ein Amphibolit aus Feldspat und Hornblende. Gesteine sind inhomogene geologische Körper; sie können, mechanisch betrachtet, in Einzelbestandteile zerlegt werden. Ist die zusammensetzende Substanz amorph, so sprechen wir von Gesteinsglas.

Geologische Körper sind feste, natürliche Einheiten unserer Erde, z.B. eine Kalkbank, ein erkalteter Lavastrom, ein Pluton oder ein Erzgang.

Minerale sind natürliche, anorganische, makroskopisch homogene Körper mit einer ganz bestimmten chemischen Zusammensetzung und meistens auch mit einer kristallinen Struktur, d.h. mit in einem vorgegebenen Kristallgitter angeordneten Atomen. Mikroskopisch und submikroskopisch betrachtet sind die Minerale nicht mehr unbedingt homogen, denn im Kristallgitter können Störungen erscheinen oder andere Atome eingebaut sein. Trotzdem bleibt die Homogenität das wesentliche Unterscheidungsmerkmal zwischen Gestein und Mineral.

Bestimmungsmethoden von Mineralen

Minerale, deren Identifizierung makroskopisch nicht möglich ist, können durch unterschiedliche Methoden bestimmt werden: (1) im Dünnschliff unter dem Polarisationsmikroskop, aufgrund ihrer optischen Eigenschaften; (2) mithilfe des Rasterelektronenmikroskops, mittels tausendfacher Vergrößerungen; (3) durch röntgenografische Methoden – hier wird das Kristallgitter erfasst; (4) durch chemische Analysen, z.B. nasschemisch oder mit der Elektronenstrahlmikrosonde, wobei durch einen Elektronenstrahl die chemische Zusammensetzung eines Teils des Minerals bestimmt werden kann.

Kristalle sind Festkörper, deren interner Bau durch eine dreidimensionale Geometrie der periodischen Anordnung ihrer Ionen oder Atome gekennzeichnet ist – wir sprechen von einem Kristallgitter oder einer Kristallstruktur. Jedes Mineral besitzt einen charakteristischen Bautyp. Nichtkristalline Festkörper, bei denen diese regelmäßige Anordnung fehlt, werden als **amorph** bezeichnet, z.B. Opal oder Glas.

Fluide sind flüssige Gemische aus Wasser, Kohlendioxid, Methan, gelösten Salzen und anderen Komponenten, die insbesondere in der Erdkruste, aber auch im Erdmantel ihre Verbreitung haben. Fluide können Einschlüsse in Mineralen bilden, treten aber meistens frei in offenen Klüften (Risse im Gestein), auf Korngrenzen oder als Porenwasser auf.

1 Gesteinsarten – allgemeine Aspekte

Die Einteilung der Gesteine erfolgt nach ihren Bildungsbedingungen. Wir unterscheiden **magmatische Gesteine** (Magmatite), **Sedimentgesteine** (Sedimentite) und **metamorphe Gesteine** (Metamorphite; Metamorphose = Umwandlung).

1.1 Magmatische Gesteine

Magmatite sind erstarrte Gesteinsschmelzen (Magmen). Erkalten die Schmelzen in einigen Kilometern Tiefe, sprechen wir von **Plutoniten**. Gelangen sie an die Oberfläche, bilden sie **Vulkanite**. Dabei können sie, chemisch betrachtet, identisch sein. Weil die Abkühlungszeiten sehr ungleich sind, wird das Gefüge der betreffenden Gesteine jedoch wesentliche Unterschiede aufweisen. Ein Plutonit kann in einigen Tausend bis zu einer Million Jahren abkühlen und wird deshalb vollkommen und grobkörnig auskristallisieren. Ein Vulkanit hingegen kühlt in Tagen, Monaten oder Jahren aus und bleibt daher eher feinkörnig; wenn die Gesteinsschmelze plötzlich abkühlt, kann er auch glasig sein. Etwa 65 Prozent der kontinentalen Erdkruste, die im Durchschnitt 30–40 km mächtig ist, aber unter Gebirgen und Hochplateaus ca. 70 km dick sein kann, besteht aus Magmatiten unterschiedlicher Zusammensetzung. Die ozeanische Kruste, welche eine Mächtigkeit von 5–8 km hat, besteht aus basischen magmatischen Gesteinen – Basalten und ihren Tiefengesteinsäquivalenten, den Gabbros.

Magmatite sind die ersten Gesteine, die auf der Erde entstanden sind. Nachdem sich die Erde vor 4,566 Milliarden Jahren gebildet hatte (siehe Exkurs „Die Entstehung der Erde"), fand anschließend eine zuerst einfache Differenzierung ihres Aufbaus statt. Im Zentrum entstand ein Eisen-Nickel-Kern und außen eine Schale aus silikatischen Schmelzen und Gesteinen des Erdmantels. Auf die Erdoberfläche, die wahrscheinlich in weiten Bereichen aus einem Magmaozean bestand, schlugen mit hoher Frequenz Meteoriten ein. Durch teilweise Aufschmelzung der Mantelgesteine entstanden Magmen, die in seichte Tiefen oder bis an die Oberfläche aufstiegen und dort als Magmatite erstarrten. Sie bildeten daher die ersten Gesteine der Erdkruste. Ein weiterer Schritt im Gesteinsbildungsprozess wurde durch die erste Atmosphäre ermöglicht. Durch die Anziehungskraft der Erde konnte sich eine Gashülle bilden (siehe Exkurs „Die Entstehung der Atmosphäre"). Die Gase wurden einerseits aus dem interplanetaren Raum eingefangen, andererseits stammten sie aus dem Erdinneren durch Entgasung während der Kristallisation. Aus kondensiertem Wasserdampf bildeten sich fließende Gewässer und Ozeane. Ab diesem Moment begannen die Erosions- oder Abtragungsprozesse. Die Abtragungsprodukte wurden durch Wasser oder Wind transportiert und danach abgelagert, sie verfestigten sich und es kam zur Entstehung der ersten Sedimentgesteine.

Die Entstehung der Erde

Der „Urknall" – Geburt von Materie, Raum und Zeit – fand vor etwa 13,8 Milliarden Jahren statt. Seither dehnt sich das Universum aus. Was vor dem Urknall war, bleibt unklar. Neue Hypothesen gehen von einem Pulsieren des Universums aus oder aber, dass außer unserem auch noch andere, parallele Universen existieren könnten.

Vor ca. 4,6 Milliarden Jahren entstand aus interstellaren Wolken – dem solaren Urnebel – aus Staub und Gas durch gravitative Konzentration zuerst ein heißer Stern – die Sonne – und gleich danach entstanden, in einer Staubscheibe um die Sonne, als Resultat von Kontraktion, Akkretion und Rotation die Planeten, also auch unsere Erde. Sie war ursprünglich homogen und wurde durch den Zerfall radioaktiver Elemente, die durch Meteoriteneinschläge freigesetzte Energie und durch die beginnende Kernseparation, d. h. Freisetzen von kinetischer Energie beim Absinken von Fe und Ni, aufgeheizt.

Relativ schnell, in einigen Millionen Jahren, begann die Erde abzukühlen und es entwickelte sich gleichzeitig eine Gravitationsdifferenzierung. Die schweren Eisen-Nickel-Bereiche, als Schmelzen oder schon in festem Zustand, konzentrierten sich im Erdkern, die leichteren, silikatischen Schmelzmassen bildeten einen Erdmantel, der z. T. auch schon fest war. Erste, noch wenig verbreitete feste „primitive" Erdkrusten-Bereiche können schon vor 4,4 Milliarden Jahren entstanden sein. In der folgenden Entwicklungszeit bildete sich die Schalenstruktur der Erde heraus, so wie sie heute mithilfe von seismischen Wellen erschlossen worden ist: außer dem dichten Kern, eine Kruste aus leichterem Material und dazwischen der Erdmantel aus Gesteinen mit einer mittleren Dichte (**Abb. 1**).

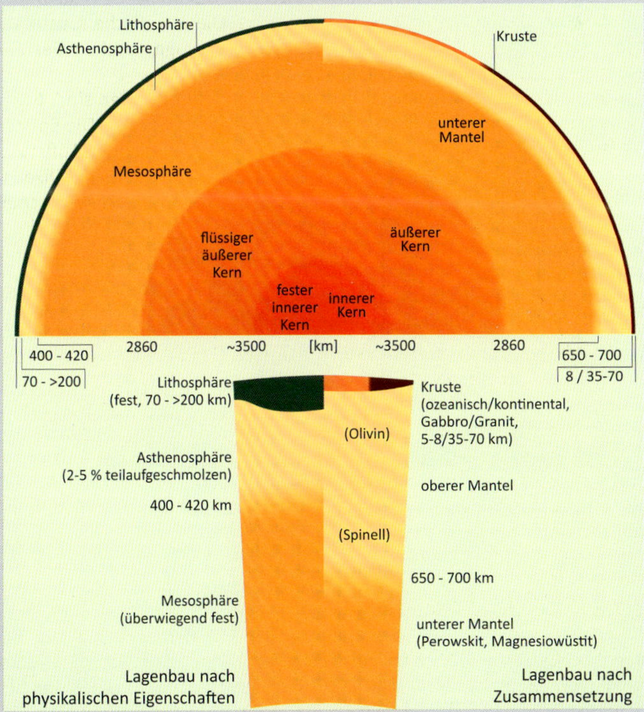

***Abb. 1:** Der innere Aufbau der Erde.*

Die Erde kühlte weiter ab und die Erdkruste ist anschließend ständig gewachsen und wächst in diesem Sinne, auf Kosten des Erdmantels, auch jetzt noch weiter, da sich magmatische Differenziationsvorgänge seither fortsetzen. Dabei werden durch lokale Aufschmelzungsprozesse im oberen Teil des Mantels leichtere silizium- und wasserreiche Schmelzen konzentriert, die anschließend zu Graniten und anderen Magmatiten erstarren. Krustenneubildung, aber gleichzeitig auch Krustenverlust durch Wiedereingliederung in den Mantel findet jedoch sicher ab ca. 3 Milliarden Jahren (mit großer Wahrscheinlichkeit aber schon eine Milliarde Jahre früher) auch durch plattentektonische Vorgänge statt. Der kontinuierliche Charakter der Krustenbildung bewirkte gleichzeitig die Entstehung der Kontinente. Diese gehören zur **Lithosphäre** (gr. „lithos" = Gestein, **Abb. 2**), der äußersten, starren Schale der Erde. Die Lithosphäre ist aus dem obersten Teil des Mantels – dem lithosphärischen Mantel, der ozeanischen (basaltischen) Kruste und der kontinentalen Kruste – zusammengesetzt. Ihre Struktur ist fragmentiert und besteht aus unterschiedlich großen Platten. Die Platten bewegen sich unabhängig voneinander über der Asthenosphäre, die einen plastischen, zähflüssigen Charakter hat. Der Motor dieser Prozesse ist auf Konvektionsströmungen im Mantel zurückzuführen.

Die ozeanische (basaltische) Kruste kann durch direkte Teilschmelzung des Mantels erzeugt werden. Die kontinentale Kruste jedoch ist das Produkt komplizierter Prozesse der Subduktion (lat. „subducere" = nach unten wegführen), Wiederaufschmelzung und Differenziation mit allmählicher Anreicherung von K, Si und zahlreichen anderen lithophilen Elementen.

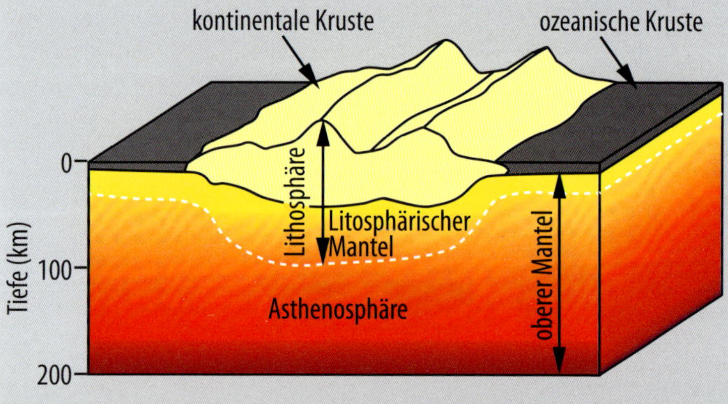

Abb. 2: *Die Lithosphäre besteht aus leichteren, starren Platten, welche auf dem zu einem sehr geringen Teil geschmolzenen, plastischen Bereich des Erdmantels – der Astenosphäre – schwimmen. Sie ist aus der kontinentalen Kruste, der ozeanischen Kruste und dem oberen teil des oberen „lithosphärischen" Mantels zusammengesetzt.*

Die Erde besteht zu 90 Prozent aus vier Elementen: Eisen, Sauerstoff, Silizium und Magnesium. 35 Prozent der Gesamtmasse der Erde besteht aus Eisen; dieses ist jedoch hauptsächlich im Kern konzentriert. Magnesium ist überwiegend in Mantelgesteinen zu finden, während Silizium, Aluminium, Kalzium, Kalium und Natrium sich vorwiegend in der Kruste angereichert haben. Nur diese 8 von den 118 bekannten chemischen Elementen bilden 99 Prozent der Erdmasse.

Die Entstehung und Entwicklung der Erdatmosphäre

Gleich nach 4,56 Milliarden Jahren, als die Erde entstand (Erdzeitalter des Hadaikum, von gr. „Hades"), bildete sich eine Uratmosphäre, auch Primordialatmosphäre genannt. Diese Gashülle bestand aus Wasserstoff (H_2), Helium (He), Methan (CH_4) Ammoniak (NH_3) und Edelgasen, veränderte sich aber in einigen 100 Millionen Jahren sehr stark aufgrund von Entgasung aus dem Erdinneren und Materialzufuhr von Meteoriteneinschlägen, wobei die leichtesten Elemente (H, He) gravitativ nicht gehalten werden konnten und in den Weltraum entwichen.

Nachdem die Erde etwas abgekühlt war, die Intensität der Meteoriteneinschläge abgenommen hatte und der Vulkanismus begleitet von Entgasungen aufgetreten war, entstand vor über 4 Milliarden Jahren eine erste stabile Atmosphäre. Es wird angenommen, dass sie aus 80 Prozent Wasserdampf (H_2O), 10 Prozent Kohlenstoffdioxid (CO_2), 5–7 Prozent Schwefelwasserstoff (H_2S), Spuren von Stickstoff (N_2), Wasserstoff (H_2), Kohlenstoffmonoxid (CO), Helium, Methan und Ammoniak bestand. Es gab keine Gewässer und keinen Niederschlag – die Erde war noch zu warm. In reduziertem Maße waren bestimmte Zersetzungserscheinungen schon erstarrter Magmatite allerdings möglich, ein Transport der Zersetzungsprodukte jedoch eher unwahrscheinlich. Wir können dennoch vom Beginn der Erosionsprozesse sprechen.

Eine weitere Entwicklung der Atmosphäre fand bis vor etwa 3,4 Milliarden Jahren (Erdzeitalter des Archaikums) statt. Als Folge der kontinuierlichen Abkühlung bildeten sich die Ozeane und fließende Gewässer. Die Atmosphäre bestand hauptsächlich aus Stickstoff, untergeordnet Wasserdampf, Kohlenstoffdioxid und Argon. Ihre chemische Zusammensetzung ist weiterhin völlig anders als diejenige der heutigen Atmosphäre, welche überwiegend aus Stickstoff (ca. 78 Prozent) und Sauerstoff (ca. 21 Prozent) besteht. Die vorhandenen magmatischen Gesteine konnten trotzdem auch damals schon abgetragen, die Verwitterungsprodukte transportiert und in tiefer gelegenen Gebieten als Sedimente abgelagert werden und sich anschließend zu Sedimentschichten verfestigen. Es kam zur Ausfällung von Karbonaten, Kohlenstoffdioxid wurde zum Aufbau von Biomasse verbraucht und bestimmte Lebewesen entwickelten sich.

Vor etwa 3,2 Milliarden Jahren reicherte sich Sauerstoff (O_2) in der Atmosphäre an, produziert durch Fotosynthese von Cyanobakterien und Algen im Meer. Der Sauerstoff spielte die Hauptrolle im Entwicklungsweg zur heutigen Atmosphäre. Cyanobakterien gab es zwar schon vor 3,5 Milliarden Jahren, ihr Effekt auf die Zusammensetzung der Erdatmosphäre war aber noch gering. Wegen des anfänglich reduzierten Anteils an freiem Sauerstoff wurde dieser anfangs sofort durch Oxidation von zweiwertigem zu dreiwertigem Eisen, aber auch bei der Oxidation von Schwefelwasserstoff bzw. Sulfid zu Sulfat im Meer gebunden und gelangte nur sehr begrenzt in die Atmosphäre. Die Bestätigung für diese Etappe in der Entwicklung der Atmosphäre ist die Bildung der dafür charakteristischen Bänder-Eisenerze (engl. Banded Iron Formation).

Die Sauerstoffkonzentration stieg in der Folgezeit konstant an und vor etwa 1 Milliarde Jahren (Erdzeitalter des Proterozoikums) erreichte sie 3 Prozent. O_2 konnte sich in der Atmosphäre anreichern und nun auch Oxidationsprozesse an Land verursachen. Die CO_2-Konzentration ging aufgrund der Assimilation, verursacht durch den Stoffwechsel von Lebewesen und die Ausfällung von Karbonaten, weiterhin stark zurück. Vor etwa 1,5 Milliarden Jahren erschienen die ersten aeroben Organismen, die den Sauerstoff in einem oxidativen Energiestoffwechsel verbrauchten. Vor 750–400 Millionen Jahren bildete sich durch ansteigende Sauerstoffkonzentration Ozon (O_3) in den höheren Schichten der Atmosphäre. Die Erdoberfläche wurde dadurch von UV-Strahlen abgeschirmt und ein wichtiges Hindernis in der Entwicklung des Lebens war beseitigt. Vor 600–500 Millionen Jahren (Beginn des Phanerozoikums = Paläozoikum + Mesozoikum + Känozoikum) enthielt die Atmosphäre 12 Prozent Sauerstoff. Das heutige Sauerstoffniveau wurde vor 350 Millionen Jahren erreicht, war aber in der Folgezeit noch einigen Schwankungen unterworfen.

1.2 Sedimentgesteine

Die Sedimentgesteine entstehen durch **Erosion** (Abtragung) als Folge der Verwitterung vorhandener Gesteine durch äußere (exogene) Einflüsse sowie durch **Transport** und **Ablagerung**. Die Gesteine zerfallen mechanisch in immer kleinere Bruchstücke. Sie können aber auch chemisch verwittern; die Bestandteile ihrer Minerale gehen dabei in Lösung.

Der Transport geschieht hauptsächlich durch Wasser. Wind (äolischer Transport) und Eis (Gletscher, Schutt führende Eisberge) leisten jedoch, abhängig von den lokalen Bedingungen, auch ihren Beitrag.

Die Ablagerung findet auf dem Festland (Flüsse und Seen) oder im Meer statt. Die Sedimentgesteine können auch aus Organismen-Resten (z. B. Schalen, Skelette) aufgebaut sein oder chemisch ausgefällt werden (z. B. Salze durch Eindampfung von Meerwasser als Folge des erreichten Sättigungsgrades).

Man unterscheidet generell zwischen Sedimenten und Sedimentgesteinen. **Sedimente** bestehen aus jungem, noch unverfestigtem Abtragungsmaterial und heißen auch Lockergesteine. **Sedimentgesteine** (Sedimentite) entstehen im weiteren Zeitablauf durch Kompaktions- und Zementationsprozesse, auch Diagenese genannt; die Gesteinsmasse wird dadurch verfestigt. Ein Hauptmerkmal der meisten Sedimentgesteine ist die **Schichtung**, bedingt durch Material und/oder Korngrößenunterschiede. Die Sedimente und Sedimentgesteine bilden etwa 8 Prozent der Erdkruste.

1.3 Metamorphe Gesteine

Die metamorphen Gesteine, auch Metamorphite genannt, entstanden und entstehen durch die druck- und temperaturbedingte Umwandlung von Gesteinen, also sowohl der Magmatite, der Sedimentgesteine als auch vorher gebildeter metamorpher Gesteine. Die Umwandlung äußert sich dabei im Wesentlichen durch neu entstandene Minerale und/oder eine veränderte Struktur des Ausgangsgesteins. Die Gesteins-Metamorphose ist hauptsächlich eine Folge plattentektonischer Prozesse. Diese bewirken einen Transport der betreffenden Gesteine in größere Tiefen, wo der Druck und die Temperatur kontinuierlich zunehmen. Dabei finden Mineral-Reaktionen und Rekristallisationsprozesse statt, aber die Gesteine bleiben in festem, wenn auch zunehmend plastischem („duktilem") Zustand. Erst oberhalb von etwa 650 °C können sie teilweise oder ganz aufschmelzen und lassen magmatische Aspekte aufkommen. Schreitet der Prozess fort, so entstehen Magmatite und die metamorphen Strukturen und Mineralgesellschaften werden zerstört. Die meisten metamorphen Gesteine sind geschiefert, das heißt stängelige oder plattige Minerale sind in einer Ebene eingeregelt. Etwa 27 Prozent der Erdkruste sind aus Metamorphiten zusammengesetzt.

Die Entstehung der metamorphen Gesteine

Die Entstehung der ersten metamorphen Gesteine kann mit dem Beginn der Plattentektonik in Zusammenhang gebracht werden. Die Frage nach dem genaueren Zeitpunkt, ab welchem die plattentektonischen Prozesse operativ wurden, ist umstritten. Die meisten Hinweise deuten jedoch auf ca. 4 Milliarden Jahre, also auf das frühe Archaikum. Sicher ist, dass spätestens nach der Entwicklung erster Kontinent-Fragmente (Kratone) vor ca. 3,8 Milliarden Jahren die **Kontinentaldrift** einsetzte. Kratone bildeten den oberen, kontinentalen Teil von Lithosphärenplatten, welche sich über dem **Erdmantel** bewegten. Die Platten begannen zu zerreißen, bewegten sich in entgegengesetzte Richtungen, aufeinander zu oder aneinander vorbei. Dabei kam es zu den wichtigsten Episoden der plattentektonischen Entwicklung: zu **Subduktionsprozessen**. Dichtere, ozeanische Plattenteile tauchten unter die weniger dichte, leichtere kontinentale Kruste in den Mantel ab. Die Kontinente näherten sich dadurch immer mehr an und kollidierten, Krustenteile wurden so in größere Tiefen verfrachtet. Hier stiegen Druck und Temperatur, die Gesteine wurden verändert – metamorph überprägt – und es bildeten sich die ersten Metamorphite. Die **Kollision** verursachte gleichzeitig Krustenverkürzungen- und -verdickungen bzw. Aufstapelungen und Auffaltungen. Dadurch kam es entlang der Plattengrenzen zu **Gebirgsbildungen** (**Orogenesen**) und die Erdkruste weist hier ein starkes Relief auf.

1.4 Die Verbreitung der verschiedenen Gesteins- und Mineralarten in der Erdkruste

Betrachtet man die räumliche Verbreitung der drei Gesteinsarten innerhalb der Erdkruste (**Abb. 3**), so fällt auf, dass die Sedimentgesteine, welche nur ca. 8 Prozent der kontinentalen Kruste bilden, etwa 70 Prozent der Krustenoberfläche bedecken. Im Vergleich zur Gesamtmächtigkeit der Lithosphäre bilden sie nur eine dünne Schicht, die aber an der Erdoberfläche weit verbreitet ist. Darunter befinden sich hauptsächlich Magmatite (ca. 65 Prozent) und Metamorphite (ca. 27 Prozent), die auch als kristalline Gesteine bezeichnet werden und zusammen 92 Prozent der kontinentalen Erdkruste bilden.

Um ein Gestein erkennen und klassifizieren zu können, ist die Bestimmung seines **Mineralbestandes** und seines **Gefüges** unumgänglich Die in den verschiedenen Gesteinen vorkommenden **Mineralarten** haben unterschiedliche Verbreitungen und geben daher einen Hinweis auf die Gesteinsart und deren Herkunft.

Magmatische Gesteine	ca. 65 %
Metamorphe Gesteine	ca. 27 %
Sedimentgesteine	ca. 8 %

***Tabelle 1**: Petrografische Zusammensetzung der Erdkruste.*

Die mit Abstand häufigsten gesteinsbildenden Minerale gehören zur Gruppe der **Silikate**, die als Baustein SiO_4-Tetraeder haben, z. B. Quarz (SiO_2), Feldspäte, Glimmer, Pyroxen, Amphibol und Olivin. Es gibt außerdem

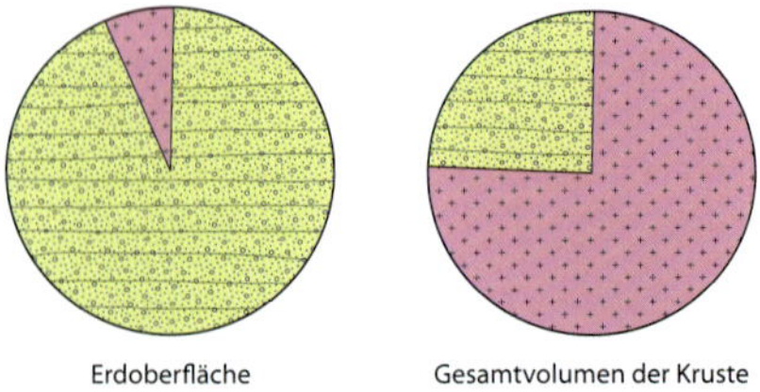

Sedimentgesteine überdecken einen Großteil der festen Erdoberfläche und des Meeresbodens, doch besteht die Kruste überwiegend aus magmatischen und metamorphen Gesteinen. (in den Kreisdiagrammen ist die von den metamorphen Gesteinen eingenommene Fläche und deren Volumen in magmatische und sedimentäre Ausgangsgesteine aufgegliedert. Sie spiegeln somit den Typ des ausgangsgesteins wider, der metamorph umgewandelt wurde.)

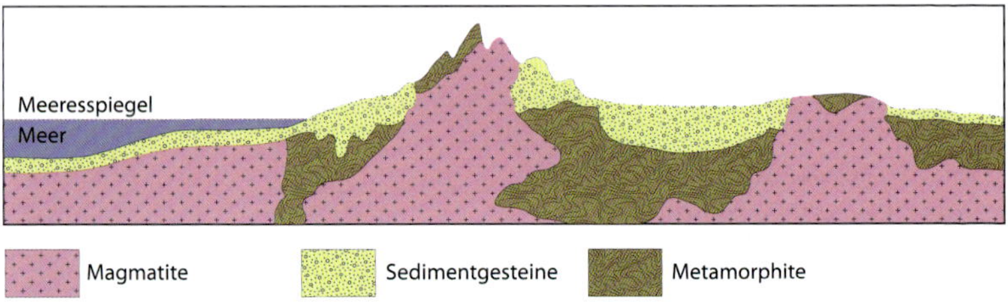

***Abb. 3**: Räumliche Verteilung der drei Gesteinsarten innerhalb der Erdkruste (verändert nach Press & Siever 1995). Sedimentgesteine bedecken den größten Teil der Erdoberfläche und des Meeresbodens. Die Gesamtheit der Erdkruste besteht jedoch hauptsächlich aus magmatischen und metamorphen Gesteinen. Die Kreisdiagramme spiegeln die von metamorphen Gesteinen eingenommene Fläche und deren Volumen wider, aufgegliedert in sedimentäre und magmatische Ausgangsgesteine. Dadurch werden die metamorph überprägten Ausgangsgesteine erkennbar.*

noch Karbonate (z. B. Kalzit – $CaCO_3$), **Oxide** und **Hydroxide** (z. B. Hämatit – Fe_2O_3, Limonit – Fe(OH), **Sulfide** (z. B. Pyrit – FeS_2, im Volksmund auch Katzengold genannt), seltener **Selenide** und **Telluride**. Man unterscheidet auch **Sulfate** (z. B. Gips – $CaSO_4$, Baryt – $BaSO_4$), **Nitrate**, **Borate**, **Phosphate** (z. B. Apatit – $Ca_5(PO_4)_3OH$), seltener **Arsenate** und **Vanadate**; von Bedeutung sind auch die **Halogenide** (z. B. Halit oder Steinsalz – NaCl, Fluorit – CaF_2). Für die Klassifikation der Minerale wurde das von Strunz et al. (2001) dargestellte chemische System benutzt.

Man kennt insgesamt über 4000 Minerale. Für uns sind jedoch nur einige wichtig und zwar diejenigen, aus welchen die meisten Gesteine der Erdkruste bis in eine Tiefe von etwa 20 km zusammengesetzt sind. Der obere (lithosphärische) Mantel besteht aus Olivin und Pyroxen.

Das **Gefüge** ist neben dem Mineralbestand das zweite Element, welches die Zuordnung eines Gesteins zu einer der drei Gruppen ermöglicht. Wir verstehen darunter die Form, Anordnung und Verteilung der Gesteinsbestandteile (z. B. Minerale), die Größe der Gesteinskomponenten (Korngröße) und das Verhältnis derselben zueinander – also die Gliederung des Gesteins. Einzelheiten dazu sind in den Kapiteln zu finden, in denen die verschiedenen Gesteinsarten vorgestellt werden.

Feldspäte	ca. 60%
Quarz	ca. 12%
Pyroxene und Amphibole	ca. 17%
Glimmer (Muskovit und Biotit)	ca. 4%

***Tabelle 2**: Anteile der wichtigsten Minerale in der Erdkruste bis in eine Tiefe von 20 km.*

Übergeordnet betrachtet unterscheidet man zwei Gefüge-Typen:

Das **räumliche Gefüge** (auch **Textur** genannt) veranschaulicht die dreidimensionale Anordnung und Verteilung der Gemengteile und deren Raumerfüllung – z. B. schiefrig, geregelt, fluidal, richtungslos, zellig, porös oder massig.

Das **genetische Gefüge** (auch **Struktur** genannt) charakterisiert die Größe, Gestalt und die wechselseitigen Beziehungen der einzelnen Komponenten oder Gemengteile – z. B. amorph oder holokristallin (vollkommen auskristallisiert), körnig, eckig oder blättrig. Das genetische Gefüge bezieht sich auch auf die Korngröße, Korngrößenverteilung, Kornform und den Kornverband.

2 Der Kreislauf der Gesteine und die Rolle des Wassers

Wie schon gezeigt, waren die Magmatite die ersten Gesteine, welche Verwitterungsprozessen ausgesetzt wurden. In der Folgezeit der Erdentwicklung bildete sich parallel zu den Gesteinsentstehungsprozessen auch ein Kreislauf der Gesteine **(Abb. 4)**, welcher die Dynamik der Veränderungen, denen unser Planet ausgesetzt wurde und wird, widerspiegelt. Durch die Abtragung der Magmatite entstanden Sedimente bzw.

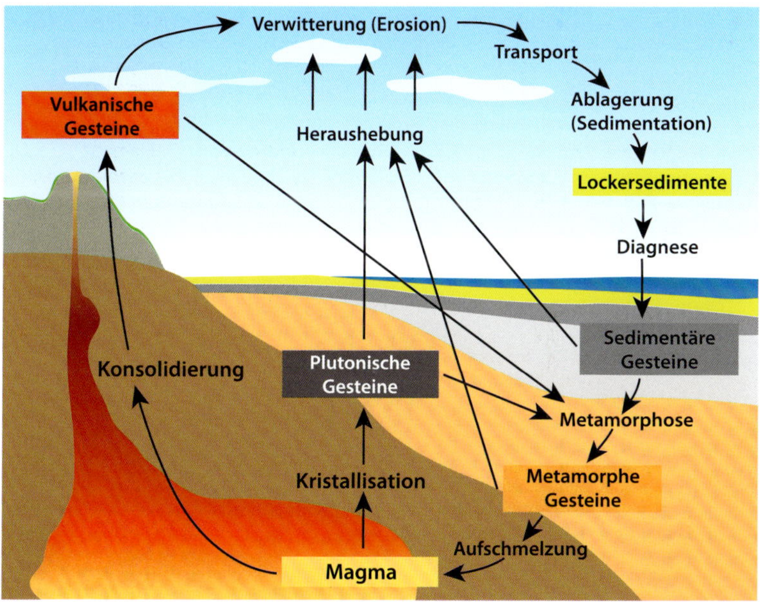

***Abb. 4**: Der Kreislauf der Gesteine. Die Gesteine verwittern und es bilden sich Sedimente bzw. Sedimentgesteine. Werden sie in größere Tiefen versenkt, unterliegen sie der Metamorphose oder sie werden aufgeschmolzen. Anschließend können sie, z. B. bei Gebirgsentstehungen (Orogenesen), wieder an die Oberfläche herausgehoben werden, um danach wieder zu verwittern und den Kreislauf fortzusetzen. Sie können aber während einer Orogenese auch an die Oberfläche gelangen, ohne metamorph umgewandelt und/oder aufgeschmolzen zu werden. Illustration Quelle & Meyer Verlag.*

Sedimentgesteine. Gelangten diese durch tektonische Prozesse wieder an die Oberfläche, wurden sie ebenfalls abgetragen und bildeten neue Sedimente. Tektonische Bewegungen, die Hebungen von bestimmten Krustenbereichen bewirkten, erschienen schon sehr früh, denn gleichzeitig mit der Verfestigung der Kruste entstanden in dieser auch Spannungen.

Als Resultat plattentektonischer Prozesse entstanden durch druck- und temperaturbedingte Umwandlungen aus Sedimentgesteinen und Magmatiten metamorphe Gesteine. Diese gelangten zu späteren Zeitpunkten entweder wieder an die Oberfläche (z. B. durch Gebirgsbildung) oder sie wurden in noch größere Tiefen befördert, wo insbesondere die hohen Temperaturen ihre teilweise oder vollkommene Aufschmelzung bewirkten. Diesen Prozess nennt man Anatexis. Es entstanden Schmelzen, also Magmen. Abhängig davon, wo diese erkalteten, bildeten sich plutonische oder vulkanische Gesteine.

Einerseits können diese Magmatite unter bestimmten plattentektonischen Bedingungen in die Tiefe gezogen und dort metamorph überprägt werden, andererseits können sie im Laufe der plattentektonischen Entwicklungen wieder an die Oberfläche gelangen und dort den Erosionsprozessen ausgesetzt werden; der Kreislauf der Gesteine nimmt wieder seinen Anfang.

Grundlegend wiederholt sich auf diese Art und Weise in unregelmäßigen Zeitintervallen die Bildung der drei Gesteinsarten. Dies passiert jedoch nicht in allen Fällen und nicht flächendeckend. Innerhalb der Kontinente haben sich nämlich stellenweise alte Kerngebiete erhalten, die meistens aus metamorphen und magmatischen (kristallinen) Gesteinen bestehen. Diese sogenannten alten Schilde oder Kratone sind seit ihrer frühen Entstehung (Archaikum oder Proterozoikum) tektonisch stabil, also weitgehend unverändert geblieben. Sie sind teilweise mit unverformten oder zumindest nur wenig verformten Sedimentgesteinen bedeckt, die als „Deckgebirge“ dem kristallinen „Grundgebirge“ aufliegen. Als Beispiele können in Nordamerika der Kanadische Schild, in Südamerika der Amazonas-Kraton, in Asien der Sibirische Kraton, der Arabische Schild und der Indische Kraton genannt werden. Außerdem gibt es in Europa den baltischen Schild und die russische Tafel. In Afrika sprechen wir z. B. vom Kongo-Kraton oder dem Westafrikanischen Kraton.

Orogenesen und Erdentwicklung

Im Laufe der Erdentwicklung hat es eine Reihe von Gebirgsbildungen (Orogenesen) gegeben. Von größerer Bedeutung sind für uns die Gebirgsbildungen, welche ab dem Proterozoikum (2,5 Milliarden Jahre bis 540 Millionen Jahre v. u. Z.) stattgefunden haben: die **Cadomische Orogense** (auch Panafrikanisch genannt, vor 650–545 Millionen Jahren), die **Kaldedonische Orogenese** (vor 510–410 Millionen Jahren), die **Variszische** (Herzynische) **Orogenese** (vor 400–300 Millionen Jahren) und die **Alpidische** (Alpine) **Orogenese** (vor 100 Millionen Jahren – die Alpen-Himalaya Gebirgskette wächst auch heute noch weiter). Solange die plattentektonischen Prozesse funktionieren, wird es auch in der zukünftigen Erdentwicklung Krustenneubildung und Krustenverlust geben. In den folgenden Jahrmillionen werden immer wieder neue Gebirge und Kontinente entstehen und vergehen. Der Kreislauf der Gesteine wird sich fortsetzen, die Erde wird ihr Aussehen, so wie auch bisher, ständig verändern. Dieser Prozess ist aber nicht unendlich. Er wird seinen Abschluss spätestens in 4,5–5 Milliarden Jahren finden. Natürlich ist dies eine sehr lange Zeit, praktisch noch einmal so lange, wie es die Erde schon gibt. Dieser maximale Zeitrahmen beruht auf Daten von Astrophysikern und deren Berechnung für die Lebensdauer unserer Sonne. Ihre Energie, die durch Kernverschmelzung von Wasserstoff (H) zu Helium (He) entsteht, wird zu diesem Zeitpunkt verbraucht sein. Die Sonne als Stern verdoppelt vorher ihren Durchmesser, sie wird sich aufblähen und es entsteht aus ihr ein sogenannter „Roter Riese". Die Erdoberfläche wird dadurch aufschmelzen und sie wird – wie auch zu Beginn – wieder aus einem Magmenozean bestehen. Die plattentektonischen Prozesse kommen zum Erliegen. Die Erde wird letztendlich verglühen und verdampfen und vielleicht Teil eines anderen solaren Urnebels werden, welcher in der Unendlichkeit der Ausdehnung des Universums seinen Platz finden und seine Entwicklung haben wird.

Für das Leben auf der Erde gilt übrigens, dass unser Planet „nur" noch etwa 500 Millionen Jahre bewohnbar bleibt, weil danach die erhöhte Sonneneinstrahlung das Wasser der Ozeane verdampfen lässt und es schließlich auch aus der Atmosphäre entweicht. Für uns Menschen ist dies eine ausgesprochen lange Zeit, wenn man bedenkt, dass die Evolution erst vor 200.000 Jahren den modernen Menschen hervorgebracht hat und wir erst am Anfang unserer Entwicklung als Spezies stehen.

Der Gesteinskreislauf wäre ohne das Vorhandensein von Wasser nicht möglich. Die Verfügbarkeit von Wasser ist die Grundvoraussetzung für den Ablauf bestimmter gesteinsbildender Prozesse, sowohl im magmatischen als auch im sedimentären oder metamorphen Bereich.

Ohne die Einwirkung von Wasser wären die Verwitterungsprozesse an der Erdoberfläche sehr begrenzt. Die Verwitterungsprodukte werden anschließend durch Wasser bzw. Eis transportiert; der Wind spielt eine eher untergeordnete Rolle. Die abgetragenen Partikel werden in Flüssen, Seen oder im Meer abgelagert. Während der Verfestigungsprozesse (Diagenese) der Sedimente wird das enthaltene Porenwasser abgegeben und dadurch wird die Entstehung des Festgesteins erst möglich. Lebewesen, die organogene Sedimentgesteine bilden, können ebenfalls nur existieren, weil es Wasser gibt.

Wasser spielt nicht nur an der Oberfläche, sondern auch in tieferen Bereichen der Erdkruste, teilweise sogar im Erdmantel, eine wichtige Rolle. Wenn auch mengenmäßig nur untergeordnet, ist es in Magmen gelöst – diese können bis zu 10 Prozent Wassergehalt aufweisen! Fluide, die in der Erdkruste weit verbreitet sind, enthalten vor allem Wasser in Form von OH-Ionen. Dieses kann den Schmelzpunkt der Magmen senken und deren Viskosität (Zähflüssigkeit) verringern. Ebenso können sich nur mithilfe von Fluiden in der Kruste bestimmte Erzkonzentrationen bilden (z. B. die hydrothermalen Erzlagerstätten). Als OH-Gruppen ist Wasser auch in sehr vielen Mineralen gebunden und beeinflusst deren Eigenschaften.

Das Wasser hat auch in der Plattentektonik eine wichtige Funktion. Die Subduktionsprozesse und die anschließende Bildung von aktiven Kontinenträndern mit ihrem typischen Magmatismus sind nur durch die Mitwirkung von Wasser möglich, welches, wie vorher gezeigt, die Schmelztemperaturen senkt und dadurch über den Subduktionszonen eine verbreitete Magmenbildung bewirkt. Die meisten metamorphen Prozesse können ebenfalls nur in Gegenwart von Wasser als Katalysator ablaufen.

3 Die wichtigsten Eigenschaften der Minerale

Die Eigenschaften von Mineralen sind ein Ausdruck ihrer chemischen Zusammensetzung und ihres inneren Aufbaus bzw. der Anordnung der Atome im Kristallgitter, also Charakteristiken, welche mit freiem Auge nicht wahrnehmbar sind. Lernen wir aber, bestimmte makroskopisch feststellbare Eigenschaften von Mineralen zu erkennen, so können wir auch Rückschlüsse auf ihren Chemismus und ihre Struktur ziehen. Natürlich braucht man eine gewisse Erfahrung dazu. Wie man sich diese aneignet, versuchen wir im Folgenden zu vermitteln.

3.1 Struktur oder innerer Aufbau

Unter der Struktur eines Minerals verstehen wir dessen inneren, räumlichen Aufbau. Ein Mineral kann **kristallin** oder **amorph** sein.

Ist ein Mineral kristallisiert, stellt es einen von ebenen Flächen begrenzten homogenen Festkörper dar, in welchem die Atome gesetzmäßig im Raum verteilt sind und ein **Kristallgitter** bilden. Kristalle haben typische Symmetrieeigenschaften, d.h. die Lage ihrer Flächen zueinander wird von Gesetzmäßigkeiten bestimmt. Die chemisch-physikalischen Eigenschaften fast aller Kristalle sind richtungsabhängig – **anisotrop**: gleiche Eigenschaften in der gleichen Richtung und unterschiedliche Eigenschaften in unterschiedlicher Richtung, z. B. Lichtbrechung oder Leitfähigkeit. Das Mineral Disthen (Al_2SiO_5 – ein Aluminiumsilikat) hat aufgrund seiner Anisotropie in zwei unterschiedlichen Kristallrichtungen zwei Härten. Das Gegenteil davon ist die **Isotropie** – die Un-

Foto 1: *Idiomorphe Kalifeldspat-Einsprenglinge (rosa bis weißlich) und größere Quarzkristalle (grau) in einer feinkörnigen braunroten Grundmasse. Breite 8 cm. Bozen, Südtirol.*

abhängigkeit einer Eigenschaft von der Richtung, bzw. in alle Richtungen die gleichen Eigenschaften. Nur Kristalle, die zum kubischen Kristallsystem gehören, sind isotrop.

Amorphe Minerale enthalten kein Kristallgitter, ihre Bausteine sind ungeordnet, ihre chemisch-physikalischen Eigenschaften sind in alle Richtungen gleich – sie sind isotrop. Dies ist z. B. in einer Flüssigkeit oder bei Glas der Fall; Opal ($SiO_2 \cdot H_2O$) ist amorpher Quarz.

3.2 Kristallmorphologie

Wenn ein Mineral während seines Wachstums seine Kristallflächen voll ausbildet, also seine Eigengestalt entwickeln konnte (**Abb. 5**), nennen wir es **idiomorph** (von griech. „ídios" = eigen, „morphé" = Gestalt). Diese Möglichkeit besteht dort, wo die Minerale Erstausscheidungen einer Gesteinsschmelze darstellen (z. B. „Einsprenglinge" in vulkanischen Gesteinen oder Groß-Kalifeldspäte in Graniten, **Foto 1**) oder in Hohlräumen (Kluftflächen, Geoden, **Foto 2**), also unbeeinflusst von ihrem Umfeld, ungehindert wachsen konnten. Idiomorphe Kristalle entstehen aber auch bei fester Umgebung, z. B. in Metamorphiten: Granat, Disthen, Hornblende und viele andere, die beim Wachstum die Nachbarn verdrängen, weil sie eine stärkere „Kristallisationskraft" haben. Die Idiomorphie eines Minerals ist von seiner kristallografischen Struktur abhängig.

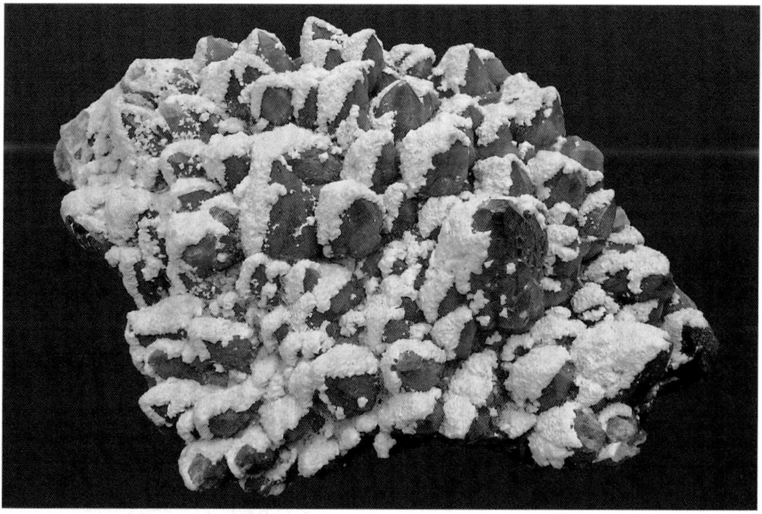

Foto 2: *In einer Geode (Hohlraum) sind zuerst Quarzkristalle (grau) auskristallisiert; anschließend, nachdem sich die Zusammensetzung der Lösungen verändert hat, sind darüber Kalzitkristalle (weiß) gewachsen. Breite 25 cm. Baia Mare, Ostkarpaten. Foto Wolfgang Frisch.*

Das Gegenteil zu idiomorph wird **xenomorph** (fremdgestaltig) genannt. Hier wird die Gestalt des Minerals vom Platzangebot oder von den umgebenden, schon vorher

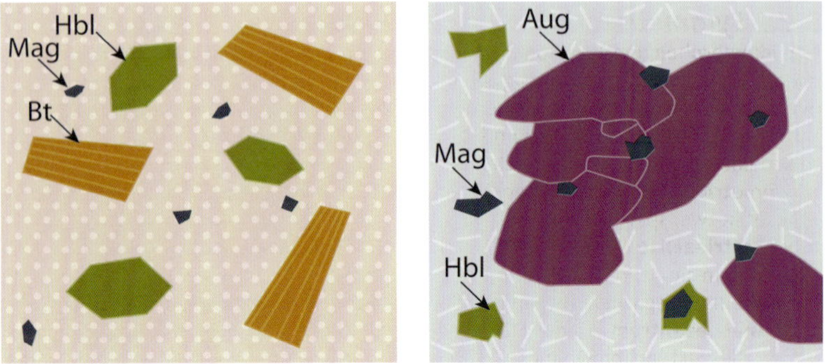

Abb. 5: *Links idiomorphe („eigengestaltige") Kristalle, rechts hypidiomorphe (teilweise eigengestaltige) und xenomorphe (fremdgestaltige) Kristalle. Bt – Biotit; Hbl – Hornblende; Aug – Augit; Mag –‹Magnetit. Illustration Quelle & Meyer Verlag.*

auskristallisierten Mineralen bestimmt, seine Form ist deshalb unregelmäßig (**Abb. 5, Foto 3**). Die xenomorphen Aspekte überwiegen in den Magmatiten, weil in den meisten Fällen die Zeitunterschiede in der Kristallistionsabfolge gering sind und dadurch meistens eine Platzkonkurrenz die Mineralausbildungen prägt. Der Begriff **hypidiomorph** (**Abb. 5**) wird bei teilweiser Eigengestalt benutzt und stellt wohl das gängige Erscheinungsbild, insbesondere der magmatischen Tiefengesteine (Plutonite), dar.

Foto 3: *Xenomorphe Quarzkristalle (grau) und hypidiomorphe Feldspatkristalle (rötlich) in einem Granitporphyr. Breite 4 cm. Südschwarzwald.*

3.2.1 Symmetrie

Alle idiomorphen und hypidiomorphen Minerale bilden während ihres Wachstums Flächen aus; sie sind also regelmäßig gebaut. Die Gestalt eines idiomorphen Kristalls weist demnach gewisse Symmetrieelemente (Kristallsymmetrie) auf, die sich in 7 Kristallsystemen zusammenfassen lassen und für jede Mineralart charakteristisch sind. Man unterscheidet folgende Symmetrieelemente:

- **Symmetrieebene** (Spiegelebene) – sie geht durch die Mitte des Kristalls und teilt dieses in zwei spiegelbildliche Hälften.
- **Symmetrieachse** – sie verläuft ebenfalls durch den Mittelpunkt des Kristalls. Wird der Kristall um sie gedreht, so kommt es bei einer 360-Grad-Drehung mehrmals zu einer mit der ursprünglichen Ausgangsstellung deckungsgleichen Position.
- **Symmetriezentrum** – jeder Fläche eines Kristalls liegt eine parallele Fläche gegenüber. Diese ist um ihr Symmetriezentrum (= der Mittelpunkt der Fläche) um 180 Grad im Vergleich zu ihrem Gegenüber verdreht.

Durch die Variation und Kombination der Symmetrieelemente entstehen die verschiedenen Kristallformen. Sie werden in 32 Kristallklassen eingeteilt und 7 Kristallsystemen zugeordnet.

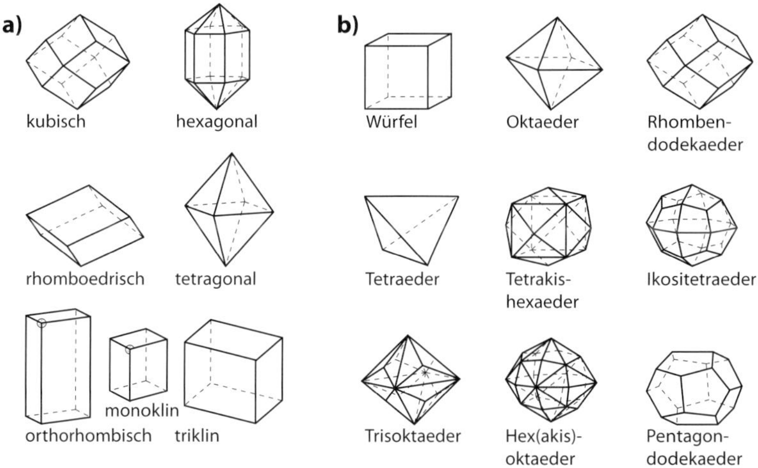

***Abb. 6**: Die sieben Kristallsysteme (a); die Kristalltracht: Verschiedene Möglichkeiten innerhalb des kubischen Kristallsystems (b).*

Gleicher Chemismus – unterschiedliche Kristallformen

Chemisch identische Minerale können, abhängig von den Bildungsbedingungen, unterschiedliche Kristallformen ausbilden. Z. B. kann Kalziumkarbonat ($CaCO_3$) als Kalzit im rhomboedrischen (trigonalen) Kristallsystem oder als Aragonit im orthorhombischen Kristallsystem auskristallisieren.

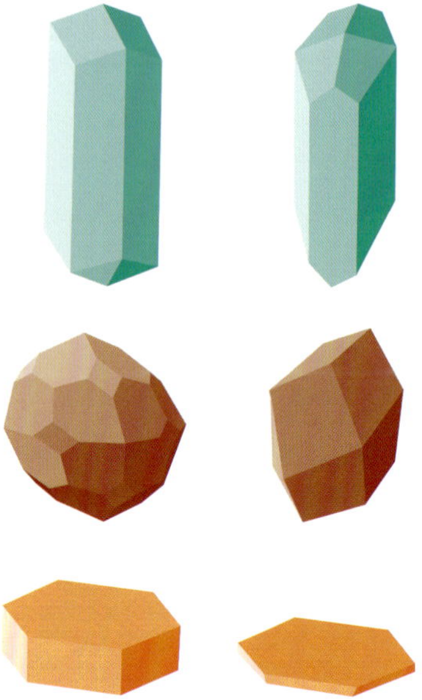

Abb. 7: *Der Habitus von Kristallen. Oben: stängelig, säulenförmig oder prismatisch (z. B. Amphibole, Pyroxene); Mitte: isometrischer Habitus (z. B. Granat); unten: blättriger oder tafeliger Habitus (z. B. Glimmer). Illustration Quelle & Meyer Verlag.*

3.2.2 Tracht und Habitus

Die **Tracht** eines Minerals oder Kristalls zeigt, welche Flächenkombinationen es innerhalb des betreffenden Kristallsystems ausgebildet hat, oder – einfacher gesagt – die Gesamtheit der an einem Kristall entwickelten Flächen. Die Flächen können bei verschiedenen Kristallen verschiedene Größen haben; dadurch sehen die Kristalle unterschiedlich aus, die Tracht bleibt jedoch gleich.

Habitus (von lat. = äußere Erscheinung; Kristallgestalt, Kristallform) ist das allgemeine äußere Erscheinungsbild eines Kristalls, das vom relativen Größenverhältnis der Flächen zueinander bestimmt wird. Er ist eine direkte Folge des inneren Gitterbaus. Der Habitus ergibt sich demnach aus der Tracht und den Größenverhältnissen der vorkommenden Flächen. Man kann drei Grundtypen unterscheiden: 1. planarer Habitus, der tafelig bis plattig oder blättrig erscheint; 2. prismatischer Habitus, der stängelig, säulig, nadelig oder faserig vorkommt; 3. isometrischer Habitus, wenn keine bevorzugte Richtung im Kristall auftritt und die Kristalle in allen drei Dimensionen etwa die gleiche Erstreckung haben. Der Habitus der Minerale ist für viele Mineralgruppen charakteristisch und kann deshalb ein wichtiges Erkennungsmerkmal sein. So sind z. B. Glimmer immer blättrig, Granate isometrisch (keine Vorzugsrichtung), Amphibole und Pyroxene stängelig-säulig oder prismatisch, Quarz prismatisch-säulig, Feldspäte tafelig und Serpentin faserig (**Abb. 7**).

Habitus	Minerale, Mineralgruppen
Blättchenförmig, schuppig	Glimmer
Tafelig, leistenförmig	Feldspäte
Säulenförmig/ stengelig	Amphibole, Pyroxene
Faserig	Serpentin (Chrysotilasbest), Fasergips
Isometrisch, körnig	Granat, Leucit, Pyrit (alle kubischen Kristalle)

Tabelle 3: *Der Habitus (äußeres Erscheinungsbild) der Minerale.*

Habitus und Tracht

Zwei Kristalle können bei gleicher Tracht verschiedenen Habitus aufweisen und umgekehrt den gleichen Habitus bei verschiedener Tracht. Ein Würfel hat z. B. die gleiche Tracht wie ein Quader, aber beide haben einen unterschiedlichen Habitus. Galenit (Bleiglanz – PbS) kann eine Kombination von Würfel, Oktaeder und Rhombendodekaeder aufweisen, erscheint in gleichem Habitus, zeigt aber eine unterschiedliche Tracht.

Die folgende Abbildung kann die Abgrenzung der beiden Begriffe Habitus und Tracht verständlicher machen (**Abb. 8**).

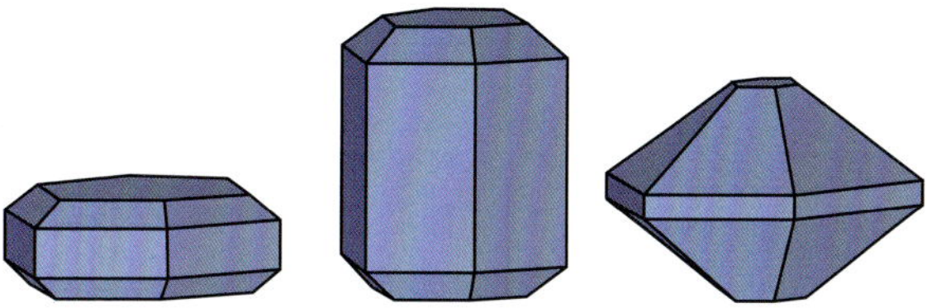

***Abb. 8**: Unterschiedlicher Habitus der Kristalle bei gleicher Flächenkombination (Tracht).*

3.2.3 Farbe

Die Farbe eines Minerals ist ein wichtiger Anhaltspunkt in seiner Bestimmung, der aber nicht immer verlässlich ist. Wenn es sich um sogenannte **idiochromatische** (eigenfarbige) Minerale handelt, kann die Farbe ein sicheres Indiz darstellen. So ist z. B. **Azurit** (ein sekundäres Kupferkarbonat) – $Cu_3(CO_3)_2(OH)_2$ – immer blau; **Malachit** – $Cu_2[(OH)_2CO_3]$ – ist ausschließlich grün. Es kommt aber oft vor, dass die Farbe eines Minerals, eventuell auch dessen Farblosigkeit, nicht mineralspezifisch ist – dann ist es **allochromatisch**. Ein gutes Beispiel bietet der Quarz (SiO_2), der normalerweise farblos (**Bergkristall**) oder weißlich-hellgrau ist, gleichzeitig jedoch auch in einer Reihe von Farbvarietäten erscheint: **Amethyst** (violett), **Citrin** (gelb), **Rosenquarz** (rosa), **Rauchquarz** (**Morion** – braun bis schwarz), **Blauquarz** und **Milchquarz** (erscheint durch mikroskopische Einschlüsse von Flüssigkeiten und Gasen milchig trüb). Die unterschiedlichen Färbungen beruhen auf „Verunreinigungen" durch in das Kristallgitter eingelagerte Ionen, z. B. Fe^{3+} im Amethyst, oder sind eine Folge von natürlicher (oder künstlicher) Gammabestrahlung, z. B. Rauchquarz.

Andere Beispiele: **Olivin** – ein eisen- bzw. magnesiumhaltiges Silikat; enthält das Mineral beide Elemente, ist es charakteristisch blassgrün bis gelblich grün; enthält es kein Eisen und nur Magnesium, ist es farblos. **Smaragd**, eine Varietät des Silikat-Minerals Beryll, verdankt seine typisch grüne Farbe Beimengungen von Chrom- und Vanadium-Ionen. **Rubin** ist die rote Varietät des Minerals Korund – Aluminiumoxid (Al_2O_3) –, dessen rote Färbung auf geringe Beimengungen von Chrom zurückzuführen ist.

Die **Feldspäte** (K-, Na-, Ca-, Al-Silikate) – sowohl Kalifeldspat als auch Plagioklas – sind meistens weiß. Es kommt aber häufig vor, dass im Alkalifeldspat winzige Kristallpartikel von Hämatit (Fe_2O_3 – Roteisenstein, Eisenglanz, Blutstein) eingebaut sind und diesen rötlich färben. Bei den Plagioklasen ist diese Färbung fast nie zu beobachten. Bei einem weißlichen Feldspat hilft uns deshalb die Farbe nicht weiter; ist er jedoch rötlich gefärbt, so handelt es sich ziemlich sicher um einen Alkalifeldspat.

Allgemein betrachtet ist bei den Mineralen die Tendenz zu erkennen, dass die generelle chemische Zusammensetzung einen wesentlichen Einfluss auf seine Färbung hat. Eisenhaltige Minerale (z. B. Biotit, Amphibole, Pyroxene) erscheinen dunkel bis schwarz gefärbt, kalium-, natrium- und aluminiumreiche Minerale (z. B. Feldspat, Muskovit, Leucit, Nephelin) hingegen meistens hell bis farblos.

Die Strichfarbe ist die Farbe des fein gemahlenen Pulvers eines Minerals, das durch Reiben auf einer rauen, hellen Unterlage (z. B. einem unglasierten Porzellantäfelchen) entsteht. Die Strichfarbe kann ein Unterscheidungsmerkmal darstellen, insbesondere bei den Erzmineralen, und hat weniger Zusammenhang mit der makroskopisch erkennbaren Oberflächenfarbe des Minerals. So erscheint z. B. Hämatit silbrig metallisch, hat aber eine charakteristische kirschrote Strichfarbe. Die wichtigsten silikatischen Minerale haben keine typische Strichfarbe, sondern nur einen weißen Strich ohne diagnostischen Wert.

3.2.4 Glanz und Transparenz

Der Glanz der Minerale zeigt, wie ihre Flächen das Licht teilweise oder ganz reflektieren. Es gibt diesbezüglich beträchtliche Unterschiede und diese können bei der Mineralbestimmung hilfreich sein. Generell unterscheidet man zwischen **metallischem Glanz** (Minerale mit großem Reflexionsvermögen) und **nichtmetallischem Glanz** (Minerale mit geringem Reflexionsvermögen).

Der metallische Glanz ist insbesondere für lichtundurchlässige (opake) Minerale charakteristisch, also für elementare Metalle, manche Oxide oder Metallsulfide. Dazu gehören die Erzminerale wie z. B. Pyrit (FeS_2 mit heller, goldgelber Farbtönung), Chalkopyrit (Kupferkies, $CuFeS_2$, goldfarben) und Bleiglanz (Galenit, PbS, silbrig).

Der nichtmetallische Glanz, auch gewöhnlicher Glanz genannt, ist für die meisten gesteinsbildenden Minerale typisch und spiegelt die unterschiedlich hohen Lichtbrechungswerte wider. Diese Minerale sind, zumindest in Dünnschliffdicke (25 µm), auch mehr oder weniger transparent. Es handelt sich um die Feldspäte und Quarz, aber auch um intensiv gefärbte Minerale wie Amphibole und Pyroxene, die im Dünnschliff transparent sind, obwohl sie im Handstück dunkel erscheinen.

Weitere Beispiele von nichtmetallischem Glanz sind: **Diamantglanz** – er bezeugt eine besonders hohe Lichtbrechung – oder **Glasglanz** – z. B. Olivin –, der eine mittlere Lichtbrechung anzeigt. Man beschreibt noch **Fettglanz** (z. B. Quarz, Nephelin), **Seidenglanz** (z. B. Muskovit, Asbest), **Perlmutterglanz** (z. B. Anhydrit oder die Spaltflächen des Alkalifeldspats) und **Harz-** oder **Wachsglanz** (Opal, Feuerstein).

3.2.5 Ritzhärte

Der Mineraloge Carl Friedrich Christian Mohs (1773–1839), entwickelte im Jahre 1812 die nach ihm benannte **Mohs-Härteskala**, welche wegen ihrer Einfachheit in der praktischen Anwendung auch heute noch benutzt wird. Er bezog sich dabei auf den mechanischen Widerstand eines Minerals, wenn versucht wird, seine Oberfläche zu ritzen. Auf diese Art und Weise stellte er aus 10 bekannten, unterschiedlich ritzharten Mineralen eine Härteskala zusammen. Die Reihenfolge dieser Minerale, von 1 bis 10, spiegelt die ansteigende Härte wider, wobei er dem Talk als weichstes Mineral den Wert 1 zuordnete, während der Diamant als härtestes Mineral die Härte 10 erhielt.

1	Talk	mit Fingernagel ritzbar
2	Gips	
3	Kalkspat (Kalzit)	mit Taschenmesser ritzbar
4	Flussspat (Fluorit)	
5	Apatit	
6	Feldspat	mit Taschenmesser nicht mehr ritzbar, Fensterglas wird geritzt
7	Quarz	
8	Topas	
9	Korund	
10	Diamant	

***Tabelle 4**: Mohs'sche Härteskala.*

Die Unterschiede zwischen den einzelnen Härtestufen sind nicht gleichwertig, die Skalierung ist also nicht linear. Im Gelände genügt es, wenn man erkennt, welche Minerale mit dem Finger geritzt werden können (Härte 1 und 2), mit dem Taschenmesser geritzt werden (Härte 3, 4 und 5) und welche mit dem Taschenmesser nicht mehr ritzbar sind, aber ihrerseits Fensterglas oder den Hammer ritzen (6, 7, 8, 9 und 10).

Die Ritzhärte eines Minerals ist von seinem Gitterbau und der Bindungsart (Ionenbindung, Van-der-Waals-Kräfte etc.) abhängig. Es kommt auch vor, dass Kristalle auf verschiedenen Kristallgitterebenen, also in verschiedenen Richtungen, eine unterschiedliche Ritzhärte aufweisen können. Das bekannteste Beispiel ist das Mineral Disthen (Al_2SiO_5) oder Kyanit (cyan = blau, di sthenos = zwei unterschiedliche Härten), wo in der Vertikalrichtung der stängeligen Kristalle die Härte 4 und in der Querrichtung die Härte 7 festgestellt werden kann.

3.2.6 Spaltbarkeit und Bruch

Als **Spaltbarkeit** wird bei Mineralen und Kristallen die Eigenschaft bezeichnet, bei mechanischer Beanspruchung entlang ebener Flächen zu spalten. Die glatten Flächen können das Licht gut reflektieren. Handelt es sich um ein idiomorphes Mineral, müssen die Spaltflächen dabei nicht parallel zu den Kristall-Außenflächen liegen.

Die Spaltbarkeit erfolgt entlang von Gitterebenen im Kristall, auf denen schwächere Bindungskräfte wirken, und ist ein Ausdruck von Richtungsunterschieden in seiner Festigkeit. Deshalb spalten viele Kristalle in mehrere Richtungen gleich oder verschieden gut. Die Spaltrichtungen, ihre Orientierungen und die Winkel zwischen zwei Spaltflächen stellen für bestimmte Minerale eine charakteristische Eigenschaft dar.

Spaltbarkeiten können bei verschiedenen Mineralen unterschiedlich gut ausgebildet sein und bei der Beschreibung werden deshalb mehrere Abstufungen benutzt:

1. **Vollkommene Spaltbarkeit**, wenn sich ein Mineral schon bei geringer Druck- oder Schlagbeanspruchung in ebenflächige Blättchen zerlegen lässt, z. B. Glimmer, Grafit oder Gips.

2. **Sehr gute Spaltbarkeit**, z. B. Kalzit (Kalkspat), Fluorit, Steinsalz und Galenit (Bleiglanz).
3. **Gute Spaltbarkeit**, z. B. Feldspäte, Schwerspat (Baryt) – alle Minerale, die mit „spat" enden, haben eine sehr gute oder gute Spaltbarkeit –, Amphibole und Pyroxene. Generell sollten die Spaltprodukte mit natürlich gewachsenen Kristallflächen nicht verwechselt werden.
4. Zeigt ein Mineral **keine Spaltbarkeit**, dann bricht es nicht entlang einer Spaltebene und es treten unregelmäßige Bruchstrukturen auf. Dabei entstehen unebene, zufällige, muschelige Flächen („muscheliger Bruch"), z. B. Quarz, Olivin und amorphe Minerale (**Abb. 9**).

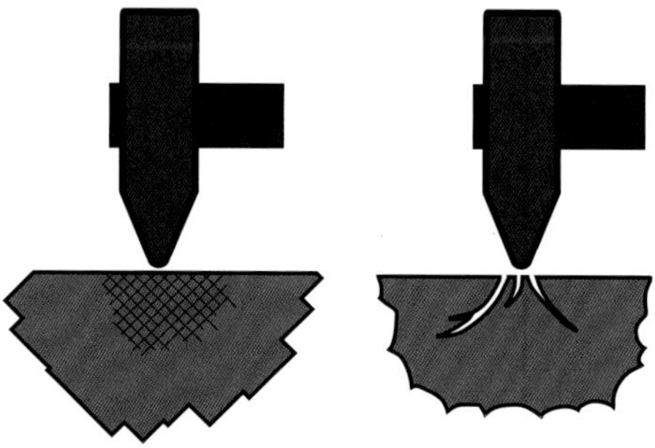

Man kann auch einen **faserigen Bruch** (z. B. Disthen) oder **splittrigen Bruch** (z. B. Chrysotil) unterscheiden.

Die **Zähigkeit** oder **Tenazität** bezieht sich auf spröde Minerale (z. B. Quarz) oder biegsame Minerale (z. B. Glimmer).

***Abb. 9**: Spaltbarkeit und muscheliger Bruch (nach Duda & Rejl 1989).*

3.2.7 Dichte

Dichte ist das Verhältnis der Masse (in Gramm) zum Volumen (in cm^3). Die Dichte der Minerale hängt von ihrer chemischen Zusammensetzung und Struktur ab. Weil in den meisten Fällen bei einem Gestein ein Mineralgemisch vorliegt, wobei die Minerale oft eine ähnliche Dichte besitzen, spielt die Dichte der Minerale bei der Gesteinsbestimmung eine eher untergeordnete Rolle. Man kann jedoch feststellen, ob es sich um ein leichtes oder um ein schweres Gestein handelt, und daraus gewisse Schlussfolgerungen ziehen.

Bei zahlreichen Mineralen liegt die Dichte zwischen 2,5 und 3,4 g/cm^3. Quarz hat eine Dichte von 2,65 g/cm^3, Plagioklas als häufigster Feldspat zwischen 2,62 und 2,76 g/cm^3.

Minerale mit einer Dichte, die **über 2,9 g/cm^3** liegt, werden als **Schwerminerale** bezeichnet, z. B. Rutil, Zirkon, Granat, Turmalin, Ilmenit und Magnetit. Erosions- und Transportprozesse können diese Minerale insbesondere an Stränden oder an Sandbänken von Flüssen und Deltas anreichern, wo sie Schlieren oder Lagen im Sand bilden. Solche Anreicherungen von Schwermineralen werden Seifen genannt. Sie sind oft dunkel gefärbt, wenn sie Erzminerale wie Magnetit enthalten. Seifenlagerstätten können von wirtschaftlicher Bedeutung sein.

Besonders dichte Minerale sind z. B. Schwerspat (Baryt, $BaSO_4$) mit einer Dichte von 4,5 g/cm^3, die meisten Erze (4–7,5 g/cm^3) oder gediegen Gold mit einer Dichte von 19 g/cm^3, welches man nur selten im Handstück findet.

Ein besonders leichtes Gestein ist z. B. Steinsalz (2,2 g/cm^3), während auffallend schwere Gesteine z. B. Eklogit (3,3–3,4 g/cm^3) und allgemein die Mantelgesteine sind.

3.2.8 Zwillingsbildung

Wenn zwei oder mehrere Kristallindividuen desselben Minerals gesetzmäßige Verwachsungen aufweisen, sprechen wir von Zwillingsbildung. Dabei entsteht als zusätzliches Symmetrieelement entweder eine Spiegelebene (Zwillingsebene) oder eine Dreh- oder Rotationsachse (Zwillingsachse), um welche sie gegeneinander verdreht erscheinen. Zwillinge haben demnach eine Gitterebene gemeinsam und durchdringen sich.

Sind mehr als zwei Individuen an der Zwillingsbildung beteiligt, spricht man auch von Drillingen, Vierlingen oder, bei sich wiederholender Zwillingsbildung, von Viellingen oder polysynthetischen Zwillingen.

Bei idiomorpher Ausbildung sind Zwillinge leicht an den einspringenden Winkeln zu erkennen, die an der Zwillingsebene entstehen. Ebenso sind gestreifte Flächen ein Hinweis auf Zwillingsbildung.

Es gibt ein Spezialgebiet der Kristallografie – die Geminografie –, welches sich ausschließlich mit den Zwillingssymmetrien beschäftigt. Für unsere Zwecke genügt es, bestimmte Arten von Zwillingsbildungen als diagnostisches Hilfsmittel erkennen und benutzen zu können. Ein Beispiel sind die Feldspäte, bei welchen zwei Arten von Zwillingen besonders häufig sind und deren Erkennen ein Schlüssel für ihre Bestimmung sein kann:

1. Verzwillingung nach dem Karlsbader Gesetz. **Karlsbader Zwillinge** (**Abb. 10 a**) sind einfache Zwillinge (bestehen aus nur zwei Individuen), wobei sich zwei tafelige Feldspatkristalle durchdringen. Diese Art von Verzwillingung ist hauptsächlich für Alkalifeldspäte (Orthoklas, Sanidin) charakteristisch. Man kann sie daran erkennen, dass im Anschnitt die eine Zwillingshälfte spiegelt, die andere nicht, bzw. sie reflektieren in verschiedenen Positionen. Der Name stammt von einem Vorkommen bei Karlsbad in Böhmen (heute Karlovy Vary, Tschechien). Bei Plagioklasen gibt es die Zwillingsbildung nach dem Karlsbader Gesetz ebenfalls, doch sind diese Zwillinge mit freiem Auge nicht erkennbar.
2. Verzwillingung nach dem Albit-Gesetz. **Albit-Zwillinge** (**Abb. 10 b**) sind Viellinge **(polysynthetische Zwillinge**); es treten viele dünne Zwillingslamellen nebeneinander auf. Sie erscheinen am häufigsten bei den Plagioklasen, sind aber makroskopisch meist nicht erkennbar. Deshalb sollte die Gesteinsprobe mit der Lupe untersucht werden. Sie erscheinen dann im richtigen Schnitt als eine feine Streifung oder Lamel-

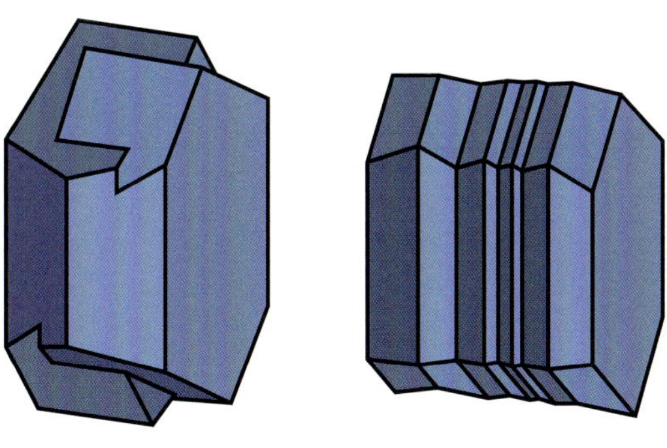

***Abb. 10**: (a) Karlsbader Zwilling; (b) Albit-Zwilling.*

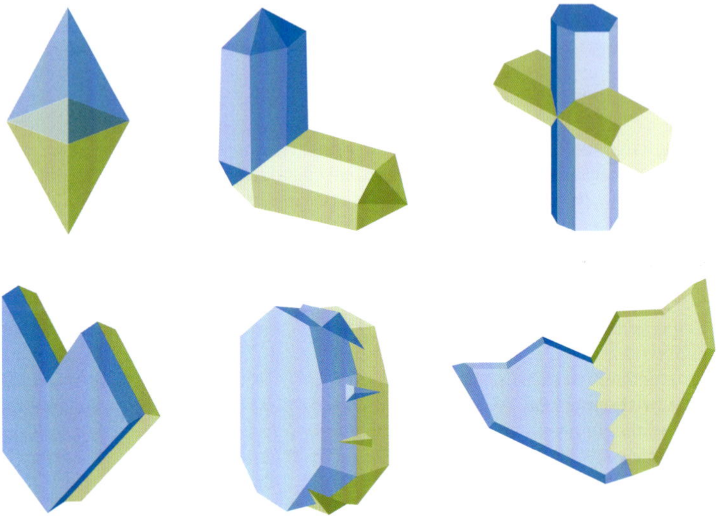

Abb. 11: *Zwillingsbildungen von verschiedenen Kristallen. Obere Reihe: Kalzit, Rutil (Kniezwilling), Staurolith (Durchkreuzungszwilling); untere Reihe: Gips (Schwalbenschwanzzwilling), Alkalifeldspat (Karlsbader Zwilling), Quarz (Japanerzwilling). Illustration Quelle & Meyer Verlag.*

lierung, die wie mit dem Lineal gezogen erscheint. Die einzelnen Zwillingslamellen sind dabei scharf parallel abgegrenzt und gerade.

Andere typische Zwillingsbildungen von Kristallen sind in **Abb. 11** dargestellt.

3.2.9 Mineralparagenese

Es kommt oft vor, dass Minerale bevorzugt mit gewissen anderen Mineralen auftreten, und diese Tatsache ist bei der Identifikation von Mineralen und den daraus aufgebauten Gesteinen ein wichtiger Faktor. Unter **Mineralparagenese** versteht man allgemein eine charakteristische Vergesellschaftung von Mineralen, die annähernd gleichzeitig und unter annähernd gleichen Bedingungen (Temperatur, Druck, Zusammensetzung der fluiden Phase etc.) gebildet wurden und stabil nebeneinander koexistieren. Kennt man typische Mineralparagenesen, so kann man aus dem Auftreten eines Minerals das gleichzeitige Auftreten eines anderen vermuten oder umgekehrt die Existenz anderer Minerale ausschließen. Dieses Prinzip ist auch von praktischer Bedeutung, z. B. bei der Suche und Erkundung von Lagerstätten. So treten Bleiglanz (Galenit, PbS), Zinkblende (Sphalerit, ZnS) und Kupferkies (Chalkopyrit, $CuFeS_2$) in hydrothermalen Gängen meistens zusammen auf. Das Vorhandensein von Quarz (SiO_2) z. B. schließt das Vorkommen von Olivin ($(Mg, Fe)_2[SiO_4]$) oder den Feldspatvertretern Leucit ($K[AlSi_2O_6]$) und Nephelin ($Na[AlSiO_4]$) aus, da Quarz für eine SiO_2-Übersättigung in der Schmelze steht, Olivin, Nephelin und Leucit für Untersättigung.

Bei metamorphen Gesteinen wird unter Mineralparagenese eine Assoziation von Mineralen verstanden, die unter bestimmten Druck- und Temperaturbedingungen gleichzeitig entstanden sind. Diese sind diagnostisch für die metamorphen Bedingungen und bilden die Grundlage für die Einteilung der Metamorphite. So ist es z. B.

typisch, dass Omphazit (ein Pyroxen – $(Ca,Na)(R^{2+}Al)Si_2O_6$) und Pyrop ($Mg_3Al_2[SiO_4]_3$ – eigentlich ein Granat-Mischkristall mit unterschiedlich hohem Pyrop-Gehalt) immer zusammen vorkommen und Hauptbestandteile des hochdruckmetamorphen Gesteins Eklogit darstellen.

3.2.10 Weitere Kriterien

Von gewisser Bedeutung können auch andere Eigenschaften der Minerale sein:

- der **Geschmack**. So wird z. B. Kochsalz (NaCl) von Kalisalz (Sylvin, KCl) und Magnesium-Salzen, welche einen bitteren Geschmack haben, unterschieden.
- **Anlauffarben** sind insbesondere für bestimmte Erzminerale typisch, z. B. Kupferkies oder Hämatit. Es handelt sich um sehr dünne Überzüge, die gleichzeitig in mehreren Farben erscheinen können und durch Reaktion mit Luft oder Wasser bedingt sind.
- **Magnetische und elektrische Eigenschaften** sind für einige Minerale sehr kennzeichnend. So ist z. B. Magnetit (Fe_3O_4) durch seinen starken und Pyrrhotin (Magnetkies – FeS) durch einen etwas schwächeren Magnetismus charakterisiert.

Das **Verwitterungsverhalten** von Mineralen kann sehr unterschiedlich sein. Allgemein gilt, dass die dunklen, eisen- und magnesiumreichen Minerale wie z. B. Pyroxene und Amphibole viel leichter verwittern als die hellen Minerale wie z. B. Quarz und Feldspat.

II. Magmatische Gesteine (Magmatite)

Magmatische Gesteine entstehen aus Schmelzen – dem Magma. Die Temperatur der Schmelzen liegt, abhängig von ihrer Zusammensetzung und den Druckverhältnissen, zwischen 1200 und 650 °C. Das flüssige Gesteinsmaterial kühlt ab und erstarrt zu einem Gestein. Die Schmelzen können dabei, je nach Bildungsort und Bildungsgeschwindigkeit, voll, teilweise oder überhaupt nicht auskristallisieren; im letzeren Fall bilden sie ein Gesteinsglas. Fast alle Schmelzen sind silikatische Schmelzen, karbonatische sind extrem selten. Die silikatischen Schmelzen können sehr unterschiedlich zusammengesetzt sein, die häufigsten Elemente sind jedoch immer Sauerstoff, Silizium, Aluminium, Magnesium, Eisen, Kalzium, Natrium und Kalium. Bei chemischen Gesteinsanalysen wird ihr Anteil in Oxid-Form als Gewichtsprozent angegeben. Der SiO_2-Gehalt ist in allen magmatischen Gesteinen die dominierende Hauptkomponente und variiert zwischen ca. 45 und 75 Gew.-%. Die oben genannten Element-Oxide machen zusammen normalerweise > 90 Gew.-% einer typischen Gesteinsanalyse aus (**Abb. 12**). Alle anderen Elemente, die z. T. auch wirtschaftlich sehr wichtig sind (z. B. Nickel, Zink, Chrom, Blei, Zirkonium etc.), machen in der Regel < 0,1 Gew.-% eines magmatischen Gesteines aus.

Magmen enthalten auch eine gelöste fluide Phase (H_2O, CO_2), die im abgekühlten Gestein entwichen oder in Mineralen gebunden ist. Blasen oder Hohlräume im Gestein können auf ihre einstige Existenz hindeuten, so wie auch Minerale, die in ihrer Zusammensetzung H_2O, CO_2 und OH enthalten.

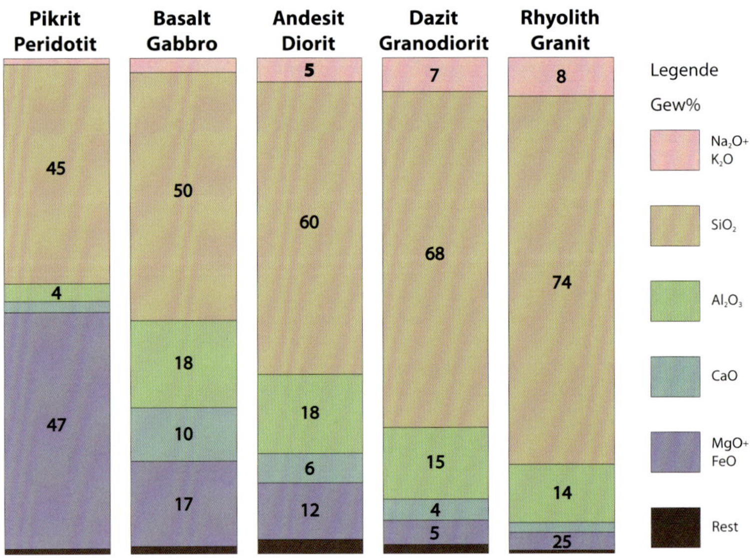

***Abb. 12**: Gesamtgesteinsanalysen verschiedener Magmatite (nach Tromsdorff & Dietrich 1991). Zur Analyse wird eine repräsentative Probe eines Gesteins entweder in Pulver- oder Schmelzform gebracht oder als Lösung aufbereitet.*

Wenn Nebengestein-Bruchstücke in das Magma gelangen und dabei nicht aufgeschmolzen werden, bilden sie nach der Erstarrung Einschlüsse von Fremdgesteinen, auch **Xenolithe** genannt. Magmatite können aber auch **Einschlüsse** anderer Magmen enthalten, die wegen ihres unterschiedlichen Chemismus durch einen höheren Schmelzpunkt gekennzeichnet sind und deswegen nur teilweise aufgeschmolzen wurden.

In den magmatischen Gesteinen herrschen folglich die Silikat-Minerale vor. Fast alle Magmatite bestehen aus wenigen Silikat-Mineralen bzw. Mineralgruppen – Feldspat, Quarz, Glimmer, Amphibol, Pyroxen oder Olivin. Den Rest machen Sulfide (z. B. Pyrit, FeS_2), Oxide (z. B. Magnetit, Fe_3O_4; Hämatit, Fe_2O_3), Karbonate (z. B. Kalzit, $CaCO_3$) und Phosphate (z. B. Apatit, $Ca_5(PO_4)_3(OH, F, Cl)$) aus.

Die magmatischen Gesteine können nach ihrem Chemismus oder nach ihrem Mineralbestand eingeteilt und klassifiziert werden. Beim Chemismus ist der SiO_2-Gehalt das wichtigste Kriterium. Nach ihm unterscheidet man:

- **Ultrabasische Gesteine** mit unter 45 Gew.-% SiO_2, z. B. Peridotit
- **Basische Gesteine** mit 45–53 Gew.-% SiO_2, z. B. Gabbro/Basalt
- **Intermediäre Gesteine** mit 53–65 Gew.-% SiO_2, z. B. Diorit/Andesit
- **Saure Gesteine** mit über 65 Gew.-% SiO_2, z. B. Granit/Rhyolith

Nach dem Gehalt an dunklen Gemengteilen (Mg-Fe-Silikate wie Olivin, Pyroxen, Amphibol, Biotit) und hellen Gemengteilen (Quarz, Feldspat, Feldspatvertreter) kann man die Magmatite in **mafisch (etwa 50 Gew.-% SiO_2)** und **felsisch (mehr als 65 Gew.-% SiO_2)** unterteilen. Mafische Gesteine sind dunkel und führen überwiegend mafische Gemengteile (Mafite; Kunstwort, in dem Ma und F(e) für Magnesium und Eisen stehen). Der Gehalt an Mafiten (M) wird in Volumenprozent angegeben, z. B. M = 80. Gesteine mit M > 90 bezeichnet man als ultramafisch (z. B. Peridotit, Pyroxenit). Gesteine mit überwiegend hellen Gemengteilen werden als felsisch bezeichnet. Sie sind allgemein SiO_2-reicher. Chemisch wird damit auch ein hoher Gehalt an K, Na und Ca angezeigt, der in den Feldspäten und Feldspatvertretern enthalten ist. Der helle Glimmer (Muskovit) ist ein K-Al-Schichtsilikat und gehört nach seiner Chemie zu den hellen Mineralen, wird aber meist zu den Mafiten gerechnet; er tritt jedoch in magmatischen Gesteinen selten primär auf.

1. Gesteinsbildende Minerale in Magmatiten

Die meisten Minerale der Magmatite bilden **Mischungsreihen**, also mit einer variablen chemischen Zusammensetzung. Von einer Mischungsreihe oder einem **Mischkristall** spricht man, wenn sich zwei oder mehrere Elemente in einer bestimmten Position des Kristalls gegenseitig ersetzen können. So ersetzt z. B. in Pyroxen, Amphibol und Olivin Mg oft Fe^{+2} und umgekehrt; in den Feldspäten (Plagioklasen) können die Elementpaare Na+Si gegen Ca+Al ausgetauscht werden, in den Alkalifeldspäten können sich K und Na gegenseitig ersetzen.

1.1 Feldspäte

Die Feldspäte sind mit Abstand die wichtigste Mineralgruppe; sie gelten innerhalb der magmatischen Gesteine als die häufigsten gesteinsbildenden Minerale und sind mit etwa 60 % am Aufbau der Erdkruste beteiligt. Die Feldspäte gehören zu den **Silikaten**,

Feldspäte

Eigenschaften	Feldspäte	
	Plagioklas	Alkalifeldspat
chemische Formel	$CaAl_2Si_2O_8$ - $NaAlSi_3O_8$ (Mischkristall)	$KAlSi_3O_8$ - $NaAlSi_3O_8$ (Mischkristall)
Farbe	weiß	weiß, grau, oft auch rötlich
Form, Habitus	tafelig	tafelig
Härte	6	6
Spaltbarkeit	sehr gut	sehr gut
Zwillingsbildung	Albit- und Karslbader Gesetzt und weitere	Karlsbader Gesetz und weitere
Dichte	2,76 g/cm³	2,62 g/cm³

***Tabelle 5**: Charakterisierung der Feldspäte.*

diese wiederum bilden etwa 80–90 % der Erdkruste. Die Feldspäte verleihen aufgrund ihrer relativ geringen Dichte der Erdkruste und ihren Kontinenten, aber auch der ozeanischen Kruste, die zu ca. 50 % aus Feldspat besteht, eine isostatische Stabilität, welche die Plattenbewegungen über dem Erdmantel ermöglicht, indem sie über ihm „schwimmen" können. Feldspäte sind auch in metamorphen Gesteinen verbreitet, in geringem Maße kommen sie in Sediment-Gesteinen vor.

Die Silikate

Die Silikate bilden eine große Mineralfamilie, die, wenn man ihren chemischen Aufbau betrachtet, ein gemeinsames Strukturprinzip hat: Ein kleines **Silizium**-Ion (Si^{4+}) wird stets tetraedrisch von 4 großen **Sauerstoff**-Ionen (O^{2-}) als nächste Nachbarn umgeben. Die O^{2-}-Ionen bilden also die Ecken des Tetraeders, in dessen Zentrum befindet sich das Si^{4+}-Ion; insgesamt ergibt das ein Anion mit vier negativen Ladungen: SiO_4^{4-} (**Abb. 13**).

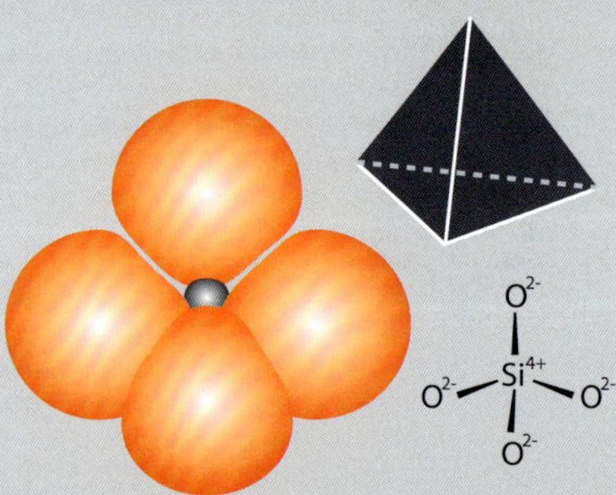

***Abb. 13:** Der Grundbaustein der Silikate – ein SiO_4-Tetraeder.*

In den verschiedenen Mineralen bilden die SiO_4-Tetraeder unterschiedlich stark verknüpfte Netzwerke. Ein O^{2-}-Ion des Silikat-Komplexes kann gleichzeitig zwei SiO_4-Tetraedern angehören. Bei dieser Verknüpfung über Sauerstoff-Bindungen teilen sich zwei Tetraeder jeweils ein Sauerstoff-Atom. Insgesamt kann ein Tetraeder also höchstens mit 4 anderen Tetraedern verknüpft sein. In diesem Fall ist es an allen vier Ecken mit weiteren Tetraedern verbunden und sie teilen sich jeweils ein benachbartes Sauerstoff-Atom.

Abhängig vom Verknüpfungsgrad (Polymerisationsgrad) der Tetraeder entstehen unterschiedliche Silikat-Strukturen. Diese werden in Insel- oder Nesosilikate, Gruppen- oder Sorosilikate, Ring- oder Cyclosilikate, Ketten- oder Inosilikate, Band-

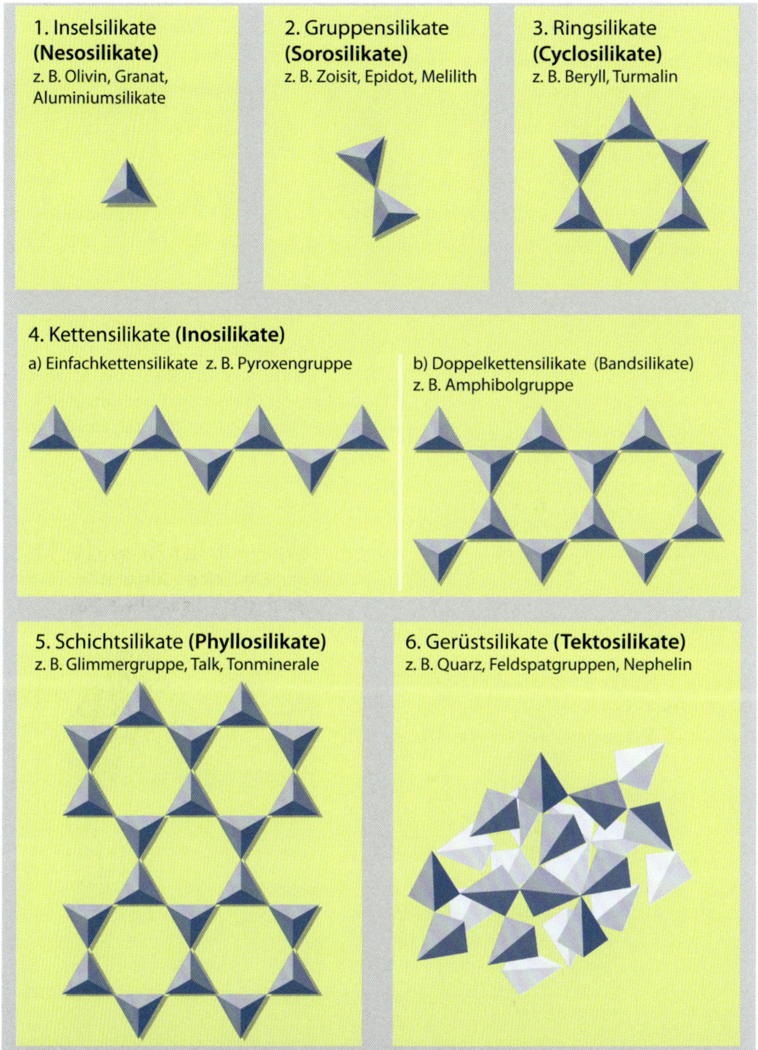

***Abb. 14**: Klassifikation der Silikat-Struktur-Typen. Illustration Quelle & Meyer Verlag.*

silikate, Schicht-, Blatt- oder Phyllosilikate und Gerüst- oder Tektosilikate klassifiziert (**Abb. 14**).

Die Feldspäte sind Gerüst- oder Tektosilikate, die SiO_4-Tetraeder sind demnach über sämtliche 4 Ecken mit benachbarten Tetraedern verknüpft. Diese Strukturen sind nur möglich, wenn ein Teil des Si^{4+} durch Al^{3+} ersetzt wird und das dreidimensionale Gerüst stark aufgelockert ist. In den betreffenden Freiräumen haben auch große

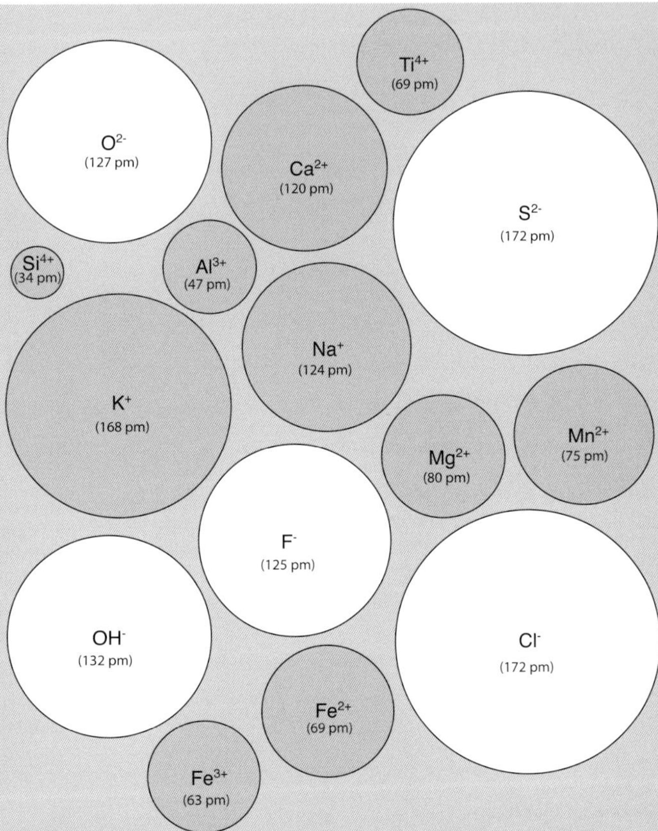

***Abb. 15**: Ionenradien in Picometer (pm) einiger ausgewählter Elemente (nach Shannon & Prewitt 1970).*

Kationen wie z. B. K^{1+}, Na^{1+}, Ca^{2+} oder wiederum auch Al^{3+} Platz. Der entstandene Ladungsausgleich sorgt für ein elektrisch neutrales Mineral. Die Feldspäte, wie auch die Feldspatvertreter und Zeolithe, gehören also zu den sogenannten Alumosilikaten. Die relativen Größenverhältnisse verschiedener Kationen und Anionen sind in **Abb. 15** dargestellt. Kationen mit ähnlichen Eigenschaften können sich gegenseitig ersetzen bzw. austauschen.

Ganz allgemein betrachtet und unabhängig vom jeweiligen Strukturtyp unterscheidet man **wasserfreie** (ohne OH-Gruppen in ihrer chemischen Zusammensetzung) und **wasserhaltige** (mit OH-Gruppen) **Silikate**. Die wasserfreien Silikate (z. B. Olivin, Pyroxen, Feldspat) sind meist Frühkristallisate, die bei hohen Temperaturen – zwischen 1100 und 1200 °C (Feldspat nur teilweise in diesem Bereich) – auskristallisieren. Die wasserhaltigen Silikate, auch Hydrosilikate genannt (z. B. Glimmer, Amphibol), kristallisieren bei niedrigeren Temperaturen, in Begleitung einer fluiden Phase.

Chemisch betrachtet sind die Feldspäte ein Gemisch aus drei extremen Komponenten, ein ternäres System mit folgenden Endgliedern:

(1) K Al Si_3O_8 **Orthoklas** (**Or**)

(2) Na Al Si_3O_8 **Albit** (**Ab**)

(3) Ca Al_2 Si_2O_8 **Anorthit** (**An**)

(1) und (2) sind bei hohen Temperaturen in jeder Proportion mischbar; das Mischprodukt wird **Alkalifeldspat** genannt. (2) und (3) sind in jedem Verhältnis mischbar; die Mischprodukte werden Plagioklase genannt und die Zwischenglieder in % An (Anorthit) ausgedrückt. Sowohl die Alkalifeldspäte als auch die **Plagioklase** bilden demnach eine Mischkristallreihe (**Abb. 16**).

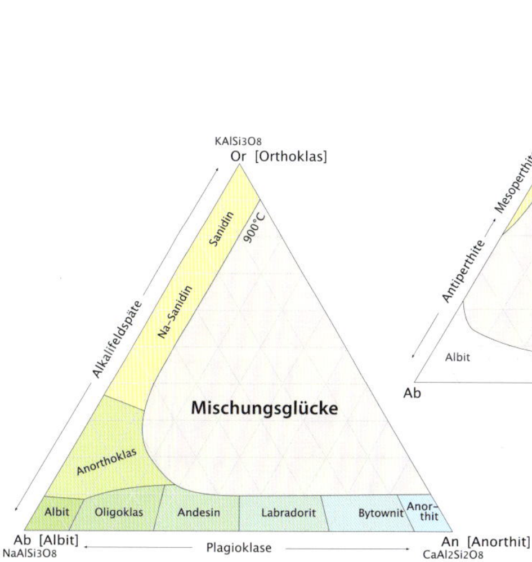

***Abb. 16**: Feldspatdreiecke. Das ternäre System mit den Endgliedern Or (Orthoklas), Ab (Albit) und An (Anorthit) spiegelt die Zusammensetzung der Feldspäte wider, wobei Alkalifeldspat und Plagioklas zwei Mischkristallreihen bilden. Enthält ein Albit unter 5 % An, wird er zu den Alkalifeldspäten gezählt. Bei hohen Temperaturen sind die Alkalifeldspäte unbegrenzt mischbar (linkes Dreieck), bei Temperaturen unter 600 °C (rechtes Dreieck) erscheint eine Mischungslücke, die während der Abkühlung zu perthitischen bzw. antiperthitischen Entmischungen führt (1 kbar Druck).*

1.1.1 Alkalifeldspäte

Die Alkalifeldspäte (Or und Ab) mischen sich bei hohen Temperaturen unbegrenzt. Wenn das Magma langsam abkühlt, erfolgt ab 600 °C eine Entmischung in festem Zustand und es bilden sich – in fließenden Übergängen – Entmischungsstrukturen: **Perthite**, **Mesoperthite** und **Antiperthite**. Bei schneller Abkühlung, wie es z. B. für Vulkanite typisch ist, sind die Entmischungsstrukturen makroskopisch nicht mehr sichtbar bzw. wird die vollkommene Mischung eingefroren. Perthite erkennt man an den Entmischungsspindeln und Streifen von Albit in einem kaliumreichen Alkalifeldspat, der als Wirtkristall dient (**Foto 4**). Die lang gestreckten, unregelmäßigen und niemals geradlinigen Streifen sind farblich abgesetzt, da sie heller erscheinen. Außerdem sind sie nicht parallel zu einer Spaltfläche des Kristalls orientiert. Je größer die Kristalle, desto besser sind diese Strukturen zu sehen. Deshalb lassen sie sich, wenn vorhanden, insbesondere in **Pegmatiten**, die sich als plutonische Ganggesteine durch Riesenkörnigkeit auszeichnen, besonders gut feststellen. Wenn im Gegensatz der entmischte Anteil aus K-reichem Alkalifeldspat besteht und der Wirt aus Albit oder albitreichem Plagioklas, sprechen wir von Antiperthiten. Diese sind allerdings makroskopisch nur schwer erkennbar und bilden Strukturen, die eher Flecken als Spindeln ähneln. Mesoperthite bestehen zu gleichen Anteilen aus K-reichem Alkalifeldspat und Albitlamellen.

Bei den Alkalifeldspäten tritt die Zwillingsbildung nach dem Karlsbader Gesetz häufig auf und stellt dadurch ein wichtiges Erkennungsmerkmal dar (**Abb. 10 a; Foto 5, 6**). Karlsbader Zwillinge sind Einfachzwillinge, das heißt, in einem Kristall kommt nur eine Verwachsungsebene vor.

Unter den Alkalifeldspäten unterscheiden wir **Sanidin**, **Orthoklas, Anorthoklas** und **Mikroklin**, welche die gleiche chemische Zusammensetzung haben ($KAlSi_3O_8$ – ein Teil des K kann durch Na ersetzt sein). Die monokline Hochtemperaturform der Alkalifeldspäte heißt **Sanidin**, der eine weitgehend ungeordnete Al-Si-Verteilung aufweist. Das Mineral erscheint nur in vulkanischen Gesteinen, zumeist in Form von Einsprenglingen, und ist durch einen tafeligen Habitus charakterisiert (**Foto 7**). Seine Abkühlung erfolgte schnell und die Entstehung perthitischer Entmischungen ist daher nicht

Foto 4*: Perthit. Streifenförmige, helle Entmischungsspindeln aus Albit liegen in einem hellbraun getönten Alkalifeldspat. Breite 6 cm.*

Foto 5: *Karlsbader Zwilling eines Alkalifeldspats. Breite 5 cm.*

Foto 6: *Alkalifeldspat-Kristalle in einem Biotit-Granit. Im linken idiomorphen Kristall ist im Schnitt die typische Grenzlinie eines Karlsbader Zwillings zu beobachten. Breite 8 cm.*

Foto 7: *Große, hellgrau gefärbte Sanidinkristalle (Ecke links oben und unten) in einem Trachyt. Die Sanidine enthalten später gebildete, hellere perthitische Entmischungen. Die Grundmasse ist relativ grobkörnig und besteht ebenfalls aus Alkalifeldspat. Die kleinen schwarzen Kristalle sind Biotit. Breite 9 cm.*

möglich. Wenn die betreffenden Vulkanite aber altern (z. B. in Paläovulkaniten), können sich Perthite zu einem späteren Zeitpunkt bilden. Normalerweise erscheint Sanidin, im Unterschied zu Mikroklin und Orthoklas, hell und klar, wenig getrübt. Die schnelle Abkühlung kann im Sanidin jedoch parallele Risse hervorrufen, die mit den perthitischen Strukturen verwechselt werden können. Unter der Lupe erscheint das Mineral zwischen den Rissen aber glasklar.

Orthoklas und **Mikroklin** sind die häufigsten Alkalifeldspäte; sie sind langsam abgekühlt und in Plutoniten und Metamorphiten verbreitet. Makroskopisch sind sie kaum voneinander zu unterscheiden. Sie haben beide einen tafeligen Habitus und ähnliche weiße bis rötliche Farben. Orthoklase (monoklin) bilden sich bei Temperaturen um 700 °C mit einer nur teilweise geordneten Al-Si-Verteilung und sind typisch insbesondere für plutonische Gesteine wie Granite, Granodiorite oder Syenite; in Vulkaniten erscheinen sie z. B. in Rhyolithen und Phonolithen.

Mikroklin ist die trikline Tieftemperaturform (unter 500 °C). Sie bildet sich ebenfalls bei langsamen Abkühlungsgeschwindigkeiten. Die Si-Al-Verteilung ist geordnet; Al besetzt, von den vier möglichen, einen bevorzugten Gitterplatz. Charakteristisch sind also ein hoher Ordnungsgrad und eine niedere Kristallsymmetrie. Mikroklin ist typisch für metamorphe Gesteine, kann aber auch in Plutoniten erscheinen, in Vulkaniten fehlt er.

Varietäten: Adular, weiß bis farblos, ist ein Na-armer Tieftemperatur-Alkalifeldspat, der sich hydrothermal auf Klüften bildet. **Mondstein** ist ein hellblau oder bläulich weiß, manchmal trüb schimmernder Alkalifeldspat, der als Halbedelstein geschätzt wird und einen Schillereffekt aufweist. **Amazonit** ist ein durch Pb^{2+}-Einbau im Gitter hellgrün gefärbter Alkalifeldspat, der ebenfalls als Halbedelstein genutzt wird.

Die Alkalifeldspäte sind, im Unterschied zu den Plagioklasen, der Verwitterung (Alteration) gegenüber relativ widerstandsfähig. Feldspäte können während der Verwitterungsprozesse zersetzt und in Tonminerale umgewandelt werden.

Verwendung: Orthoklas und Mikroklin werden als Rohstoffe in der Keramikindustrie oder zur Porzellanherstellung verwendet. Sie dienen gleichfalls auch zur Emaillefabrikation.

1.1.2 Plagioklase

Die Plagioklase stellen einen Sammelbegriff für trikline Mischkristalle zwischen Albit und Anorthit dar (**Abb. 16, Tab. 5,6**). Sie sind die häufigsten Feldspäte und kommen in den meisten magmatischen Gesteinen vor. Sie bauen nur geringe Mengen an Kalium in ihr Gitter ein und je nach dem Na/Ca-Verhältnis bzw. nach ihren Anorthit-Gehalten (An Mol-%) werden sie als **Albit** (etwa 10 % An), **Oligoklas** (etwa 30 % An), **Andesin** (etwa 30–50 % An), **Labradorit** (etwa 70 % An), **Bytownit** (etwa 90 % An) oder **Anorthit** (etwa 90–100 % An) bezeichnet. Makroskopisch ist es jedoch nicht möglich, die einzelnen Plagioklase zu unterscheiden. Dafür werden mikroskopische oder mikroanalytische Methoden benötigt. Andererseits sind bestimmte Plagioklaszusammensetzungen für gewisse Magmatite sehr typisch. Wenn man diese theoretischen Zusammenhänge kennt, kann man auf die Zusammensetzung des betreffenden Plagioklases rückschließen.

Albit, Oligoklas und Andesin sind für saure und intermediäre magmatische Gesteine charakteristisch. Labradorit kennzeichnet basische Magmatite. Bytownit und Anorthit erscheinen seltener, nur in speziellen Gesteinen.

Typisch für die Plagioklase ist die lamellare oder polysynthetische (Vielfach-) Verzwillingung, man nennt sie auch Albit-Zwillinge (**Abb. 10 b, Foto 8**). Sie sind am Hand-

***Foto 8:** Polysynthetische (Albit) Verzwillingung eines Plagioklaskristalls. Die Zwillings-Lamellen durchziehen das Mineral geometrisch parallel. Breite 8 cm.*

stück am besten mithilfe einer Lupe erkennbar. Bei den Alkalifeldspäten ist dieses Unterscheidungsmerkmal nicht anzutreffen oder es ist so fein (Mikroklin), dass es auch mit der Lupe nicht erkannt werden kann.

Plagioklase können auch zoniert sein, was mit bloßem Auge selten und dann nur in stark alterierten Kristallen erkennbar ist. Es handelt sich um eine primäre magmatische Zonierung. Sie entsteht, da sich während des Wachstums eines Kristalls die Zusammensetzung und Temperatur der Schmelze verändert haben und dadurch unterschiedliche Elemente bevorzugt eingebaut werden können. Der makroskopisch erkennbare Zonarbau der Plagioklase erscheint meistens in Vulkaniten oder in Ganggesteinen, seltener in Plutoniten.

Periklin ist ein milchig-weißer Tieftemperatur-Albit, hauptsächlich aus alpinen Klüften, der plattige Kristalle bildet. **Labradorit** ist durch ein irisierendes Farbenspiel mit metallischem Glanz – auch Labradoreffekt oder als Labradorisieren bezeichnet – gekennzeichnet. Dieser Effekt kommt jedoch auch in anderen Plagioklasen vor und entsteht durch winzige, das Licht brechende Lamellenstrukturen.

Das Auftreten von Alkalifeldspäten, Plagioklas oder beiden Feldspäten stellt ein Indiz für den geochemischen Charakter und die Klassifikation des betreffenden Magmatits dar. Bestimmte Gesteinsarten werden von unterschiedlichen Feldspatarten geprägt. Basische Magmatite (z. B. Gabbro oder Basalt) enthalten Plagioklas und keinen oder nur sehr wenig Alkalifeldspat. Bei Alkalimagmatiten (z. B. Nephelinsyenite) verhält es sich meist umgekehrt. Aus diesem Grund ist es in der Praxis wichtig, die beiden Feldspäte makroskopisch unterscheiden zu können. In der folgenden Tabelle sind die wichtigsten Unterscheidungsmerkmale zwischen Alkalifeldspat und Plagioklas zusammengestellt.

	Alkalifeldspat	**Plagioklas**
Farbe	weiß, grau, gelblich, bräunlich, grünlich, **blassrot**, **kräftig rot**	**weiß**, **grau**, **farblos**, grauviolett, gelblich, selten rot
Zwillinge	nur einfache Zwillinge (z.B. nach dem **Karlsbader Gesetz**)	**polysynthetische Zwillinge** (Albit Gesetz), neben Einfachzwillingen
Entmischung	häufig perthitische Entmischung	---
Zonarbau	selten makroskopisch erkennbar	häufig makroskopisch erkennbar
Alteration	recht unempfindlich, z. T. Kaolinisierung	recht anfällig, oft grünliche Sekundärbildungen, verstärkt im Kern

Tabelle 6: *Unterscheidungskriterien von Plagioklas und Alkalifeldspat.*

1.2 Feldspatvertreter (Foide)

Die Feldspatvertreter (Feldspatoide, Foide) sind ebenfalls Gerüstsilikate und treten in alkalireichen und SiO_2-untersättigten Magmatiten auf, welche die Alkaligesteine bilden. Sie entstehen also aus Schmelzen, in denen der SiO_2-Gehalt nicht ausreicht, um das vorhandene Na, K oder auch Ca in den Feldspäten zu binden. Dadurch entstehen sie anstelle von Feldspäten und vertreten diese:

Feldspatvertreter (Foide)

Eigenschaften	Feldspatvertreter (Foide)	
	Nephelin	Leucit
chemische Formel	$NaAlSiO_4$	$KAlSi_2O_6$
Farbe	grau, grünlich oder bräunlich	farblos, grauweiß, gelblich
Form, Habitus	kurz-prismatische sechs-seitige Kristalle	rundlich, kugelig
Härte	5 1/2 bis 6	5 1/2 bis 6
Zwillingsbildung	keine	keine
Spaltbarkeit	keine, muscheliger Bruch	keine, muscheliger Bruch
Dichte	2,6 g/cm³	2,5 g/cm³

Tabelle 7: *Charakteristische Eigenschaften der beiden wichtigsten Feldspatvertreter.*

$NaAl\ SiO_4 + 2\ SiO_2 \rightarrow NaAlSi_3O_8$
Nephelin + Quarz → Albit

$KAl\ Si_2O_6 + SiO_2 \rightarrow KAlSi_3O_8$
Leucit + Quarz → Orthoklas

Als Folge ihres SiO_2-Defizits können **Feldspatvertreter nie zusammen mit Quarz** vorkommen; sie schließen sich aus, denn sie würden miteinander zu Feldspäten reagieren.

Die mit Abstand häufigsten Vertreter sind Nephelin und Leucit. Eher untergeordnet kennt man noch Sodalith ($Na_8Al_6Si_6O_{24}Cl_2$), Analcim ($NaAl_2\ Si2O_6 * 2\ H_2O$) und Cancrinit ($Na_6Ca_2(AlSiO_4)_6(CO_3)_2$). In bestimmten Gesteinen können jedoch auch diese Minerale von Bedeutung sein.

1.2.1 Nephelin

Nephelin ist der häufigste Feldspatvertreter und erscheint in plutonischen und vulkanischen Alkalimagmatiten, z. B. Foidsyeniten und Phonolithen. Es ist ein hexagonales, meist kurzsäuliges Mineral (**Abb. 17** links). In Vulkaniten tritt Nephelin oft als idiomorpher Einsprengling auf und zeigt dann sechsseitige Basisschnitte und rechteckige Längsschnitte (**Foto 9**). In Plutoniten ist er etwas schwerer zu erkennen, da er meist xenomorph erscheint. Nephelin kann auch in bestimmten Pegmatiten vorkommen, wo er dann große Kristalle bildet. Im Vergleich zu Feldspat verwittert Nephelin viel leichter und ist in diesem Fall an seiner rauen, leicht zersetzten Oberfläche zu erkennen.
Verwendung: Nephelin kann als Rohstoff für die Aluminiumgewinnung dienen. Außerdem wird es bei der Herstellung von Porzellan und Glas benützt.

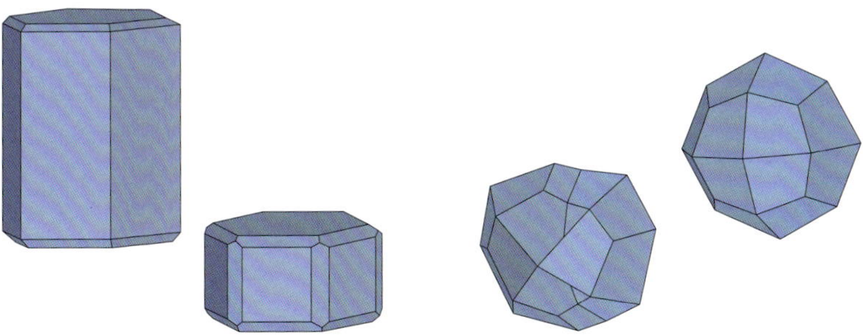

Abb. 17: *Typische Kristallformen von Nephelin (links) und Leucit (rechts).*

Foto 9: *Idiomorphe, rötlich bis grau gefärbte Nephelinkristalle als Einsprenglinge in einem Basanit. Die kleineren hellen Kristalle sind Plagioklase. Breite 5 cm. Limburg an der Lahn, Hessen.*

Foto 10: *Ganz helle, rundlich kugelige Leucitkristalle (Mitte links – siehe weißer Pfeil – und rechts oben) in einem Tephrit. Breite 4 cm. Vesuv.*

1.2.2 Leucit

Leucit erscheint seltener als Nephelin und kommt vorwiegend in alkalireichen K-betonten Vulkaniten und Subvulkaniten tertiären Alters vor (z. B. Kaiserstuhl, Vesuv), aber auch in quartären Vulkaniten. Leucite, die in älteren Gesteinen (Paläovulkaniten) vorkommen, sind meistens unter Beibehaltung ihrer äußeren Morphologie umgewandelt und werden in diesen Fällen Pseudoleucite genannt. Die Leucite kristallisieren unterhalb von ca. 700 °C tetragonal, bei höheren Temperaturen im kubischen System und bilden dann bestimmte Kristallformen bzw. Trachten aus wie „Leucitoeder", Rhombendodekaeder oder Ikositetraeder, also „fußballähnliche Kristalle" (**Abb. 17** rechts). Im Gestein erscheinen die vielflächigen Mineralkörner kugelig (**Foto 10**).

Verwendung: Leucitreiche Gesteine werden als Kalium-Düngemittel eingesetzt.

1.3 Quarz

Quarz

Eigenschaften	Quarz
chemische Formel	SiO_2
Farbe	im Gestein meist grau, weiß oder mit leichter Fremdfarbe; oft durchscheinend
Form, Habitus	körnig in Plutoniten, teilweise idiomorph in Vulkaniten
Härte	7
Spaltbarkeit	keine, muscheliger Bruch
Zwillingsbildung	Dauphiné Zwillinge (nach dem "Japaner-Gesetz")
Dichte	2,65 g/cm^3

Tabelle 8: *Charakteristische Eigenschaften des Quarzes.*

Quarz ist neben den Feldspäten das zweithäufigste Mineral der kontinentalen Kruste und in den Magmatiten weit verbreitet. Er ist aber auch Bestandteil von Metamorphiten. Wegen seiner beachtlichen Verwitterungsresistenz ist er als Abtragungsprodukt auch in vielen Sedimentgesteinen anzutreffen. Innerhalb magmatischer Gesteine wird anhand des Vorkommens von freiem Quarz zwischen SiO_2-übersättigten und SiO_2-untersättigten Magmatiten (z. B. Granit, Rhyolith bzw. Foid-Syenit, -Trachyt) unterschieden.

Quarz ist ein trigonal kristallisierendes Gerüstsilikat. Im Gegensatz zu anderen gesteinsbildenden Silikaten bildet Quarz keine Mischkristalle, sondern ist in der Regel chemisch sehr rein und besteht zu über 99 Gew.-% aus SiO_2. Die sehr geringen Beimengungen können z. B. Al^{3+}, B^{3+}, Fe^{2+} oder Ti^{3+} sein. Seine Hauptmerkmale sind seine Härte (7) und das vollkommene Fehlen einer Spaltbarkeit, wodurch der Bruch typisch muschelig gewölbt ist. Quarz ist oft farblos durchscheinend, manchmal grau, seltener auch milchig trüb und die Bruchflächen glänzen glasartig oder fettig (**Foto 3**).

In Plutoniten und Vulkaniten tritt Quarz überwiegend xenomorph auf, da er generell in der Kristallisationsfolge erst bei etwas tieferen Temperaturen nach den Feldspäten und Glimmern auskristallisiert. Nur in sauren Vulkaniten (z. B. in Rhyolithen) können sich Quarz-Einsprenglinge in Form von idiomorphen Quarz-Bipyramiden mit sechsseitigem Querschnitt (hexagonal kristallisierter „**Hochquarz**"; **Abb. 18**) bilden. Entsteht Quarz in Spalten und Klüften aus heißen (hydrothermalen) Lösungen (Gangquarze, Bergkristall; **Foto 11, 12**), bildet sich primär ein „**Tiefquarz**", der an den langen Prismenflächen und der trigonalen Symmetrie erkennbar ist (**Abb. 18**).

***Foto 11**: Teilweise durchsichtiger, farbloser Tiefquarzkristall in einem hydrothermalen Gang aus heißen Lösungen auskristallisiert. Breite 3 cm.*

***Foto 12**: Tiefquarzkristall, etwas getrübt. Breite 5 cm.*

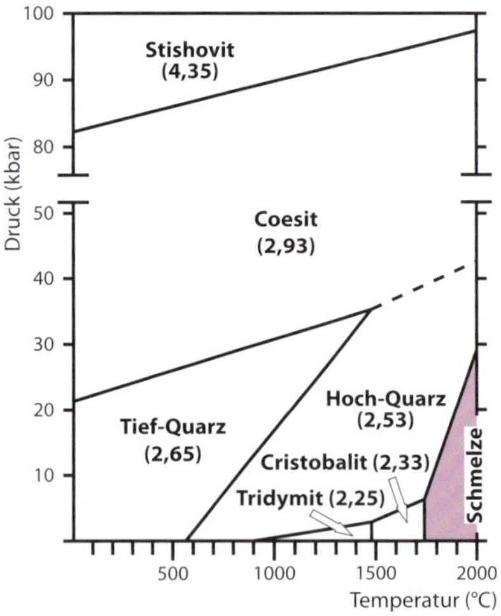

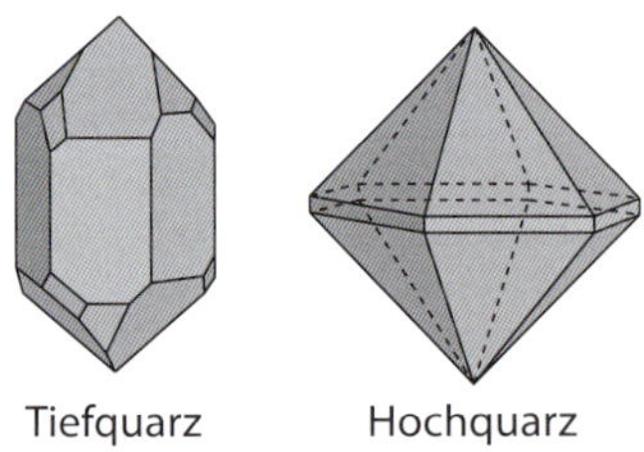

***Abb. 18**: Links: die verschiedenen SiO_2-Modifikationen im Druck-Temperatur-Diagramm. In Klammern sind die Dichten (g/cm³) angeführt (verändert nach Okrusch & Matthes 2010). Rechts: Tracht und Habitus von idiomorphem Tief- und Hochquarz.*

Kühlt eine SiO_2-reiche Schmelze ab, kristallisiert primär meist Hochquarz als sechsseitige Doppelpyramide mit teils nur sehr kleinen Prismen-Flächen dazwischen aus. Diese Tracht ist für die Quarz-Einsprenglinge der Rhyolithe typisch. Der Gitterbau ist jedoch auch in diesen zuerst als Hochquarz gebildeten Quarzen letztlich trigonal, weil Hochquarz nur bei Temperaturen oberhalb 573 °C (bei 1 bar Druck) stabil ist, sich das Kristallgitter bei anschließender Abkühlung jedoch unter dieser Temperatur zu Tiefquarz reorganisiert (die Gitter von Hoch- und Tiefquarz sind sich ähnlich), während die äußere Form des Kristalls dabei erhalten bleibt. Dieser Prozess ist reversibel.

Minerale, die bei gleichem Chemismus – in diesem Fall SiO_2 –, aber verschiedenen Druck- und Temperaturbedingungen unterschiedliche Symmetrie zeigen, werden **Modifikationen** oder **Polymorphe** genannt. Die Symmetrie und die Dichte sind kennzeichnend für eine bestimmte Modifikation und diese ist abhängig vom betreffenden Druck und von der Temperatur. Die Regel ist, dass sich mit zunehmendem Druck die Dichte erhöht und mit zunehmender Temperatur die Modifikationen eine höhere Symmetrie erreichen.

Man unterscheidet beim Quarz auch **Hochdruckmodifikationen**. Es handelt sich um die Minerale **Coesit** und **Stishovit** (**Abb. 18**), sie sind allerdings von den Tiefdruckmodifikationen makroskopisch nicht zu unterscheiden. Coesit hat eine Dichte von 3,01 g/cm³ (Tief-/Hochquarz 2,65 g/cm³) und kann sich nur ab etwa 80 km Tiefe oder durch Meteoriteneinschlag bilden. In den meisten Fällen findet man Coesit in den Ultra-Hochdruck-Metamorphiten (z. B. in Eklogiten), die als Folge von Subduktion und Kontinent-Kontinent-Kollision in solche Tiefen gelangten (z. B. im Erzgebirge, im Dora Maira-Massiv in den italienischen Westalpen, im Dabie Shan in Ostchina). Stishovit hat eine Dichte von 4,32 g/cm³ und erscheint in der Natur als Folge von schockartigen Druckwellen, die Meteoriteneinschläge erzeugen. So wurde das Mineral zum ersten Mal im Barringer-Meteoritenkrater (Arizona) nachgewiesen. Zusammen mit Coesit wurde es auch im Nördlinger Ries gefunden, was als Beweis für dessen Entstehung als Impakt-Krater diente.

Varietäten: Auffällig trüber und daher weiß erscheinender Quarz, hervorgerufen durch winzige Flüssigkeitseinschlüsse, heißt **Milchquarz** (**Foto 13**). Er erscheint auch in Pegmatiten, ist aber typisch für relativ niedrig temperierte (hydrothermale) Gang- oder Kluft-Füllungen. In anderen Fällen bildet er derbe Massen, während gleichzeitig farbloser **Bergkristall** (**Foto 11, 12**), violetter **Amethyst** (enthält im Gitter Eisen und/oder Titan und wurde auch einer radioaktive Bestrahlung ausgesetzt; **Foto 14**), gelber **Citrin** (enthält submikroskopische Eisenoxidpartikel im Gitter), rosa **Rosenquarz** (enthält Rutil – TiO_2) oder graubrauner bis schwarzer **Rauchquarz** (als Folge von Gitterdefekten durch Gammastrahlen hervorgerufen; **Foto 15**) idiomorphe Kristalle ausbilden, die in Gängen, Klüften oder Hohlräumen (Geoden; **Foto 2**) wachsen. Zu erwähnen wäre noch **Blauquarz**, der eine blaue bis blaugraue Farbe hat und oft leicht getrübt erscheint (enthält Einschlüsse von Magnesioriebeckit), und **Prasem**, der grün gefärbt ist (enthält Einschlüsse von Aktinolith-Nadeln).

Beim Quarz unterscheidet man auch amorphe bis krypto- oder mikrokristalline Varietäten. **Opal** ($SiO_2 * n\ H_2O$) ist amorph bis kryptokristallin (**Foto 16**); so erscheint er z. B. in verkieselten Tuffen und Vulkaniten oder verkieselten fossilen Hölzern. Er bildet sich auch diagenetisch, also im Rahmen von sedimentären Prozessen als Flint oder Feuerstein (z. B. in den Kreidefelsen der Insel Rügen), und erscheint dann in Form von knollenförmigen Konkretionen. Als biogene Form ist Opal charakteristisch für Organismen mit kieseligen Skeletten wie Radiolarien, Diatomeen und Kieselschwämmen. Im

***Foto 13**: Weißlich trüber „Milchquarz“. Breite 8 cm.*

***Foto 14**: Amethyst – die violette Varietät von Quarz. Breite 7 cm.*

Foto 15: *Braun-schwarzer Rauchquarz. Breite 8 cm.*

Foto 16: *Opal – die amorphe Modifikation von Quarz. Breite 8 cm.*

Übergang zu mikro- bis kryptokristallinen Varietäten mit zunehmender Gitterordnung bildet sich bei gleichzeitiger Entwässerung **Chalzedon**. Dieser ist meist farblos, selten bläulich, oft parallel gestreift und die einzelnen Lagen werden von feinsten Fasern aufgebaut. **Karneol** ist ein fleischfarbener bis roter Chalzedon. **Jaspis** ist grau oder braun bis rot und **Chrysopras** grün. **Achate** sind rhythmisch bunt gebänderte, oft Hohlräume umschließende Chalzedone, **Onyxe** sind schwarz-weiß gebändert.

Verwendung: Quarzsand ist von großer wirtschaftlicher Bedeutung als Rohstoff für die Glasherstellung. Er dient auch als Ausgangsstoff für die Herstellung von Silizium, welches in der Halbleiterindustrie benötigt wird. Einige Tiefquarz-Varietäten werden als Schmucksteine verarbeitet (Amethyst, Citrin). Krypto- bis mikrokristalline Quarze wie Achat, Onyx und Jaspis werden ebenfalls als Schmucksteine gehandelt. Synthetisch hergestellte, hochwertige reine Quarzkristalle dienen in Quarzuhren als Piezoquarze (Schwingquarze) zur Zeitmessung.

1.4 Glimmer

Die Glimmer sind vor allem in Plutoniten (Graniten, Granodioriten etc.) zu finden, in Vulkaniten nur teilweise. In metamorphen Gesteinen haben sie dagegen eine weite Verbreitung. Glimmer können auch zum Teil in klastisch-sedimentären Gesteinen als Verwitterungsprodukte (Hellglimmer) erhalten bleiben. In Magmatiten sind die mit Abstand wichtigsten Glimmerminerale Biotit und untergeordnet Muskovit (**Tabelle 9**).

Glimmer

Eigenschaften	Glimmer	
	Biotit	Muskovit
chemische Formel	$K(Mg, Fe)_3[AlSi_3O_{10} / (OH)_2]$	$KAl_2[AlSi_3O_{10} / (OH)_2]$
Farbe	dunkelbraun bis schwarz, lackartiger Glanz	hell, glänzend
Form, Habitus	blättchenförmig, in Magmatiten oft idiomorph	tafelig
Härte	2 1/2 bis 3	2 bis 2 1/2
Spaltbarkeit	vollkommen nach der basis	vollkommen nach der Basis
Zwillingsbildung	keine	keine
Dichte	2,8 bis 3,2 g/cm³	2,8 bis 2,9 g/cm³

Tabelle 9: Die Eigenschaften der Glimmer.

Die Glimmer umfassen jedoch eine weitaus größere Gruppe von Mineralen.
Die Glimmer gehören zur Gruppe der Schicht- oder Phyllosilikate, deren Silikat-Anionen aus Schichtlagen eckenverknüpfter SiO_4- und AlO_4-Tetraeder bestehen. Zusätzlich sind auch parallel angelagerte Oktaederschichten vorhanden, die Al, Fe oder Mg im Zentrum haben. Die Ecken der Tetraeder werden zum Teil von OH-Gruppen eingenommen. Diese Schichten oder Doppelschichten sind untereinander nicht weiter verknüpft, eine Struktur, welche Form und Eigenschaften der Kristalle bestimmt. Ihr auffälligstes Merkmal ist deshalb die vollkommene Spaltbarkeit parallel zu den Schichten („Basisflächen"), zwischen denen nur relativ schwache Bindungskräfte wirken. Die Glimmer erscheinen deshalb als schuppenartige Aggregate und als blättchenförmige Kristalle, die eine hohe Elastizität aufweisen. Sind sie idiomorph und gut ausgebildet, zeigen sie sechseckige, pseudohexagonale Umrisse. Biotit und insbesondere Muskovit bilden zentimeter- bis dezimetergroße, in Ausnahmefällen auch bis zu etwa 1 m große Tafeln in Pegmatiten, wo sie zusammen mit Quarz und Feldspäten auskristallisieren können.

***Foto 17**: Biotitkristall, schwarz. Breite 6 cm.*

***Foto 18**: Biotitkristall, braun-schwarz. Breite 8 cm.*

1.4.1 Biotit

Biotit (Magnesiumeisenglimmer), auch „dunkler Glimmer“ genannt, kommt sowohl in Plutoniten als auch in Vulkaniten vor und ist der häufigste Glimmer. Typisch ist das Mineral z. B. für Granite, Granodiorite, Diorite, Rhyolithe, Dazite und Andesite. In unverwitterten Gesteinen erscheint er meistens schwarz (**Foto 17, 18**). Ist er durch Verwitterung ausgebleicht, kann er einen goldgelben Schimmer bekommen. Wird der Verwitterungsprozess intensiver, zersetzt er sich relativ schnell. Biotit kann sich in Chlorit umwandeln und geht dann stufenweise in grünliche Farben über. Biotit ist ein Mischkristall der Annit-Phlogopit-Mischreihe.

1.4.2 Muskovit

Muskovit, auch „Hellglimmer“ genannt (**Foto 19**), erscheint in Plutoniten, z. B. in den „Zweiglimmer-Graniten“, im Vergleich zu Biotit ist er aber seltener. In Vulkaniten bildet sich Muskovit nie primär. Im besten Fall entsteht er sekundär, ist dann extrem feinschuppig, erscheint in Begleitung von Tonmineralen als Verwitterungsprodukt von Feldspäten und wird in diesem Fall **Serizit** genannt. Muskovit ist meist feinblättrig und bildet nur in Pegmatiten große Tafeln. Der Name bedeutet „Moskauer Glas“, weil die Bewohner dieser Stadt im Mittelalter große Muskovit-Platten aus den Pegmatiten des Urals als Fensterscheiben verwendeten. Muskovit und Biotit können in bestimmten Fällen miteinander verwachsen. Muskovit ist meist farblos und durchsichtig. Im Gestein zeigt er oft einen perlmutterartigen Glanz. Handelt es sich um etwas dickere Kristalltafeln, kann er silbergraue bis gelbliche Tönungen zeigen (**Foto 20**).

Verwendung: Insbesondere Muskovit findet Verwendung, als Isolator in der Elektrotechnik oder wegen der großen Hitzebeständigkeit als Fenster in Hochöfen, in Lam-

***Foto 19**: Perlmutterartig glitzernde Muskovitkristalle in einem Pegmatit. Die weiße Gesteinsmasse besteht aus Quarz und Feldspat. Breite 9 cm. Lotru-Tal, Südkarpaten.*

Foto 20: *Muskovit-„Pakete", silbergrau bis gelblich, wie sie in Pegmatit-Gängen vorkommen. Breite 11 cm. Lotru-Tal, Südkarpaten.*

pen und Röntgenröhren. Die betreffenden Muskovitkristalle werden aus Pegmatiten gewonnen. Glimmer allgemein werden auch für die Herstellung von Pigmenten und von Wärmedämmmaterial verwendet.

1.5 Amphibole

Die Amphibole stellen eine sehr zahlreiche Mineralgruppe dar und kommen sowohl in Plutoniten als auch in Vulkaniten vor, wo sie zu den dunklen, mafischen Mineralen gehören. Innerhalb der Amphibole findet Mischkristallbildung statt. Weit verbreitet

Amphibole

Eigenschaften	Amphibole	
	allgemeine Formel	Hornblende
chemische Formel	$W_{0-1}X_2Y_5Si_8O_{22}(OH, F)_2$ mit W (+); X (2+); Y (2+, 3+, 4+)	$(Na, Ca)_{2-3}$ $(Mg, Fe, Al)_5$ $(Al, Si)_2$ Si_6O_{22} $(OH)_2$
Farbe		meist dunkelgrün bis schwarz
Form, Habitus		idiomorph bis hypidiomorph, stengelig mit 6-seitigem Umriss, Glasglanz auf Kristall und Spaltflächen, 3 Kopfflächen
Härte		5 - 6
Spaltbarkeit		vollkommen nach der Längsachse, Winkel des Spaltkörpers 124°
Dichte		3,0 bis 3,4 g/cm³

Tabelle 10: *Eigenschaften der Amphibole.*

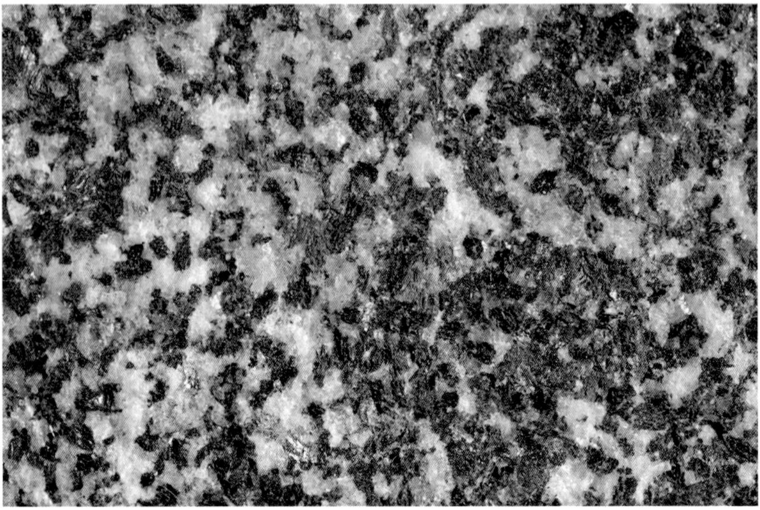

Foto 21: *Dunkelgrüne bis schwarze hypidiomorphe Hornblendekristalle in einem Diorit. Die weiße Gesteinsmasse besteht aus Plagioklas. Breite 4 cm.*

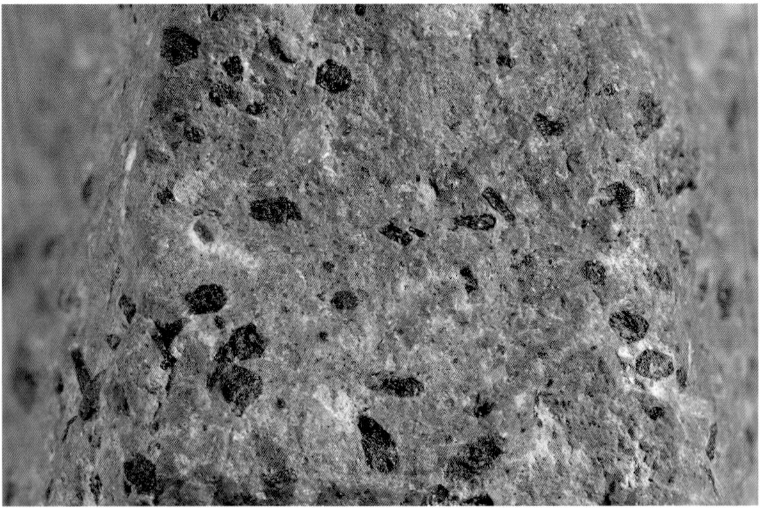

Foto 22: *In einem Andesit sind idiomorphe Hornblendekristalle mit sechsseitigen Kopfschnitten zu beobachten. Die helleren und meist kleineren Kristalle sind Plagioklas-Einsprenglinge. Breite 4 cm.*

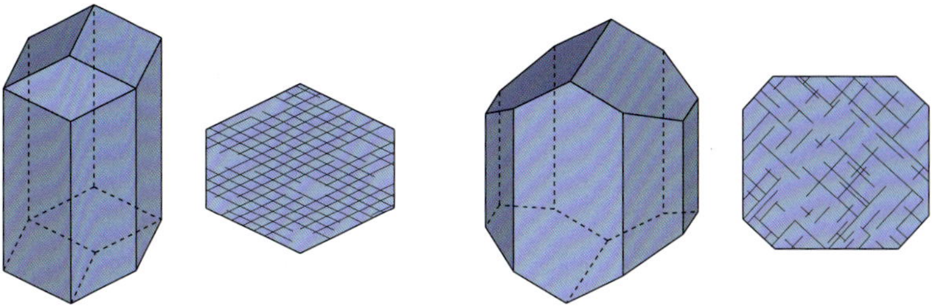

***Abb. 19**: Links: Amphibolkristall und Ausrichtung der beiden Spaltsysteme (124°-Winkel); rechts: Pyroxenkristall mit angedeuteter Spaltbarkeit (87°); beides im Kopfschnitt.*

sind sie auch in den metamorphen Gesteinen, wo sie, abhängig von den Bildungsbedingungen, sehr verschieden zusammengesetzt sein können. In klastischen Sedimentgesteinen erscheinen sie nur relativ selten, da sie sich bei Verwitterung schnell zersetzen. Allgemein zeichnen sie sich durch intensive Mischkristallbildungen aus. Bei vielen Magmatiten sind die Amphibole durch **Hornblende** vertreten, z. B. in Alkaligraniten (Alkali-Hornblende), Granodioriten (seltener), in Dioriten, Tonaliten, Gabbros oder in Daziten und Andesiten. Alkalireiche Amphibole, z. B. blauschwarzer Na-reicher Arfvedsonit, oder Ti-reicher Barkevikit, erscheinen in Foid führenden Gesteinen wie Syeniten oder Phonoliten. Amphibole sind Doppelkettensilikate (Bandsilikate), kristallisieren fast ausnahmslos mit monokliner Symmetrie und enthalten wie auch die Glimmer OH-Gruppen.

Hornblende ist in Magmatiten tiefschwarz, mit hohem Fe_2O_3-Gehalt und auch etwas TiO_2, oder schwarz bis dunkelgrün gefärbt („gemeine Hornblende) und zeigt teilweise auch einen lackartigen, halbmetallischen Glanz. Hornblende erscheint oft auch in Plutoniten idiomorph bis hypidiomorph (**Foto 21**), da sie relativ früh in der Schmelze auskristallisiert. Sie hat einen säulenförmig stängeligen Habitus. Ein charakteristisches Merkmal sind zwei Spaltsysteme, deren Spaltrisse sich in einem Winkel von 124 Grad schneiden (**Abb. 19** links). Hornblendekristalle haben oft einen sechsseitigen Umriss bzw. Kopfschnitt (**Foto 22**). Idiomorphe Kristalle haben drei Kopfflächen und können dadurch von Pyroxen unterschieden werden.

Hydrosilikate

Amphibole und Glimmer sind **Hydrosilikate**, da sie im Gegensatz zu anderen gesteinsbildenden Silikaten **OH-Gruppen** enthalten. Sind in den Magmatiten Hydrosilikate vorhanden, sind Rückschlüsse zu Bildungstemperaturen und Wassergehalt der Schmelzen möglich. Hydrosilikate können sich während der magmatischen Kristallisation nur bilden, wenn eine bestimmte Menge an Wasser in der Schmelze vorhanden ist. Gleichzeitig dürfen bestimmte Temperaturen nicht überschritten werden. In vielen Magmatiten, die bei hohen Temperaturen kristallisieren (1000–1200 °C; z. B. Basalt oder Gabbro), tritt praktisch nie Amphibol oder Glimmer auf. Wenn es doch dazu kommt, so handelt es sich um Produkte später Kristallisationsphasen, die bei relativ niedrigen Temperaturen und/oder relativ hohen Wassergehalten der bereits teilkristallisierten Schmelzen entstehen.

1.6 Pyroxene

Pyroxene sind, wie auch die Amphibole, Kettensilikate, aber Einfachkettensilikate (Inosilikate). Chemisch sind sie den Amphibolen ebenfalls ähnlich und gehören wie diese zu den mafischen Mineralen. Sie sind die häufigsten dunklen Minerale der Erdkruste, kommen aber auch im Erdmantel vor. Wir finden sie sowohl in Plutoniten als auch in Vulkaniten, wo sie bei höheren Temperaturen auskristallisieren als die Amphibole. Sie enthalten, im Unterschied zu diesen, keine OH-Gruppen. Deshalb gehören sie zu den sogenannten „trockenen" Silikat-Mineralen. Sie bilden wichtige Gemengteile in basischen Magmatiten (z. B. Gabbro, Basalt) und in Mantelgesteinen (Peridotiten). In metamorphen Gesteinen sind sie vorwiegend in hochgradigen Metamorphiten oder bei der Kontaktmetamorphose anzutreffen; in Sedimentgesteinen sind sie wegen ihrer Anfälligkeit gegen chemische Verwitterung sehr selten anwesend.

Abhängig vom Kristallsystem lassen sich die Pyroxene in zwei Kategorien einteilen: **Orthopyroxene** (Mg, Fe – orthorhombisch; **Foto 23**) und **Klinopyroxene** (Na, Ca, Mg, Fe – monoklin), deren Elementzusammensetzungen in Plutoniten bei hohen Temperaturen mischbar sind. Sinken die Temperaturen, entstehen oft lamellenförmige Entmischungen, ähnlich wie bei den Feldspäten. Orthopyroxene wie der **Enstatit** ($Mg_2[Si_2O_6]$), **Bronzit** (eine eisenhaltige Varietät von Enstatit) oder **Hypersthen** ($MgFe[Si_2O_6]$) können gleichzeitig neben den Ca-haltigen Klinopyroxenen wie **Augit** ($(Ca,Na)(Mg,Fe,Al)[(Al,Si)_2O_6]$) und **Diopsid** ($Ca(Mg,Fe)[Si_2O_6]$) auftreten. Augit kommt verbreitet in Vulkaniten und Alkali-Plutoniten vor, während Diopsid allgemein für Plutonite typisch ist und in diesen zusammen mit Orthopyroxenen vorkommt. Diopsid

***Foto 23**: Braun bis bronzefarbene Orthopyroxene (Enstatit/Bronzit bis Hypersten), die einen Pyroxenit bilden. Breite 11 cm. Münchberger Gneismasse, Bayern (Oberfranken).*

Foto 24: „Endodiopsid“-Kristalle mit hell schillernden Spaltflächen in einem grobkörnigen Gabbro. Breite 7 cm. Rio n´ell Elba, Elba.

ist auch an Metamorphite gebunden; er ist z. B. typisch für die Kontaktmetamorphose (Skarne). Das Mineral wurde übrigens auch in Gesteinsproben vom Mond gefunden.

Na-reiche Klinopyroxene (**Aegirin**, $NaFe_3+[Si_2O_6]$) kommen vorwiegend in Alkalimagmatiten vor, während der Na- und Al-reiche **Omphazit** ($(Na,Ca)(Mg,Fe,Al)[Si_2O_6]$) typisch für Hochdruckmetamorphite (Eklogite) ist.

Die Unterscheidung von Orthopyroxen und Klinopyroxen kann in vielen Fällen entscheidend für eine richtige Gesteinsansprache sein, ist aber makroskopisch nur selten möglich und schwierig. Ein Beispiel dafür sind manchmal außergewöhnlich intensiv schillernde Spaltflächen der Kristalle, die für Orthopyroxene charakteristisch sind. Es können jedoch auch Klinopyroxene wie Diopsidkristalle (genauer „Endodiopsid“ – Ca- und Mg-reich) diese Eigenschaft besitzen (**Foto 24**). Trotzdem gibt es einige Regeln, welche diesbezüglich in der Praxis von Nutzen sein können:

- Orthoproxen tritt nie mit Feldspatvertretern auf, wohl aber Klinopyroxen.
- Orthopyroxen kommt nur in tholeiitischen und kalk-alkalinen Magmatiten vor (siehe Kap. II.2.2.1 und II.2.2.2).
- In Mantelgesteinen treten häufig beide Pyroxene auf. Hier ist Klinopyroxen oft deutlich smaragdgrün gefärbt (Einbau von Cr), während Orthopyroxen zwar variable Farben zeigt (hell, olivfarben, braun oder schwarz), aber niemals smaragdgrün ist.
- In Metamorphiten sind Klinopyroxene verbreiteter als Orthopyroxene.

Augit als Klinopyroxen ist allgemein in Magmatiten stark verbreitet und charakteristisch für Basalte, und untergeordnet auch für Andesite. Außerdem ist er in den Vulkaniten der Alkaligesteine, wie z. B. in Tephriten und Basaniten, zu finden (**Foto 25**). Augite erscheinen meist als gedrungene, seltener gestreckte dunkle prismatische Kristalle, können aber auch körnige Aggregate von grüner oder schwarzer Farbe bilden.

Foto 25: *Schwarze, idiomorphe Augitkristalle in einem Basanit (Limburgit). Breite 4 cm. Limberg (Sasbach), Kaiserstuhl.*

Die Augite weisen, wie die Pyroxene allgemein, zwei Spaltsysteme auf. Die Spaltrisse kreuzen sich mit einem Winkel von 87 Grad. Pyroxene haben einen eher kurzsäuligen Habitus, die Amphibolkristalle sind dagegen meistens länglicher. Spaltwinkel und Habitus liefern demnach wichtige Unterscheidungsmerkmale zwischen Pyroxenen und Amphibolen, deren Farbe und Aussehen oft ähnlich sein können (**Abb. 19**).

Pyroxene

Eigenschaften	Pyroxene	
	allgemeine Formel	Augit
chemische Formel	XY Si_2O_6 mit X $^{(+,2+)}$; Y $^{(2+,3+)}$	(Na, Ca) (Mg, Fe, Al) $(Al, Si)_2$ Si_6O_6
Farbe		grün, dunkelbraun bis schwarz, matter Glanz
Form, Habitus		kurzsäulig mit 8-seitigem Umriss, 2 Kopfflächen
Härte		6
Spaltbarkeit		vollkommen (110), Winkel des Spaltkörpers 87°
Dichte		3,2 bis 3,6 g/cm^3

Tabelle 11: Eigenschaften der Pyroxene.

1.7 Olivin

Im Gegensatz zu den Feldspäten, welche die dominierende Mineralgruppe der Erdkruste sind, bildet Olivin den Hauptgemengteil des oberen Erdmantels und ist ein Inselsilikat mit orthorhombischer Symmetrie. Olivin gehört zusammen mit Biotit, Amphibol und Pyroxen zu den mafischen Mineralen. Außer in den Peridotiten des Erdmantels ist Mg-reicher Olivin auch in basischen Vulkaniten und Plutoniten (Basalten, Gabbros)

Olivin

Eigenschaften	Olivin
chemische Formel	$(Mg, Fe)_2SiO_4$
Farbe	meist oliv- bis flaschengrün, durchscheinend, glasglänzend
Form, Habitus	körnig
Härte	6 1/2 bis 7
Spaltbarkeit	schlecht, muscheliger Bruch
Dichte	3,2 bis 4,3 g/cm^3 (je nach Mg/Fe Verhältnis)

Tabelle 12: *Charakteristische Eigenschaften von Olivin.*

vorhanden. In Metamorphiten kann Olivin in kontaktmetamorphen Marmoren bei hohen Temperaturen (über 600 °C) oder regionalmetamorph in umgewandelten Mantelgesteinen und auch in dolomitisch-silikatisch zusammengesetzten metamorphen Gesteinen vorkommen. Aufgrund seiner sehr geringen Resistenz gegenüber chemischer Verwitterung ist Olivin in Sedimentgesteinen extrem selten und zwar ausschließlich in Form von Olivin führenden Geröllen zu finden.

Olivin kristallisiert meistens bei noch höheren Temperaturen aus als die Pyroxene (mindestens 1200 °C), ist also ein Frühkristallisat und bildet zusammen mit diesen die Erstausscheidungen der basischen silikatischen Schmelzen. Sinken dabei neu gebildete Olivinkristalle aufgrund ihrer hohen Dichte in der Magmenkammer ab, so bildet sich ein Bodensatz, der fast ausschließlich aus Olivin besteht (**Olivinkumulat**). Während späterer ablaufender magmatischer Prozesse kann neu gebildetes, nachströmendes, meist basaltisches Magma Teile dieses Kumulats mitreißen und auch bis an die Erd-

Foto 26: *Grüne Olivinknollen als Einschlüsse (Xenolithe) in Basalt. Die monomineralen Olivin-Gesteine werden Dunite genannt. Breite 9 cm. Lanzarote, Kanaren, Spanien.*

oberfläche transportieren. Durch diesen Prozess können Olivinknollen als Fremdgesteinseinschlüsse (Xenolithe) in basaltischen Laven auftreten (**Foto 26**).

Olivin bildet Mischkristalle zwischen dem Mg-Endglied **Forsterit** (Mg_2SiO_4) und dem Fe-Endglied **Fayalit** (Fe_2SiO_4). Dabei ist Olivin, der bei hohen Temperaturen aus einer Schmelze kristallisiert, Mg-reicher als später bei niedrigeren Temperaturen gebildeter Olivin. Diese Regel ist gleichermaßen für alle anderen Mg-Fe-reichen Silikate (z. B. Pyroxene, Amphibole) gültig.

Quarz und Olivin können nicht gemeinsam vorkommen, da Olivin ein SiO_2-Defizit aufweist und mit überschüssigem SiO_2 zu Pyroxen reagieren würde:

$Mg_2SiO_4 + SiO_2 \rightarrow Mg_2Si_2O_6$

Olivin Quarz Orthopyroxen

Nach der Reaktionsgleichung noch einen Satz einfügen: In **Tabelle 13** sind die wichtigsten Minerale der magmatischen Gesteine und ihre Eigenschaften dargestellt.

2 Bildung der Magmatite

2.1 Plattentektonische Grundbegriffe

Um die Entstehung der magmatischen Gesteine beschreiben zu können, ist es notwendig, zuerst kurz einige plattentektonische Grundbegriffe wie **Plattengrenzen**,

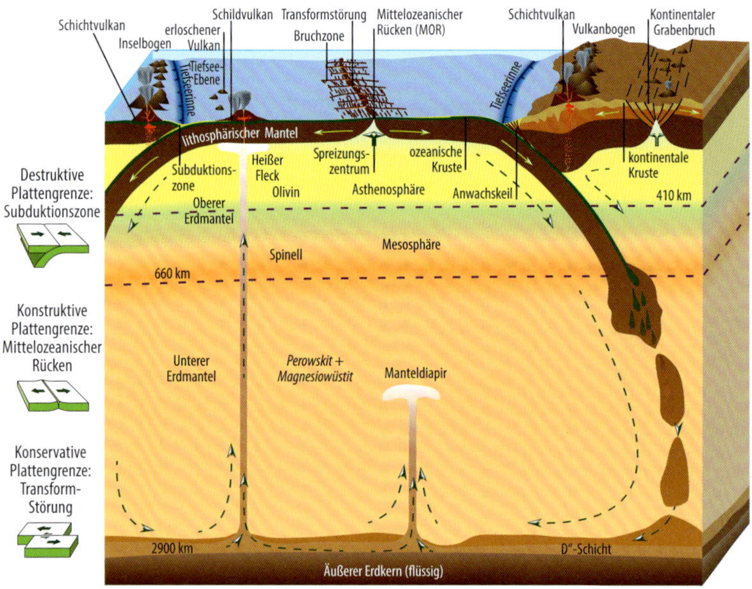

__Abb. 20__: Plattengrenzen und ihre Bewegungsmuster. Ein schematischer Schnitt durch die Lithosphäre und den Erdmantel.

Mineralgruppe	Mineral	Habitus	Farbe	Härte	Spaltbarkeit	Erkennungsmerkmale
Quarz	Quarz SiO_2	körnig kurzsäulig	farblos, grau, weißlich unspezifisch	7	keine muscheliger Bruch	muscheliger Bruch, große Härte, glasig, fettartiger Glanz (1) vulkanisch, (2) Gänge (Hoch- und Tiefquarz)
Feldspäte	Alkalifeldspat $KAlSi_3O_8$ (Orthoklas) - $NaAlSi_3O_8$ (Albit)	tafelig, körnig	weiß, oft rötlich		sehr gut 2 Spaltsysteme	Karlsbader Zwillinge (3) große Härte, Spaltbarkaei
	Plagioklas $NaAlSi_3O_8$ (Albit) - $CaAl_2Si_2O_8$ (Anorthit)	leistenförmig, tafelig	weiß, grau	6	sehr gut 2 Spaltsysteme	Viellingsbildung (4) große Härte, Spaltbarkeit
Foide	Nephelin $NaAlSiO_4$	kurzsäulig	weiß, grau, hellbraun	$5\frac{1}{2}$ - 6	keine muscheliger Bruch	Kristallform in Vulkaniten (5), xenomorph in Plutoniten
	Leucit $KAlSi_2O_6$	körnig, kugelig	farblos, weißlich	$5\frac{1}{2}$ - 6	keine muscheliger Bruch	nur in Vulkaniten idiomorph (6)
Glimmer	Muskovit $KAl_2[AlSi_3O_{10}](OH)_2$	blättrig	farblos, silbrig	2 - 3	vollkommen	Spaltbarkeit, biegsame Blättchen (7), Lackglanz, Farbem nie in Vulkaniten
	Biotit $K(Mg, Fe)_3[AlSi_3O_{10}](OH)_2$	blättrig	schwarz, braun; verwitztert goldbraun	2 - 3	vollkommen	Spaltbarkeit, biegsame Blättchen (7), Lackglanz, Farbe
Amphibole	Hornblende $(Ca, Na)_{2-3}(Mg, Fe, Al)_5[Si_6(Si, Al)_2O_{22}](OH)_2$	stengelig, langsäulig	dunkel (schwarz, braun, grün)	5 - 6	sehr gut	Spaltwinkel ca. 124°, sechsseitiger Umriss, drei Kopfflächen (8)
Pyroxene	Augit $(Na, Ca)(Mg, Fe, Al)[(Si,Al)_2O_6]$ Bronzit $(Mg, Fe)_2[Si_2O_6]$	kurzsäulig	dunkel (schwarz, grün, braun), z. t. bronzefarben	6	gut	Spaltwinkel ca. 87°, achtseitiger Umriss, zwei Kopfflächen (9)
Olivin	Olivin $(Mg, Fe)_2[SiO_4]$	körnig	grün, leicht transparent	$6\frac{1}{2}$ - 7	schlecht muscheliger Bruch	Farbe, Glasglanz (10)

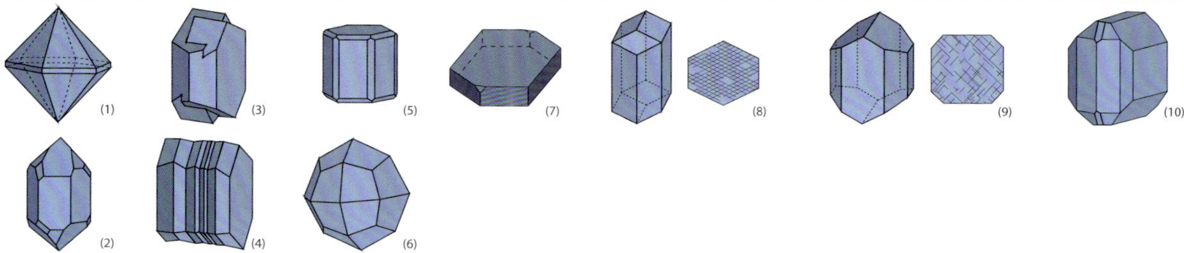

Tabelle 13: *Die wichtigsten gesteinsbildenden Minerale magmatischer Gesteine und ihre Eigenschaften.*

Subduktion, **Plattenkollision**, „**Heiße Flecken** (**Hotspots**)" oder **kontinentale Grabenbrüche** zu erläutern. Die Bildung der verschiedenen Magmatite ist nämlich sehr eng an plattentektonische Prozesse gebunden. Die Entstehung der Lithosphäre und deren Plattenstruktur ist im Exkurs „Die Entstehung der Erde", Kap. I.2.1 und in **Abb. 2** dargestellt. Die einzelnen Lithosphärenplatten bewegen sich in unterschiedliche Richtungen und mit verschiedenen Geschwindigkeiten. Aus dieser Situation resultiert, dass die Plattengrenzen verschiedener Art sein müssen (siehe auch Exkurs „Die Entstehung der metamorphen Gesteine", Kap. I.2.3). Wir unterscheiden **konstruktive**, **destruktive** und **konservative** Plattengrenzen (**Abb. 20**).

Die **konstruktiven Plattengrenzen**, oft auch divergierende Plattengrenzen genannt, sind dadurch gekennzeichnet, dass die Bewegung der beiden Platten auseinandergeht. Dies ist bei **Mittelozeanischen Rücken (MOR)** der Fall, wo der Ozeanboden sich von diesen Plattengrenzen ausbreitet. Die jährlichen Spreizungsraten sind dabei unterschiedlich, liegen aber gegenwärtig meistens in Zentimeter-Bereichen; ein maximaler Wert von 15 cm befindet sich im Pazifik, zwischen der Nazca-Platte und der Pazifischen Platte im Westen Südamerikas (Frisch & Meschede 2013).

„Konstruktiv" werden die Plattengrenzen genannt, weil der durch die Bewegung entstandene Freiraum durch neu gebildetes Lithosphärenmaterial bzw. mit ozeanischer Kruste aufgefüllt wird und so ein Krustenzuwachs stattfindet. An Mittelozeanischen Rücken entstehen nämlich als Folge des Aufdringens von Mantelmaterial und der damit verbundenen Druckentlastung basaltische Schmelzen (**Abb. 21**). Diese erstarren somit „konstruktiv" zu neu gebildeter ozeanischer Kruste.

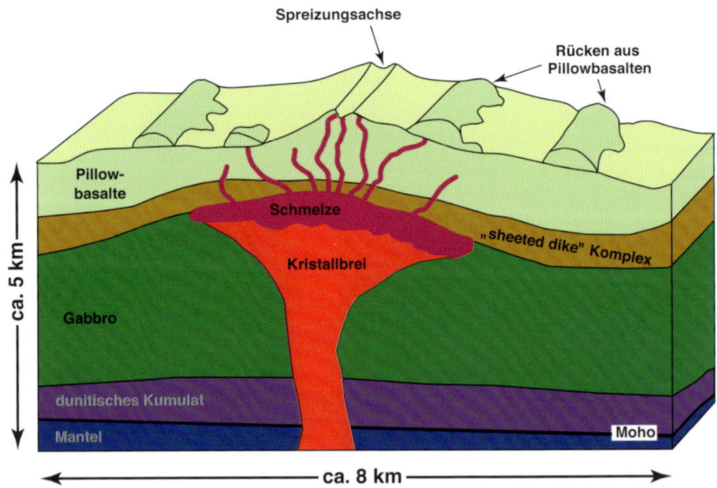

***Abb. 21**: Schnitt durch einen Mittelozeanischen Rücken. Verändert nach Perfit et. al. 1994. Pillowbasalte – Kissenlaven, siehe auch Kap. II.6.3; „sheeted dike"-Komplex – eine Lage der ozeanischen Kruste, wo sich zahlreiche, meist steil stehende Gänge („dikes") befinden, welche die Zufuhrkanäle der Basaltschmelzen darstellen; Moho – Mohorovičić-Diskontinuität, die Grenzfläche zwischen Erdkruste und Erdmantel; dunitisches Kumulat – ein ultramafisches Gestein, welches hauptsächlich aus Olivin und Pyroxenn besteht und durch einen Akkumulationsprozess entstanden ist.*

Destruktive Plattengrenzen, auch als konvergierende Plattenränder bezeichnet, sind die Subduktionszonen, wo eine Platte unter die andere geschoben wird und in die Asthenosphäre eintaucht. Sie werden „destruktiv" genannt, weil die subduzierte Platte, wenn sie in einer letzten Phase im Mantel eingegliedert ist, dabei zerstört wird, und „konvergierend", weil die Platten, im Unterschied zu divergierenden Plattengrenzen, dabei nicht auseinander, sondern gegeneinander geführt werden.

Subduktion (lat. „sub" = unter und „ducere" = führen) entsteht also, wenn sich zwei Lithosphärenplatten aufeinander zu bewegen und dabei eine der beiden Platten unter die andere hinabgebogen wird. Dieser Vorgang ist für die magmatischen Prozesse von Bedeutung, denn durch die Interaktion der Subduktionszonen mit der Asthenosphäre bilden sich Schmelzen, welche aufsteigen und, wenn sie an die Oberfläche gelangen, in einem magmatischen Gürtel einen typischen Plutonismus und Vulkanismus (Inselbögen und aktive Kontinentränder) generieren. Das bekannteste Beispiel für ein Inselbogensystem sind die japanischen Inseln und für einen aktiven Kontinentrand die Anden. Über der Subduktionszone befindet sich immer eine Tiefseerinne, welche die Linie markiert, entlang der die ozeanische Lithosphäre nach unten gebogen wird.

Subduktionszonen zeichnen sich durch eine hohe Erdbebenaktivität aus. Abgekühlte, starre Gesteine werden schnell in die Tiefe verfrachtet; die Subduktionsgeschwindigkeiten betragen heute meist zwischen 3 und 9 cm/Jahr. Dadurch entstehen Spannungen, die durch bruchhafte Verformung spontan in Erdbebenenergie umgewandelt werden.

An **konservativen Plattengrenzen** (lat. „conservare" = erhalten, bewahren) wird Kruste bzw. die Lithosphäre weder neu gebildet noch vernichtet. Die Platten gleiten aneinander vorbei. Die konservativen Plattengrenzen werden auch **Transformstörungen** genannt, welche die Mittelozeanischen Rücken durchschneiden (**Abb. 22**); im kontinentalen Bereich sind sie seltener anzutreffen. Für die Magmenbildung sind die Transformstörungen von geringer Bedeutung; es bildet sich nur gelegentlich ein Magmatismus mit Intraplattencharakter.

Unter **Plattenkollision** versteht man das Aufeinanderstoßen und die Verkeilung zweier Kontinentmassen, nachdem sie als Folge anhaltender Subduktion aufeinander

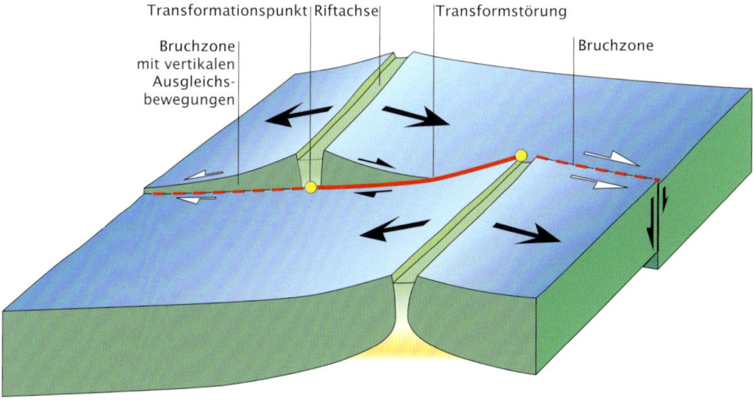

***Abb. 22**: Transformstörung am Mittelozeanischen Rücken (nach Frisch & Meschede 2013).*

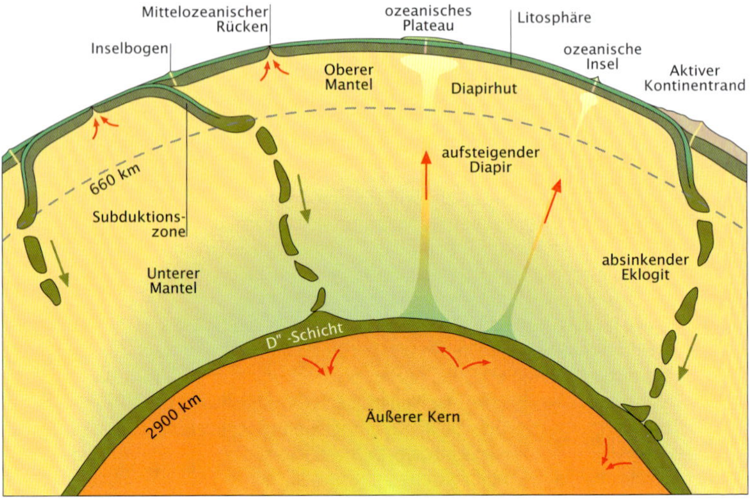

***Abb. 23**: Schematischer Schnitt durch den Erdmantel. Manteldiapire werden an der Basis des Mantels in der D"-Schicht ausgelöst. Schwere Anteile subduzierender Platten sinken bis an die Mantelbasis und speisen die D"-Schicht (nach Frisch & Meschede 2013).*

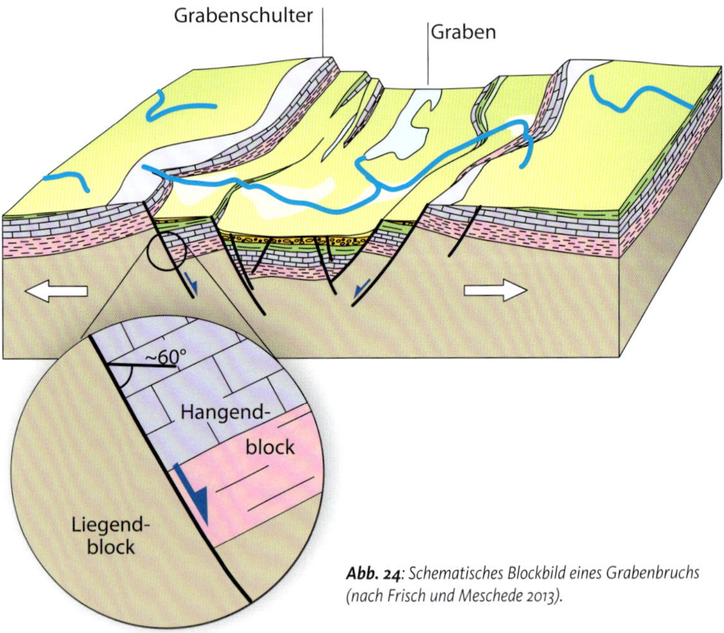

***Abb. 24**: Schematisches Blockbild eines Grabenbruchs (nach Frisch und Meschede 2013).*

zu gedriftet sind. Nach der Kollision kommt die Subduktion zum Stillstand, der ozeanische Teil der subduzierten Platte reißt durch und sinkt weiter ab („Platten-Abriss"). Kontinent-Kontinent-Kollisionen führen zu einer Verdickung der Kruste, Gebirgsbildung, Deformation (Metamorphose) und Aufschmelzung von Krustengesteinen (Anatexis), also zu Magmenbildung. Als Beispiel eines solchen Kollisions-Orogens ist der Alpen-Himalaya-Gebirgszug zu nennen.

Heiße Flecken (Hotspots) oder Plumes (engl./frz. = Federbusch) entstehen meistens im Inneren einer Platte (Intraplattenbereichen) und verdanken ihren Ursprung Manteldiapiren (griech. „diapeirein" = durchbohren) Dies sind fingerartig aufsteigende Mantelströme, durch welche Wärme und Material transportiert wird. Unter der Lithosphärenbasis kommt es durch die Druckentlastung zur Bildung von Magmen. Erreicht der Diapir die Unterseite der starren Lithosphäre, bildet sich durch Staueffekt ein pilzförmiger Hut aus, der zur Aufwölbung der Lithosphäre führt (**Abb. 23**). Von hier aus bahnt sich das Magma den Weg durch den lithosphärischen Mantel und die Kruste. Die Heißen Flecken sind somit Fixpunkte in Bezug zu den wandernden Platten. Der betreffende, meist basaltische Vulkanismus ist nicht, wie der überwiegende Teil der Vulkane der Erde, an Plattengrenzen gebunden und nennt sich deshalb „**Intraplattenvulkanismus**". Die Heißen Flecken können im ozeanischen wie im kontinentalen Bereich auftreten. Beispiele sind die Eifel, Yellowstone und Hawaii.

Kontinentale Grabenbrüche, Grabenzonen oder Rift-Zonen (engl. „rift" = Spalte, Riss) sind ein System annähernd paralleler, schmaler und lang gestreckter Strukturen, welche die kontinentale Kruste durchschlagen. Sie bilden an der Erdoberfläche eine zentrale Einsenkung entlang der Grabenachse, stellen tektonische Dehnungszonen dar und sind durch meist gegensinnig einfallende Abschiebungen geprägt (**Abb. 24**).

Die Kruste bzw. Lithosphäre wird entlang dieser Zonen ausgedünnt; dadurch steigt die Asthenosphäre höher auf, als dies unter Kontinenten normalerweise der Fall ist, und es kommt zur Schmelzbildung in der obersten Asthenosphäre oder dem lithosphärischen Mantel. Diese Schmelzen können die Kruste durchschlagen und an der Oberfläche Vulkane aufbauen. Bekannte Beispiele sind das Ostafrikanische Grabenbruchsystem oder der Oberrheingraben (**Abb. 25**).

2.2 Bildungsorte der Magmatite

Die magmatischen Gesteine sind Kristallisationsprodukte aus einer meist silikatischen Schmelze – dem Magma. Magmen entstehen im oberen Erdmantel und in der kontinentalen Kruste. Im oberen Erdmantel kommt es zur Schmelzbildung, wenn aufsteigende Mantelströme eine Druckverminderung erfahren. Mittelozeanische Rücken, Heiße Flecken und Grabenbrüche sind die Stellen, an denen dieser Prozess stattfindet. Zufuhr von Fluiden (hauptsächlich H_2O) löst die Schmelzbildung insbesondere über Subduktionszonen aus. In der tieferen kontinentalen Kruste ist es vor allem die hohe Temperatur, z. B. bei Gebirgsbildungen, im Zusammenwirken mit wässrigen Fluiden, welche das Aufschmelzen der Gesteine bewirkt (Anatexis).

Magmen bestehen generell aus einer festen Phase – den Kristallen, die aufgrund ihres hohen Schmelzpunktes zuerst auskristallisieren – und einer flüssigen Phase, in welcher eine Gasphase (hauptsächlich H_2O und CO_2) gelöst ist. Es entstehen unterschiedliche **primäre Magmentypen** in Abhängigkeit von der Art des aufgeschmolzenen Materials und dessen Aufschmelzungsgrades. So bilden sich als Folge der

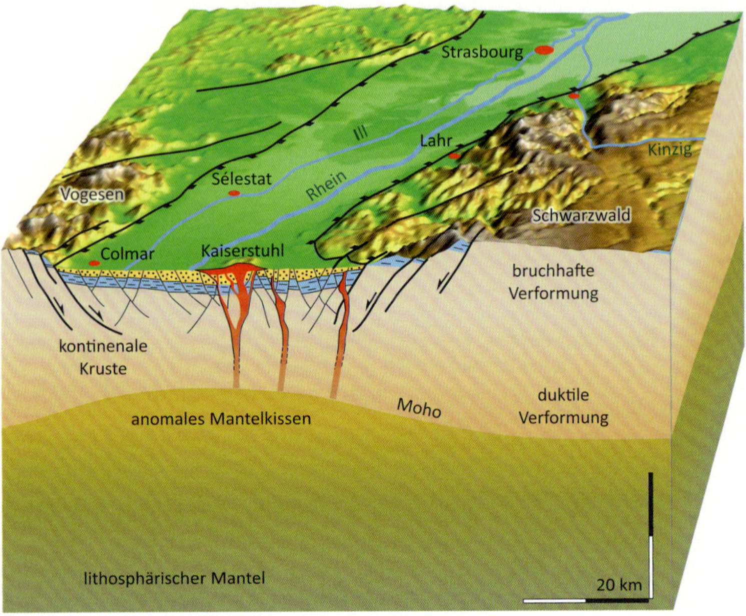

Abb. 25*: Blockbild des Oberrheingrabens. Im Bereich des Kaiserstuhls, eines miozänen Vulkans, ist die Kruste am dünnsten. Während die obere Kruste durch abschiebende Brüche gekennzeichnet ist, wird die tiefere Kruste duktil (durch plastische, bruchlose Verformung) gedehnt (nach Frisch und Meschede 2013).*

teilweisen Aufschmelzung des oberen Erdmantels **basaltische Schmelzen** mit SiO_2 um etwa 50 Gewichtsprozent. Die Aufschmelzung von kontinentaler Kruste führt zur Bildung von vorwiegend **granitisch-granodioritischen Schmelzen** mit SiO_2 um etwa 60–70 Gewichtsprozent. Basalte und Granitoide sind die häufigsten magmatischen Gesteine.

Berücksichtigt man die plattentektonischen Entwicklungen (**Abb. 26**), so ist erkennbar, dass die Schmelzen bzw. die magmatischen Gesteine im Wesentlichen in drei Bereichen entstehen, die im Folgenden näher beschrieben werden.

2.2.1 Mittelozeanische Rücken

An diesen Plattengrenzen dringt die Asthenosphäre bis in die Nähe der Oberfläche. Dabei kommt es zu einer Druckentlastung, was dazu führt, dass die Asthenosphäre, welche aus Peridotit besteht, sich in einen Schmelzanteil basaltischer Zusammensetzung und ein festes, ebenfalls peridotitisches Restgestein aufspaltet. Aus diesen basaltischen Schmelzen entstehen die Gesteine, welche die **ozeanische Kruste** aufbauen. Die fest gebliebenen Restgesteine bilden die Peridotite des lithosphärischen Mantels. Die Basalte der ozeanischen Kruste zeichnen sich durch bestimmte chemische Charakteristika aus und werden Tholeiite genannt (nach der Ortschaft Tholey im Saarland). Die **tholeiitischen Basalte** und die **Gabbros** der ozeanischen Kruste sind die häufigsten Gesteine der Erdkruste und bilden etwa 60 % der magmatischen Gesteine der Erde.

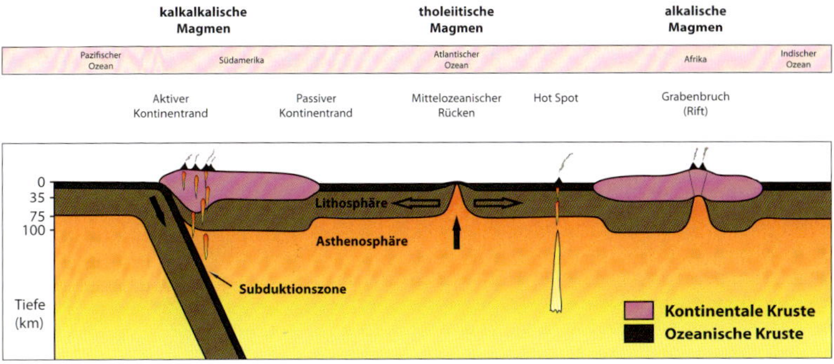

***Abb. 26**: Magmatismus und Plattentektonik. Tholeiitische Basalte entstehen an Mittelozeanischen Rücken, kalk-alkalische Magmen bilden sich über Subduktionszonen und sind charakteristisch für aktive Kontinentränder und Inselbögen. Alkalische Magmen sind in kontinentalen Grabenbrüchen und Heißen Flecken (Hotspots) vorherrschend.*

Innerhalb aller großen Ozeane bilden sie entlang der Mittelozeanischen Rücken ein über 60.000 km langes System untermeerischer Gebirge.

Auf den Mittelozeanischen Rücken bilden sich auch die sogenannten „Schwarzen und Weißen Raucher" („black and white smokers"). Hier treten heiße metallhaltige Lösungen aus und fällen beim Kontakt mit kaltem Meerwasser vor allem Sulfide aus. Dabei handelt es sich um einen aktiven Erzbildungsprozess, der aber auch in der Vergangenheit zur Bildung von Erzlagerstätten geführt hat.

2.2.2 Subduktionszonen

Die ozeanische Lithosphäre wird subduziert und löst durch die an den darüber gelegenen Asthenosphärenkeil dabei abgegebenen Fluide, welche den Schmelzpunkt herabsetzen, einen Magmatismus aus. Dieser Prozess führt daher zur Bildung kontinentaler Kruste. Die Magmen entstehen zwischen Subduktionszone und Oberplatte in etwa 80–100 km Tiefe, von wo sie aufgrund ihres geringen spezifischen Gewichts aufsteigen. Ihre Menge wird dabei größer, wenn die Subduktionsgeschwindigkeit steigt. Die Schmelzen im magmatischen Gürtel über den Subduktionszonen haben überwiegend einen **kalkalkalischen** Charakter (Kalzium ist neben den Alkalien relativ hoch konzentriert). In der Tiefe bilden sich riesige **Batholithe** (griech. = tiefe Gesteinskörper) oder sie bleiben in der Kruste unter dem vulkanischen Stockwerk als höher liegende Plutone (Intrusionen) stecken. Es handelt sich hauptsächlich um Diorite, Tonalite, Granodiorite und Granite. Die entsprechenden vulkanischen Gesteine bestehen zum großen Teil aus Andesiten (der Name stammt von den Anden) bzw. aus Daziten und Rhyolithen. Vorwiegend saure Magmen entstehen, wenn die kontinentale Kruste dicker ist, die Magmen sie durchdringen und dabei Krustenmaterial assimilieren und zusätzlich auch durch gravitative Differenziation (siehe Kap. II.2.3.2) verändert werden. Ebenfalls hauptsächlich saure Magmen können auch aufgrund der großen Krustenmächtigkeit in Kollisionszonen entstehen, weil die erhöhten Temperaturen in diesen tieferen Krustenbereichen zum Aufschmelzen der Gesteine und zur Magmenbildung führen.

Die Gesamtlänge der Subduktionszonen beträgt 55.000 km; es handelt sich also um ähnliche Dimensionen wie bei den Mittelozeanischen Rücken.

2.2.3 *Intraplattenbereich*

2.2.3.1 *Heiße Flecken (Hotspots)*

Im Vergleich zu Plattengrenzen und Mittelozeanischen Rücken ist nur ein geringer Teil der Vulkane der Erde an Manteldiapire gebunden. Die Heißen Flecken liegen meistens im Inneren einer Platte (**Intraplattenvulkanismus**). Der Beginn ihrer Entstehung ist in der sogenannten D"-Schicht zu finden, die in etwa 2900 km Tiefe an den Erdkern grenzt (**Abb. 23**). Es bilden sich unter diesen Bedingungen Intraplattenbasalte, welche Komponenten des unteren Mantels, der Asthenosphäre und des lithosphärischen Mantels enthalten. Bei Heißen Flecken unter kontinentaler Kruste kann das basaltische Magma Krustengesteine assimilieren; es differenziert gleichzeitig und es können so auch saure Schmelzen entstehen.

Auf Manteldiapire ist die Bildung großer Vulkankomplexe und riesiger Deckenergüsse zurückzuführen, die vorwiegend aus **basaltischen Laven** bestehen. Es entstehen große Vulkanbauten („**Schildvulkane**") wie z. B. in Hawaii, dem höchsten Einzelberg der Erde mit über 9 km Höhe vom Meeresboden bis zum Gipfelkrater des Kileauea.

Manteldiapire und Deckenbasalte

In der Erdgeschichte gab es mehrfach große, gigantische Ergüsse von Deckenbasalten (auch Flutbasalte genannt); z. B. entstanden an der Perm/Trias-Grenze vor 250 Millionen Jahren die Sibirischen Basaltergüsse und vor 65 Millionen Jahren die gewaltigen Ergüsse des Dekkan-Plateaus. Vor 17 Millionen Jahren (Miozän) bildete sich der Heiße Fleck von Yellowstone, der allerdings saure Magmatite produziert. Die Nordamerikanische Platte wanderte seither mit etwa 4 cm/Jahr über den Diapir hinweg, was zu einer entsprechenden Verlagerung des Vulkanismus führte. Ein Manteldiapir unter dem europäischen Kontinent befindet sich z. B. in der Eifel. Hier waren die Vulkane schon im Tertiär (zwischen 50 und 5 Millionen Jahren) aktiv, wurden aber vor etwa 600.000 Jahren reaktiviert, wobei die jüngsten Eruptionen vor ungefähr 10.000 Jahren stattfanden.

2.2.3.2 *Kontinentale Grabenbrüche*

Kontinentale Grabenbrüche stellen Dehnungszonen in der Erdkruste und im lithosphärischen Mantel dar, verbunden mit einer Aufwölbung der Asthenosphäre, die meist mit magmatischer Aktivität verknüpft ist. Charakteristisch ist hier die Bildung alkalischer Magmatite, die einen Überschuss an Alkalien (Na_2O, K_2O) aufweisen im Vergleich zum Kieselsäuregehalt (SiO_2) oder Tonerdegehalt (Al_2O_3). Es können aber auch tholeiit-basaltische Magmen auftreten, die auf größere Schmelzanteile im Mantel zurückzuführen sind. Wenn neben diesen, im Mantel gebildeten Basalten auch saure Gesteine wie Rhyolithe, die krustaler Herkunft sind, erscheinen, sprechen wir von einem „**bimodalen Vulkanismus**". Die relative Vielfalt der Gesteine, welche in Grabenbrüchen auftritt, ist durch die unterschiedlichen Quellen, aus denen sich hier die Schmelzen bilden können, zu erklären: obere Asthenosphäre, bzw. verarmter Mantel, kontinentale Kruste und subkontinentale Lithosphäre. Eine Besonderheit ist das sehr seltene Auftreten von **Karbonatiten** – magmatische Karbonatgesteine, die fast ausschließlich aus Kalzit oder Dolomit zusammengesetzt sind und aus dem Erdmantel stammen. Eines der wenigen Karbonatit-Vorkommen in Europa befindet sich am Kaiserstuhl im Oberrheingraben.

2.3 Entstehung der magmatischen Gesteine

Magmen haben geringere Dichten als die Gesteine, in welche sie eindringen. Ihre hohe Temperatur, der Anteil an Fluiden und ihr vorwiegend flüssiger Zustand bewirken dabei ihren Aufstieg, zuerst bis zum tiefer gelegenen **plutonischen Stockwerk**. Gelangen sie in die oberen Krustenbereiche, in das sogenannte **vulkanische Stockwerk**, kommen zusätzlich noch der schnell abnehmende lithostatische Druck und die Entbindung einer Gasphase hinzu. All diese Kräfte verursachen hier eine Beschleunigung ihres Aufstiegs bis zum eigentlichen Vulkanausbruch. Die Aufstiegswege der Magmen folgen meistens labilen Stellen in der Kruste, z. B. tektonischen Bruchstellen.

2.3.1 Plutonite, Vulkanite und Ganggesteine

Ab einem bestimmten Moment beginnen die Schmelzen abzukühlen und erstarren zu Gesteinen. Die Bildungsorte der Magmatite konzentrieren sich innerhalb der Kruste auf drei Bereiche und abhängig davon kennen wir drei Arten von magmatischen Gesteinen (**Abb. 27**).

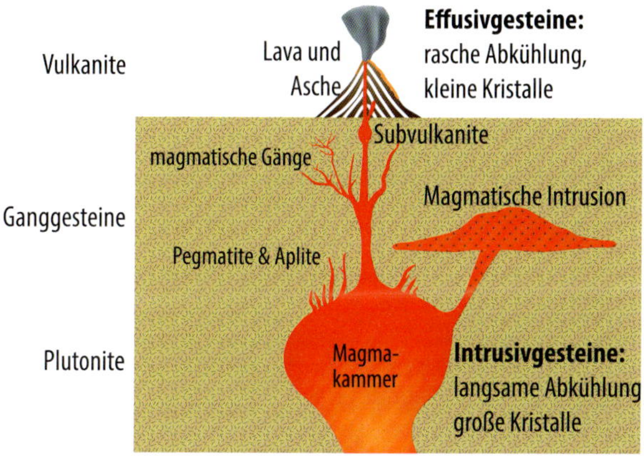

***Abb. 27**: Bildungsorte und Gesteinstypen der Magmatite.*

Plutonite (Intrusivgesteine, Tiefengesteine) entstehen, wenn das Magma in größeren Tiefen von mehreren Kilometern (plutonisches Stockwerk) und in längeren Zeiträumen erstarrt. Die Nebengesteine haben in diesen Tiefen ebenfalls erhöhte Temperaturen, was die Abkühlungsgeschwindigkeit der Magmen verlangsamt. Ist ein Pluton besonders groß (etwa 100 km^2 oder größer), nennt man ihn **Batholith**, z. B. die Sierra Nevada- (USA) oder Bushveld (Südafrika)-Komplexe. In Mitteleuropa gibt es den Südböhmischen Batholith und in den Alpen ist der Adamello-Batholith bekannt. Die Batholithe setzen sich aus mehreren, in unterschiedlichen Zeitabständen erfolgten Teilintrusionen zusammen. **Lakkolithe** sind relativ große Intrusivkörper, die linsen- bis plattenförmig sind. Ihr Dach ist gewölbt und die Unterfläche eben (**Abb. 27**). Die Magmazufuhr erfolgt über einen gangförmigen Förderkanal. **Lopolithe** sind im Wesentlichen ebenfalls konkordante Intrusivkörper, deren Oberseite aber eher flach ist, die Unterseite jedoch gewölbt mit einer schüsselförmigen zentralen Vertiefung.

Vulkanite (Effusivgesteine, Ergussgesteine) entstehen im Zuge vulkanischer Ereignisse, wenn die Magmen oberflächennah („subvulkanisch") intrudieren oder effusiv bzw. extrusiv unter heftiger Entgasung als Laven ausfließen. Die Laven können auch unter Wasser (submarin) erstarren oder in der Atmosphäre (subaerisch) als Tuffe oder Pyroklastite erkalten.

Gelangt das Magma weder an die Oberfläche oder in ihre unmittelbare Nähe noch kristallisiert es in der Tiefe im plutonischen Stockwerk aus und bleibt dazwischen, meistens in Aufstiegskanälen oder spaltenförmigen Zufuhrwegen – Gängen – stecken, bilden sich **Ganggesteine**. Die spaltenförmigen, durchschlagenden Gänge heißen auch „**Dykes**". Andererseits erstarren alle Zufuhrspalten in verschiedenen Tiefen letztendlich zu Ganggesteinen und deshalb treten Gänge, die sich zu einem späteren Zeitpunkt bilden, auch in Plutonen und Vulkankomplexen auf.

Aus ein und demselben Magma können sich demnach, abhängig von seiner Abkühlungsgeschwindigkeit bzw. seinem Bildungsort, unterschiedliche Gesteinstypen entwickeln. Die Unterschiede werden fast ausschließlich durch die Gefüge-Merkmale der betreffenden Gesteine zum Ausdruck gebracht.

Plutonite sind vollständig auskristallisiert (holokristallin) und grobkörnig (z. B. Granit, Gabbro). Die einzelnen Minerale kristallisieren dabei in einer bestimmten Reihenfolge aus (siehe dazu Kap. II.2.3.2). **Vulkanite** kühlen sehr viel schneller ab. Sie bestehen hauptsächlich aus einer glasigen bis feinkristallinen Grundmasse (Matrix), denn es ist nicht die notwendige Zeit vorhanden, die Schmelze voll auskristallisieren zu lassen. Es entwickeln sich zwar zahlreiche Kristallisationskeime, aber ohne dass die Kristalle wegen der raschen Abkühlung nachwachsen können. Die Feinkörnigkeit ist jedoch auch auf Entglasung (Devitrifizierung) zurückzuführen. Die Grundmasse ist glasig, wenn die

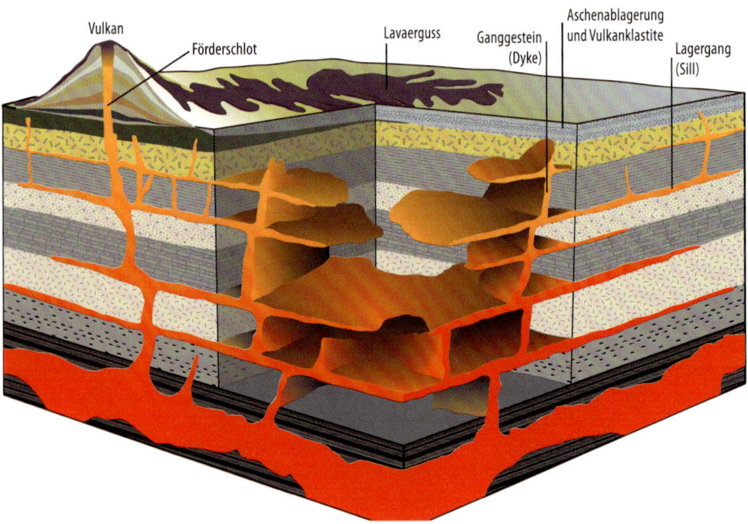

Abb. 28: *Die wichtigsten Erscheinungsformen von Plutoniten, Vulkaniten und Ganggesteinen. Verändert nach Press & Siever (1995).*

Abkühlungsgeschwindigkeit besonders groß ist und die Kristallisation vollständig unterdrückt wurde, z. B. bei submarinen Lavaergüssen.

Die in Vulkaniten häufig zu beobachtenden idiomorphen Großkristalle (**Einsprenglinge**, **Phänokristalle**) weisen ein Vielfaches der Korngröße der Grundmasse auf, sind in der Tiefe entstanden und wurden in der Schmelze nach oben transportiert. **Subvulkanite** entstehen aus Magmen, die zwar unter der Erdoberfläche abkühlen, sich aber noch innerhalb des vulkanischen Stockwerks befinden; sie sind daher feinkörnig ausgebildet, mit Tendenzen zu leicht gröberen Aspekten und nicht glasig. Zwischen Ganggesteinen und Subvulkaniten kann es zu Überschneidungen in Bezug auf ihr Gefüge kommen.

In Gängen liegt die Abkühlungsgeschwindigkeit der Schmelzen zwischen jenen von Vulkaniten und Plutoniten und deshalb vereinigen sie sowohl Gefüge-Merkmale der Plutonite als auch der Vulkanite. Sie zeigen eine holokristalline, aber feinkörnigere Grundmasse als die Plutonite. In der Grundmasse befinden sich meist gut ausgebildete Einsprenglinge, die im klaren Größenkontrast zu ihr stehen. Eine Ausnahme bilden die **Pegmatit**- und **Aplitgänge**. Sie entstehen in der Nähe eines Plutons oder einer Magmenkammer (**Abb. 27**) und sind deshalb oft gleichkörnig holokristallin. Pegmatite haben ein groß- bis riesenkörniges, Aplite ein feinkörniges „aplitisches“ Gefüge (siehe Kap. II.3.1.1). Einige Schmelzen dringen im Zwischenstockwerk nicht in eine Spalte oder Bruchstelle ein, sondern mehr oder weniger horizontal entlang von Schichtgrenzen, wo sie weniger Widerstand antreffen. Es entsteht dadurch ein **Lagergang** oder **Sill** (**Abb. 28**).

2.3.2 Magmatische Differenziation

Die Zusammensetzung primärer Gesteinsschmelzen ist entweder basaltisch (Mantelschmelzen) oder granitisch (Krustenschmelzen). Davon abweichende Zusammensetzungen können durch die Aufnahme von Nebengestein (**Assimilation**) oder Element-Austausch mit dem Nebengestein (**Kontamination**) verursacht werden. Ursprünglich basische Magmen verlieren dadurch diese Eigenschaft und erhalten einen andesitisch-dazitisch, also intermediären Charakter (**Abb. 29**).

Von größerer Bedeutung ist in dieser Hinsicht jedoch der Prozess

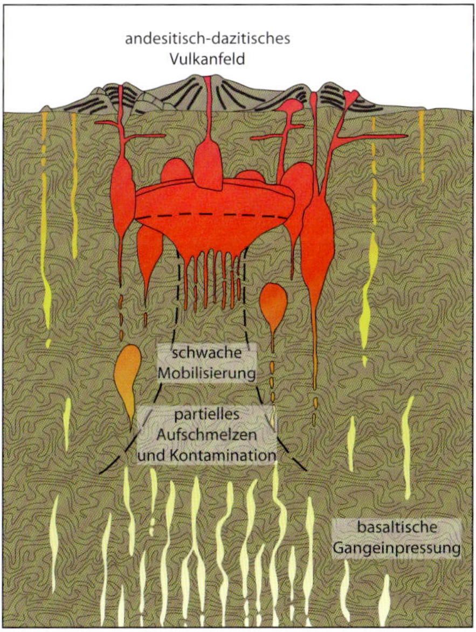

***Abb. 29**: In die kontinentale Kruste eindringendes basaltisches Magma wird durch Assimilation und Kontamination verändert. Nachdem sich nach einer gewissen Zeit in der Magmenkammer ein Überdruck gebildet hat, dringt das Magma an die Oberfläche und baut Vulkane auf.*

der **gravitativen Kristallisationsdifferenziation**, der auf der **fraktionierten Kristallisation** beruht. Die Kristallisation eines Magmas erfolgt meist über ein größeres Temperaturintervall mit einer charakteristischen Ausscheidungsabfolge von Mineralen, wobei sich die Schmelzzusammensetzung gleichzeitig ändert. In Magmenkammern mit gabbroider (basaltischer) Schmelze können die Frühkristallisate (Olivin, Pyroxen), die schwerer sind, absinken und eine gravitative Akkumulation, einen lagigen „Bodensatz" bilden, der **Kumulat** genannt wird. Dadurch verändert sich die Zusammensetzung des Restmagmas, das zunehmend saurer, d.h. SiO_2-reicher wird (**Abb. 30**). Die Schmelze wird saurer, weil die Frühkristallisate allgemein wenig SiO_2 verbrauchen und dieses daher in der Schmelze passiv angereichert wird.

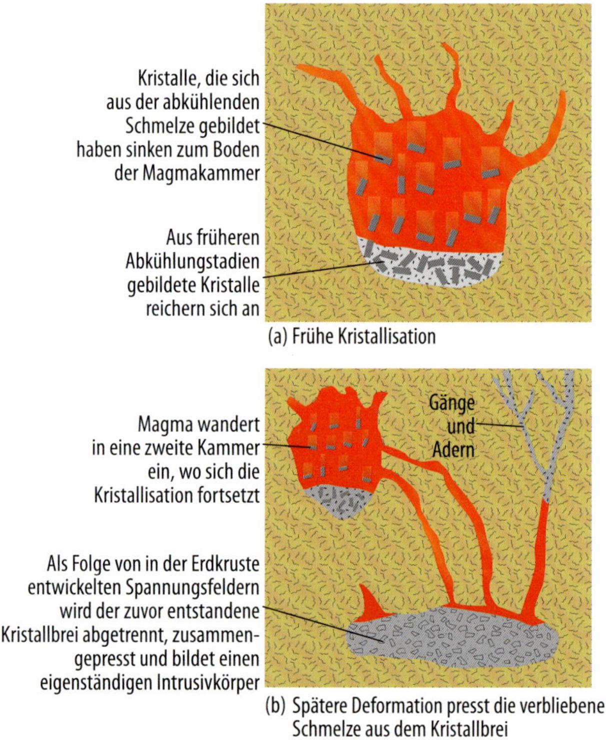

***Abb. 30**: Bildung eines Magmas durch fraktionierte, gravitative Differenziation. Die Schmelze verliert im Laufe dieses Prozesses ihren ursprünglich basischen Charakter und kann final bis zu einer sauren Schmelze differenzieren.*

So kann z.B. durch 80-prozentige Auskristallisation einer basaltischen Schmelze ein andesitisch-dazitisches Restmagma entstehen. Durch anschließende Kristallisationsprozesse wird die Restschmelze weiter mit SiO_2 angereichert, sodass die Schmelze bis zu einer rhyolithischen Zusammensetzung differenzieren kann.

Auch wenn das ursprünglich basische Magma nur in einer Magmenkammer bleibt, erfolgt im Laufe der Zeit eine Differenziation und dadurch eine chemische Entwicklung des jeweils noch nicht auskristallisierten (Rest-)Magmas bei gleichzeitiger Abkühlung. Liegt die Magmenkammer tiefer, kann die Fraktionierung auch während ihres Aufstiegs stattfinden. Typisch ist dabei eine Zunahme von SiO_2 und der Alkalien mit der gleichzeitigen Verschiebung des Verhältnisses Mg/Fe zu Lasten von Mg. Die dunklen (mafischen) Minerale bauen dabei sukzessiv mehr SiO_2 und OH-Gruppen in ihr Kristallgitter ein (von Olivin und Pyroxen über Amphibol zu Biotit). Plagioklas zeigt abnehmenden Ca-Gehalt (Ca wird bei höheren Temperaturen in den Plagioklas leichter eingebaut). Die Anreicherung an SiO_2 hat die verstärkte Bildung heller, felsischer Minerale (Alkalifeldspat, Na-reicher Plagioklas, Quarz) zur Folge, sodass die Gesteine immer saurer und heller werden (**Abb. 31**).

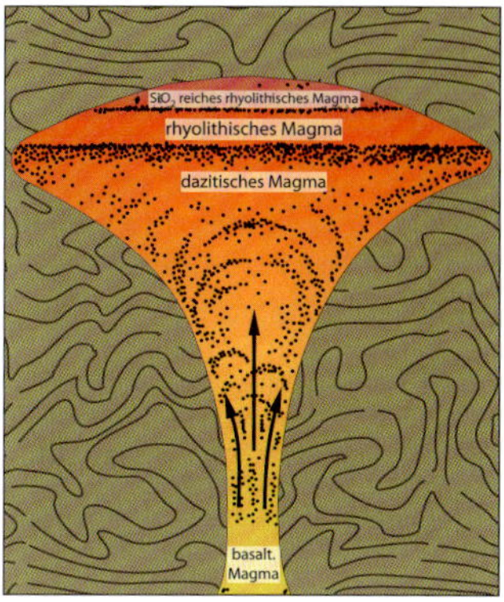

***Abb. 31**: Vereinfachtes Beispiel für die Differenziation von Schmelze in einer Magmenkammer. Dargestellt ist ein basaltisches Stammmagma, das in eine Magmenkammer aufsteigt. Während des Aufstiegs kommt es zur Differenziation des Magmas bei gleichzeitiger Abkühlung.*

Ein vereinfachtes Schema der magmatischen Differenziation verdanken wir Bowen (1928), der es aufgrund von Experimenten erarbeitete. Inzwischen weiß man, dass die Vorgänge in Wirklichkeit komplizierter sind. Trotzdem hat das „Bowen'sche Reaktionsschema" als Grundlage für das Verständnis von Differenziationsprozessen seine Gültigkeit nicht verloren. Bowen unterscheidet zwischen einer kontinuierlichen und diskontinuierlichen fraktionierten Kristallisation, die mit der Abkühlung einer basaltischen Schmelze beginnt. Die **kontinuierliche Kristallisationsreihe** der Plagioklase beginnt bei hohen Temperaturen mit einem Ca-reichen Feldspat und geht bis zu einem tiefer temperierten Na-reichen Feldspat. Die **diskontinuierliche Kristallisationsreihe** bezieht sich auf

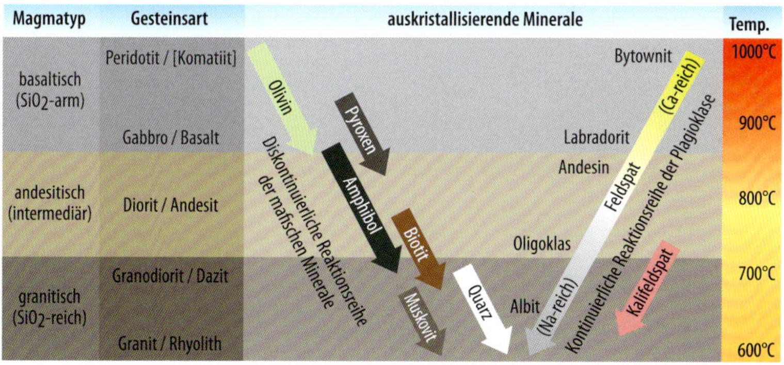

***Abb. 32**: Das Bowen'sche Reaktionsschema – eine vereinfachte Darstellung der Kristallisationsabfolge von felsischen und mafischen Mineralen in Magmatiten.*

die mafischen Minerale, die bei hohen Temperaturen mit Olivin beginnen, sich mit der Bildung von Pyroxen und Amphibol fortsetzen und mit Biotit abschließen. Bei etwa 650 °C bleibt eine Schmelze granitischen Charakters übrig, aus der Albit, Kaliumfeldspat, Biotit, Muskovit und Quarz auskristallisieren (**Abb. 32**).

Diese Anreicherung von hellen Mineralen mit voranschreitender Differenziation spiegelt sich in der Farbzahl M (für Mafite) der Gesteine wider (**Tab. 14**). Wie schon gezeigt, können die Gesteine außerdem über den SiO_2-Gehalt in **ultrabasisch** (< 45 % SiO_2), **basisch** (45–53 %), **intermediär** (53–65 %) und **sauer** (> 65 %) unterteilt werden.

Quarz-Gehalt (Gew.%)		Farbzahl M			
> 65	sauer	0 - 20	leukokrat (hell)	felsisch	K-, Na-reich
53 - 65	intermediär	↑			↑
45 - 53	basisch	↓		mafisch	↓
< 45	ultrabasisch	90 - 100	melanokrat (dunkel)	K-, Na-reich	Mg-, Fe-reich

Tabelle 14: *Gruppierung magmatischer Gesteine nach SiO_2-Gehalt.*

Die Verteilung von mafischen und felsischen Mineralen innerhalb der unterschiedlichen Gesteinszusammensetzungen kann aus **Abb. 33** herausgelesen werden.

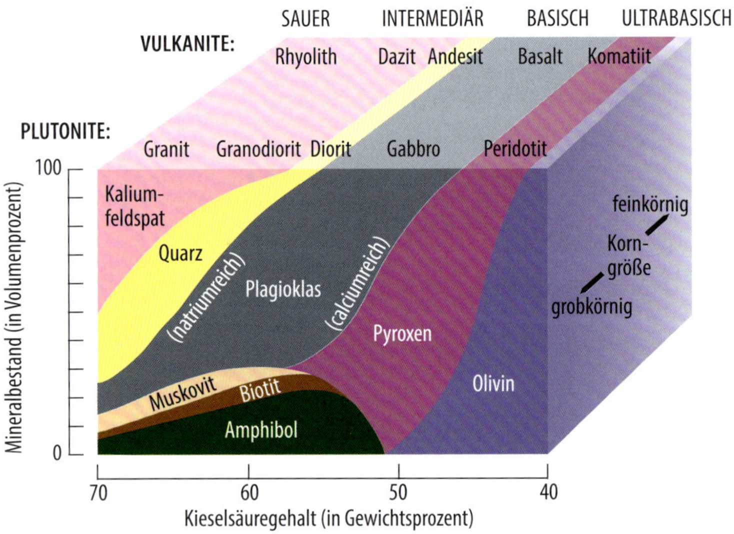

Abb. 33: *Vereinfachte Übersicht der magmatischen Gesteine. Die Darstellung gibt die Verteilung der jeweiligen Minerale in Volumenprozent an. Im Farbvergleich lässt sich für das gesuchte Gestein eine Abschätzung in hell-dunkel (felsisch-mafisch) und gleichzeitig auch in Bezug auf den enthaltenen Mineralgehalt machen. Verändert nach Press & Siever (1995).*

3 Gefüge magmatischer Gesteine

3.1 Liquid-magmatisches Stadium

Die langsame Abkühlung der Plutonite – bei großen Intrusionskörpern kann sie durchaus eine Million Jahre und länger dauern – erfolgt unter einem lithostatischen (allseitigen) Druck, der von den auflagernden Gesteinen ausgeübt wird, und ohne signifikante Gasentweichung. Diese Parameter ermöglichen eine vollkommene Auskristallisation und parallel dazu ein Größenwachstum der Kristalle, sodass diese im Gestein immer mit bloßem Auge erkannt werden können. Hohlräume innerhalb der abgekühlten Gesteinsmasse sind sehr selten, haben einen tektonischen Ursprung und erscheinen ausschließlich in Graniten in relativ geringer Tiefe, wo sie mit Mineralen (z. B. Bergkristall) verfüllt werden. Man bezeichnet sie als Miarolen.

Die Ausscheidungsabfolge der Minerale ist direkt abhängig von ihrer Schmelztemperatur und verläuft normalerweise wie folgt:

Erzminerale (z. B. Magnetit – Fe_3O_4, Chromit – Cr_2O_4) → **dunkle Minerale** (Olivin–Pyroxen, Amphibol–Biotit) → **helle Minerale** (Feldspäte–Quarz).

Die Auskristallisation der genannten Minerale erfolgt über ein größeres Temperaturintervall. Die Temperatur, oberhalb der keine Kristalle in der Schmelze vorhanden sind, diese also aus einer homogenen flüssigen Phase besteht, wird **Liquidustemperatur** genannt. Die Temperatur, bei der die Schmelze vollständig auskristallisiert ist, heißt **Solidustemperatur**. Die Solidustemperatur der meisten Schmelzen liegt, je nach Zusammensetzung, zwischen 1200 °C und 650 °C. Zwischen Solidus- und Liquidustemperatur existieren feste und flüssige Phasen nebeneinander. Das Stadium der Schmelze wird auch **liquid-magmatisches Stadium** genannt.

3.1.1 Pegmatitisch-pneumatolytisches Stadium

An das liquid-magmatische Stadium kann sich, vorwiegend bei granitischen oder alkaligranitischen, aber auch bei syenitischen Plutonen, als Folge sinkender Temperaturen und gleichzeitiger Anreicherung von einer H_2O-reichen Phase zusammen mit anderen Komponenten wie CO_2, H_2S, F, Cl und B im **Restmagma** das **pegmatitisch-pneumatolytische Stadium** (650–400 °C) anschließen. In diesem Stadium dringen die wasserreichen und relativ dünnflüssigen Schmelzen vorwiegend in das stellenweise durch den Intrusionsdruck aufgebrochene Nebengestein, insbesondere im Dach des Plutons, ein und bilden **Pegmatit**-Gänge oder Linsen, manchmal auch Nester (**Abb. 34**).

Die Restschmelzen dringen, aufgrund ihrer sehr großen Beweglichkeit, in die entstandenen Brüche und Spalten ein, wo plötzlich ein Raumangebot vorhanden ist. Durch die Anreicherung der leichtflüchtigen Bestandteile – die zahlreichen Gas- und Fluideinschlüsse vieler Pegmatit-Minerale lassen dies gut erkennen – wird die Diffusion von Elementen erleichtert und es sind dadurch die beiden Bedingungen für ein schnelles, **grob- bis riesenkörniges Kristallwachstum** gegeben (**Foto 27**). Die so entstandenen leukokraten Gesteine heißen **Pegmatite** und in diesem Sinne ergibt sich auch das **„pegmatitische Gefüge"**. Die Größen der Pegmatitgänge liegen meistens im Meter-Bereich. Sie sind aber oft auch einige Zehner bis wenige Hundert Meter lang. Ihre Breite kann dabei ganz unterschiedlich sein – im Meter- bis Zehnermeter-Bereich. Relativ selten bilden sich Pegmatitkörper mit außergewöhnlichen Dimensionen, die Kilometer-Größen erreichen können, so z. B. der 2 km lange und bis zu 60 Meter mächtige Bikita-Pegmatit in Simbabwe.

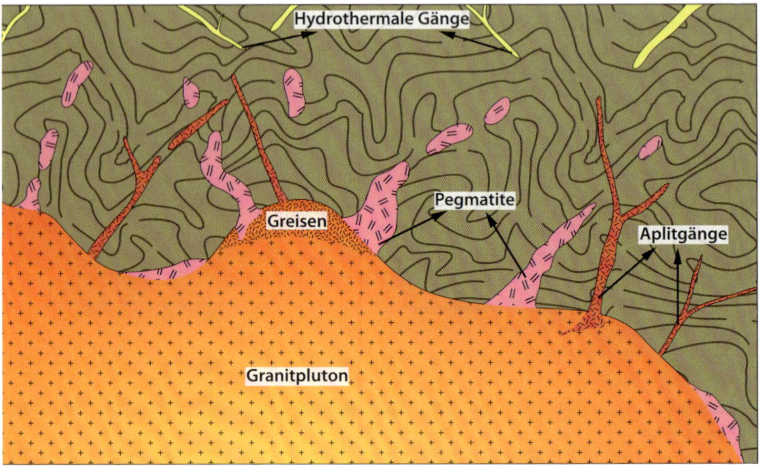

***Abb. 34**: Im Dachbereich eines Granit-Plutons entwickeln sich häufig Pegmatite als Gänge, Linsen oder einzelne Gesteinskörper und die meist viel dünneren Aplit-Gänge. Oberhalb dieser Zone bilden sich die hydrothermalen Gänge. In den oberen Bereichen eines Granit-Plutons können sich durch die Wirkung magmatischer Fluide Greisen – körnige, meist graue Gesteine – bilden. Die ursprünglichen Gesteine sind hier umgewandelt worden und bestehen hauptsächlich aus Quarz und Muskovit. Die Feldspäte sind völlig verdrängt und es können Minerale wie Zinnstein oder Topas vorkommen, was ihnen wirtschaftliche Bedeutung verleiht.*

***Foto 27**: Pegmatit. Sehr grobkörniges Gestein. Feldspat (weiß) ist vorherrschend. Untergeordnet erscheinen Quarz (hellgrau), Muskovit (hell schimmernd) und Biotit (schwarz). Breite 18 cm. Lotru-Tal, Südkarpaten.*

***Foto 28**: Schriftgranit (grafischer Pegmatit, Runit). Quarz und Feldspat (meistens Kalifeldspat) sind miteinander so verwachsen, dass dabei ein Muster entsteht, welches an eine Runen- oder Keilschrift erinnert. Breite 8 cm. Armensiş (Caransebeş), Südkarpaten.*

Im Mineralbestand der Pegmatite herrschen Feldspäte (vorwiegend Kalifeldspat, meistens Mikroklin, etwas untergeordnet Plagioklas), Quarz und Glimmer vor. Insbesondere die größeren Pegmatitkörper sind in zahlreichen Fällen zoniert. Anschließend an eine dünne, relativ feinkörnige (weil schneller abgekühlte) Randzone herrschen im äußeren Bereich Plagioklas (Albit, Oligoklas) und Glimmer, insbesondere Biotit, vor, in der mittleren Zone Kalifeldspat (oft mit perthitischen Entmischungen) und Muskovit, untergeordnet Biotit; der Kern besteht aus Quarz. Für gewöhnlich findet man in Pegmatiten die sogenannten **Schriftgranite**, auch „grafischer Pegmatit" oder „Runit" – von „Runen" – genannt. Es handelt sich um regelmäßig winklig abknickende, „grafische" Verwachsungen von Quarz und Feldspat (**Foto 28**). Diese entstehen bei der schnellen Auskristallisation einer Schmelze, wenn in bestimmten Fällen Feldspat und Quarz gleichzeitig kristallisieren. Die Bildung der Schriftgranite kann aber auch durch die spätere Substitution (Ersatz) des Feldspates durch den Quarz, insbesondere entlang der Spaltflächen desselben interpretiert werden.

Pegmatite sind oft reich an seltenen Mineralen. In Graniten erscheinen diese nur teilweise, sind sehr feinkörnig und bilden Nebenminerale (Akzessorien). Die leichtflüchtigen Bestandteile der Restschmelze sind reich an Elementen, die aufgrund ihrer großen Ionenradien und/oder Ladung nicht in die Minerale der Hauptkristallisation während des liquid-magmatischen Stadiums eingebaut werden können (z. B. Li, Be, Cs, B, U, Th, Nb, Ta, Sn, F). Es bilden sich Minerale wie Beryll, Spodumen (ein Li-reicher Pyroxen), Lepidolith (ein Li-reicher Glimmer), Turmalin (ein Bor-Silikat; **Foto 29**), Wolfra-

Foto 29: *Große, strahlenförmig gewachsene Turmalin-Kristalle in einem Pegmatit mit Kalifeldspat (rosa) und Quarz (hellgrau). Breite 10 cm.*

Foto 30: *Aplit-Gang mit Turmalin. In der feinkörnigen Masse aus Quarz und Feldspat sieht man, wie die Turmaline vom Rand des Gangs in den Gang hineinwachsen, vorzugsweise senkrecht zur Wand, weil da Mikrorisse (schon bei der Abkühlung) entstehen und daher entsprechende Wegsamkeiten für die Lösungen vorhanden sind. Diese zirkulieren zuerst entlang des Gangrandes und von dort hinein in den Gang. Breite 10 cm. Südliche Pomonte, Elba.*

mit – (Fe Mn)WO_4, Columbit (Columbeisen, Niobit) und andere. Als Lagerstätten vieler seltener Elemente sind die Pegmatite deshalb von Bedeutung. Sie werden aber auch wegen der großen Muskovitkristalle und des Kalifeldspats abgebaut. Gelegentlich enthalten sie Edelsteine wie z. B. Beryll, Topas oder Turmalin.

Aplite sind kleinkörnige, vorwiegend gleichkörnige helle Ganggesteine, die ebenfalls meistens in der Nachbarschaft granitisch-granodioritischer Plutone in durch die Tektonik vorgezeichneten Spaltensystemen auftreten. Feinkörnige, aplitische Randzonen sind auch für Pegmatite charakteristisch. Wird ein feinkörniges, leukokrates Gestein beschrieben, spricht man von einem **„aplitischen Gefüge"**. Aplite bestehen fast ausschließlich aus Quarz und Feldspat und sind durch ihre Armut an Mafiten gekennzeichnet. Sie sind meistens „saurer" als die Plutonite, mit denen sie in Zusammenhang stehen. Selten tritt Biotit auf oder als pneumatolythisches Mineral Turmalin (**Foto 30**).

Aplite bilden sich in den gleichen Räumen wie die Pegmatite (**Abb. 34**). Die Schmelzen, aus denen sie entstehen, weisen aber im Unterschied zu diesen nur eine schwach entwickelte H_2O-reiche fluide Phase auf. Gleichzeitig lässt die geringe Korngröße auf eine rasche Abkühlung dieser Restschmelzen schließen, wobei sie trotzdem ein holokristallines Gefüge besitzen. Aplite bilden Zentimeter bis mehrere Meter breite Gänge.

3.1.2 Hydrothermales Stadium

Auf das pneumatolytische Stadium folgt in fließenden Übergängen das hydrothermale Stadium mit absinkender Temperatur (etwa zwischen 400 und 50 °C). In diesem Temperaturintervall können, in fallender Temperaturabfolge, drei Unterstadien erkannt werden: **katathermal**, **mesothermal** und **epithermal**. Es handelt sich hier nicht mehr um Schmelzen, sondern um überhitzte wässrige Lösungen (hydrothermale Fluide), welche in Störungszonen, Spalten oder Klüfte eindringen, die sich in einem höheren Krustenstockwerk befinden als die Pegmatite und Aplite (**Abb. 34**). Ihre vorher gelösten Mineralstoffe (Kationen und Anionen) werden hier in Form von unterschiedlichen Mineralen ausgefällt und bilden so **hydrothermale Gänge** oder Adern. Diese sind manchmal einige Zentimeter dick und wenige Meter lang; sie können auch bis mehrere Zehnermeter mächtig sein; so erreicht der Fluoritgang „Käfersteige" bei Pforzheim eine Mächtigkeit von 30 m. Eine Ausnahme bildet der „Bayerische Pfahl", ein 150 km langer und maximal 50 m breiter Quarzgang, der sich mit mehreren kurzen Unterbrechungen durch den nordöstlichen Bayerischen Wald zieht.

Bei den entstandenen Mineralanreicherungen wird zwischen **Gangmineralen** („**Gangart**") und **Erzmineralen** unterschieden. Die Gänge sind Träger bedeutender Element- und Mineralanreicherungen (z. B. Gold-Quarz-Gänge der Hohen Tauern, Silber- und Kupfererzgänge im Schwarzwald). Zur Ausfällung von hydrothermalen Mineralen kommt es, wenn sich die chemischen und physikalischen Eigenschaften der wässrigen Lösung ändern, sodass die vorher gelösten Stoffe (meist Ionen (z. B. Ca^{2+}, Cl^-) oder (Metall-)Komplexe (z. B. Chloro-Komplexe [CuOHCl]- oder Hydrosulfidkomplexe $[AuHS]_2$) aus der Lösung ausfallen. Diese Prozesse resultieren aus Veränderungen von Temperatur, Druck, pH-Wert, Salzgehalt oder Sauerstoffgehalt der Lösung. Häufige Auslöser dieser Veränderungen sind zum Beispiel die Mischung von zwei unterschiedlichen Lösungen oder auch die Reaktion eines Fluides mit dem Nebengestein.

Die Minerale zeigen im Gang oft eine bilateral-symmetrische Anordnung, weil sich die betreffenden Spalten während der Mineral-Ausfällung noch weiter öffnen können.

Dabei bilden sich die älteren Paragenesen am Rand und die jüngeren in den zentralen Bereichen. Diese Ordnung kann jedoch von später erfolgten Mineralisationsphasen überprägt werden.

Da die Bildung hydrothermaler Ganggesteine meistens an Störungszonen gebunden ist, wird ihre Entstehung mit tektonischer Aktivität verbunden. Dabei kann es durch die mechanische Beanspruchung entlang der Störungsflächen zu einem Zerbrechen des Gesteins und dadurch zu Brekzienbildung kommen, weshalb viele Hydrothermalgänge auch Brekzien mit Komponenten aus dem Nebengestein, aber auch aus den in früheren Phasen entstandenen Gangmineralen führen. Erzminerale, die sich in späteren Phasen gebildet haben, können in manchen Fällen die Matrix dieser Brekzien bilden (**Foto 31**). Zu Brekzienbildung kann es aber auch kommen, wenn der Fluiddruck die Bruchstabilität von Gesteinen überschreitet. Es bilden sich dabei sogenannte „Hydrofrakturen". Viele brekziengebundene Erzlagerstätten sind aufgrund solcher Fluidaktivität entstanden.

Die häufigsten Minerale in diesen Gängen sind die Gangarten Quarz, Fluorit (Flussspat, Kalziumfluorid – CaF_2; **Foto 32**), Baryt (Schwerspat – $BaSO_4$) und verschiedene Karbonate wie Kalzit ($CaCO_3$), Dolomit ($CaMg[CO_3]_2$) oder Siderit (Eisenspat – $Fe[CO_3]$). Innerhalb der hydrothermalen Gänge bleiben oft Hohlräume (Geoden) erhalten, in denen die betreffenden Kristalle besonders groß und schön gewachsen sind und auch „Stufen" genannt werden (**Foto 33** Kalzit, **Foto 34** Baryt, **Foto 35** Quarz).

Unter den Erzmineralen können Bleiglanz (Galenit, PbS), Kupferkies (Chalkopyrit – $CuFeS_2$), Pyrit – (FeS_2) und Zinkblende (Sphalerit – ZnS) genannt werden (**Foto 36**), außerdem Hämatit (Fe_2O_3) sowie gediegene Elemente, z. B. Silber und Gold. Die wirt-

Foto 31: *Hydrothermaler Gang. In der Mitte ist eine Brekzie, deren Matrix aus Erzmineralen besteht. Breite 1 m. Foto G. Markl. Finstergrund, Schwarzwald.*

***Foto 32**: Fluorit (Flussspat) als Gangmineral. Breite 18 cm. Donaustauf (Sulzbach-Noppenbach), Bayerischer Wald.*

***Foto 33**: Kalzitkristalle in einer Geode gewachsen. Breite 7 cm. Baia Mare, Ostkarpaten.*

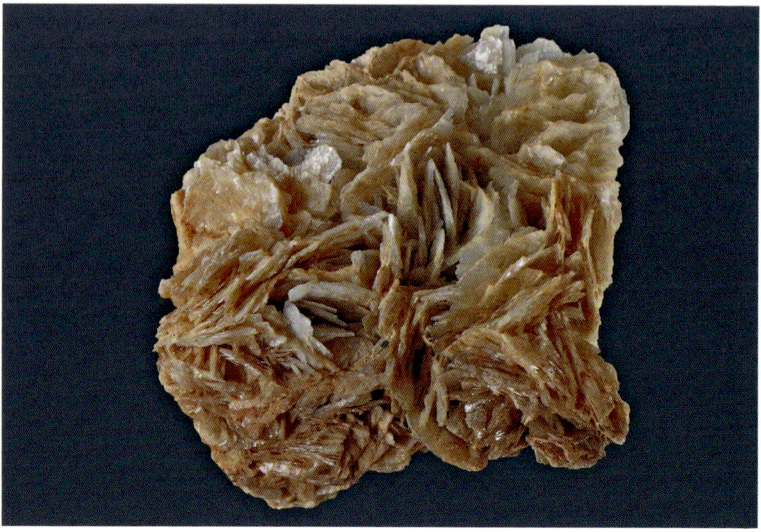

Foto 34: *Baryt-(Schwerspat-)Kristalle aus einem hydrothermalen Gang, in einem Hohlraum auskristallisiert. Breite 14 cm. Baia Mare, Ostkarpaten.*

Foto 35: *Quarzkristalle, die eine „Stufe" bilden. Breite 7 cm.*

***Foto 36**: Hydrothermale Vererzungen: Pyrit (Schwefelkies) mit gold-silbrigem Glanz und dunkle Hämatit-Kristalle mit dünntafelig-blättrigem Habitus. Breite 10 cm. Valle Giove, Rio Marina, Elba.*

schaftliche Bedeutung der hydrothermalen Gänge ist damit ersichtlich; sie sind wichtige Lieferanten von Bunt- und Edelmetallen, aber auch von reinstem Quarz, Fluorit und Baryt, die als Industrieminerale wichtige Rohstoffe darstellen.

Kalzit (Kalkspat)

Eigenschaften	Kalzit
chemische Formel	$CaCO_3$
Farbe	farblos - weiß, oft durch Verunreinigungen grau, rötlich, gelblich
Form, Habitus	oft grobspätig, zum Teil faserig, in Hohlräumen idiomorphe Kristalle
Härte	3
Spaltbarkeit	vollkommen
Zwillingsbildung	bildet oft Zwillinge aus, polysynthetische Streifen auf Rhombenflächen
Dichte	2,6 - 2,8 g/cm^3

Tabelle 15: Eigenschaften von Kalzit (Kalkspat).

Kalzit ist leicht durch ein brausendes Auflösen in verdünnter Salzsäure zu erkennen (Fluorit und Baryt sind unlöslich in Salzsäure). Spaltrhomboeder haben Winkel von 75°. Bei farblosen, durchsichtigen Spaltstücken erkennt man die hohe Doppelbrechung.

Fluorit (Flussspat)

Eigenschaften	Fluorit
chemische Formel	CaF_2
Farbe	oft farblos, blau, gelb, lila, grün; alle Farben möglich
Form, Habitus	oft grobspätig, in Hohlräumen idiomorphe Kristalle (Oktaeder, Würfel)
Härte	4
Spaltbarkeit	vollkommen
Zwillingsbildung	selten Zwillinge
Dichte	3,1 - 3,2 g/cm^3

Tabelle 16: Eigenschaften von Fluorit (Flussspat).

Fluorit wird durch seine oft deutliche Farbe und den Glasglanz ausgezeichnet. Charakteristisch sind oktaedrische Spaltstücke.

Baryt (Schwerspat)

Eigenschaften	Baryt
chemische Formel	$BaSO_4$
Farbe	weiß, oft durch Verunreinigungen rötlich oder grau
Form, Habitus	oft grobspätig bis blättrig, selten faserig, in Hohlräumen idiomorphe Kristalle
Härte	3 - 3,5
Spaltbarkeit	vollkommen
Zwillingsbildung	selten Zwillinge
Dichte	4,5 g/cm^3

Tabelle 17: Eigenschaften von Baryt (Schwerspat).

Baryt ist durch seine hohe Dichte (Gewicht!) leicht zu erkennen. Grobkörnige Aggregate können Feldspat ähneln, der jedoch deutlich leichter ist. Spaltstücke sind tafelig und haben zwischen den Flächen Winkel von 90° (orthorhombisches Kristallsystem).

3.2 Die Gefüge der plutonischen Gesteine

Mittel- bis grobkörniges Gefüge: Charakteristisch ist, dass dieses Gefüge überwiegend richtungslos (unorientiert) körnig ist (**Foto 37**). Durch laminares Fließen des Magmas, verursacht durch Konvektionsströmungen oder Turbulenzen innerhalb der Magmenkammer, kann es während des Intrusions- und Kristallisationsprozesses jedoch auch zu einer Einregelung von Kristallen kommen. Die Kristalle, meist tafelige Kalifeldspäte, aber auch leisten- bis säulenförmige Pyroxene oder Amphibole, bilden in der transportierten Schmelze eine feste Phase. Wenn das Magma abkühlt, können sie in einer eingeregelten Position erstarren (**Foto 38**) und es entsteht auf diese Weise ein magmatisches **Fließgefüge** (Fluidaltextur). Auch an den Rändern eines Plutons ist häufig eine Parallelorientierung der Feldspäte zu beobachten. Die Kristalle sind dann gleich gerichtet parallel zum äußeren Rand der Magmenkammer und zum Nebengestein angeordnet. Plutonite besitzen praktisch keine Blasenhohlräume und auch kein Glas, d.h. sie sind voll auskristallisiert – **holokristallin**. Die Korngröße liegt im Millimeter- bis Zentimeter-Bereich.

***Foto 37**: Richtungsloses, holokristallines Gefüge in einem Granit. Kalifeldspat rosa, Plagioklas weißlich, Quarz grau und Biotit schwarz. Breite 9 cm.*

***Foto 38**: Geregeltes Gefüge („Fließgefüge") in einem Granit. Kalifeldspat rot, Plagioklas weißlich, Quarz grau und Biotit schwarz. Breite 10 cm.*

Foto 39: Porphyrisches Gefüge im Granit. Idiomorphe Alkalifeldspatkristalle (rosa) liegen in einer feiner körnigen Grundmasse, die aus Plagioklas (weißlich), Quarz (grau), Alkalifeldspat (rosa) und Biotit (schwarz) besteht. Breite 12 cm.

Porphyrisches Gefüge: In Plutoniten können auch zwei deutlich unterschiedliche Mineralkorngrößen vorkommen, die dem Gestein ein porphyrisches Aussehen geben (bimodale Korngrößenverteilung). Idiomorphe Großkristalle liegen dabei mehr oder weniger isoliert in einer wesentlich feinkörnigeren Grundmasse, deren Minerale hypidiomorph bis xenomorph ausgebildet sind. Dies deutet auf eine Zweiphasigkeit im Abkühlungsprozess hin. Am häufigsten sind porphyrische Granite (**Foto 39**), bei denen Alkalifeldspäte auch mehrere Zentimeter groß werden, der übrige Mineralbestand aber Körner, die unter 1 cm Größe liegen, bildet. Das porphyrische Gefüge ist jedoch vorwiegend für die vulkanischen Gesteine typisch. Bei diesen ist die Grundmasse glasig oder besonders feinkörnig im Vergleich zu den Einsprenglingen (**Abb. 35, Foto 1, 9, 10** und **22**).

Rapakivi-Gefüge: In einigen relativ quarzarmen Graniten treten mehrere Zentimeter große Alkalifeldspäte mit rundlichen Umrissen auf, die von Plagioklas ummantelt werden (= Rapakivi-Gefüge, Rapakivi-Granit; **Foto 40**). Dies deutet darauf hin, dass ein bereits teilweise kristallisiertes granitisches Magma (ca. 750 °C) durch Mischung mit einem eher basischeren Magma (ca. 1100 °C) wieder aufgeheizt wurde, wodurch die Alkalifeldspäte teilweise angeschmolzen wurden. Durch die deutlich Ca-reichere Zusammensetzung des basischeren Magmas kristallisiert dann Plagioklas anstatt Alkalifeldspat und umrundet die bestehenden Alkalifeldspäte.

Ophitisches Gefüge: Leistenförmige Plagioklaskristalle, regellos-divergent angeordnet, werden für gewöhnlich von Pyroxen (Augit)-Kristallaggregaten umschlossen. Dieses Gefüge ist typisch für **Dolerite** (**Foto 41**) – Ganggesteine mit basaltischer Zusammensetzung, welche zwischen dem vulkanischen und dem plutonischen Krustenstockwerk auftreten. Es wird aber auch in Subvulkaniten und in feinkörnigen basischen

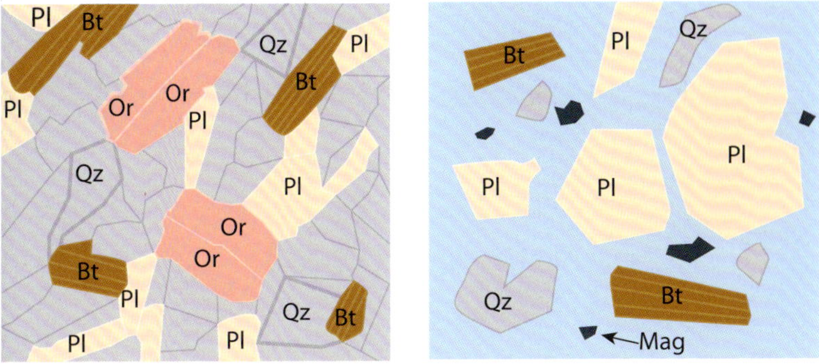

__Abb. 35__: Der Unterschied zwischen holokristallinem, grobkörnig richtungslosem (links) und typisch porphyrischem Gefüge (rechts). Beim porphyrischen Gefüge befinden sich die Einsprenglinge im deutlichen Kontrast zur Grundmasse. Qz – Quarz; Pl – Plagioklas; Or – Orthoklas; Bt – Biotit; Mag – Magnetit. Illustration Quelle & Meyer Verlag.

Plutoniten angetroffen, z.B. in Mikrogabbros. Dolerite werden oft auch als **Diabase** bezeichnet, die Benennung ist jedoch veraltet. Der Ausdruck stand früher für altvulkanische, variszische Gesteine.

__Foto 40__: Die beiden links und rechts gelegenen rötlich ovalen Alkalifeldspäte sind von einer dünnen, grauen Schicht aus Plagioklas umhüllt (siehe weiße Pfeile). Die Grundmasse enthält neben viel Biotit auch etwas Plagioklas und ebenfalls grauen Quarz. Rapakivi Granit. Breite 10 cm.

***Foto 41**: Dolerit mit ophitischem Gefüge. Helle, regellos, divergent orientierte Plagioklas-Leisten liegen in einer dunklen Masse aus Augit (siehe Ausschnitt). Breite 16 cm.*

3.3 Die Gefüge der vulkanischen Gesteine

Vulkanite bilden sich durch rasche Erstarrung einer Schmelze (der Lava) an der Erdoberfläche oder oberflächennah (Subvulkanite). Die in der Schmelze enthaltenen Gase entweichen schnell. Lava ist ein entgastes Magma, das die Erdoberfläche erreicht hat. Das Magma ist in der Regel ein Brei aus Kristallen, einer flüssigen Phase und der in ihr gelösten Gasphase. Wenn es die Erdoberfläche erreicht hat, befindet es sich zwischen der Liquidus- und Solidustemperatur (siehe auch Kap. II.3.1). Die rasche Abkühlung verhindert ein vollkommenes Auskristallisieren der Minerale, wie bei den Plutoniten, und auch ein Größenwachstum der Kristalle ist nicht möglich. Erfolgt eine plötzliche Abschreckung, z. B. bei submarinen Lavaergüssen, aber auch an der Luft, so bildet sich **Gesteinsglas**. Dieses wird aber im Verlauf der Jahrmillionen instabil und wandelt sich letztendlich zu einem feinkörnigen, mikrokristallinen Mineral-Gemenge mit Tendenz zur Vergröberung um. Der Prozess heißt **Entglasung** oder **Devitrifizierung**.

Allgemein gesehen unterscheidet man zwischen **Laven** (ausgeflossenes Material) und **Tuffen** (ausgeworfenes Material, **Pyroklastika**). Die Letzteren entstehen durch explosionsartige Ausbrüche gasreicher Schmelzen an Land. Im Meer verhindert der Wasserdruck solche Ausbrüche. Aschewolken können aber über dem Meer abregnen und marine Tuffablagerungen verursachen. Pyroklastische Bildungen entstehen einerseits durch magmatisch-vulkanische Prozesse, anderseits ist die darauffolgende Ablagerung – sie kann wie in Sedimenten auch Schichten erzeugen – ihrem Wesen nach ein Sedimentationsprozess. Die pyroklastischen Ablagerungen stellen deshalb, was ihre Bildung anbelangt, einen Interferenzbereich zwischen Vulkaniten und Sedimenten dar. Außer den Tuffen, die aus vulkanischen Aschen bestehen (Körngröße 0,06–2 mm), unterscheidet man noch **Lapilli** (Pyroklasten mit 2–64 mm mittleren Durchmesser), **Lapillituffe**, die beide Elemente aufweisen, **Bomben** und **Blöcke** (über 64 mm mittlerer Durchmesser).

Die hohe Abkühlungsgeschwindigkeit führt zu einer Reihe von charakteristischen Gefügen in den erstarrten Laven:

- **Glasiges (hyalines) Gefüge**: Die Grundmasse der Vulkanite enthält in vielen Fällen teilweise Glas, seltener besteht sie vollständig daraus. Wenn die Temperatur des Magmas, als es die Erdoberfläche erreicht hat, über der Liquidustemperatur („überhitztes Magma") liegt, dann können Gesteine entstehen, die ausschließlich aus Glas bestehen. Ein solches Gestein wird **Obsidian** genannt, wenn es eine rhyolithische Zusammensetzung hat. Es ist oft schwarz, sehr hart, an den Kanten durchscheinend und zeigt einen muscheligen Bruch (**Foto 42**). Als **Tachylit** wird ein schwarz-grünes, dunkles basaltisches Glas bezeichnet. Es bildet sich bei submarinen Basalteruptionen, kann aber auch als dünner Randbereich (**Salband**) von Gängen auftreten.

Foto 42: *Obsidian. Rhyolithisches Gesteinsglas, kantig und mit muscheligem Bruch. Breite 11 cm.*

Kataklasite und Pseudotachylite

In den oberen, spröden Krustenbereichen findet entlang von Störungen, wo zwei Gesteinspakete aneinanderreiben, eine kataklastische Deformation statt, es bilden sich **Kataklasite** (griech. „kataklasis" = das Zerbrechen). Die Gesteine werden dabei mechanisch zerkleinert und es entstehen **Störungsbrekzien**. Eckige Komponenten liegen in einer feinkörnigeren kataklastischen Matrix. Wird dieser Prozess intensiver, entsteht ein ganz feines Gesteinszerreibsel und es bilden sich **Ultrakataklasite**. Sind die Bewegungsraten entlang der Verschiebungsfläche besonders hoch, erzeugt die Reibungsenergie Schmelzen und es entstehen **Pseudotachylite** (griech. „pseudo“ = Täuschung, „tachinos“ = schnell). Diese bilden in der Störungszone „Mini-Intrusionen“, welche schnell zu einem Gesteinsglas abkühlen. Solche Situationen gibt es z. B. bei Erdbeben, wo eine Entladung von Spannungen in Form von seismischen Bewegungen hohe Gleitgeschwindigkeiten der Gesteinspakete erzeugt. Es können für kurze Zeit Temperaturen bis zu 1000 °C erreicht werden. Die Schmelzen verbreiten sich netzartig in Entfernungen, die im Meter-Bereich liegen, bevor sie ihre Intrusionsfähigkeit verlieren. Wird das Gesteinsglas datiert (mit radiometrischen Methoden), kann man die Spuren fossiler Erdbeben dokumentieren („paläoseismische Aktivität“). Schmelzen können demnach, in geringem Umfang, auch durch tektonische Prozesse entstehen.

Andererseits kann auch die Impaktenergie beim Einschlag von Meteoriten Temperaturen erzeugen, welche die Gesteine, ebenfalls für kurze Zeit, lokal aufschmelzen lassen. Meistens liegen dann Gesteinsbruchstücke in einer Matrix aus Gesteinsglas.

- **Feinkörniges bis dichtes Gefüge**: Die Einzelbestandteile sind mit dem bloßen Auge nicht auflösbar (häufig durch Entglasung entstanden). Die Gesteinsmasse erscheint makroskopisch homogen und dicht. Dieses Gefüge ist für die Grundmasse vieler Vulkanite kennzeichnend, in ihr liegen die Einsprenglinge. Es gibt auch Vulkanite, die keine Einsprenglinge aufweisen, das gesamte Gestein zeigt dann ein dichtes, feinkörniges Gefüge. In diesem Fall erlaubt nur die Gesteinsfarbe einen Hinweis auf seine Zusammensetzung – basisch (dunkel), intermediär oder sauer (hell).
- **Variolitisches Gefüge**: Insbesondere in basaltischen Gesteinsgläsern können Entglasungserscheinungen in einem ersten Stadium **Variolen** (lat. = Pocken) erzeugen.

Foto 43: *Variolitisches Gefüge. Runde, kugelige Variolen mit angedeuteter radialstrahliger Struktur in einem basaltischen Gesteinsglas. Breite 3 cm. Punta della Crocetta (Marciana Marina) Elba.*

Dies sind radialstrahlige Mineralaggregate, die kugelförmige Gebilde von mehreren Millimetern bis maximal wenigen Zentimetern Durchmesser bilden. Sie sind vor allem in den Basalten, die submarin an mittelozeanischen Rücken entstehen, zu finden (**Foto 43**), kommen aber auch in sauren Gesteinen vor.

- **Porphyrisches Gefüge**: Das Magma befand sich, als es die Erdoberfläche erreichte, zwischen der Liquidus- und der Solidustemperatur. Folglich liegen in einer feinkörnigen bis dichten oder glasigen Grundmasse relativ große, idiomorphe Kristalle vor, die bereits in der Tiefe auskristallisierten und als **Einsprenglinge** bezeichnet werden (**Foto 44**, **Abb. 35**).
- **Blasiges Gefüge** (**Foto 45**): Durch die spontane Entmischung der Gasphase treten Blasenhohlräume auf. Ein Gestein, das wie ein Schwamm aus unzähligen Blasenhohlräumen besteht, die nur durch dünne, glasige Wände voneinander getrennt sind, wird als **Bimsstein** bezeichnet. Insbesondere saure, rhyolithische Laven mit hoher Zähflüssigkeit (Viskosität) enthalten Gase, die schlagartig während des Ausbruchs entmischen, aber nicht entweichen können und so die Bildung dieses Gefüges erklären. Die Schmelze kann dadurch aufschäumen und gleich danach erkalten. Blasenhohlräume können sekundär durch zirkulierende Wässer mit Quarz, Kalzit oder den feldspatähnlichen Zeolithen ausgefüllt werden. Ein solches Gestein wird, wenn es basisch ist, als Melaphyr oder **Basalt-Mandelstein** bezeichnet (**Foto 46**).
- **Fluidalgefüge**: Die sauren, SiO_2-reichen Laven zeichnen sich im Gegensatz zu basischen, SiO_2-armen Laven durch ihre Zähflüssigkeit aus und können deshalb auch nicht weit fließen. Im Inneren dieser Lavaströme findet ein laminares Fließen während ihrer relativ langsamen Fortbewegung statt. Der Abkühlungsprozess wird dadurch von einer dichten bis schlierigen Bänderung oder feinen Striemung (**Foto 47**), die auch

Foto 44: *Porphyrisches Gefüge. Große, helle Feldspatkristalle liegen als Einsprenglinge in einer feinkörnigen, braunroten Grundmasse. „Rhombenporphyr" – die Feldspäte zeigen oft rhombenförmige Querschnitte und bestehen aus einem Plagioklaskern und einem Alkalifeldspat-Rand. Breite 14 cm. Oslo-Region.*

Foto 45: *Blasiges Gefüge, entstanden durch das plötzliche Entweichen einer Gasphase in der Lava. Breite 9 cm.*

Foto 46: *Basalt-Mandelstein (Melaphyr). Die Blasenhohlräume sind sekundär mit Kalzit und Zeolithen ausgefüllt. Breite 10 cm.*

Foto 47: *Fluidalgefüge im Rhyolith. Die feine Bänderung spiegelt das laminare Gleiten im Inneren des zähflüssigen Lavastroms wider. Im mittleren Teil des Bildes sind links ein Alkalifeldspat-Einsprengling und rechts daneben ein Quarz-Einsprengling zu sehen. Breite 6 cm.*

verfaltet sein kann, begleitet. Eventuell vorhandene Einsprenglinge werden von der zähen Grundmasse umflossen und eingeregelt.

3.3.1 Spezielle Gefüge in pyroklastischen Gesteinen

- **Geschichtete Tuffe:** Tuffe entstehen durch Absinken und Ablagerung von Aschepartikeln an Land oder im Meer. Dadurch tritt häufig, wie auch bei feinkörnigen, pelitischen Sedimentgesteinen, eine dünnlagige Schichtung auf. Es gibt aber auch Tuffe, die massig und unstrukturiert erscheinen, dieses Merkmal ist also nicht allgemein gültig. Wenn in einem Tuff einzelne, teils auch idiomorphe Kristalle auftreten, spricht man von einem **Kristalltuff** (**Foto 48**). Erscheinen Glasfragmente, ist es ein **Glastuff**, und wenn Gesteinsfragmente in ihm vorkommen, nennt man ihn einen **lithischen Tuff**. Vermischen sich Ascheablagerungen mit Sedimentpartikeln, z. B. Sand oder Ton, spricht man von **Tuffit**. Die Vermischung kann durch gleichzeitige Ablagerung von Asche und Sedimentpartikeln oder durch Umlagerung der Tuffe als Folge von Erosionsprozessen entstehen. Die hellen Tuffe entsprechen chemisch sauren Laven und die dunklen, meist grünlich gefärbten Tuffe basischen Laven.
- **Ignimbritisches Gefüge:** Ignimbrit („Feuerregen“, lat. „ignis“ = Feuer, dieser Begriff steht für magmatisch; und lat. „imber“ = Regen) ist die Bezeichnung für ein pyroklastisches Gestein, das aus einigen Hundert Grad heißen hochmobilen **Glutwolken** (Asche-Gas-Gemengen bzw. Dampfsuspensionen) abgelagert wird („Plinianische Eruption“, nach Plinius dem Jüngeren). Die Glutwolken können mit bis zu 300 km/h die Vulkanhänge hinuntergleiten. Wegen ihrer Zähflüssigkeit erfolgen die Ausbrüche saurer, gas- und wasserreicher rhyolithischer Magmen meist explosiv. Dabei wer-

Foto 48: *Kristalltuff. In der hellen, feinkörnigen Aschenmasse liegen isolierte Kristalle: Quarz (grau), Biotit (dunkel) und Feldspat (weißlich). Chemisch entspricht dieser Tuff einer rhyolithischen Lava. Breite 9 cm. Korsika.*

Foto 49: *Ignimbrit („Schweißtuff"). Kollabierte Bimssteine verleihen dem Gestein eine typische Flammenstruktur (dunkel rotbraun getönte Strukturen). Breite 11 cm.*

Foto 50: *Schlotbrekzie. Eckige Gesteinsbruchstücke, während eines Vulkanausbruchs herausgebrochen, fallen in den Vulkanschlot zurück und verfestigen sich. Die Bruchstücke bestehen hier aus Rhyolithen, deren dunklere, braunrote Farbe einer Eisenhydroxid-Durchstäubung zu verdanken ist. Breite 10 cm. Dossenheim, Baden Württemberg.*

Foto 51: *Schwach verfestigte, sehr poröse Schlotbrekzien. Die dunkle, rotbraune Farbe ist durch Eisenhydroxide verursacht. Die gelben Krusten bestehen aus Schwefel, der sich postvulkanisch aus Dämpfen abgesetzt hat. Breite 15 cm. Calimani-Gebirge, Ostkarpaten.*

***Foto 52**: Vulkanische Schlacke. Breite 12 cm.*

den Lavatropfen und -fetzen, oft auch Kristalle in die Luft geschleudert und bilden eine Glutwolke. Wenn sie zurückfällt, breitet sie sich in Bodennähe oft lawinenartig, auch über größere Flächen aus. In der ersten Bildungsphase sind die vorhandenen Lavafragmente (Aschepartikel und Bimssteinbrocken) noch so heiß, dass sie plastisch verformbar sind und aneinanderkleben, es entsteht ein „**Schweißtuff**". Heiße, noch weiche blasenreiche Lavafetzen, die zu Bimssteinen erstarren, können anschließend unter der Eigenlast der Ignimbritlage zu lang gestreckten Flasern kollabieren und dem Gestein eine charakteristische **Flammenstruktur** verleihen (**Foto 49**). Die einzelnen Ignimbritdecken können bis über 1 m Mächtigkeit erlangen.

- **Agglomerat** (**Schlotbrekzie, pyroklastische Brekzie**; lat. „agglomerare" = anhäufen, zusammenballen): Agglomerate bestehen aus meist eckigen, Zentimeter bis Dezimeter großen vulkanischen Komponenten, die bei einem explosiven Ausbruch aus den bereits erkalteten Gesteinen des Vulkankegels herausgebrochen werden. Sie stürzen in den Krater zurück oder werden nahe des Kraterrandes abgelagert und verfestigt (**Foto 50**). Untergeordnet können auch Aschen oder Lapilli vorhanden sein, sie bilden jedoch nie eine richtige „Grundmasse". Sind die Komponenten leicht gerundet, so war das ausgeworfene Material noch teilweise schmelzflüssig. Agglomerate sind Gesteine mit hoher Porosität (**Foto 51**).
- **Vulkanische Bombe**: Werden bei einem Ausbruch größere Lavafetzen in die Luft geschleudert, erstarren diese häufig im Flug. Durch den beim Auswurf versetzten Drall bilden sich spindelförmige Körper von bis zu einigen Dezimetern Größe. Die runzelige Haut dieser Bomben spiegelt die Drehbewegung bei der Erstarrung wider.
- **Vulkanische Schlacken:** Während des Fließens und gleichzeitigen Erkaltens von Lavaströmen, bilden sich an ihrer Oberseite blasig-poröse, schaumartige Strukturen von uregelmäßiger Form (**Foto 52**).

4 Nomenklatur der magmatischen Gesteine

Eine Einteilung der magmatischen Gesteine erfolgt nach dem Gefüge und dem Mineralbestand, bei Vulkaniten auch nach dem Chemismus. Die mineralogische Systematik beruht im Wesentlichen auf den Anteilen der hellen Minerale im Magmatit.

Als Grundlage für die Klassifikation der magmatischen Gesteine dient das **Streckeisen-Doppeldreieck** (Streckeisen 1967, 1976), auch **„Streckeisen-Diagramm“** genannt (**Abb. 36**). Albert Streckeisen (1901–1998) war ein Schweizer Petrograf, dem es gelang, ein einfaches, allgemein gültiges Klassifikationssystem zu erstellen und dadurch eine Vereinfachung in die bis zu diesem Zeitpunkt herrschende Ansammlung lokaler Gesteinsnamen zu bringen. Die IUGS-Kommission (International Union of Geological Sciences) und Le Maitre et al. (2004) einigten sich ebenfalls auf diese Nomenklatur.

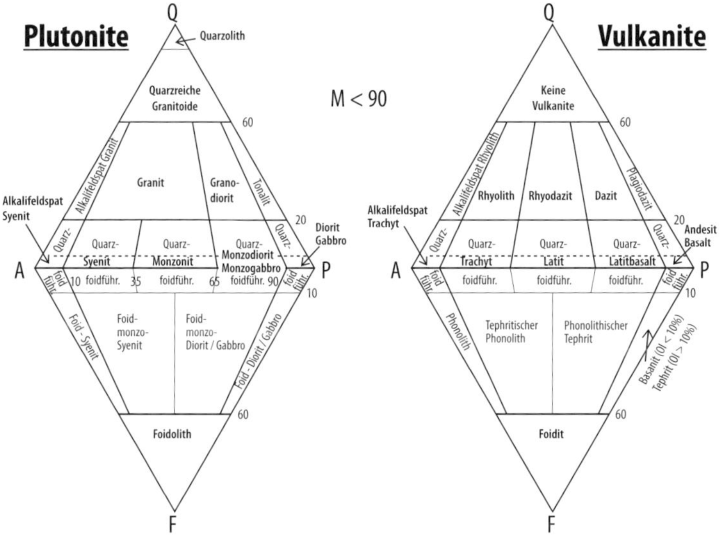

***Abb. 36**: Streckeisen-Diagramme (QAPF-Diagramme) für Plutonite und Vulkanite. A – Alkalifeldspat, Q – Quarz, P – Plagioklas (An > 05), F – Foide, M – Mafite (dunkle Minerale) und Ol – Olivin.*

Ein erstes Kriterium dieser Klassifikation ist das Gefüge. Abhängig davon wird zwischen einem Doppeldreieck für Plutonite und einem für Vulkanite unterschieden. Dabei werden nur die „hellen“, leukokraten Minerale berücksichtigt: **Quarz (Q), Alkalifeldspat (A)**, **Plagioklas (P)** und **Feldspatvertreter** oder **Foide (F)**. In den Eckpunkten befinden sich Gesteine, in denen die jeweiligen hellen Minerale den einzigen Anteil bilden, was jedoch weitere, dunkle Minerale nicht ausschließt. Um ein Gestein mithilfe des Streckeisen-Diagrammes zu klassifizieren, muss die Summe der hellen Minerale mindestens 10 Vol.-% des Gesamtmineralbestands betragen bzw. der Anteil an dunklen Mineralen (Mafiten „M“) muss weniger als 90 % (M < 90) sein. Unter dem Begriff „Mafite“ werden Minerale wie Olivin, Pyroxene, Amphibole, Glimmer und auch Karbonate zusammengefasst.

Tatsächlich handelt es sich bei diesen Doppeldreiecken um zwei selbstständige Dreiecke („Konzentrationsdreiecke"), die sich auf der horizontalen Feldspat-Grundlinie (A–P) berühren. Als dritter Gemengteil kommen dann oben Quarz und unten Feldspatvertreter (Foide) hinzu. Freier Quarz und Foide können in einem Magma nicht zugleich kristallisieren. Die Feldspatvertreter sind SiO_2-untersättigt und kommen deshalb nie zusammen mit Quarz vor. Die Gesteine, welche im unteren Dreieck liegen, enthalten somit keinen Quarz.

Für die Darstellung im Streckeisen-Diagramm müssen die hellen Gemengteile auf 100 % umgerechnet werden. Dazu wird zuerst der **modale Mineralbestand** ermittelt, was bedeutet, dass der Volumenanteil der einzelnen Minerale im Gestein abgeschätzt wird. Dabei werden die vier Minerale (Q, A, P und F) zusammen als 100 % betrachtet. Der darstellende Punkt im Diagramm wird anhand des Prozentanteils dieser Minerale bestimmt. Andere Minerale, die eventuell im Gestein enthalten sind, werden nicht berücksichtigt. Auf der horizontalen Linie zwischen A und P ist das Mengenverhältnis zwischen Alkalifeldspat und Plagioklas dargestellt (Albit mit einem Anorthitgehalt unter 5 % [An < 05] wird dabei dem Alkalifeldspat zugerechnet). Gesteine im oberen Teil des oberen Dreiecks sind quarzreicher, an der Grundlinie sind sie quarzfrei. Im unteren Dreieck schließt sich Quarz aus und stattdessen findet man Feldspatvertreter im Gestein. Konnte man also in seinem Gestein Plagioklas, Alkalifeldspat und Quarz entdecken, muss man sich als erstes auf das obere Dreieck konzentrieren. Dann muss nur noch der Volumenanteil der jeweiligen Minerale abgeschätzt werden. Die Zusammensetzung eines Gesteins ergibt sich aus der Entfernung des jeweiligen Punktes im Streckeisen-Diagramm zu den Eckpunkten, also den Gesteinen mit dem jeweils reinen

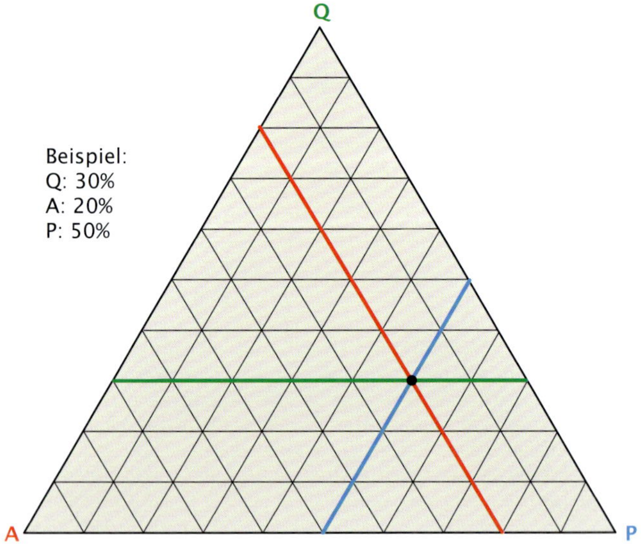

***Abb. 37**: Beispiel für die Position eines Gesteins mit einer bestimmten Zusammensetzung im Streckeisen-Diagramm. Die Prozentanteile der hellen Gemengteile wurden auf 100 umgerechnet. Es handelt sich bei dem Plutonit um einen Granodiorit. Ein Vulkanit der gleichen Mineralzusammensetzung wird als Dazit bezeichnet.*

Grundmineral (**Abb. 37**). Die Bestimmungsprozedur ist für Vulkanite und Plutonite gleich.

Hat man einmal die Lage des Magmatits im Streckeisen-Diagramm eingegrenzt, kann man gewisse Rückschlüsse ziehen. Links oben im oberen Dreieck liegen die sauren Gesteine, sie sind quarz- und alkalifeldspatreich und MgO-arm. Je mehr SiO_2 im Gestein enthalten ist, desto höher ist der Anteil an Alkalifeldspat. Rechts unten liegen die basischeren oder basischen Gesteine, sie enthalten entsprechend mehr An-reichen Plagioklas, sind auch MgO-reicher und gleichzeitig quarzärmer. Je größer der Anorthit-Gehalt im Plagioklas ist, desto mehr dunkle Gemengteile enthält das Gestein; bei höherem Albit-Gehalt ist es umgekehrt. Eine Ausnahme stellt der „Anorthosit" dar – ein Gestein, welches praktisch nur aus Anorthit besteht (Mafitanteil < 10 %).

Plutonite können normalerweise durch bloße Betrachtung des Handstücks und Abschätzung der hellen Gemengteile bestimmt werden. Sie sind so grobkörnig, dass sich ihr Mineralbestand mit bloßem Auge annähernd quantifizieren lässt. In manchen Fällen kann es schwierig sein, die genauen Mengenverhältnisse zwischen Alkalifeldspat und Plagioklas zu bestimmen (Granit – Granodiorit) oder auch zu entscheiden, ob Spuren von Quarz oder Nephelin vorhanden sind (Quarz-Syenit – Syenit – Nephelin-Syenit), was allerdings für die Namensgebung ausschlaggebend ist. Deshalb sollen hier auch die vereinfachten, sogenannten **„Feldvarianten"** des Streckeisen-Diagramms (**Abb. 38**) bzw. die Feldklassifikationen (nach der IUGS-Empfehlung, Le Maitre et al. 2004) für Vulkanite und Plutonite vorgestellt werden. Dadurch wird zumindest eine grobe Einordnung der im Gelände angetroffenen Gesteine ermöglicht.

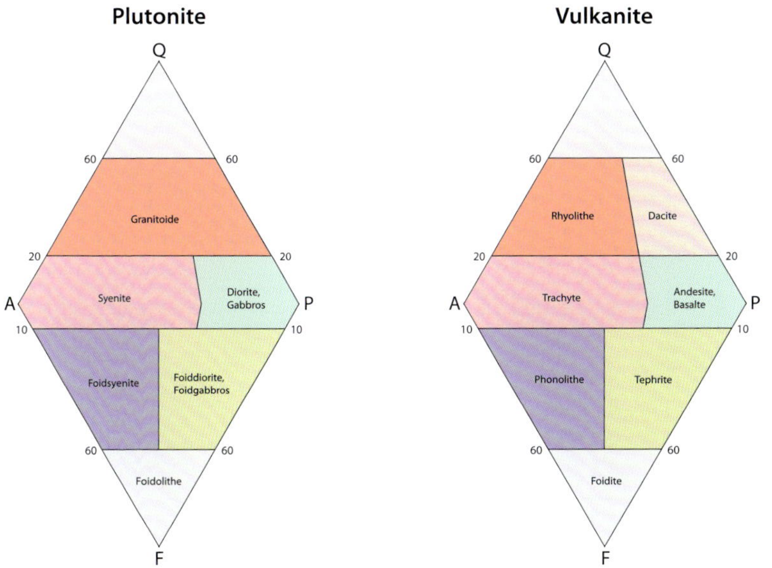

***Abb. 38**: „Feldvariante" der Streckeisen-Diagramme für Plutonite und Vulkanite (QAPF-Diagramme). A – Alkalifeldspat, Q – Quarz, P – Plagioklas (An > 05 %), F – Foide.*

Vulkanite lassen sich wegen ihrer Feinkörnigkeit mithilfe des Streckeisen-Diagramms nur schwieriger bestimmen. Außer den Gefügemerkmalen helfen dabei insbesondere die Farbe (**Abb. 33**) und vorhandene Einsprenglinge weiter. Es gelten dabei folgende Faustregeln:

- Tritt ein Mineral als Einsprengling auf, so ist es meist auch in der Grundmasse vertreten.
- Die Gesteine, die in den Streckeisen-Diagrammen links und oben liegen (saure Gesteine), sind heller als die Gesteine rechts und unten (basische Gesteine). Je saurer ein Magmatit ist, desto mehr Wasser enthält gewöhnlich das Magma, sodass sich eher wasserhaltige Minerale wie Glimmer und Amphibole bilden können. Je basischer ein Magmatit ist, desto trockener ist das Magma, sodass sich eher wasserfreie Minerale wie Pyroxen und Olivin bilden.

Die genaue Klassifikation von Vulkaniten wird mithilfe des sogenannten TAS-Diagramms nach Le Maitre (1984) vorgenommen (= **T**otal **A**lkali versus **S**ilica; **Abb. 39**). Dabei ist zu beachten, dass es sich hier um eine geochemische Klassifikation und nicht um eine mineralogische handelt. Die Anwendung des TAS-Diagramms bedarf daher einer chemischen Analyse des Gesteins, was ja im Gelände nicht möglich ist. Trotzdem muss es erwähnt werden, denn dadurch werden unterschiedliche geochemische Entwicklungslinien der Gesteine ersichtlich (alkalischer und subalkalischer/tholeiitischer Trend), welche bestimmten plattentektonischen Situationen entsprechen.

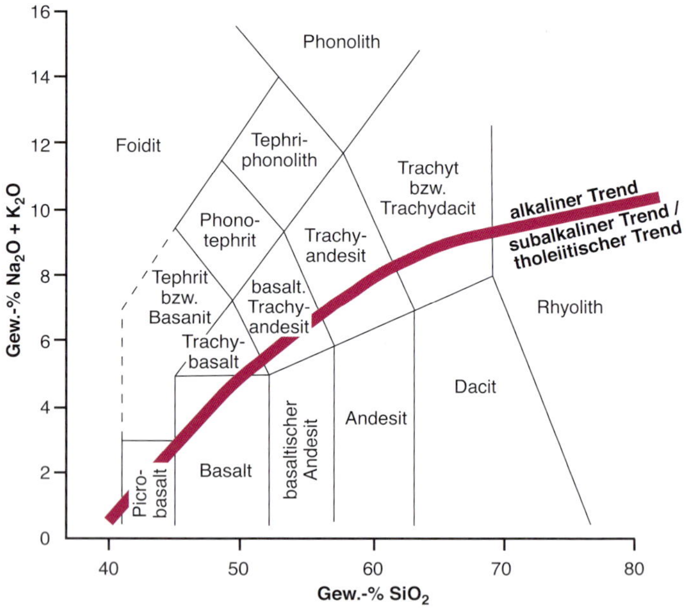

Abb. 39: Geochemisches Klassifikationsdiagramm vulkanischer Gesteine nach Le Maitre (1984). Es beruht auf dem Gesamtalkaligehalt des Gesteins gegen Silizium, jeweils als Oxide ausgedrückt. Es wird deshalb auch TAS-Diagramm genannt („Total Alkali versus Silica").

In **Tabelle 18** ist der Zusammenhang zwischen der Elementverteilung und dem sauren, intermediären oder basischen Charakter der Gesteine dargestellt.

	Sauer	Intermediär		Basisch
grobkörnig	Granit	Granodiorit	Diorit	Gabbro
feinkörnig	Rhyolith	Dazit	Andesit	Basalt

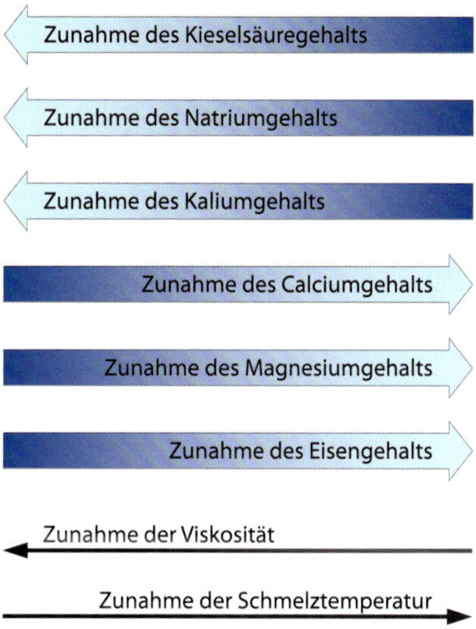

Tabelle 18: *Änderung der Elementverteilung beim Übergang von sauren zu basischen Gesteinen.*

Ultramafische Gesteine enthalten über 90 Modalprozent dunkle (mafische) Minerale und werden über die dunklen Gemengteile klassifiziert. Ihre mineralogische Zusammensetzung wird in gesonderten Ultramafit-Dreiecken wiedergegeben (**Abb. 40**).

Der Erdmantel hat eine ultramafische Zusammensetzung. Ultramafische, plutonische Gesteine sind jedoch als Folge von tektonischen und Erosions-Prozessen auch an der Erdoberfläche zu finden. Ultramafische Vulkanite bildeten sich, mit wenigen Ausnahmen, im Archaikum und werden Komatiite genannt.

Im Gelände ist es oft sehr schwierig, Orthopyroxen von Klinopyroxen zu unterscheiden. Deshalb kann auch ein vereinfachtes Bestimmungsmuster für die ultramafischen Gesteine angewendet werden. Es gibt „monomineralische" ultramafische Gesteine, die fast ausschließlich aus Olivin bestehen; sie werden **Dunite** genannt. Monomineralische Ultramafite aus Pyroxen werden als **Pyroxenite** bezeichnet. Dazwischen liegt ein weiter Bereich von Ultramafiten, die aus Olivin und Pyroxen bestehen; diese Gesteine nennt man **Peridotite** (Mantelgesteine). Die meisten ultramafischen Gesteine sind Peridotite (**Abb. 40**).

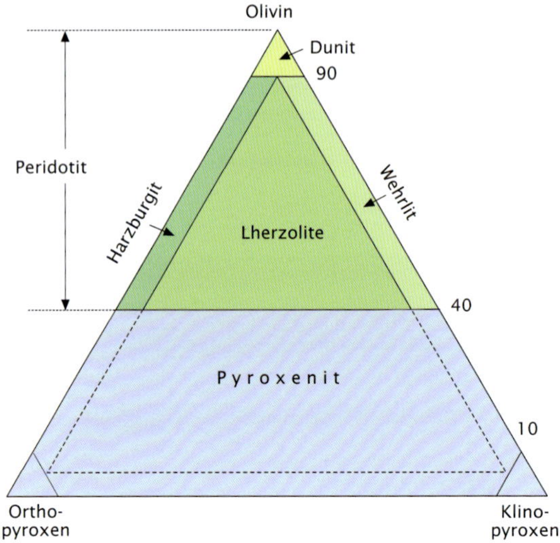

***Abb. 40**: Klassifikation und Nomenklatur von ultramafischen Gesteinen nach Streckeisen (1976).*

5 Magmatitserien

Ultramafische Magmatite stellen eine eigene Kategorie magmatischer Gesteine dar. Alle anderen Magmatite stammen, mit wenigen Ausnahmen, von 2 Grundtypen primärer Magmen ab: (1) Teilschmelzen aus dem Erdmantel – auf diese Weise entstehen Gabbros und Basalte (tholeiitisch, kalk-alkalisch, alkalisch, die dann differenzieren können) – und (2) anatektische Schmelzen aus kontinentalen Krustengesteinen – hier entstehen Granitoide.

Die Magmatite werden nach petrografischen und geochemischen Kriterien sowie nach ihren genetischen Zusammenhängen in drei Gruppen eingeteilt, die gleichzeitig auch Magmen-Differenziationstrends widerspiegeln:

1. **Tholeiitische** Magmatite
2. **Kalk-alkalische** Magmatite
3. **Alkalische** Magmatite

1 und **2** werden auch als **subalkalische Magmatite** bezeichnet. Sie differenzieren zu Quarz führenden Gesteinen (**Abb. 41**). Die alkalischen Magmen können auch zu Foid führenden Gesteinen differenzieren (gilt bei basaltischem Ausgangsmaterial).

Im Gelände treten häufig altersgleiche und nach ihrer Herkunft verwandte Magmatite von unterschiedlicher Zusammensetzung gemeinsam auf. Sie entstammen der gleichen Magmatitserie und sind mit spezifischen plattentektonischen Entwicklungen korreliert. Die Ausgangsmagmen kompletter Magmatitserien sind basisch (basaltisch). Ihre Fortentwicklungen sind variabel und bestehen hauptsächlich aus einem ansteigenden SiO_2-Gehalt, steigendem Fe/Mg-Verhältnis oder zunehmendem Alkaligehalt (**Abb. 41**).

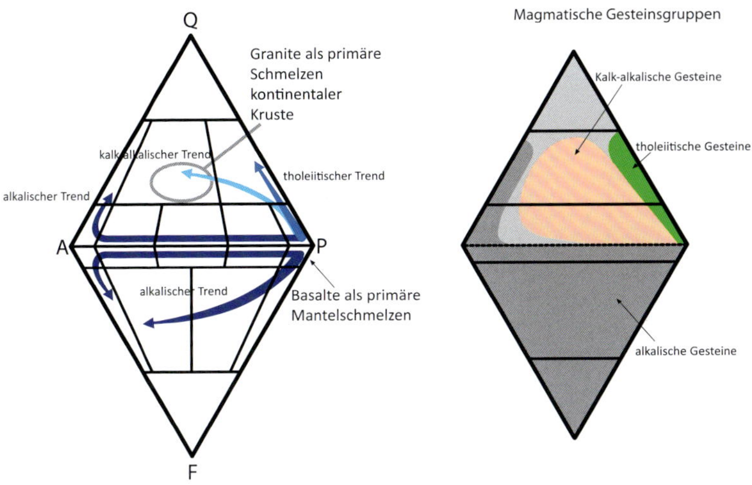

Abb. 41: Darstellung der unterschiedlichen Magmen-Differenziationstrends im Streckeisen-Diagramm und die Verteilung der dazugehörigen Gesteinsgruppen.

Tholeiitische Magmatite (Basalte und Gabbros) sind typisch für **Mittelozeanische Rücken** und kommen darüber hinaus auch im Intraplattenbereich (z. B. Hawaii) und nur selten über Subduktionszonen vor (siehe auch **Abb. 26** und Kap. II.2.2.1).

Kalk-alkalische Magmatite (Granite, Granodiorite, Diorite, Rhyolithe, Dazite, Andesite), saure und intermediäre Gesteine, sind typisch für Inselbögen und aktive Kontinentränder (**subduktionsgebundener Magmatismus**, siehe auch **Abb. 26** und Kap. II.2.2.2). Sie zeichnen sich durch einen hohen Wassergehalt aus. Über Subduktionszonen gibt es aber auch kalk-alkaline Basalte, die sich durch Aluminium-Reichtum auszeichnen („Hoch-Aluminium-Basalte"). In diesen Basalten ist der modale Anteil des Plagioklases besonders hoch. Kalk-alkalische Magmen entstehen auch bei Kontinent-Kontinent-Kollisionen und Aufschmelzung kontinentaler Kruste (Anatexis).

Alkalische Magmatite (Syenite und Foid führende Gesteine) treten im **Intraplattenbereich**, in kontinentalen Rift-Zonen oder über Heißen Flecken, auf (siehe auch **Abb. 26**, Kap. II.2.2.3.1 und II.2.2.3.2). Sie enthalten häufig Feldspatvertreter (SiO_2-untersättigte Gesteine) und liegen dann im unteren Dreieck (**Abb. 41**). Alkaligesteine mit Quarz liegen nahe an der A-Q-Seite des oberen Dreiecks und führen alkalische (Na-reiche) Pyroxene oder Amphibole. Alkaligesteine haben einen Überschuss an Alkalien (Na, K) gegenüber SiO_2 und/oder Al_2O_3.

6 Petrografie der magmatischen Gesteine

Die Bezeichnung „Petrografie" kommt von „petros" und „graphein", was auf Griechisch „Stein" bzw. „schreiben" bedeutet. Wenn wir „Petrografie" sagen, so beziehen wir uns eher auf den beschreibenden Teil der Gesteinskunde. Der Ausdruck „Petrologie" betrifft mehr die Lehre über die Entstehung der Gesteine, wobei die beiden Begriffe nicht immer klar getrennt werden können. Im Folgenden werden die bedeutendsten magmatischen Gesteine im Einzelnen vorgestellt.

6.1 Ultramafische Plutonite und Peridotite

Peridotite (nach dem Olivin-Mineral Peridot benannt) sind ultramafische Plutonite, die im oberen Erdmantel entstehen und deshalb die typischen **Mantelgesteine** darstellen. Nur untergeordnet bilden sie sich auch in der Erdkruste, in tiefer gelegenen Magmenkammern mit basischen, gabbroiden Schmelzen, als Folge gravitativer Kristallisationsdifferenziation (siehe Kap. II.2.3.2).

Der Mineralbestand der Peridotite umfasst vor allem **Olivin** und **Pyroxen**, untergeordnet können auch Plagioklas, Granat und feinkörnige, im ganzen Gestein verteilte **Chromit**-Körner ($Fe^{2+}Cr_2O_4$) und **Magnetit** (Fe_3O_4) vorhanden sein. Das Gestein ist mittel- bis grobkörnig und in der Regel dunkelgrün bis schwarz, teilweise auch bräunlich (**Foto 53**). Chromite („Chromspinelle") können in bestimmten Peridotiten (Harzburgiten) stark angereichert sein und bilden dann **Chromerze**.

Chemisch sind die Peridotite durch hohe MgO-Gehalte zwischen 30 und 50 % und geringe SiO_2-Gehalte zwischen 40 und 45 % gekennzeichnet. Peridotite, die ja nur „trockene" Minerale (ohne OH-Gruppen) enthalten und durch tektonische Prozesse in höhere Krustenbereiche gelangen, werden serpentinisiert. Sie wandeln sich als Folge der veränderten Druck- und Temperatur-Verhältnisse und insbesondere unter dem Einfluss von wässrigen Fluiden teilweise oder vollständig in **Serpentinite** um (siehe auch Kap. IV.4). Der Name leitet sich von „serpens" (lat. = Schlange) wegen ihrer oft schuppig

***Foto 53**: Peridotit. Besteht hier vorwiegend aus grünlichem Olivin, die Pyroxene erscheinen untergeordnet als kleinere schwarze Kristalle. Breite 8 cm. Finero, Schweizer Alpen, Grenzen in Italien.*

wirkenden Oberfläche ab. Das Gestein kann so seine Körnigkeit verlieren und es bilden sich durch die Umwandlung der Olivine und Pyroxene Serpentin-Minerale wie Chrysotil (auch Asbest genannt), Lizardit oder Antigorit, die alle Mg-reich sind und OH-Gruppen enthalten.

Dunit ist eine Variante des Peridotits, die zu über 90 % aus Olivin besteht und deshalb eine auffallend gelbgrüne Farbe hat. Dunite entstehen nicht nur im Erdmantel, sondern auch als Kumulat, d. h. als Erstkristallisat, welches am Boden einer Magmenkammer wegen seiner höheren Dichte einen Bodensatz bildet (siehe auch Kap. II.1.6 und II.2.3.2). Kommt im Laufe dieses Prozesses immer mehr Pyroxen dazu, so bildet sich ein Peridotit-Kumulat. Dunite können als Fremdeinschlüsse (Xenolithe) in basaltischen Schmelzen an die Erdoberfläche gelangen (**Foto 26**) oder sie werden als Teil eines ultramafischen Plutons erosiv freigelegt. Unter bestimmten Umständen reichern Dunite Platin an und werden dann abgebaut.

Pyroxenite bestehen fast ausschließlich aus Pyroxen, wobei man nach der Art der beteiligten Pyroxene unter Klinopyroxeniten (enthalten z. B. Diopsid) und Orthopyroxeniten (z. B. Bronzit, Enstatit; **Foto 23**) unterscheidet. Andere Pyroxenite sind aus beiden Pyroxenen zusammengesetzt. Außer Olivin können noch andere Minerale, wie z. B. Hornblende, Biotit oder Chromit, beteiligt sein.

Hornblendite kommen selten vor. Sie bilden Adern und Nester in Gabbros oder Lagen und Schlieren in Hornblende-Gabbros oder Dioriten.

Wirtschaftlich bedeutend sind die Peridotitvorkommen in **Ophiolithkomplexen**, die an ehemaligen Mittelozeanischen Rücken entstanden sind (z. B. Türkei, Zypern, Ural) als Träger von Cr-, Pt- und Ni-Lagerstätten. Die am besten untersuchten Ophiolithkomplexe liegen auf Zypern und auf der Arabischen Halbinsel (Oman).

Ophiolithe

Ophiolithe bzw. „Ophiolithische Folgen" bestehen aus Peridotiten, die meistens in Serpentinite umgewandelt sind, Gabbros und Basalten. Die Peridotite (Serpentinite) sind das tiefste Schichtglied in der Abfolge, es folgen Gabbros und Basalte darüber. Der Name „Ophiolith" stammt aus dem Griechischen („ophis" = Schlange), weil die darin enthaltenen Serpentinite oft eine schuppenartige Oberfläche haben, die an Schlangenhaut erinnert. Die Entstehung von **Ophiolithgürteln** oder **Ophiolithdecken** ist ein Ergebnis tektonischer Prozesse.

Ophiolithe sind Fragmente ehemaligen Ozeanbodens, welche nach erfolgter Subduktion während der anschließenden Kollision und Gebirgsbildung zwischen die kontinentalen Krustenblöcke eingeklemmt und eingeschuppt wurden. Sie markieren, meistens als vereinzelte und relativ kleine Gesteinskörper, die Nahtstelle zwischen den beiden Kontinenten, die auch **„Sutur"** genannt wird. Deshalb ist das Erkennen einer **„ophiolithischen Sutur"** (**Suturzone**) für plattentektonische Rekonstruktionen von großer Bedeutung.

Ophiolithe entstehen auch dadurch, dass Teile der ozeanischen Kruste bei Einengungsprozessen einen Kontinentrand überschieben und dabei Deckenstrukturen bilden können (z. B. im Oman). Der Aufschiebungsprozess wird als **„Obduktion"** (lat. „obducere" = etwas bedecken) bezeichnet, im Unterschied zu „Subduktion" was, wie schon bekannt, von lat. „subducere" = „nach unten wegführen" abgeleitet wird.

Die Gesteine der ophiolithischen Abfolgen entstehen an Mittelozeanischen Rücken (MOR), indem aus dem aufsteigenden Mantel-Lherzolith (**Abb. 40**) ca. 20 %

Teilschmelze herausgeschmolzen werden, sodass dann ein Harzburgit oder veränderter Lherzolith übrigbleibt (der dann serpentinisiert werden kann). Aus der basaltischen Teilschmelze, aus der sich Gabbros, Dolerite und Basalte bilden, entsteht die ozeanische Kruste. Alles zusammen ergibt die ozeanische Lithosphäre.

6.2 Gabbro und Diorit

Der Gabbro (nach dem Dorf Gabbro in der Toskana benannt) ist ein dunkler bis schwarzer grobkörniger basischer Plutonit (etwa 50 % SiO_2) in welchem die Mafite (hauptsächlich Pyroxen) häufig etwa die Hälfte des Gesamtvolumens ausmachen (**Abb. 36, 42**). Die hellen Minerale bestehen aus Plagioklas mit typischerweise ca. 55 % An-Gehalt (**Foto 54**). Der Plagioklas ist somit in den meisten Fällen ein Labradorit. Plagioklas und Pyroxen können auch in sehr unterschiedlichem Mengenverhältnis auftreten. Gabbros mit deutlicher Plagioklasdominanz werden als **Leukogabbros** (griech. „leukos" = weiß) bezeichnet (**Foto 55**); ein Gabbro, bei welchem die Pyroxene (+/- Amphibole) vorherrschen, heißt Melagabbro. Ein gabbroisches Gestein mit > 90 % Plagioklas wird **Anorthosit** genannt. **Labradorite** können ein irisierendes Farbenspiel („labradorisieren") aufweisen und werden dann als Schmucksteine verwendet. Foid führende Gabbros sind relativ selten. Olivin, Hornblende, Biotit, Eisen- oder Titan-Oxide (Magnetit, Fe_3O_4, Ilmenit, $FeTiO_3$) können zusätzlich in den Gabbros vorkommen. Alkalifeldspat und Quarz fehlen im Allgemeinen.

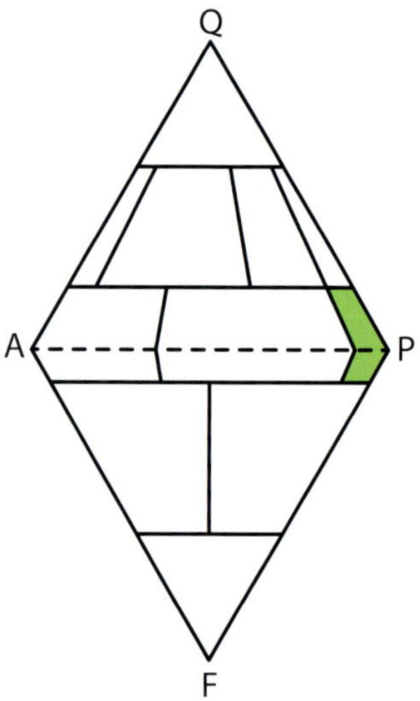

***Abb. 42**: Lage der Gabbros und Diorite bzw. der Basalte und Andesite im Streckeisen-Diagramm.*

Die normalen Gabbros enthalten hauptsächlich Klinopyroxen (Augit und Diopsid bzw. „Diallag", eine aluminium- und eisenreiche Diopsid-Varietät). Überwiegen aber die Orthopyroxene, wird das Gestein „**Norit**" genannt. Es gibt, abhängig von der Beteiligung verschiedener dunkler oder heller Minerale, auch andere Gabbro-Unterarten, die jedoch alle makroskopisch nur sehr schwer als solche erkannt und definiert werden können.

Gabbroide Plutone weisen oft eine magmatische Schichtung bzw. Lagentexturen auf („layered gabbros"). Die einzelnen Lagen können dabei durch gravitative Kristallisationsdifferenziation entstehen bzw. unterschiedliche Fraktionierungsprodukte darstellen. Leukokrate, plagioklasbetonte Bereiche können mit dunklen, mafitreichen Abschnitten, die oft Magnetit- und Chromit enthalten, alternieren.

Gabbros entstehen durch Teilschmelzung des oberen Erdmantels bzw. an der Kruste-Mantel-Grenze und sind Bestandteil des plutonischen Stockwerks der sich an Mittelozeanischen Rücken bildenden ozeanischen Kruste. Sie kommen aber auch innerhalb der kontinentalen Kruste vor, allerdings viel seltener als die granitischen Plutone. Im Rahmen

Foto 54: *Gabbro. Die dunklen Minerale sind Pyroxene, die hellen sind Plagioklase mit über 50 % An-Gehalt (meistens Labradorit). Das Pyroxen/Plagioklas-Verhältnis bestimmt den Farbeindruck. Das Gestein ist dunkel, also eher ein Meglagabbro. Breite 10 cm.*

Foto 55: *Leukogabbro. Das Gestein enthält viele (An-reiche) helle Plagioklase und dunkle Pyroxenkristalle. Breite 14 cm. San Lorenzu, Korsika.*

subalkalischer Plutonitserien können Gabbros sowohl tholeiitischen als auch kalk-alkalischen Differenziationsverläufen folgen oder Übergänge zwischen beiden zeigen.
Gabbro-Plutone sind als Träger von Lagerstätten (Eisen, Chrom, Vanadium, Nickel, Platin) von Bedeutung. Norite und Anorthosite enthalten oft Titan-Minerale, die abgebaut werden. Wegen ihrer hohen Schlagfestigkeit werden Gabbros als Schotter verwendet.

Größere Vorkommen von Gabbros sind in Deutschland selten. Sie haben sich im Paläozoikum gebildet und sind auf den „Harzburger Gabbro" (Harz – Oberkarbon, 320–296 Millionen Jahre) und den Odenwald („Gabbro von Frankenstein") beschränkt. Der Harzburger Gabbro weist eine schichtige Gliederung auf (Vinx 1982). Er enthält etwa in gleichen Teilen, aber variabel Ortho- und Klinopyroxen, weshalb er als Gabbronorit bis Noritgabbro bezeichnet werden kann. Der Gabbro von Frankenstein ist aus mehreren Varietäten zusammengesetzt und schließt z. B. auch Übergänge zu Dioriten (Gabbrodiorite) ein.

Eines der bekanntesten Gabbrovorkommen bildet die geschichtete Skaergaard-Intrusion in Ostgrönland, im oberen Paläozän, vor 55 Millionen Jahren entstanden. Charakteristisch ist hier eine rhythmische Lagenstruktur, wobei die schweren und dunklen Minerale sich in den unteren Bereichen konzentrieren (Kummulat-Bildung) und der Anteil der hellen Minerale nach oben zunimmt. Skaergaard zeigt zahlreiche Bänder, also Rekurenzen mit pyroxenreichen Lagen. Berühmt ist der Bushveld-Komplex in Südafrika, im unteren Proterozoikum, vor 2,06 Milliarden Jahren gebildet. Seine Dimensionen sind beeindruckend: 460 km W–E- und 245 km NS-Durchmesser. Er besteht größtenteils aus gabbroiden Gesteinen, weist eine konzentrisch einfallende Lagenstruktur auf und enthält die weltweit wichtigsten Platinlagerstätten.

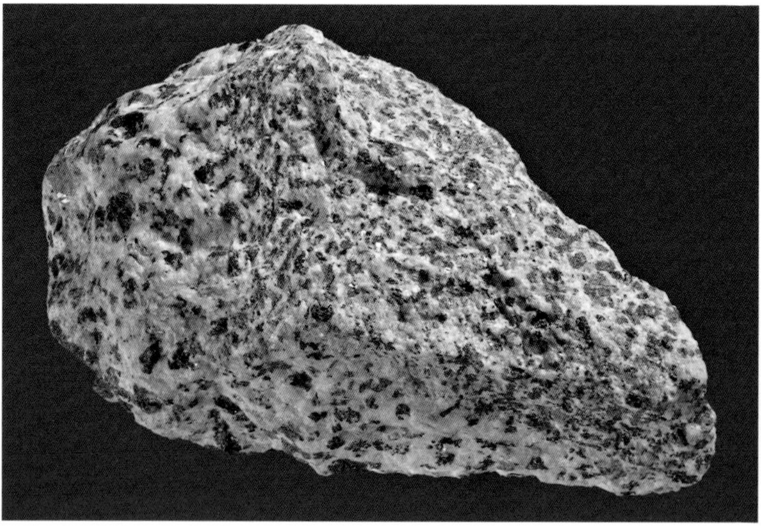

***Foto 56**: Diorit. Das Gestein besteht aus hellem Plagioklas (An < 50 % – Andesin) und dunkelgrüner Hornblende. Breite 12 cm.*

Gabbro und **Diorit** stehen im selben Feld des Streckeisen-Diagramms, da Plagioklas praktisch den einzigen hellen Gemengteil darstellt. Der Unterschied für die exakte Bestimmung liegt im Anorthit-Gehalt der Plagioklase, der nur mikroskopisch oder analytisch bestimmt werden kann:

- Diorit: Plagioklas mit An < 50 % (Andesin)
- Gabbro: Plagioklas mit An > 50 % (Labradorit)

Eine Bestimmung ist trotzdem auch makroskopisch möglich. Den Schlüssel dazu liefern die dunklen Gemengteile: Gabbro enthält immer Pyroxen und eventuell Olivin, Diorit hauptsächlich Amphibol (Hornblende, **Foto 21, 56**) und eventuell Biotit. Wenn also Olivin oder Biotit erkannt werden kann, was meist keine Schwierigkeiten bereitet, ist die Zuordnung des Gesteins eindeutig.

Diorite gehören zu Magmatiten mit intermediärem SiO_2-Gehalt (etwa 60 %), sind also heller als Gabbros. Die mafischen Minerale (hauptsächlich Amphibol) bilden im Durchschnitt etwa 30 % der Gesteinsmasse. Sie haben deshalb, aus der Distanz betrachtet, auch meist eine graue Farbe, aus der Nähe sind sie hell-dunkel gesprenkelt. Alkalifeldspat und Quarz fehlen meistens im Gestein. Diorite können sowohl mit Gabbros als auch mit Graniten, Granodioriten oder Tonaliten assoziiert sein. Diorite und Quarzdiorite sind typisch für den subduktionsbedingten Magmatismus und hier Teil des plutonischen Stockwerks. Sie gehören gleichzeitig zum kalk-alkalischen magmatischen Entwicklungstrend.

Wenn makroskopisch erkennbare Quarz-Körner im Gestein erscheinen, ist es meist nicht mehr ein Diorit, sondern ein im Streckeisen-Diagramm nach oben angrenzender Tonalit oder Granodiorit. Ist im Gestein Alkalifeldspat vorhanden (erkennbar durch die Karlsbader-Verzwillingung und seine rötliche Färbung), handelt es sich um einen Monzodiorit (**Abb. 36**).

6.3 Basalt und Andesit

Basalt, das vulkanische Äquivalent des Gabbros **(Abb. 36, 38, 42)**, ist das an der Erdoberfläche häufigste vulkanische – und magmatische – Gestein. Basalt ist hart und hat einen splittrigen Bruch. Seine Farbe ist immer dunkel, von dunkelgrau bis schwarz, sein Gefüge feinkörnig dicht (**Foto 57**), auch glasig. Ist er porphyrisch ausgebildet, bestehen die Einsprenglinge aus Pyroxen (Augit), Plagioklas oder Olivin. Basalte können auch Blasenhohlräume aufweisen. Diese sind oft sekundär durch Minerale wie Kalzit, Quarz (Chalzedon) oder Zeolithe verfüllt. Das Gestein wird dann **Basalt-Mandelstein** (**Melaphyr**) genannt (**Foto 46**). **Diabas** ist eine alte Benennung für entglaste Basalte und lebt in Lokalbezeichnungen weiter. Basalt mit bis zu 10 % Foiden wird „**Foidbasalt**" genannt.

Dolerite sind Ganggesteine basaltischer Zusammensetzung mit ophitischem Gefüge (**Foto 41**; siehe Kap. II.3.2)

Basalte sind Hauptbestandteil der oberen ozeanischen Kruste und entstehen in großen Mengen an Mittelozeanischen Rücken (siehe auch Kap. II.2.2.1). Basaltische Schmelzen sind heiß (etwa 1200 °C), sie haben praktisch die Temperatur des oberen Mantels, wo sie sich gebildet haben, und sind aufgrund ihres geringen SiO_2-Gehaltes auch sehr dünnflüssig. Deshalb können sie an der Erdoberfläche schnell (bis zu einigen km/Stunde) und über relativ weite Strecken fließen (Flutbasalte oder Deckenbasalte). Es können sich dadurch Lavadecken bilden, die sich zu Plateaus stapeln (siehe auch Kap. II.2.2.3.1).

***Foto 57**: Basalt, dunkelgrau, feinkörnig dicht mit wenigen kleinen, grünlichen Olivin-Einsprenglingen. Basalte erscheinen aufgrund des Korngrößeneffektes dunkler als ihre plutonischen Äquivalente – Gabbros (M ~ 50) bei gleicher mineralogischen Zusammensetzung. Breite 10 cm.*

Wenn basaltische Laven nicht an der Erdoberfläche erstarren, sondern subvulkanisch abkühlen, entstehen dabei polygonale „**Basaltsäulen**“ (**Abb. 43**). Diese bilden

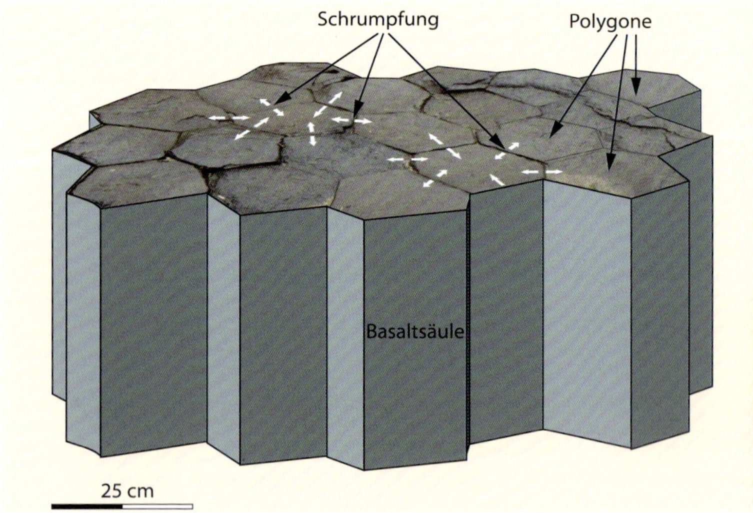

***Abb. 43**: Basaltsäulen, die während der Abkühlung durch die Schrumpfung des Gesteins entstehen.*

Foto 58: *Pillow-Basalt mit Variolen als Folge des Entglasungsprozesses. Breite 10 cm. Punta della Crocetta (marciana Marina) Elba.*

sich während der verlangsamten Erkaltung, welche zu einer Kontraktion des Gesteins bzw. zu einem Spannungsmuster führt, welches die polygonalen, meist hexagonalen Risse (Klüfte) entstehen lässt. Die Längsachsen der Säulen stehen immer senkrecht zur Abkühlungsfläche und somit parallel zur Abkühlungsrichtung.

Erstarren basaltische Laven subaquatisch, wie es an Mittelozeanischen Rücken der Fall ist, bilden sich **Kissenlaven** („**Pillows**"). Dies sind rund-ovale, kissen- bis schlauchartige Strukturen, meistens von etwa 1 Meter Größe. Die frisch gebildeten Einzelkörper passen sich dabei an die vorher gebildeten Nachbarkörper an und es entstehen nach oben konvex und nach unten konkav gewölbte Formen (**Abb. 44a**). Durch die Abschreckung im kalten Wasser bildet sich um die Kissen zuerst eine glasige Außenhaut, eine

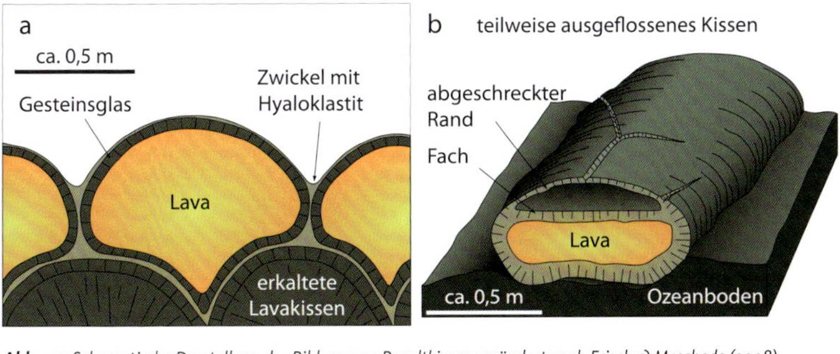

Abb. 44: *Schematische Darstellung der Bildung von Basaltkissen verändert nach Frisch & Meschede (2008). (a) Konvexe Oberseite und die an den Untergrund angepasste konkave Unterseite. (b) Fächerbildung (erstarrte Haut) durch teilweises Ausfließen der noch flüssigen Lava im Inneren eines Kissens.*

Kruste, die als thermische Isolation wirkt. Die Abkühlung erfolgt innen langsamer und die Kristallinität nimmt zum Inneren des Kissens hin deutlich zu. Im Laufe der Zeit findet im äußeren glasigen Rand, ausgehend von einzelnen Keimpunkten, ein Entglasungsprozess statt („Devitrifizierung"; lat. „vitrum" = Glas) und es bilden sich kugelige „**Variolen**" (**Foto 58)** bzw. ein „**variolitisches Gefüge**" (siehe auch Kap. II.3.3; **Foto 43**). Die Variolen sind meist aus radialstrahlig angeordneten Zeolithen gebildet. In den Zwickeln zwischen den einzelnen Kissen sammeln sich zerbrochene, glasige Krustenfragmente an und bilden einen **Hyaloklastit**. Eine weitere Struktur entsteht, wenn die schon gebildeten Kissen platzen und ein Teil der Lava ausfließt: Es entstehen „Fächer" (**Abb. 44b**). Der Lavaspiegel senkt sich dabei ab und bildet im Kontakt mit dem kalten Meerwasser eine glasige Haut. Wenn dieses neu gebildete Kissen wieder seitlich platzt, kann die Lava darunter nochmals teilweise ausfließen. Es entsteht ein tieferer Lavaspiegel mit einer neuen glasigen Kruste. Dieser Ablauf kann sich wiederholen und dadurch können sich mehrere Fächer bilden.

Die Vorkommen von Kissenlaven sind wichtige Indizien für plattentektonische Rekonstruktionen. Sie können während der Kollision und Orogenese in höhere Krustenbereiche transportiert werden und sich gegenwärtig auch in größeren Höhenlagen innerhalb eines Gebirges befinden. Werden sie als solche erkannt, kann die Schließung eines Ozeans festgestellt werden. Ihre konvexen bzw. konkaven Formen erlauben es zusätzlich, als Oben-Unten-Kriterium, eine eventuelle Steilstellung oder Überkippung während der Gebirgsbildung zu erkennen und so die Gesamtstruktur des betreffenden Orogens besser zu verstehen.

Vom Standpunkt der Differenziationstrends (**Abb. 41**) aus betrachtet, unterscheidet man Subalkalibasalte und Alkalibasalte. Die Subalkalibasalte bilden die vorherrschende Basalt-Gruppe. Sie werden in Kalk-Alkalibasalte und tholeiitische Basalte unterteilt und haben, bezogen auf die Alkalien, SiO_2-gesättigte Zusammensetzungen.

Die **kalk-alkalischen Basalte** sind relativ SiO_2-reich (51–53 %), enthalten viel H_2O (bis 6 %) und sind sauerstoffreich. Dies erklärt den Trend, den diese Magmen bei der Differenziation durchmachen: Neben den Frühkristallisaten Olivin und Pyroxen, die Mg-reich sind und daher viel Magnesium und wenig Eisen verbrauchen, bildet sich wegen des O_2-Überschusses gleichzeitig auch Magnetit, der dem Magma Eisen entzieht. Es kommt dadurch im Laufe der folgenden Entwicklung nicht zu einer Eisen-Anreicherung (wie bei den O_2-ärmeren tholeiitischen Magmen), sondern das Fe/Mg-Verhältnis bleibt während der Differenziation annähernd gleich. Die kalk-alkalischen Basalte bilden sich zusammen mit Andesiten und Daziten über Subduktionszonen und in Orogengürteln.

Tholeiitische Basalte sind ebenfalls an SiO_2 gesättigt und enthalten wenig H_2O. Weil diese Magmen auch wenig O_2 enthalten, bildet sich Magnetit spät; es wird daher im Anfangsstadium aufgrund der Bildung von Olivin und Pyroxen viel Magnesium und wenig Eisen verbraucht. Somit wird das Magma während seiner frühen Entwicklung eisenreich, erst später, wenn Magnetit auskristallisiert, wird dem Magma Eisen in größerer Menge entzogen. Die Tholeiit-Basalte bilden die ozeanische Kruste, die an Mittelozeanischen Rücken entsteht, aber auch Vulkane über besonders produktiven Heißen Flecken wie z. B. Hawaii.

Alkalibasalte sind SiO_2-untersättigt und enthalten deshalb Feldspatvertreter. Ihre Grundmasse kann, in einigen Fällen, neben Plagioklas auch Alkalifeldspat enthalten, außerdem Titan-Augit und Olivin. Alkalibasalte entstehen in kontinentalen Grabenzonen und ozeanischen Vulkaninseln.

Spilite und Keratophyre

Spilite sind Basalte, bei denen die Plagioklase als Folge eines Ca-Na-Austauschs fast vollständig in Albit umgewandelt wurden. Sie sind also reicher an Na_2O als die normalen Basalte. Gleichzeitig werden die mafischen Minerale durch Chlorit, Epidot und Kalzit ersetzt. Die Umwandlungen erfolgen vielfach durch Reaktion mit Meerwasser an Mittelozeanischen Rücken, im Rahmen der Ozeanbodenmetamorphose (siehe Kap. IV.2). Spilite haben meist eine dunkelgraue bis grünliche Farbe, die je nach Umwandlungsgrad schwankt.

Keratophyre sind oft mit Spiliten assoziiert, die nicht an mittelozeanischen Rücken entstanden sind, sondern im Intraplattenbereich. Es handelt sich um helle, intermediäre bis saure Gesteine, die allgemein einen trachytischen Charakter aufweisen. Keratophyre enthalten Alkalifeldspat, der aber meistens zersetzt ist („albitisiert"). Die Umwandlungen sind ebenfalls eine Folge der Ozeanbodenmetamorphose. Wenn das Gestein über 5 % Quarz enthält, wird der Name „Quarzkeratophyr" verwendet. Keratophyre haben eine graue oder rötlichgraue bis bräunliche Farbe; wenn sie Chlorit enthalten, können sie auch einen grünen Schimmer aufweisen.

Spilite und Keratophyre kommen vor in Deutschland im Lahn-Dill Gebiet (Hessen).

Basalt und Andesit stehen wie Gabbro und Diorit im selben Feld des Streckeisen-Diagramms. Der diagnostische Unterschied liegt, anders als bei den Plutoniten, im Anteil der mafischen Gemengteile (siehe auch **Abb. 33**) bzw. in ihrer Farbe:

- Basalt: $M > 35$ und somit dunkler
- Andesit: $M < 35$ und somit heller

***Foto 59**: Andesit mit typisch porphyrischem Gefüge. In der hellgrauen Grundmasse liegen schwarzgrüne Hornblende-Einsprenglinge. Breite 11 cm.*

Andesite (nach den „Anden“ benannt, da sie dort stark verbreitet sind und auch zuerst beschrieben wurden), das vulkanische Äquivalent der Diorite, sind geochemisch intermediäre Vulkanite und zeigen meist ein porphyrisches Gefüge mit Einsprenglingen von Plagioklas und Hornblende (**Foto 22, 59**). Hinzu können Biotit oder Pyroxen kommen. Die Grundmasse ist feinkörnig bis dicht. Die Färbung ist mittel- bis hellgrau, seltener rötlich oder grünlich. **Basaltische Andesite**, welche ein Übergangsgestein darstellen, sind etwas dunkler und enthalten mehr Pyroxen. Hellere Andesite können Quarz enthalten (**Quarzandesit**) und bilden die Übergänge zu Daziten.

Andesite entstehen praktisch ausschließlich über Subduktionszonen, in Krustenteilen, aus denen Inselbögen oder aktive Kontinentränder aufgebaut sind. Findet man sie in älteren Gebirgen, sind plattentektonische Überlegungen möglich. Enthält z. B. ein klastisches Sedimentgestein (siehe Kap. III.2) Andesit-Fragmente, so kann auf die Abtragung eines aktiven Kontinentrandes geschlossen werden – ein sicherer Hinweis auf eine früher stattgefundene Subduktion. Andesite können mit anderen kalk-alkalischen Vulkaniten wie Daziten und Rhyolithen assoziert sein, untergeordnet auch mit Basalten. Die Bildung von Subduktionsmagmen ist ein komplizierter Vorgang, da er von vielen Faktoren abhängt, z. B. von der Menge und Art der während des Magma-Aufstiegs assimilierten kontinentalen Kruste der Oberplatten. Ist die Kruste der Oberplatte ozeanisch, bilden sich Andesite mit einem basaltischen Charakter („basaltische Andesite“).

Wegen der zahlreichen Subduktionszonen und aktiven Kontinentränder im zirkumpazifischen Raum sind die Andesite hier besonders stark verbreitet. In Europa kennt man z. B. Vorkommen bei Predazzo im Bozener Raum, in den rumänischen Ostkarpaten bei Baia Mare und in Deutschland im Raum von Saar und Nahe.

6.4 Granitode Gesteine und ihre vulkanischen Äquivalente

Unter diesem Begriff werden plutonische Gesteine mit 20–60 % Quarzanteil an den hellen Gemengteilen zusammengefasst. Es handelt sich um **Alkalifeldspatgranit**, **Granit**, **Granodiorit** und **Tonalit**. Im Streckeisen-Diagramm werden sie durch eigene Felder definiert (**Abb. 36**). Zwischen den einzelnen Gesteinstypen sind Übergänge vorhanden. Bei makroskopischer Betrachtung ist es deshalb sinnvoll, das Gestein in einem ersten Schritt als „granitoid“ zu erkennen und erst nachher zu versuchen, die genaueren Unterschiede in der mineralogischen Zusammensetzung zu identifizieren, um es exakter einordnen zu können.

6.4.1 Granit und Granodiorit

Granite und Granodiorite **(Abb. 36, 38, 45, 46**) sind die wichtigsten plutonischen Gesteine der kontinentalen Kruste, sie überwiegen vor allem in der oberen Kruste. Plattentektonisch betrachtet entstehen sie hauptsächlich an aktiven Kontinenträndern, über Subduktionszonen und in kontinentalen Kollisionsorogenen. Nur untergeordnet können sich bestimmte Granitoide auch an Mittelozeanischen Rücken oder in Intraplattenbereichen, wie kontinentalen Grabenbrüchen, bilden.

Granit (**Abb. 45**) ist ein mittel- bis grobkörniges (**Foto 60**), seltener feinkörniges (**Foto 61**) oder richtungslos körniges (**Foto 37**), normalerweise helles Gestein; es kann aber in verschiedenen Farben erscheinen: weißlich, gelblich, grau oder rötlich. Ein Granit besteht hauptsächlich aus Feldspat, Quarz und Glimmer. Die Feldspäte sind Alkalifeldspat und Plagioklas, als Glimmer ist meistens Biotit vorhanden, aber mengenmäßig untergeordnet. Auffällig großer Alkalifeldspat kann dem Gestein ein porphyrisches Gefüge verleihen (**Foto 39**). Die Glimmer sind meist idiomorph, Feldspäte hypidiomorph bis idiomorph und Quarz immer xenomorph ausgebildet, weil er als letzter aus der Schmelze auskristallisiert. Granite sind saure (kieselsäurereiche) Gesteine, die mehr als 65 Gew.-% SiO_2 enthalten. Die granitischen Magmen haben relativ niedrige Solidustemperaturen (etwa zwischen 800 und 650 °C) und sind, im Unterschied zu den basischen Magmen, zähflüssig und relativ reich an Fluiden.

Man unterscheidet **S-Typ-Granite** und **I-Typ-Granite.** Der Unterschied besteht im Ausgangsmaterial bzw. den geotektonischen Bildungsbedingungen. Diese Einteilung ist geochemisch fundiert, kann jedoch oft auch im Gelände nachvollzogen werden.

S-Typ-Granite (S von „sedimentary“, ein Hinweis auf das sedimentäre Ausgangsgestein, welches aufgeschmolzen wurde) bilden sich durch teilweise Aufschmelzung (Anatexis) der tieferen kontinentalen Kruste und sind kollisionsgebunden. Ausschlagge-

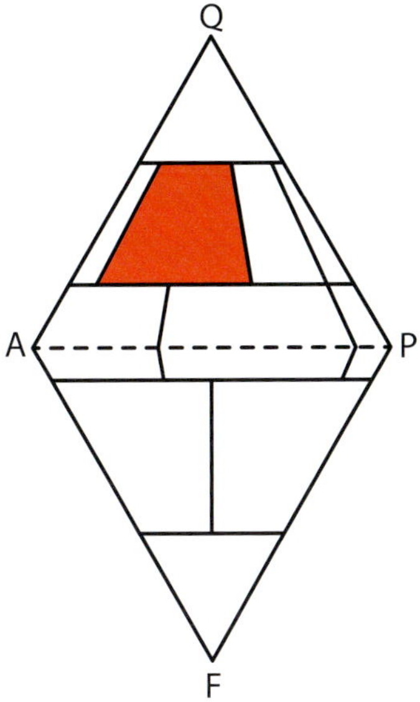

***Abb. 45**: Lage der Granite und Rhyolithe im Streckeisen-Diagramm.*

***Foto 60**: Mittel- bis grobkörniger Granit mit Biotit (dunkel). Die rötlichen Kristalle sind Alkalifeldspäte, die weißlichen Plagioklase und die grauen sind Quarz. Breite 12 cm.*

Foto 61: *Feinkörniger Granit. Die hellen Kristalle bestehen aus Alkalifeldspat, Plagioklas und Quarz; die sehr kleinen, dunklen Kristalle sind Biotit. Breite 10 cm.*

Foto 62: *Zweiglimmergranit. Biotit ist bräunlich bis schwarz, Muskovit bildet hell glitzernde Kristalle. Die hellen Minerale bestehen aus Feldspäten und Quarz. Breite 12 cm. Bayrischer Wald.*

bend sind hier aluminiumreiche Metamorphite, die tonige Ausgangsgesteine hatten, wie z. B. Paragneise und Glimmerschiefer (siehe Kap. IV.4.2). Die Magmen der S-Typ-Granite enthalten deshalb überdurchschnittlich viel Aluminium und es kann sich außer Biotit auch Muskovit bilden, wobei **Zweiglimmergranite** entstehen (**Foto 62**). Selten erscheint auch Granat oder Cordierit im Gestein. Die teilweise Aufschmelzung kontinentaler Kruste ist der häufigste Granitbildungsprozess.

I-Typ-Granite (von „igneous" = magmatisch) bilden sich **subduktionsbedingt** an aktiven Kontinenträndern, hauptsächlich durch Differenzierung aus basischen Schmelzen. Die betreffenden Magmen sind Produkte der Teilaufschmelzung magmatischer Gesteine der tieferen Kruste. I-Typ-Granite enthalten viel Biotit und bilden Übergänge zu Granodioriten, die dann oft **Hornblende** führen. I-Typ-Granite sind kalk-alkalische Plutonite, die oft Batholite bilden, große Intrusivkörper, in denen die Granite mit Granodioriten und häufig auch mit Tonaliten und Dioriten assoziiert sind.

Aufgrund von geochemischen Signaturen, die ja makroskopisch nicht fassbar sind, kann man noch **M-Typ**- und **A-Typ**-Granite bzw. Granitoide unterscheiden. M-Typ-Granite („M" von Mantel) sind Tonalite oder plagioklasreiche Granodiorite und entstehen als Folge von Differenziationsprozessen aus Magmen des Erdmantels. Sie können sich sowohl an Mittelozeanischen Rücken bilden als auch in magmatischen Bögen, welche Subduktionszonen begleiten, also an aktiven Kontinenträndern. A-Typ-Granite (von „anorogen" = außerhalb von Gebirgsbildungen) sind Intraplattengranite, die z. B. in Grabenbrüchen oft gemeinsam mit syenitischen Gesteinen auftreten. A-Typ-Granite können **Alkalifeldspatgranite** bilden und haben meistens eine rötliche Färbung.

Der bekannteste A-Typ-Granit in Europa ist der meist rot gefärbte, proterozoische, zwischen 1,7 und 1,0 Milliarden Jahren vor heute entstandene Rapakivi-Granit (**Foto 40**). Der Granit tritt weltweit in alten Kratonen (Schilden; siehe auch Kap. II.3) auf und ist in Europa in Skandinavien, insbesondere in Finnland, verbreitet. Im Proterozoikum bildeten sich, auch durch die zahlreichen Intrusionen der Rapakivi-Granite (der Name ist finnisch und bedeutet, wegen der leichten Verwitterbarkeit, „fauler Stein"), große Mengen kontinentaler Kruste.

Typische Ganggesteine der Granite sind die sehr grobkörnigen **Pegmatite** und die feinkörnigen **Aplite** (siehe Kap. II.3.1.1, **Abb. 34** und **Foto 27, 28, 29, 30**). Es gibt aber auch eine andere Kategorie von granitischen Ganggesteinen, die sich zwischen dem plutonischen und vulkanischen Krustenstockwerk, zwischen Graniten und Rhyolithen, bilden. Sie heißen „**Granitporphyre**" und sind durch ihr sehr deutliches porphyrisches Gefüge gekennzeichnet (**Foto 1, 63**). In anderen Fällen ist der Kontrast zwischen Einsprenglingen und Grundmasse nicht so ausgeprägt, dann werden die Gänge „**Granophyre**" genannt (**Foto 64**).

Die Granitporphyre entstehen meistens nach der Bildung der Hauptintrusion in Dehnungsspalten, die ein bestimmtes Spannungssystem widerspiegeln. So kennt man z. B. im Schwarzwald oft kilometerlange und bis zu etwa 100 m breite Granitporphyr-Gänge, welche die älteren magmatischen oder metamorphen Gesteine konsequent in Richtung NW–SE durchschlagen.

Im Gelände sind die Granite oft auch schon von Weitem aufgrund ihrer typischen Verwitterungsformen zu erkennen. Der Verwitterungsprozess („Vergrusung") greift entlang von sich kreuzenden Kluftsystemen, in denen die Feldspäte zersetzt („kaolinisiert", d. h. in Tonminerale umgewandelt) werden. Es bilden sich rundliche Verwitterungsformen heraus, die auch als „Wollsäcke" bzw. „**Wollsackverwitterung**" (s. Umschlagabbildung Rückseite) bezeichnet werden.

Foto 63: *Granitporphyr. Die besonders großen, hellen Feldspatkristalle, zusammen mit den etwas kleineren Quarzen in der feinkörnig-dichten rotbraunen Grundmasse, vermitteln dem Ganggestein das typisch porphyrische Gefüge. Breite 13 cm. Südschwarzwald.*

Foto 64: *Feinkörniges granitisches Ganggestein (Granophyr), in welchem rote Alkalifeldspat- und graue Quarz-Einsprenglinge zu erkennen sind. Breite 11 cm. Südschwarzwald.*

Große Granitplutone sind in Europa vor allem in den variszischen Grundgebirgen, z.B. im Massif Central, in den Vogesen, im Schwarzwald und im Böhmischen Massiv bekannt. Sie erscheinen jedoch auch in den Pyrenäen, Alpen und Karpaten.

Ein **Granodiorit (Abb. 36, 46)** ist auf den ersten Blick dem Granit recht ähnlich und deshalb nicht immer makroskopisch von ihm zu unterscheiden. Die Granodiorite zeichnen sich durch eine Vormacht des Plagioklases gegenüber Alkalifeldspat aus. Die Feldspäte sind aber nicht immer leicht zu unterscheiden, denn beide können weißlich-hell erscheinen und die typischen Karlsbader Zwillinge der Alkalifeldspäte bzw. die Albit-Zwillinge der Plagioklase sind nicht jedes Mal erkennbar. Ein Hinweis auf Granodiorit ist dann der höhere Gehalt an mafischen Mineralen. Zum Biotit tritt oft Hornblende hinzu. Die großen Granit-Plutone bestehen oft aus Granit und Granodiorit mit fließenden Übergängen.

Technische Verwendung von granitoiden Gesteinen: Aufgrund oft senkrecht aufeinander stehender Kluftsysteme werden die Granite als Naturwerksteine, Pflastersteine oder sonstige Ornamentsteine und als Baumaterialien verwendet. Auch sind an Granite viele wichtige pegmatitische und hydrothermale Lagerstätten (Li, Cu, Mo, Sn, W, U etc.) gebunden (siehe Kap. II. 3.1.2).

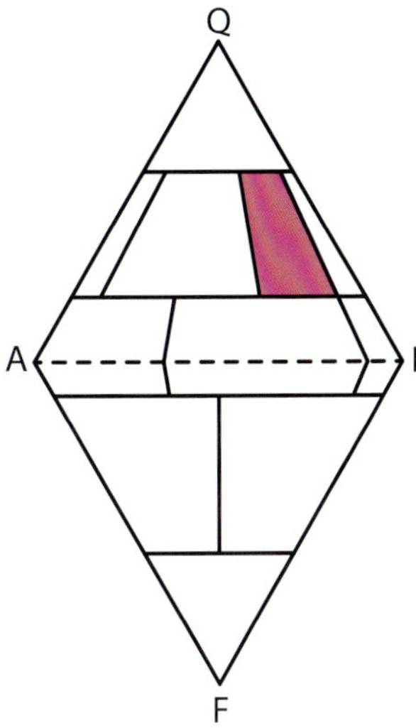

***Abb. 46**: Lage der Granodiorite und Dazite im Streckeisen-Diagramm.*

6.4.2 Tonalit

Tonalit (nach dem Tonale Pass in den italienischen Alpen benannt) entsteht meist durch Fraktionierung aus Mantelschmelzen über Subduktionszonen. Das Gestein ist mittel- bis grobkörnig und besteht hauptsächlich aus Plagioklas (Andesin) und Quarz; Alkalifeldspat fehlt in der Regel **(Abb. 36, 47)**. Als dunkle Gemengteile treten Biotit und Hornblende auf. Ist ein Tonalit besonders quarzreich und ist der Plagioklas ein Oligoklas, wird er **Trondhjemit** genannt. Unter „**Plagiogranit**" versteht man ganz helle, meist feinkörnige Tonalite, die durch magmatische Differenziation in der ozeanischen Kruste entstanden sind, wo sie in Ophiolithkomplexen Gabbros begleiten können.

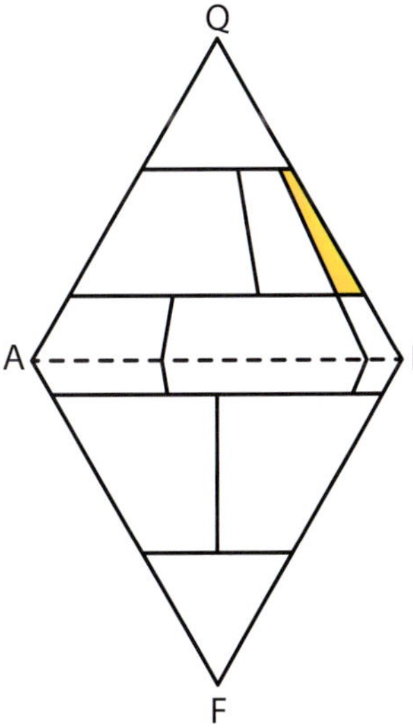

***Abb. 47**: Lage der Tonalite und Plagioklasite im Streckeisen-Diagramm*

6.4.3 Rhyolith und Dazit

Rhyolith und Dazit **(Abb. 36, 38)** sind die vulkanischen Äquivalente zu Granit und Granodiorit-Tonalit (**Abb. 45, 46, 47**), entsprechen diesen mineralogisch und geochemisch und haben auch die gleiche Herkunft. Im Vergleich zu ihnen sind sie jedoch weniger verbreitet. Auch im Vergleich zu den Basalten erscheinen sie flächenmäßig untergeordnet. Rhyolithe können in kleineren Mengen auch als vulkanisches Äquivalent von riftbedingten A-Typ-Graniten (anorogene Intraplatten-Granite) auftreten, was bei Daziten als Granodiorit-Tonalit-Äquivalente nicht möglich ist. Diese Rhyolithe sind Differenziate basaltischer Ausgangsmagmen, erscheinen dann oft in Assoziation mit Basalten und bilden zusammen den sogenannten „bimodalen Magmatismus". Rhyolithe und Dazite haben in den meisten Fällen ein porphyrisches Gefüge.

Rhyolith ist ein heller, manchmal rötlich gefärbter Vulkanit mit rundlichen Quarz-Einsprenglingen (**Foto 65)**, aber auch solchen mit bipyramidal-hexagonaler Form – „Hochquarz" (siehe auch Kap. II.1.3). Neben Quarz erscheinen auch Alkalifeldspat-Einsprenglinge. Eher untergeordnet treten Biotit- und Plagioklas-Einsprenglinge auf. Die Grundmasse ist mikrokristallin bis glasig. Typisch für Rhyolit ist das Fluidalgefüge (siehe **Foto 47**), welches eine Folge der (wegen ihres hohen Kieselsäuregehalts) besonderen Zähflüssigkeit rhyolithischer Laven darstellt. Deshalb bilden Rhyolithe auch nur kurze Lavaströme. Andererseits erscheinen oft größere Flächen, die aus rhyolithischen Gesteinen zusammengesetzt sind. Hier handelt es sich dann um pyroklastische Ablagerungen in Form von **Ignimbriten** (siehe **Foto 49**), welche sich großflächig als „Glutwolken-Eruptionen" ausbreiten können. Wegen ihrer Zähflüssigkeit erzeugen rhyolithische Schmelzen explosive Vulkanausbrüche.

***Foto 65**: Rhyolith. Das typisch helle Gestein enthält Quarz-Einsprenglinge (untere Hälfte links). Die waagerechten, leicht gewellten Streifen zeigen ein Fluidalgefüge an. Breite 8 cm.*

Wenn bei plötzlicher Abkühlung eine rhyolithische Lava glasig erstarrt, spricht man von **Obsidian**, der eine typisch schwarze Farbe hat (siehe **Foto 42**). Ein durch Wasseraufnahme farblich etwas veränderter Obsidian (braunrot bis dunkel grünschwarz) heißt **Pechstein**. Erscheinen im Gestein im Laufe der Zeit meist millimetergroße gekrümmte Schrumpfungsrisse, bildet sich „**Kugelpechstein**" oder „**Perlit**". Auch der blasig aufgeschäumte **Bimsstein** hat meist eine rhyolithische Zusammensetzung.

Rhyolithe treten als Vulkanite und Subvulkanite verbreitet in Mitteleuropa auf, wo sie in der postkollisionalen Schlussphase der variszischen Orogenese im Rotliegenden (Unteres Perm, 270–290 Millionen Jahre vor heute) in größeren Mengen gefördert wurden, z. B. in den Vogesen, im Schwarzwald, Odenwald, Thüringer Wald und Südharz. Das größte Rhyolithvorkommen Mitteleuropas ist der „Bozener Quarzporphyr" in Südtirol. Quarzporphyr ist eine alte Bezeichnung für entglaste Rhyolithe und lebt nur noch in Lokalbezeichnungen fort.

Verwendung: Rhyolithe werden vor allem als Pflastersteine und Schotter gebraucht.

Dazit: Der Name leitet sich von der ehemaligen römischen Provinz Dacia im heutigen Rumänien ab. Dazite sind zusammen mit Andesiten, aber auch mit Rhyolithen und Basalten die typischen Vertreter kalk-alkalischer Vulkanprovinzen. Das Gestein ist meistens dunkler gefärbt als der Rhyolith (**Foto 66**). Zu erkennen ist es häufig an den zahlreichen Plagioklas- und Quarz-Einsprenglingen, auch Biotit und Amphibol sind meist mit freiem Auge sichtbar (**Foto 67**).

***Foto 66**: Dazit. Das Gestein hat eine graue Grundmasse, in welcher zahlreiche helle Einsprenglinge (Plagioklas und Quarz) liegen. Breite 10 cm.*

Foto 67: *Dazit. Die weißlichen, manchmal rostig gefärbten Plagioklas-Einsprenglinge können von den etwas kleineren, grauen Quarz-Einsprenglingen unterschieden werden. Die dunklen Kristalle, z. B. links und rechts oben, sind Biotite. Breite 4 cm.*

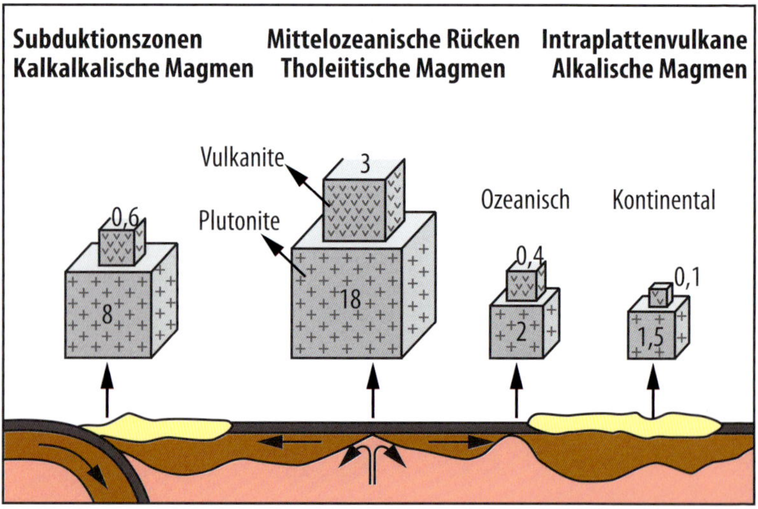

Abb. 48: *Jährliche Magma-Produktionsrate (km³) entlang von Plattenrändern und im Intraplattenbereich. Verändert nach Schmincke (1986).*

6.5 Alkaligesteine

Alkaligesteine (siehe auch Kap. II.5 und II.2.2.3.2) bilden sich im Intraplattenbereich in Grabenbruchsystemen (insbesondere mit Na-Vormacht), etwas untergeordneter im Rahmen des „Hotspot"-Magmatismus (ebenfalls mit Na-Vormacht; selten mit K-Vormacht, wenn eine Mischung mit subduktionsgebundenen Magmen auftritt) und entstehen primär als Alkalibasalte im Erdmantel, die zu verschiedenen Alkaligesteinen differenzieren können. In Verbindung mit Gebirgsbildungen treten sie nur ausnahmsweise auf, z. B. während der Kaledonischen Orogenese (Ordovizium – Silur) in Schottland. Im Vergleich zu den anderen Magmatiten erscheinen sie viel seltener (**Abb. 48**).

Im Streckeisen-Diagramm liegen sie entlang der A–P- und der A–Q-Seite, nehmen aber vor allem das gesamte untere Dreieck ein (**Abb. 41**). Alkalifeldspat ist bei den hellen (leukokraten) Alkalimagmatiten oft der einzige Feldspat. Bei den dunklen (meso- und melanokraten) Alkalimagmatiten kommt anorthitreicher Plagioklas hinzu. Bei SiO_2-Untersättigung treten die typischen Feldspatvertreter wie Nephelin (Na-Vormacht) oder Leucit (K-Vormacht) auf (Leucit bildet sich nur in Vulkaniten). Dunkle Gemengteile sind alkalische (Na-reiche) Pyroxene oder Amphibole und Fe-reiche Biotite.

Bekannte Alkaligesteinskomplexe befinden sich z. B. auf der Kola-Halbinsel oder in Ostgrönland und Südwestgrönland. Es handelt sich um große, konzentrisch aufgebaute Intrusionen. In Deutschland treten Alkaligesteine z. B. im Kaiserstuhl (Oberrheingraben) auf, wo vulkanische und subvulkanische Alkaligesteine aufgeschlossen sind. Außerdem sind sie noch im Hegau, im Kirchheim-Uracher Vulkangebiet, im Odenwald (Katzenbuckel) und in der Vulkaneifel bekannt.

6.5.1 Alkalifeldspat-Granit

Das Gestein besteht vorwiegend aus Alkalifeldspat, Plagioklas ist kaum vorhanden (bis zu 10 Volumenprozent), es kann sehr quarzreich sein (immer > 20 %) und liegt im Streckeisen-Diagramm im oberen Dreieck links auf der A–Q-Seite (**Abb. 36**, **49**). Der Alkalifeldspat ist aufgrund einer Hämatitdurchstäubung oft rötlich gefärbt. Als dunkle Gemengteile erscheinen Biotit und/oder Na-Amphibol (**Foto 68**).

Alkalifeldspat-Granite können mit Syeniten vergesellschaftet sein und sind A-Typ-Granite. Sie sind viel seltener anzutreffen als die plagioklashaltigen Granite.

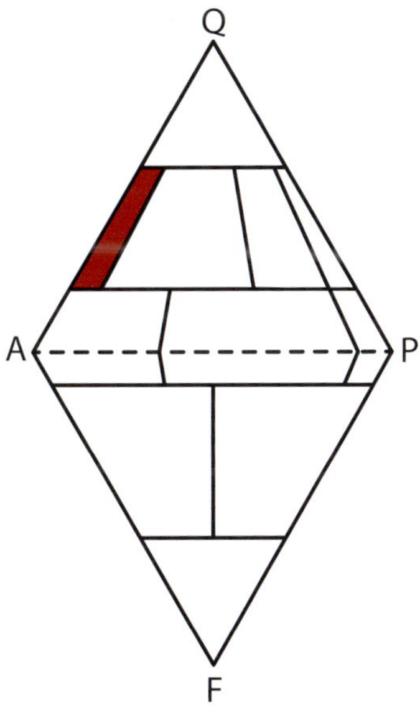

***Abb. 49**: Die Lage der Alkalifeldspat-Granite im Streckeisen-Diagramm*

***Foto 68**: Alkalifeldspatgranit. Das rötlich gefärbte, vorherrschende Mineral ist Alkalifeldspat. Grau ist Quarz, dunkel sind sowohl Biotit als auch Hornblende. Breite 10 cm.*

6.5.2 Syenit und Nephelinsyenit

Syenit (**Abb. 36, 38**) ist ein meist helles plutonisches Gestein, welches hauptsächlich aus Alkalifeldspat besteht (**Abb. 50**). Quarz und Nephelin sind nicht oder nur in geringen Mengen vorhanden. Als mafische Minerale können Biotit, Na-Amphibol und/oder Na-Pyroxen auftreten (**Foto 69**). Wenn makroskopisch erkennbarer Plagioklas erscheint, dann erhält der Syenit einen monzonitischen Charakter (**Monzosyenit; Abb. 36, Foto 70**). Der Hauptunterschied zu den granitoiden Gesteinen besteht im weitgehenden Fehlen von Quarz im Gestein.

Bei manchen Syeniten zeigen die Alkalifeldspäte – es handelt sich dabei um Anorthoklas (**Abb. 16**) – einen meist bläulichen oder blaugrauen Schimmer und werden dann **Larvikite** (nach der bei Oslo gelegenen Stadt Larvik) genannt (**Foto 71**). Larvikite werden europaweit als Ornamentsteine für Fassaden genutzt.

Wenn im Syenit neben Alkalifeldspat Nephelin erkennbar ist, war das entsprechende Magma unterkieselt, es handelt sich um einen Foid-Syenit oder **Nephelinsyenit** (**Foto 72, Abb. 51**).

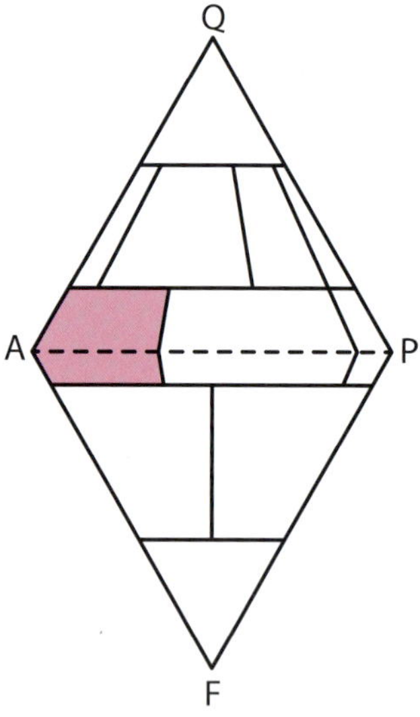

Abb. 50: Position der Syenite und Trachyte im Streckeisen-Diagramm.

Foto 69: *Syenit – Monzosyenit. Das Gestein besteht aus Alkalifeldspat (rötlich), untergeordnet Plagioklas (weiße Leisten). Die dunklen Minerale sind Biotit und etwas Na-reicher Amphibol. Quarz ist im Gestein nicht vorhanden. Breite 12 cm.*

Foto 70: *Monzosyenit. Das Gestein besteht ausschließlich aus Feldspat. Das rötliche Mineral ist Alkalifeldspat, die Plagioklase zeigen eine graue Farbe. Breite 13 cm.*

Foto 71: *Larvikit. Ein Syenit, dessen Alkalifeldspäte einen blaugrauen Schimmer aufweisen und der deshalb als Fassadenstein verwendet wird. Breite 12 cm.*

Foto 72: *Nephelinsyenit. Der Alkalifeldspat ist grau, Nephelin zeigt eine rötlich braune Tönung. Breite 10 cm.*

***Foto 73**: Pegmatit mit hellen bis rötlichen Nephelin-Kristallen, schwarzen Amphibol-Kristallen und Alkalifeldspat. Breite 12 cm. Diträu, Ostkarpaten.*

Nephelin kann wegen seiner manchmal auch grauen Färbung mit Quarz verwechselt werden, der allerdings wesentlich härter ist.

An foidsyenitische Plutone können auch pegmatitische Entwicklungen gebunden sein. In diesen Fällen bilden sich Pegmatite mit Nephelin, die oft auch Amphibolkristalle enthalten (**Foto 73**).

Die Syenite auf der Kola-Halbinsel enthalten bedeutende Lagerstätten für Zr, Nb und seltene Erden. Größere Syenit-Vorkommen befinden sich im Oslo-Grabensystem, in Südgrönland, in den italienischen Ostalpen bei Predazzo (zusammen mit Monzoniten) und in den Ostkarpaten bei Diträu.

Verwendung: Syenit wird als Rohstoff für die Glasherstellung, in der Keramikindustrie und als Ornamentstein verwendet.

6.5.3 Trachyt und Phonolith

Trachyt (von griech. „trachys" = rau) ist das vulkanische Äquivalent zum Syenit (**Abb. 36, 38, 50**). Er ist ein helles, alkalifeldspatreiches Gestein, oft mit porphyrischem Charakter. Es kann sowohl eine glasige, feinkörnig dichte

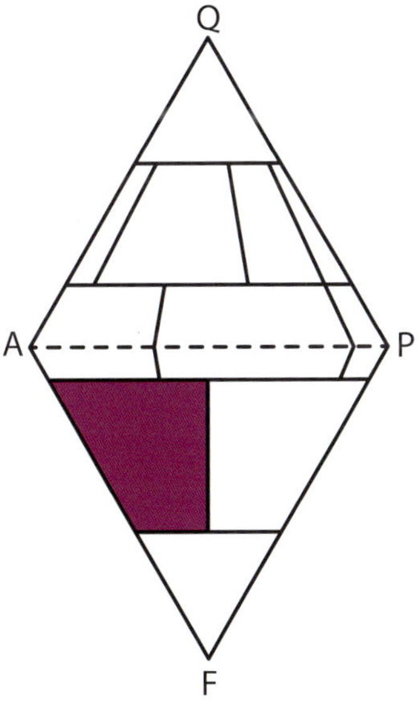

Abb. 51: Position der Nephelinsyenite und Phonolithe im unteren Teil des Streckeisen-Diagramms.

als auch eine relativ grobkörnige Grundmasse aufweisen. Die Einsprenglinge bestehen aus Sanidin, Quarz-Einsprenglinge fehlen. Die Sanidine entwickeln im Laufe der Zeit perthitische Entmischungslamellen (**Foto 7**). In einigen Fällen können die Sanidine fluidal eingeregelt erscheinen („trachytisches Gefüge"). Auch mafische Minerale wie Augit, Hornblende oder Biotit können Einsprenglinge bilden.

Trachytverwandte Gesteine sind die **Rhombenporphyre**, welche im Oslogebiet auftreten und dort mächtige Lavaströme bilden. Die Feldspat-Einsprenglinge zeigen im Schnitt eine Rhombenform und bestehen aus einem Plagioklaskern und einem Alkalifeldspatrand (**Foto 44**).

Ein Beispiel für einen Trachyt ist der Drachenfels bei Bonn, dessen Gestein zum Bau des Kölner Doms verwendet wurde. Es sind aber auch Vorkommen im Westerwald, am hessischen Vogelsberg, in Weidenhahn (Rheinland-Pfalz) und in Tschechien bei Karlovy Vary bekannt.

Phonolith (griech. „phone" = Klang, „lithos" = Stein – „Klingstein") ist das dem Nephelinsyenit homologe vulkanische Gestein (**Abb. 36, 38, 51**). Häufig zeigen Phonolithe eine dünnplattige Absonderung im Aufschluss. Diese dünnen Platten klingen beim Anschlag mit dem Hammer glockenartig – daher der Name. Das Gestein ist meistens hellgrau, manchmal mit grünlicher Tönung. Das Gefüge ist dicht bis feinkörnig oder porphyrisch. Phonolithe enthalten unterschiedlich große Sanidin-Einsprenglinge, die oft fluidal orientiert sind. Feldspatvertreter (Nephelin, Leucit) bilden eher etwas kleinere Einsprenglinge. Die meist sehr kleinen Mafit-Einsprenglinge können aus Alkalipyroxenen, Na-haltigen Amphibolen und Biotit bestehen (**Foto 74**).

Foto 74: *Phonolith. Die hellen Einsprenglinge bestehen aus Sanidin und Leucit, wobei die Leucite rundlichere Formen zeigen und leicht grau gefärbt sind. Die sehr kleinen Mafit-Einsprenglinge bestehen aus Alkalipyroxen und Alkaliamphibol. Breite 10 cm.*

Die phonolithische Lava ist ausgesprochen zähflüssig und bildet daher häufig Staukuppen aus. Phonolith-Vorkommen finden sich im Hegau (Hohentwiel), im Odenwald, im Kaiserstuhl (Bötzingen, Oberschaffhausen), in der Eifel (Laacher-See-Vulkan) und in der Rhön. Außerdem sind sie im Ostafrikanischen Grabenbruch und auf den Kanarischen Inseln verbreitet.

6.5.4 Tephrit

Tephrit (**Abb. 36, 38, 52**) ist ein basaltähnliches Alkaligestein mit An-reichem Plagioklas (An 50–70) als vorherrschendem Feldspat, untergeordnet kommen auch Alkalifeldspäte vor. Phonolithische Tephrite sind allgemein etwas heller. Tephrite sind meistens feinkörnig und einsprenglingsarm, können aber auch porphyrisch auftreten. Wenn sie K-betont sind, führen sie außer Nephelin (**Foto 75**) oft auch Leucit (**Foto 76**). Oft bestehen die Einsprenglinge auch aus Augit, seltener aus Olivin.

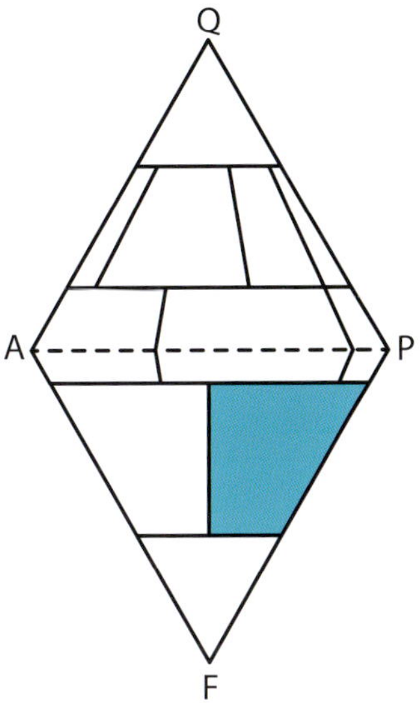

***Abb. 52**: Lage der Tephrite und Basanite im Streckeisen-Diagramm.*

***Foto 75**: Nephelin-Tephrit. Die Nephelinkristalle sind bräunlich rot und haben oft annähernd hexagonale Formen. Die kleineren, hellen Minerale sind Plagioklase. Die dunklen, kurzsäuligen Einsprenglinge bestehen aus Augit. Breite 9 cm. Katzenbuckel, Odenwald.*

Foto 76: *Leucit-Tephrit. Die hellen, rundlich geformten Einsprenglinge sind Leucit. Die kleinen weißen, tafeligen Kristalle sind Plagioklas. Augitkristalle sind schwarz und kurzsäulig. Breite 10 cm. Vesuv.*

Foto 77: *Basanit (Limburgit). Das Gestein hat eine feinkörnige glasige Grundmasse, in welcher schwarze, kurzsäulige Ti-Augit-Kristalle liegen. Die Blasenhohlräume sind sekundär mit weißem Kalzit verfüllt. Breite 7 cm. Kaiserstuhl, Baden-Württemberg.*

Tephrite begleiten oft die Phonolithe oder andere alkalireiche Gesteine und bilden massige Lavaströme oder Stöcke. Sie treten z. B. im Kaiserstuhl des Oberrheingrabens auf. Hier sind hauptsächlich Leucit-Tephrite mit unterschiedlichen Mengen an Olivin und Leucit aufgeschlossen. Tephrite finden sich auch in der Eifel, der Lausitz, im Westerwald und in der Rhön. Weitere Vorkommen sind z. B. von den Kanarischen Inseln, Madagaskar und Grönland bekannt.

6.5.5 Basanit

Der Basanit ist im eigentlichen Sinne ein Foid führender Alkali-Olivinbasalt, liegt also im oberen rechten Eck des unteren Streckeisen-Dreiecks für Vulkanite (**Abb. 52**). Er unterscheidet sich vom Tephrit durch > 5 % Nephelin und > 10 % Olivin. Es handelt sich um einen dunklen Vulkanit. Eine glasreiche Varietät des Basanits ist der **Limburgit**. Dies ist eine Lokalbezeichnung (nach der Typlokalität Limburg/Kaiserstuhl). In einer schlackigen und blasigen Grundmasse ist neben Olivin immer Ti-Augit vorhanden (**Foto 77**).

Kimberlit

Der Name des Gesteins stammt von der berühmten Diamant-Lagerstätte Kimberley in Südafrika. Kimberlite sind aus kalium-, CO_2- und wasserreichen ultrabasischen Silikatschmelzen entstanden, die unterschiedliche Xenolithe aus Erdmantelgesteinen enthalten. Die Diamanten sind in diesen Mantelxenolithen enthalten und nicht im eigentlichen Kimberlit. Mit den kimberlitischen Schmelzen sind sie nur nach oben verfrachtet worden. Diamanten entstehen in Tiefen von etwas über 110 km, während die kimberlitischen Schmelzen aus Tiefen von 150 bis 450 km stammen.

Wegen ihrer Dünnflüssigkeit hatten die Schmelzen ungewöhnlich hohe Aufstiegsgeschwindigkeiten, man schätzt 300 m/h. In seichteren Krustenbereichen (ab etwa 3 km Tiefe) kann das im Magma gelöste Gas durch die Druckentlastung explosionsartig frei werden und den Aufstieg des Magmas noch beschleunigen. Es bildeten sich dadurch in den höheren Bereichen trichterförmige, oft auch ovale Durchschlagsröhren („Pipes"). Die Trichter haben Durchmesser von einigen Hundert Metern, Tiefen bis zu einem Kilometer und enthalten zahlreiche Gesteinsbruchstücke. Nach unten gibt es eine Verbindung zu einem relativ dichten Gangsystem, aus welchem die Schmelzen ab einem bestimmten Moment sehr schnell nach oben gedrungen sind. Die Entstehung der Kimberlite ist allgemein an Heiße Flecken gebunden.

Die Kimberlite bestehen aus Olivin, Klinopyroxen (Diopsid), magnesiumreichem Ilmenit und anderen seltenen Mineralen. Die Farbe des Gesteins ist schwarz, grau bis dunkelgrau und kann, je nach Umwandlungsgrad, auch schwarzblau, grün oder gelblich sein. Wenn Granat (Pyrop) vorhanden ist, so stammt er, wie auch die Diamanten, aus den Xenolithen. Kimberlite sind meistens brekziös ausgebildet, können aber auch massiv erscheinen.

Kimberlite sind hauptsächlich in der Kreidezeit (vor 65 bis 140 Millionen Jahre) entstanden. Die in ihnen enthaltenen Diamanten sind wesentlich älter, und zwar präkambrisch. Die Gesteine treten hauptsächlich in alten Kratonen auf, in Europa sind sie nur in Norwegen und Schweden anzutreffen.

III Sedimentgesteine

1 Allgemeines

Sedimentgesteine (Sedimentite) bedecken den größten Teil der Erdoberfläche, bilden aber gleichzeitig nur einen geringen Teil der Gesamt-Erdkruste (siehe Kap. I.1.4 und **Abb. 3**). Sie entstehen durch mechanische und chemische Verwitterung (Zersetzung von Gesteinen) und Erosion (lat. „erodere" = abtragen) bzw. Transport gefolgt von Ablagerung (Sedimentation). Im Laufe der Jahrmillionen können ganze Gebirgszüge abgetragen werden (**Abb. 53**). Sedimentgesteine können aber auch chemisch (aus übersättigten Lösungen) und biochemisch ausgefällt werden oder sie bilden sich aus Organismenresten (biogen).

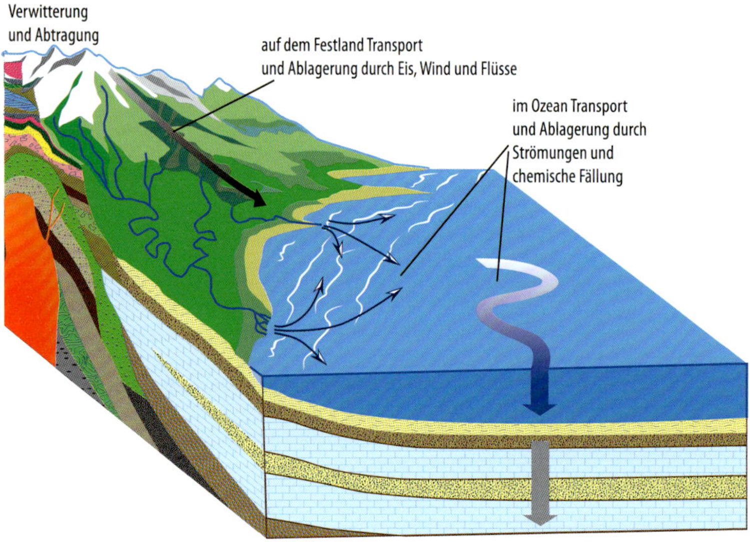

***Abb. 53**: Schematische Darstellung von Abtragung, Transport und Ablagerung – Prozesse, die zur Bildung von Sedimenten bzw. Sedimentgesteinen führen.*

Man unterscheidet zwischen Sedimenten und Sedimentgesteinen. **Sedimente** bestehen allgemein zu über 50 Vol.-% aus Porenräumen (Tone/Schlamm bis zu 90 %), in denen wässrige Flüssigkeiten (Porenfluide) vorhanden sind und welche die einzelnen Körner umgeben. Es sind die „Formationswässer", welche während der Ablagerung im Porenraum verblieben sind und somit das Wasser des Ablagerungsmilieus darstellen. Die losen, unverfestigten, geologisch jungen Ablagerungen werden auch **Lockergesteine** genannt.

Sedimentgesteine sind dagegen verfestigt; sie wurden im Laufe der Zeit von Prozessen erfasst, die unter dem Begriff **Diagenese** beschrieben werden. Es handelt sich

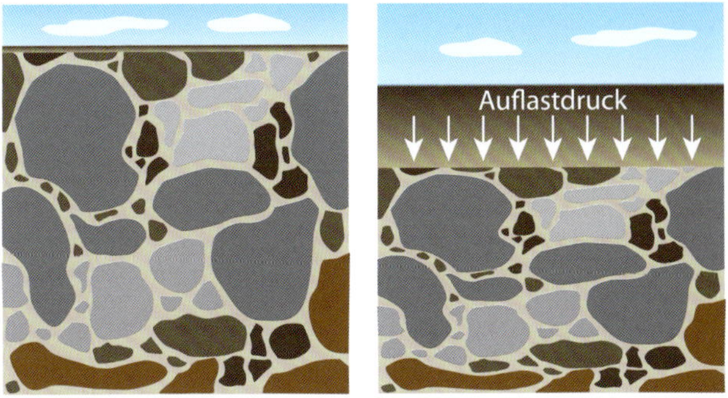

***Abb. 54**: Durch den Prozess der Diagenese wird der Porenraum reduziert (Kompaktion durch Auflast) und gleichzeitig kommt es durch Ausfällung von Mineralien aus dem wässrigen Porenfluid zum Zementationsprozess, wobei aus dem „Sediment" ein „Sedimentgestein" wird und sich dadurch das Gesamtvolumen der Gesteinsmasse stark verringert. Illustration Quelle & Meyer Verlag.*

dabei hauptsächlich um zwei Vorgänge: **Kompaktion** (Setzung) und **Zementation** („Verkittung", „Verfüllung"; **Abb. 54**), dabei findet auch ihre Entwässerung statt. Die Kompaktion entsteht als Folge der Auflast durch weitere Ablagerungen. Die unteren Teile der Sedimentschicht werden dadurch versenkt und gelangen in immer größere Tiefen. Dabei ändern sich die Kornformen; durch Drucklösung passen sich die einzelnen Körner aneinander an, die **Porosität** wird immer geringer. Die Drucklösung, also die Auflösung von Material, wirkt dort, wo sich die Sedimentpartikel berühren. Gleichzeitig kommt es aber auch zur Zementation, weil aus der Porenflüssigkeit Minerale in den Zwischenräumen ausgeschieden werden. In vielen Fällen wird z. B. Kalzit ($CaCO_3$) ausgefällt, weil sich dieses Mineral bei steigenden Temperaturen schlechter in Wasser löst als bei niedrigen Temperaturen. Und während des Versenkungsprozesses erhöhen sich diese durchschnittlich alle 33 m um ein Grad Celsius („**Geothermischer Gradient**"). In anderen Situationen, z. B. während der Sandstein-Bildung, kann auch Quarz ausgefällt werden. Der Porenraum eines Sedimentes wird nur in äußerst seltenen Fällen vollständig verdichtet, es zirkulieren meistens auch in verfestigten Sedimentgesteinen Lösungen, welche mit gelöstem Material aus den Sedimenten angereichert sind.

Zu den **Mineralneubildungen** während der Diagenese gehören die lokale (authigene) Entstehung von Tonmineralen oder die Umwandlung von Feldspat-Körnern in Tonminerale. Die Bildung von Tonmineralen vermindert nicht nur die Porosität des Gesteins, sondern auch dessen Durchlässigkeit (**Permeabilität**). Im finalen Stadium der diagenetischen Veränderungen ist durch die Verringerung des Porenraums und des Fluidgehalts das Gesamtvolumen der Gesteinsmasse stark reduziert.

In konkreten Fällen zeigen die verschiedenen Gesteinsarten jedoch oft Unterschiede in der Art und Weise, wie die diagenetischen Prozesse ablaufen. So wird z. B. der Porenraum in kalkigen Gesteinen aufgrund der hohen Mobilität von Kalzit und Aragonit ($CaCO_3$) sehr schnell verfüllt (zementiert) und der dadurch schon verfestigte Kalkstein wird durch anschließende Kompaktion nur noch relativ wenig zusammengedrückt. In Tonen findet dagegen kaum eine frühe Zementation statt und die Verfestigung erfolgt hauptsächlich über Kompaktion, also unter einem weit größeren Volumenverlust. Als Folge sind z. B. Fossilien in Tonsteinen oft verformt, in Kalksteinen dagegen kaum.

Die thermische Obergrenze der Diagenese liegt bei ca. 200 °C; die Diagenese kann somit bis in einige Kilometer Tiefe wirksam sein. Anschließend beginnt ein fließender Übergangsbereich, der durch Mineralumbildungen im Rahmen von druck- und temperaturbedingten metamorphen Rekristallisationen gekennzeichnet sind. Oberhalb von 200 °C sprechen wir von Metamorphose. Anfangs rekristallisieren die Tonminerale, aber erst ab ca. 270–300 °C werden in größerem Umfang Minerale neu gebildet.

Ein häufiges Merkmal der Sedimentgesteine ist die **Schichtung**. Sie entsteht während des Ablagerungsprozesses, z. B. durch den Wechsel der Sedimentzusammensetzung. Von einigen Ausnahmen abgesehen ist dabei das Gesetz der ursprünglichen Horizontalität gültig, also der horizontalen Ablagerung der Schichten und das Prinzip der Lagerungsabfolge. Das heißt die unteren Sedimentschichten sind älter, die oberen jünger. Sie spiegeln somit die zeitliche Reihenfolge ihrer Entstehung wider (**Abb. 55**). Diese Prinzipien wurden schon im Jahre 1669 von Nicolaus Steno als solche erkannt. Ausnahmen bilden z. B. Sanddünen, bei denen die Hangneigung auf der Leeseite aufgrund der inneren Reibung zwischen den einzelnen Körnern etwa 30–40° beträgt oder wenn Sedimente einem bereits geneigten Fundament auflagern und so eine Schrägschichtung entsteht.

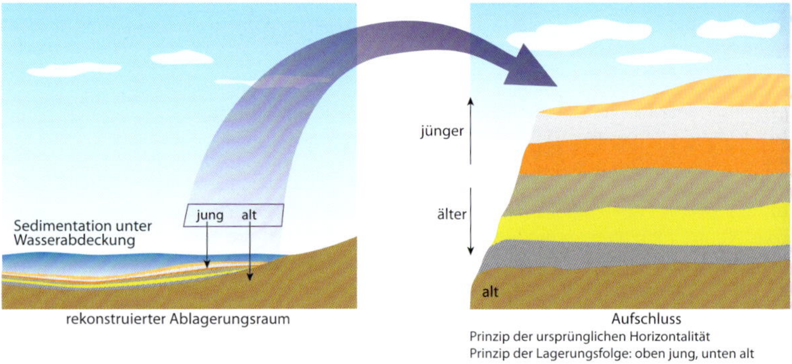

***Abb. 55**: Entstehung geschichteter Sedimentgesteine nach den Prinzipien der ursprünglichen Horizontalität und der Lagerungsfolge. Illustration Quelle & Meyer Verlag.*

Schrägschichtung bildet sich oft auch in Sandsteinen durch wechselnde Strömungsverhältnisse bei Flussablagerungen (**fluviatil**). Dabei können die Schichten unterschiedlich oder gegensätzlich orientiert sein (**Kreuzschichtung**). Es handelt sich um Schichtungsmuster, welche ein Gefüge-Merkmal des Sedimentgesteins widerspiegeln und Auskunft über die physikalischen Ablagerungsbedingungen geben (siehe Kap. III.2.4).

Während tektonischer Prozesse, insbesondere in Verbindung mit Gebirgsbildungen, werden die Schichten verfaltet, steil gestellt (**Foto 78**) und manchmal auch überkippt. Erkennt man, welcher Teil der Schicht älter und welcher jünger ist, kann man ihre ursprüngliche Lage nachvollziehen und somit die räumlichen Veränderungen des Gesteinspakets verstehen und erklären.

Sedimentgesteine können auch nach ihrem **Fossilgehalt** charakterisiert werden. Fossilien können Informationen über die Umweltverhältnisse während der Ablagerung

Foto 78: *Unterschiedlich mächtige und nach einer bestimmten Zyklizität zusammengesetzte Gesteinsschichten („Flysch-Ablagerungen" – Sandsteine, Tonsteine, Kalke), die während der Entstehung eines Faltengebirges tektonisch steil gestellt wurden. Siriu, südliche Ostkarpaten, Rumänien.*

liefern und so die Rekonstruktion des Ablagerungsmilieus, z. B. marin, kontnental etc., ermöglichen. Es gibt Fossilien, die nur im Meer (marin) vorkommen, andere nur im Süßwasser, also in Flüssen oder Seen an Land (terrestrisch). Wieder andere zeigen die Ablagerungstiefe, die Wassertemperaturen oder bestimmte Eigenschaften des Wassers, z. B. trüb, klar oder kalkhaltig, an. In diesen Fällen handelt es sich um **Faziesfossilien**. Ebenfalls mithilfe von Fossilien bzw. Fossilassoziationen kann man das Alter einer Gesteinsschicht bestimmen – wir sprechen von **Leitfossilien**, wenn die Organismen nur in einem relativ kurzen und genau definierten Zeitabschnitt gelebt haben.

Zusammenfassung der Charakteristiken von Sedimentgesteinen

- Sedimentgesteine entstehen aus der Kompaktion und Zementation (Diagenese) von Sedimenten.
- Das häufigste Gefügemerkmal von Sedimentgesteinen ist ihre Schichtung.
- Es finden Mineralneubildungen statt.
- Sedimentgesteine können marin oder terrestrisch ablagern, klastisch, chemisch oder organogen gebildet werden.

Nach ihrer Bildungsart unterscheidet man **klastische** oder „detritische" (lat. „detritus" = Abfall, Gesteinsschutt), **chemische** und **organogene** (biogene) Sedimentgesteine (**Tab. 19**). In den weitergehenden Klassifikationen wird zusätzlich auch die mineralogische oder chemische Zusammensetzung des Gesteins berücksichtigt.

Klastische Sedimentgesteine	„Trümmergesteine". Überwiegend mechanische Anhäufung von Gesteinsfragmenten und Einzelkörnern. Produkt von überwiegend physikalischer Verwitterung	z.B. Konglomerat, Sandstein
Chemische Sedimentgesteine	Aus Lösungen ausgefällt (teilweise mit klastischem Anteil)	z.B. Salzgesteine
Organogene Sedimentgesteine	Vorwiegend aus Organismenresten aufgebaut (teilweise mit klastischem Anteil)	z.B. Riffkalk, Kohle

***Tabelle 19**: Einteilung der Sedimentgesteine nach ihrer Bildungsart.*

2 Klastische Sedimentgesteine

2.1 Einführung

Die klastischen Sedimentgesteine (altgriech. „klastó" = brechen) bilden die häufigste Sedimentgesteinsgruppe. Sie entstehen durch **Verwitterung**, d.h. Einwirkungen von außen (exogene Prozesse) auf frei liegende Gesteine, durch die Zersetzung, Zerstörung und Auflösung derselben. Der mechanische Abtransport der Verwitterungsprodukte fällt unter den Begriff der **Erosion**. Klastische Sedimentgesteine sind demnach Reste eines Abtragungsgebiets.

Als Klasten werden die Gesteinsfragmente und Körner einzelner Minerale bezeichnet, die bei der mechanischen (physikalischen) Verwitterung in Kombination mit chemischen Prozessen entstehen. Es ist eine Folge der Einwirkung von Wasser, Eis („Eis-

***Foto 79**: Die Eismassen eines fließenden Gletschers transportieren Gerölle, welche von den Seitenhängen auf das Eis gefallen sind. Gleichzeitig werden auch an den Rändern und im Untergrund erhebliche Gesteinsmassen vom Eis abgeschürft und vom Gletscher weiter verfrachtet. Mont Denali, Alaska.*

Foto 80: *Transportierte Gerölle werden im Endbereich des Gletschers, wo er abschmilzt, abgelagert. Raven Glacier, Alaska.*

sprengung/Frostsprengung“) und Luft. Die Luft wirkt durch die in ihr enthaltenen Gase (CO_2, SO_2), die natürliche Säuren bilden (Kohlensäure, schweflige Säure). Auf die Gesteine haben außerdem noch der Wind und die Sonneneinstrahlung eine Einwirkung. In ariden und heißen Gebieten spielt auch die Salzverwitterung, vergleichbar mit der Frostsprengung, eine gewisse Rolle. Es entstehen Gesteinsfragmente bzw. Sedimentpartikel, die durch Bäche und Flüsse, Wind oder Eis (**Foto 79, 80**) transportiert und in Flüssen, in Seen oder im Meer abgelagert werden. Auch schuttführende Eisberge können Gerölle über weite Strecken hinaustragen.

Ist die Verwitterung gleichzeitig auch chemisch, so gehen bei der Zersetzung der Minerale bestimmte Stoffe in Lösung, werden ebenfalls transportiert und letztendlich ausgefällt. Ein trockenes und kaltes Klima behindert die chemische Verwitterung, ein feuchtwarmes Klima begünstigt sie (**Abb. 56**). So ist z. B. Quarz in gemäßigten Klimazonen ausgesprochen verwitterungsresistent und bildet mit Abstand die größte Masse der **Verwitterungsrückstände**. Unter tropisch-feuchten Klimabedingungen wird er jedoch oft aufgelöst. Wenn durch die Verwitterung der aluminiumreichen Feldspäte Tonminerale entstehen, stellen diese **Verwitterungsneubildungen** dar.

Die flächige Abtragung von Gebirgsmassiven durch Verwitterung und Erosion nennt man **Denudation**. Die mechanische Verwitterung hat gegenwärtig einen größeren Anteil an der Denudation als die chemische. Die Erosionsraten sind nicht nur vom Klima, sondern auch von der Topografie und von der Tektonik abhängig.

Die typischsten und am weitesten verbreiteten klastischen Sedimentgesteine sind Tonsteine, Sandsteine und Konglomerate. Diese Gesteine bestehen hauptsächlich aus silikatischen Mineralen (Quarz wird in der angloamerikanischen Literatur bei den Silika-

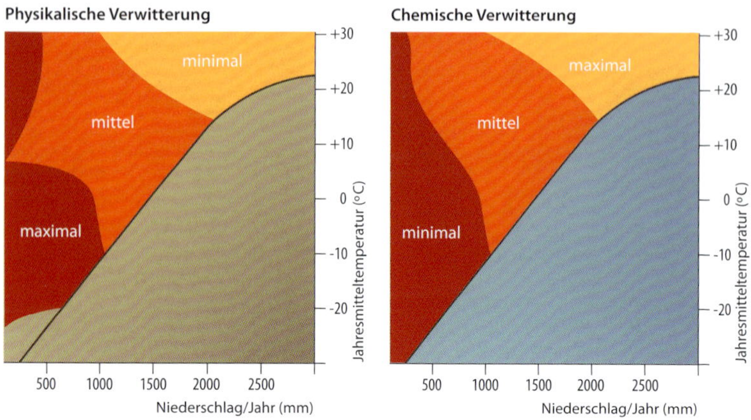

***Abb. 56**: Intensität physikalischer (mechanischer) und chemischer Verwitterung in Abhängigkeit vom Klima. Verändert nach Meschede (unpubliziert).*

ten geführt, im deutschen Schrifttum wird es zu den Oxiden gezählt). Deshalb werden sie auch **siliziklastische Sedimentgesteine** genannt. Die untergeordnet auftretenden Sedimentgesteine mit nichtsilikatischen Gesteins- oder Mineralfragmenten werden oft nach ihrer mineralogischen und chemischen Zusammensetzung klassifiziert. Ein Beispiel sind die Kalksteine. Selbst wenn sie aus Fragmenten bestehen, also einen klastischen Charakter haben, werden sie eher ihrer Zusammensetzung nach als „Karbonatgesteine" eingeordnet.

Rückschlüsse auf die **Bildungsbedingungen** der klastischen Sedimentgesteine können aus Merkmalen wie **Korngröße, Kornform** und **Mineralbestand** gezogen werden, sie geben Auskunft über die Verwitterungsabläufe, die Transportart und die Transportweite:

- Aufgrund chemischer Instabilität zersetzen sich zuerst die Mg- und Fe-reichen (mafischen) Minerale (Olivin, Pyroxene, Amphibole, Glimmer, insbesondere Biotit) und danach die Feldspäte bzw. Feldspatvertreter eines Gesteins. Quarz, der meistens chemisch stabil ist, reichert sich dagegen an.
- Gut spaltbare Minerale zerfallen schneller durch mechanische Einwirkungen (Eissprengung ist dabei äußerst effizient).
- Mit zunehmender Transportweite nimmt die Korngröße durch Abrieb ab. Gleichzeitig nimmt die Sortierung zu, d. h. immer mehr Körner haben ähnliche Größen.

Quarz ist mechanisch stabil (keine Spaltbarkeit) und chemisch beständig (schlechte Wasserlöslichkeit bei normalen pH- und Eh-Bedingungen), obwohl er während des Transportes immer mehr zerkleinert wird. Neben Quarz reichern sich auch sogenannte Seifenminerale an, d. h. Minerale, die chemisch-physikalisch ebenfalls stabil sind und zusätzlich eine hohe Dichte besitzen: z. B. Granat, Magnetit, Gold, Diamant oder weitere Schwerminerale (Dichte > 2,9 g/cm^3) wie z. B. Zirkon, Turmalin und Rutil.

Die **mafischen Minerale** werden schnell zerstört, das freigesetzte Eisen färbt dabei oft als rostbraunes Eisenhydroxid (FeOOH) das verwitternde Gestein, gelangt aber auch in die Sedimentmassen.

Die **Feldspäte** (zuerst die Plagioklase und danach Alkalifeldspäte) wandeln sich durch chemische Verwitterung in extrem feinkörnige **Tonminerale** (Schichtsilikate) um, die reich an Al und Si sind, z. B. **Kaolinit**, **Montmorillonit** oder **Illit**, wobei Na, K und Ca als Ionen in Lösung abgeführt werden. Die Tonminerale stellen somit Verwitterungsneubildungen dar:

$$2\ KAlSi_3O_8\ \text{(Orthoklas)} + 2\ H_2O \rightarrow Al_2(OH)_4Si_2O_5\ \text{(Kaolinit)} + K_2O + 4\ SiO_2$$

Tonminerale können aber auch aus vorher vorhandenen Schichtsilikaten wie Biotit und Muskovit entstehen. Es sind äußerst feinblättrige Schichtsilikate und daher in ihrer Struktur den Glimmern verwandt. Sie weisen oft eine Korngröße von < 2 µm auf und haben die Fähigkeit, Wasser zu binden und dabei zu quellen. Humuserde besteht im Wesentlichen aus Tonmineralen und organischer Substanz und ist so ein hervorragender Wasserspeicher für pflanzliches Leben.

Die Auflösung der Feldspäte wird vom Klima beeinflusst: In ariden (d. h. trockenen, wüstenhaften und periglazialen) Klimaten und bei kurzer Zeitspanne zwischen Abtragung und Ablagerung können sie längere Zeit erhalten bleiben. Bei lokaler Ablagerung in einem steilen Relief und fehlender Zeit für chemische Verwitterung kann das neu gebildete klastische Sediment fast die gleiche Zusammensetzung wie die des Ausgangsgesteins aufweisen (z. B. eine Arkose mit 60 % Feldspat als Verwitterungsprodukt eines Granits).

Muskovit ist stabiler als Biotit, der viel Fe enthält, und als der Feldspat. Er bildet kleine und leichte Plättchen und kann über weite Entfernungen transportiert werden (**Abb. 57**).

Der Transport führt nicht nur zur Abnahme der Korngrößen, sondern auch zu einer zunehmenden **Rundung** der Körner. Die beste Rundung beobachtet man in Wüsten- und Küstensanden, die durch Wind bzw. Meerwasser vielfach umgelagert werden. Man kann unterschiedliche Abstufungen im Verlauf der Rundung von Körnern beobachten: eckig, kantengerundet, gerundet und gut gerundet. Die Korngröße nimmt also mit zunehmender Transportweite ab und die Rundung nimmt gleichzeitig zu. Sind die

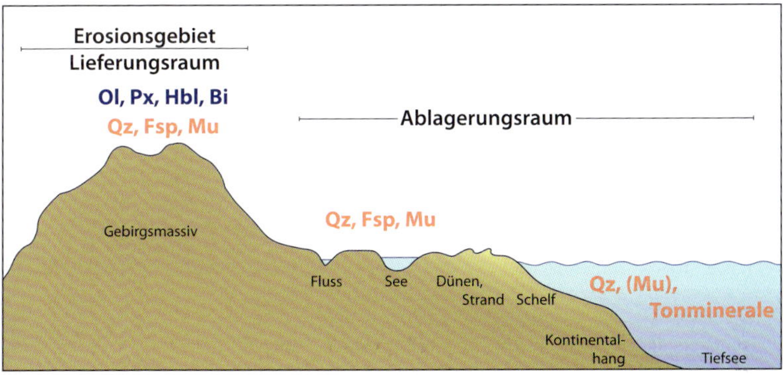

Abb. 57: *Darstellung eines Erosionsgebiets mit den Verwitterungsstabilitätsbereichen der wichtigsten Minerale. Qz – Quarz, Ol – Olivin, Pyx – Pyroxen, Hbl – Hornblende, Fsp – Feldspat, Bi – Biotit, Mu – Muskovit.*

Körner nicht nur gut gerundet, sondern auch gut sortiert, so spiegelt das Sedimentgestein eine hohe **texturelle/strukturelle Reife** wider, z. B. durch intensive Wellenbearbeitung in Strandnähe oder bei hochenergetischem Transport in wasserreichen Flüssen. Geringe texturelle Reife zeigen Gesteine, deren Körner eckig oder kantengerundet sind, also einen reduzierten Transportweg hinter sich haben und eine schlechte Sortierung der Körner aufweisen, d. h. unterschiedliche Korngrößen sind miteinander vermischt.

Andererseits kann der Grad der Sortierung auch durch die Gleichmäßigkeit und Beständigkeit der Transportbedingungen gesteuert werden und ist deshalb nicht immer primär von der Korngröße abhängig. Hangschutt an steilen Bergflanken ist zwar sehr grobkörnig, aber in der Regel dennoch gut sortiert.

Unter der **kompositionellen Reife** eines Sediments bzw. Sedimentgesteins versteht man den Ausdruck des Anteils chemisch und mechanisch instabiler Minerale. Das Vorkommen leicht verwitternder Minerale wie Feldspat, Biotit oder Olivin bezeugt z. B. eine geringe kompositionelle Reife. Ist diese hoch, so sind im Gestein nur noch Körner (Klasten) verwitterungsresistenter Minerale vorhanden, insbesondere Quarz.

2.2 Einteilung der klastischen Sedimentgesteine

Unterteilt werden die klastischen Sedimente nach der **Korngröße** (nach DIN EN ISO 14688, früher nach DIN 4022) von grob nach fein in **Psephite**, **Psammite** und **Pelite** (**Abb. 58**). Den Peliten entsprechen Ton-Schluff/Silt-Gesteine, den Psammiten Sandsteine, den Psephiten Kiese und Geröllgesteine. Für nicht-siliziklastische, karbonati-

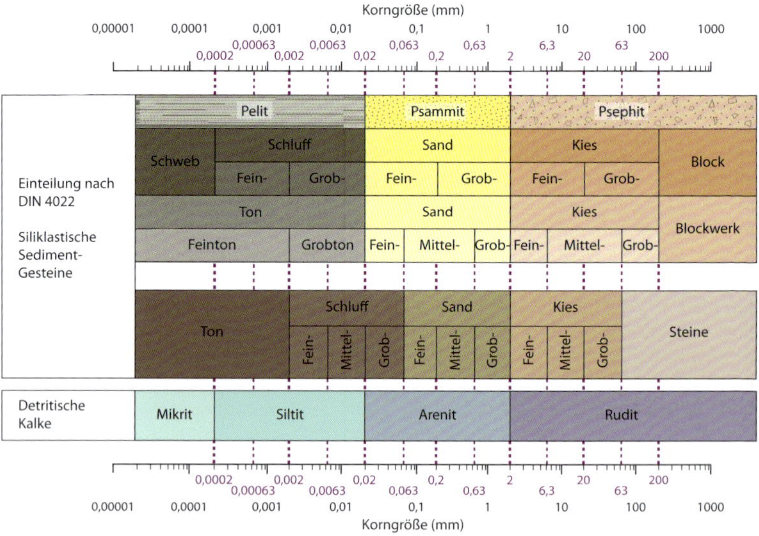

***Abb. 58**: Klassifikation der siliklastischen Gesteine und der klastischen Karbonat-Gesteine nach von Engelhardt und Pittner (1951) und nach DIN 4022 von 1995.*

sche Gesteine werden unter Berücksichtigung der gleichen Korngrößen unterschiedliche Benennungen verwendet: Ton-Schluff (Pelite) wird als Mikrit-Siltit bezeichnet; Sand (Psammite) als Arenit und Kies-Steine-Blöcke (Psephite) als Rudit.

2.2.1 Psephite

Die Namensgebung stammt von griech. „psephos“ = Geröll, Brocken. Es sind grobklastische Sedimentgesteine mit Korngrößen über 2 mm und deshalb leicht erkennbar. Sie sind meist schlecht sortiert, d.h. es treten Partikel ganz verschiedener Größe auf. Die großen Partikel werden Komponenten oder Klasten genannt. Die feineren Partikel dazwischen bilden die Matrix oder das Bindemittel, nicht zu verwechseln mit der „Grundmasse“ magmatischer Gesteine. Psephite werden anhand der Form ihrer Komponenten klassifiziert, welche die Ablagerungsbedingungen widerspiegeln (**Tab. 20**).

Komponenten und ihre Interpretation

Komponenten	Lockersediment	Festgestein	Transport
gerundet	Kies, Schotter	Konglomerat	Fluss, Bach, Brandung
eckig	z.B. Hangschutt	Brekzie (Breccie)	wenig Transport
teilweise gerundet, schlecht sortiert	Moräne	Tillit	Gletscher
kantengerundet, schlecht sortiert	Schuttfächer	Fanglomerat	z.B. aride Schwemmfächer
kantengerundet - gerundet, gradiert	Turbiditschüttung	Grauwacke	submariner Trübestrom

***Tabelle 20**: Unterschiedliche Komponenten-Formen von Psephiten, ihr Transport und ihre Entwicklungen zum Festgestein.*

2.2.1.1 Konglomerat

Konglomerate (von lat. „conglomerare“ = zusammenhäufen) sind grobkörnige, verfestigte Trümmergesteine, die aus Geröllen größer als 2 mm Durchmesser und einem feineren Bindemittel bestehen. Bei der Einteilung richten wir uns aber nach dem groben Material. Die überwiegende Masse der **Komponenten** ist stets **gerundet** oder **kantengerundet** und hat im Fall einer guten Rundung einen Transportweg hinter sich, der je nach Abrollhärte unterschiedlich lang ist (**Foto 81, 82**).

Zwischen Konglomeraten und Sandsteinen gibt es Übergänge. Wenn die Komponenten kleinere Durchmesser haben, sprechen wir von „Mikrokonglomeraten“ (**Foto 83**) bzw. von Grobsandsteinen.

Konglomerate, deren Komponenten nur aus einer Gesteinsart bestehen, werden **monomikt** (**Foto 81**) und solche mit Komponenten aus mehreren Gesteinsarten **polymikt** (**Foto 84**) genannt. Wird ein nahe gelegenes Granitmassiv abgetragen und das Einzugsgebiet ist begrenzt, so werden die Komponenten ausschließlich aus diesem Gestein bestehen. Ist das Einzugsgebiet ausgedehnt und aus unterschiedlichen Gesteinsarten zusammengesetzt, spiegelt sich dies auch in der heterogenen Zusammensetzung der Komponenten eines Konglomerats wider (**Foto 84**).

Konglomerate, bei welchen die Matrix vorherrscht und die Gerölle einander nicht berühren, werden matrixgestützt (**Foto 81**) und solche, deren Komponenten sich gegenseitig berühren, werden komponentengestützt (**Foto 82**) genannt. Die komponenten-

Foto 81: *Monomiktes Konglomerat (Komponenten aus nur einer Gesteinsart). Die gut gerundeten Komponenten bestehen ausschließlich aus Quarz, die reichlich vorhandene Matrix („matrixgestütztes Konglomerat) ist vorwiegend sandig, die rötliche Farbe stammt von Eisenhydroxiden. Breite 11 cm. „Buntsandstein-Formation“, Baden Württemberg.*

Foto 82: *Konglomerat. Die gut gerundeten und kantengerundeten Komponenten sind karbonatisch, deshalb heißt das Konglomerat auch „Rudit“ (siehe Abb. 58); die Matrix ist nicht vorherrschend und das Konglomerat ist stellenweise komponentengestützt (die Komponenten berühren sich). Breite 10 cm.*

Foto 83: *Mikrokonglomerat. Relativ kleine quarzitische Komponenten liegen in einer feinsandigen Matrix. Rechts wird der Durchmesser der Komponenten immer kleiner und es findet ein Übergang zu einem groben Sandstein statt. Breite 10 cm.*

Foto 84. *Polymiktes Konglomerat, sowohl matrix- als auch komponentengestützt. Die Komponenten bestehen aus unterschiedlichen Gesteinsarten und das Gestein ist noch relativ schwach verfestigt. Moutsouna, Naxos, Kykladen.*

gestützten Konglomerate enthalten einen sogenannten „Berührungszement", der die einzelnen Klasten zusammenhält.

Die meisten Konglomerate sind **terrestrisch-fluviatil** (Flussschotter) und lagern sich dort ab, wo der Fluss seine Transportenergie verliert. Oder sie entstehen bei Starkwasserereignissen, wenn die Transportkraft sich plötzlich erhöht. **Lakustrine Konglomerate** werden in einem See abgelagert. In Küstenbereichen, insbesondere dort, wo diese steiler sind, können sich **Brandungskonglomerate** bilden. Die Rundung der Komponenten kommt hier durch das Aneinanderreiben der von Steilküsten abgebrochenen Gesteinsbruchstücke während der Brandung zustande. Andererseits können Flussdeltas Konglomerate bis weit in tiefes Wasser hinaustragen. Diese lagern sich demnach im Meer ab, sind jedoch durch fluviatilen Transport entstanden.

Die Korngrößen eines Konglomerats können sich innerhalb der Sedimentschicht in einem lagigen Wechsel befinden. Außerdem sind oft Wechsellagerungen mit Sandstein einschließlich der betreffenden Übergänge erkennbar. Konglomerat-Ablagerungen können von **Schrägschichtung** (**Foto 85**) gekennzeichnet sein. In anderen Fällen bilden sie, in größerem Maßstab betrachtet, **Rinnenfüllungen**.

Wenn sich Konglomerate an der Basis einer Sedimentgesteins-Abfolge über älterem Grundgebirge befinden, können sie als **Transgressionskonglomerate** interpretiert werden, welche den Beginn einer Überflutung durch ein Meer dokumentieren. Es können allerdings auch Flussablagerungen sein, die vor einer Überflutung durch das Meer entstanden sind.

Die Analyse der Art und Verteilung der einzelnen Komponenten eines Konglomerats gibt Aufschluss über das Liefergebiet (Provenienzermittlung). Das durch die Komponenten eines Konglomerats überlieferte Gesteinsspektrum belegt geologische Pro-

***Foto 85**: Schrägschichtung in einem Konglomerat mit sandigen Lagen. Diese entsteht, wenn Flüsse ihre Arme verlagern und sich gleichzeitig die Transportenergie ändert. Dabei bilden sich Sand-Konglomerat-Körper, auf deren Leeseite die Schrägschichtung stattfindet. Breite 3 m. Monte Sainte-Odile, Elsass.*

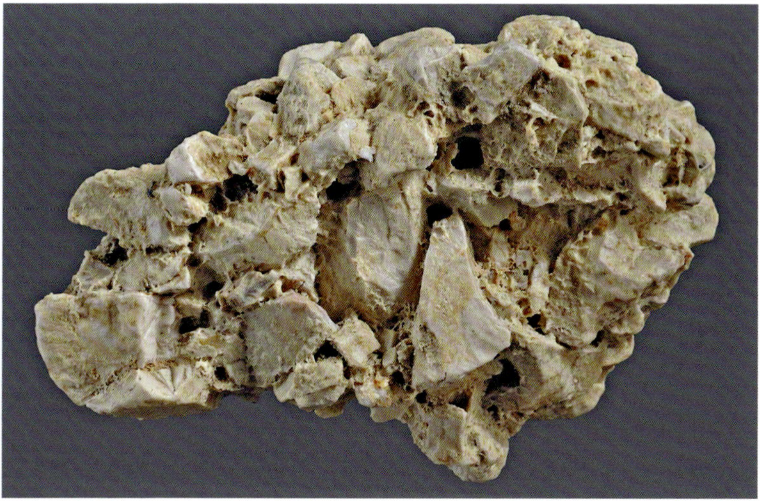

***Foto 86**: Brekzie. Die eckig-kantigen Bruchstücke bestehen aus Kalkstein. Das Gestein ist nur unvollkommen zementiert und kompaktiert, es enthält noch viele Hohlräume. Die diagenetischen Umwandlungen sind in einem Zwischenstadium „eingefroren". Breite 12 cm.*

zesse, die vor der Sedimentation stattgefunden haben. Im Falle einer sehr weit fortgeschrittenen Erosion des Abtragungsgebiets können Komponenten das regional älteste erreichbare Gesteinsmaterial darstellen.

2.2.1.2 Brekzie

Brekzien (auch „Breccie"; von ital. „breccia" = Geröll) sind grobklastische Gesteine, die sich im Unterschied zu den Konglomeraten aus kantigen, **eckigen Gesteinsbruchstücken** zusammensetzen; sie können ebenfalls monomikt oder polymikt sein. Da wenig oder kein Transport die Gesteinstrümmer sortiert hat, können ganz verschiedene Komponentengrößen miteinander vorkommen. Eine Matrix ist häufig erst sekundär entstanden, etwa durch Einschwemmung feiner Partikel oder Ausfällung aus Lösungen (**Foto 86, 87**). Dies zeigt sich an einer meist hohen Porosität. Die meisten sedimentären Brekzien sind Produkte der physikalischen Gesteinsverwitterung und Ablagerung – **Hangschuttbrekzien** – und nicht durch Wassertransport entstanden. Felsige Steilhänge können durch Verwitterung instabil werden und teilweise abbrechen. Durch die Schwerkraftwirkung wird das Material über kurze Strecken in seiner ganzen Masse bewegt und transportiert, aber bald wieder abgelagert, ohne dass eine Zurundung oder Sortierung der Komponenten erfolgen konnte. Wenn die Bruchstücke kleinere Durchmesser (wenig über der 2-mm-Grenze) haben, nennt man sie Mikrobrekzien.

Brekzien können aber auch infolge der selektiven Auflösung und Auslaugung leicht löslicher Minerale wie Salz und Gips in Sulfat-Karbonat-Wechselfolgen (siehe Kap. III.3) durch das Einbrechen des Nebengesteins (**Lösungs-/Kollapsbrekzie**) entstehen. Andererseits bilden sich Brekzien z. B. auch durch den Einbruch der Gesteinshohlräume in Dolinen und Höhlen.

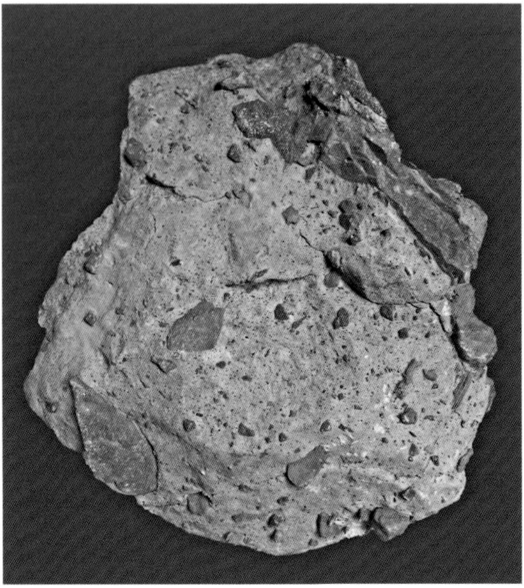

Foto 87: *Brekzie. Die Gesteinsbruchstücke (Grünschiefer) liegen in einem reichlich vorhandenen, karbonatischen Zement. Das Gestein ist vollkommen zementiert und kompaktiert, es ist keine Porosität erkennbar, die diagenetischen Prozesse wurden zu Ende geführt. Breite 14 cm. Ostkarpaten (Flysch, Oberkreide)*

Brekzien nichtsedimentärer Entstehung

Der Ausdruck „Brekzie“ ist nicht nur auf den sedimentären Bereich beschränkt. So wird auch von **tektonischen Brekzien, vulkanischen Brekzien** (z. B. Schlotbrekzien) oder **Meteoritenbrekzien/Impaktbrekzien** gesprochen.

Die tektonischen Brekzien (siehe Infokasten „Kataklasite und Pseudotachylite“ S. 95) bilden sich entlang von Störungen oder Brüchen, wo das Gestein durch die Reibungsenergie zuerst zerbricht, sich auch vermischt und anschließend verfestigt wird.

Vulkanische Brekzien entstehen durch Explosionsereignisse; es bilden sich Eruptionsbrekzien oder Schlotbrekzien (Kap. II.3.3.1), wenn die Ablagerung noch im Vulkanschlot stattfindet. Lagern sich die Gesteinsbruchstücke in Tuff ein, spricht man von „Tuffbrekzien“.

Meteoritenbrekzien oder Impaktbrekzien (Impaktite) bilden sich als Folge von Meteoriteneinschlägen. Größere Meteoriten haben im Laufe der Erdgeschichte durch ihre Impaktenergie riesige Mengen von Gesteinsmaterial zerbrochen und aufgewirbelt. Durch dessen Ablagerung und Verfestigung sind ebenfalls Brekzien entstanden. Ein Beispiel ist das Nördlinger Ries, welches einen vor knapp 15 Millionen Jahren entstandenen Meteoriteneinschlagskrater darstellt. Die Impaktbrekzie heißt hier „bunte Brekzie“. Hat die Impaktbrekzie einen hohen Anteil an geschmolzenem Gesteinsmaterial, wird sie „Suevit“ (Schwabenstein) genannt.

2.2.1.3 *Tillit*

Tillite sind verfestigte Moränen-Ablagerungen in Gletschergebieten und können auch unter dem übergeordneten Begriff „**Diamiktite**" beschrieben werden. Die Gletscher bewegen Schuttablagerungen („Geschiebe"), häufen sie an und zu einem späteren Zeitpunkt werden diese verfestigt. Es handelt sich dabei um Seiten-, End- und Grundmoränen. Tillite sind fast immer polymikt und schlecht sortiert. Alle Korngrößenfraktionen können enthalten sein – von Ton und Sand bis zu tonnenschweren Gesteinsblöcken. Typisch für Tillite sind die Gletscherschrammen, auch Eisstriemung genannt. Die Klasten können sich während des Transports aneinander reiben und **gekritzt** sein. Beobachtet man in einem psephitischen Sedimentgestein, dass die Oberflächen der einzelnen Klasten ein „Gekritze" aufweisen, so besteht Sicherheit, dass es sich um eine Gletscherablagerung handelt. Kennt man das Alter der betreffenden Schicht, so kann man für deren Ablagerungsperiode auf ein kaltes, eiszeitliches Klima schließen.

Die Gletscherteile, welche als treibende Eisberge ins Meer gelangen, transportieren meist auch Gesteinsbruchstücke. Beim Schmelzen dieser Gletscher fallen diese auf den Meeresboden, wo sich meistens schlammig-tonige Sedimente befinden. Nach der Verfestigung der Sedimentschicht ist daher ein Gesteinsfragment, welches oft über große Entfernungen befördert wurde, von einem Nebengestein umschlossen, mit dem es genetisch betrachtet keinen Zusammenhang hat. Tonige Sedimentgesteine enthalten manchmal größere „exotische" Gesteinsstücke unterschiedlicher Größe. Es kann sich dabei um „**Dropstones**" handeln.

2.2.1.4 *Fanglomerat*

Fanglomerate (Kunstwort aus engl. „fan" = Fächer und Konglomerat) sind die verfestigten Gesteine von Schuttfächern arider Klimagebiete, in denen der Abtragungsschutt

***Foto 88**: Fanglomerat. Die Komponenten sind eckig bis kantengerundet und liegen in einem feinen, rötlichen Zement. Die Farbe ist extrem kleinen Hämatit (Fe_2O_3)-Partikeln zu verdanken. Breite 13 cm.*

von Gebirgen durch temporäre Flussläufe abgelagert wird. Die Flüsse arider Klimabereiche führen nur nach Starkregenereignissen Wasser. Diese zeitlich begrenzten Flutereignisse (Mure, Schuttströme) räumen den im ausgetrockneten Flussbett („Wadi") angehäuften Schutt aus und lagern ihn bei abnehmender Transportenergie in Schuttfächern ab. Es sind vorwiegend Produkte physikalischer Verwitterung, die nur über kurze Strecken transportiert wurden. Eine Sortierung nach der Korngröße ist meist nicht vorhanden, sie sind auch kaum geschichtet. Die Gesteinsfragmente können Größen bis hinauf in die Blockfraktion vorweisen und sind wegen der geringen Transportweite und des Transports in dichter Suspension eckig bis kantengerundet. Die feineren Partikel der Suspension zementieren den Schuttfächer. Fanglomerate sind meist matrixgestützt. Klastische Sedimente des ariden, terrestrischen Bereiches zeichnen sich häufig durch intensive Rotfärbung aus. Die Farbe rührt von Hämatit ($Fe^{+3}{}_2O_3$) her, da das im Gestein vorhandene Eisen oxidiert wird (**Foto 88**). In manchen Handstücken können zwei oder mehrere Flutereignisse aufgrund einer Schichtgrenze mit plötzlichem Wechsel der Korngröße der Gerölle erkannt werden. Fanglomerate kommen z. B. im Rotliegenden des Schwarzwalds vor.

2.2.1.5 Grauwacke

Grauwacken sind subaquatisch abgelagerte Sandsteine bis Arkosen (falls Feldspat-Klasten enthalten sind), die auch Gesteinsfragmente (> 2 mm) enthalten (**Foto 89**) – der Grund, weshalb sie hier bei den Psephiten behandelt werden. Die Gesteinsklasten sind eckig bis kantengerundet und können petrografisch verschieden sein, oft sind es Tonsteine. Grauwacken sind texturell wie auch kompositionell unreif.

Der Zement der Grauwacken ist meist kieselig, kann aber auch karbonatisch sein. Typisch ist eine sogenannte **„gradierte Schichtung"**, die sich korngrößenorientiert entwickelt: im unteren Bereich gröber, nach oben immer feiner.

***Foto 89**: Grauwacke. In einer sandigen Matrix liegen Tonsteinkomponenten. Breite 12 cm.*

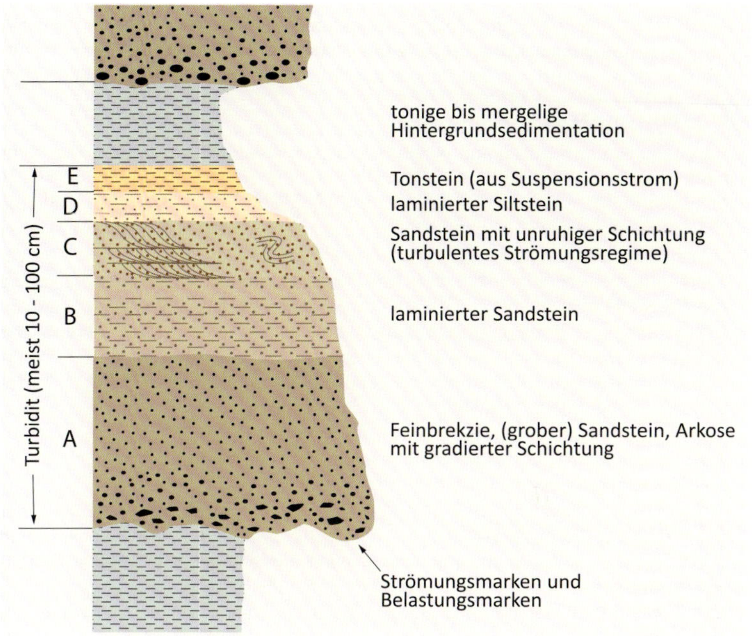

***Abb. 59**: Vollständige Turbiditsequenz (auch Bouma-Zyklus genannt), verändert nach Frisch et al. (2008). A – gradierte Abteilung; B – untere laminierte Abteilung. Abteilung C entsteht als Folge von Turbulenzen mit Wickelschichtung (convolute bedding) und Strömungsrippeln. D – obere laminierte Abteilung; E – pelagische Lage.*

Grauwacken werden typischerweise an den Hängen aktiver, aber auch passiver Kontinentränder abgelagert. Die Sedimentumlagerung wird durch eine Destabilisierung der Schelfkante ausgelöst (z. B. ein Erdbeben). Dadurch beginnt klastisches Material hangabwärts zu rutschen. Bei langsamem Transport durch Hangabwärtskriechen (mass flow) wird eine Sortierung unterdrückt. Am Kontinenthang bleiben meist nur die gröberen Anteile liegen. Bei schnellerem Abrutschen entstehen Suspensionsströme (**Turbiditströme, Trübeströme**), die bis zu ca. 80 km/h schnell werden können und das Sediment gut durchmischen und sortieren. Die Ablagerung der Suspension erfolgt durch gravitative Absaigerung nach der Korngröße sortiert (Gradierung): Unten liegen die gröberen Partikel, nach oben wird das Schichtpaket immer feinkörniger (**Abb. 59**). Eine Turbiditsequenz wird oft durch die **Hintergrundsedimentation** (Tonsteine, kalkige Sedimentgesteine) abgeschlossen.

An der Basis finden sich häufig **Sohlmarken** (Strömungsmarken, Belastungsmarken; siehe Kap. III.2.4). Die vollständige Abfolge einer marinen Turbidit-Sequenz (**Bouma-Zyklus**) wird typischerweise auf dem Kontinentfuß, oft Zehnerkilometer vom Liefergebiet entfernt, in großer Wassertiefe angetroffen und ist etwa 10 bis 100 cm mächtig. In noch größerer Entfernung fehlen die gröberen Anteile A und B des Bouma-Zyklus.

Mehrere Turbidit-Ablagerungen bilden die sogenannten „**Flysch-Abfolgen**“, Sandstein-Tonstein-Wechsellagerungen, in denen auch Kalkmergel-Lagen vorkommen. Flysche bilden oft mächtige Schichtpakete an aktiven Kontinentalrändern und werden auch in Gebirgsbildungen durch Hebung und Faltung eingegliedert. Die Flysch-Abfolgen werden dabei intensiv verfaltet und steil gestellt (**Foto 78**).

2.2.2 Psammite (Sandsteine)

Namensgebung: griech. „psammo" = Sand; deutscher Ausdruck: Sandsteine. Die Komponenten der Sandsteine mit Korngrößen zwischen 0,063 und 2,00 mm sind mit freiem Auge immer sichtbar, was dann bei den Tonsteinen nicht mehr möglich ist. 90 % der Sandsteine bestehen aus Quarz, nur manche auch aus Feldspat. Zusätzlich gibt es auch Sandsteine, die aus Kalkstein-Klasten bestehen – Arenite (**Abb. 58**).

Sandsteine bestehen demnach meist aus Quarzkörnern und einem aus dem Porenwasser ausgefällten Bindemittel, das die Komponenten zusammenhält. Die Kompaktion spielt eine eher untergeordnete Rolle, kann aber als Folge der Drucklösung die Kornform von kugeligen zu flachen Körpern verändern. Eine Verzahnung der Körner an den Berührungsflächen tritt erst ab 300 Grad auf, wo wir uns schon im Bereich der Metamorphose befinden. Die meisten Sandsteine sind durch eine gewisse Porosität gekennzeichnet und dadurch auch durch kapillare Saugfähigkeit für Wasser. Die Sandsteine werden nach der Art des Zements unterschieden, wobei die häufigsten Bindemittel Quarz, Ton und Kalzit sind.

2.2.2.1 Kieseliger Sandstein

Das Bindemittel besteht im Wesentlichen aus SiO_2 (Kieselsäure in Form von Quarz). Die Kieselsäure stammt aus den Sandkörnern selbst, sie geht durch Drucklösung ins Porenwasser und scheidet sich in den Korn-Zwischenräumen wieder ab. Ein kieselig

Foto 90: *Sandstein, kieselig gebunden („Rotsandstein" – gehört zur Buntsandstein-Formation der Unteren Trias). Die rote Färbung ist auf Hämatit-Überzüge der Sandkörner und Eisenhydroxide zurückzuführen. Siehe das untere rechte Eck. Breite 11 cm. „Buntsandstein-Formation", Baden Württemberg.*

Foto 91: *Roter Sandstein, kieselig gebunden. In der Vergrößerung sieht man die rötlichen, gerundeten Quarzkörner mit den Hämatit-Überzügen. Dazwischen ist der kieselige, hellgraue Zement zu erkennen. Breite 2 cm. „Buntsandstein-Formation“, Baden Württemberg.*

gebundener Sandstein ist sehr hart und zäh, frische Bruchflächen glänzen und er zeigt meist eine gleichmäßige Körnung. Nur eine höhere Restporosität kann seine Festigkeit etwas mindern. Sehr reine Quarzsande (mit deutlich über 90 % Quarz) finden sich vor allem in Küstenbereichen und zeigen einen weiten Transportweg bzw. die lang andauernde Bewegung durch Wellen an. Der süddeutsche Rhätsandstein in der obersten Trias (Oberkeuper) ist eine solche Küstenablagerung.

Oft haben die kieselig gebundenen Sandsteine eine rote oder rostig braune Farbe (**Foto 90, 91**). Die rote Färbung ist dünnen Hämatit-Überzügen auf den Oberflächen der Körner zu verdanken. Diese bilden sich, wenn bei der Sedimentation ein für aride Klimabedingungen typisch oxidierendes Milieu vorhanden war. Rostig braune Farben der Sandsteine sind einer eventuell vorhandenen tonigen Matrix, die Eisenhydroxide (z.B. Goethit, Limonit) enthält, zu verdanken; in manchen Fällen kann aber auch das Bindemittel aus Goethit bestehen.

2.2.2.2 Kalkiger Sandstein

Das Bindemittel des kalkigen Sandsteins (**Foto 92**) besteht im Wesentlichen aus Kalzit ($CaCO_3$), die Klasten bestehen aus Quarz. Aber auch andere Karbonate wie Aragonit ($CaCO_3$), Siderit ($FeCO_3$) und Dolomit ($CaMg(CO_3)_2$) treten auf. Der Kalzit stammt oft aus diagenetisch aufgelösten Kalkschalen von Organismen, z.B. Muscheln oder Schnecken. Er ist meist weiß, hat die Mohs'sche Härte 3 und braust mit verdünnter Salzsäure, d.h. das bei folgender Reaktion entstehende Kohlendioxid entweicht.

$$CaCO_3 + 2\,HCl \leftrightarrow CO_2 + H_2O + CaCl_2$$

Geologen verwenden diese einfache Methode zum Nachweis von Kalk im Gestein.

Foto 92*: Kalkiger Sandstein. Die Oberfläche bildet eine teilweise, durch vorhandene Eisenhydroxide (Limonit, Goethit) bräunlich gefärbte, löchrige und unebene Verwitterungskruste. Breite 8 cm. Naxos (Kykladen, Griechland).*

Foto 93*: Glimmer führender, heller Sandstein. Auf der Schichtfläche sind helle, reflektierende detritische Muskovit-Schüppchen zu erkennen. Breite 11 cm. Sylt (oberes Miozän).*

2.2.2.3 Kalksandstein (Arenit, Kalkarenit)

Da die Bezeichnung „Sandstein" nur die Korngröße, aber nicht die Zusammensetzung definiert, könnten auch ausschließlich kalkige klastische Partikel die Komponenten darstellen. Diagenetisch verfestigte Kalksande werden als **Arenit** oder **Kalkarenit** (ital. „arena" = Sand) bezeichnet. Bei einem Komponentengemisch aus Kalkkörnern und daneben Quarzkörnern spricht man am besten von einem **Kalksandstein** (Überbegriff). Falls Sandsteine Kalkkörner enthalten, besteht das Bindemittel praktisch immer aus Kalzit. Um einen vorwiegend aus Quarzkörnern bestehenden Sandstein genauer zu definieren, spricht man von einem **Quarzsandstein**.

2.2.2.4 Toniger Sandstein

Das Bindemittel besteht im Wesentlichen aus Tonmineralen. Ein tonig gebundener Sandstein ist daher weich, d. h. mit einem Nagel oder dem Taschenmesser ritzbar, auch sandet er sehr leicht ab. Makroskopisch sind die Tonminerale nicht unterscheidbar. Ein Sandstein, dessen Zement aus Ton besteht, wird beim Säuretest, wie auch die kieselig gebundenen Sandsteine, keine Reaktion zeigen.

Quarzkörner sind zwar bei Weitem die wichtigsten Komponenten von Sandsteinen, untergeordnet Kalkkörner, sind aber nicht die einzigen. Abhängig von unterschiedlichen Komponenten mit anderen Zusammensetzungen werden noch einige Sandsteinarten unterschieden.

2.2.2.5 Glimmer führender Sandstein

Tritt in einem Sandstein Muskovit (Hellglimmer) als Komponente auf (helle, glänzende Blättchen auf den Schichtflächen), so sprechen wir von einem **Glimmer führenden Sandstein** (**Foto 93**). Biotit kommt aufgrund der Verwitterungsanfälligkeit meist nicht vor. Die klastischen Glimmer sind stets größer als die Quarzkörner, da die dünnen Glimmerblättchen aufgrund der großen Oberfläche den kleineren Quarzkörnern hydraulisch äquivalent sind, d. h. zusammen mit dem Quarz transportiert bzw. abgelagert werden.

2.2.2.6 Feldspat führende Sandsteine (Arkose und Subarkose)

Kommen über 25 % Feldspäte in einem Psammit vor, so wird das Gestein **Arkose** genannt. Das Vorkommen von Arkosen zeigt ein arides Klima zur Zeit der Ablagerung und einen relativ kurzen Transportweg an, es sind meist terrestrisch entstandene Sedimentgesteine. Arkosen sind kompositionell unreif und oft auch schlecht sortiert. Das Bindemittel ist meist kieselig, im Gestein kann aber auch eine kaolinitische Matrix vorhanden sein. Die detritischen Feldspäte bestehen hauptsächlich aus Kalifeldspat, da dieser verwitterungsbeständiger ist als Plagioklas. Der Stubensandstein des Keupers ist ein Beispiel für eine Arkose oder einen Feldspat führenden Sandstein (**Foto 94, 95**). Bei Feldspatgehalten zwischen 10 und 25 % spricht man von einer **Subarkose**. Im heutigen mitteleuropäischen Klima (humide Klimabedingungen) ist der Feldspat nicht verwitterungsbeständig und wandelt sich in Tonminerale um. Besonders stark verfestigte Arkosen können leicht mit granitoiden Gesteinen verwechselt werden.

2.2.2.7 Glaukonit-Sandstein

Glaukonit ist ein von der Struktur her glimmerähnliches Phyllosilikat mit der Formel $K(Mg,Fe,Al)_2[Si_4O_{10}](OH)$ und seine Bildung ist ausschließlich an Sedimentgesteine gebunden. Das Mineral ist grün (griech. „glaukos" = blau/grün) und tritt meist in gerundeten Aggregaten auf. Ein Psammit, in dem neben Quarz Glaukonit als Komponente

Foto 94: *Arkose („Stubensandstein" – Keuper, Obere Trias, Baden-Württemberg). Die helleren, weißlichen Flecken im Gestein bestehen aus Feldspat, der Rest sind Quarzkörner. Breite 12 cm. Region Tübingen, Baden-Württemberg.*

Foto 95: *Arkose – etwas vergrößert. Neben den grauen und gerundeten Quarzkörnern sind die weißlich-rötlichen Feldspatklasten gut erkennbar. Breite 3 cm. Region Tübingen, Baden-Württemberg.*

Foto 96: *Glaukonitsandstein. Die grüne Farbe ist charakteristisch und wird von den Glaukonitkörnern verursacht. Sie sind Faziesindikatoren für warme und flachmarine Ablagerungsbedingungen. Die Muschelreste stellen meist Faziesfossilien dar. Sind es Leitfossilien, dann kennt man gleichzeitig auch das Zeitintervall, in dem diese Umweltbedingungen herrschten. Breite 10 cm. Belluno, Dolomiten.*

Foto 97: *Glaukonitsandstein – etwas vergrößert. Die körnigen, grünlichen Glaukonitkristalle erscheinen ungefähr im gleichen Mengenverhältnis wie die hellgrauen Quarzkörner. Breite 4 cm. Belluno, Dolomiten.*

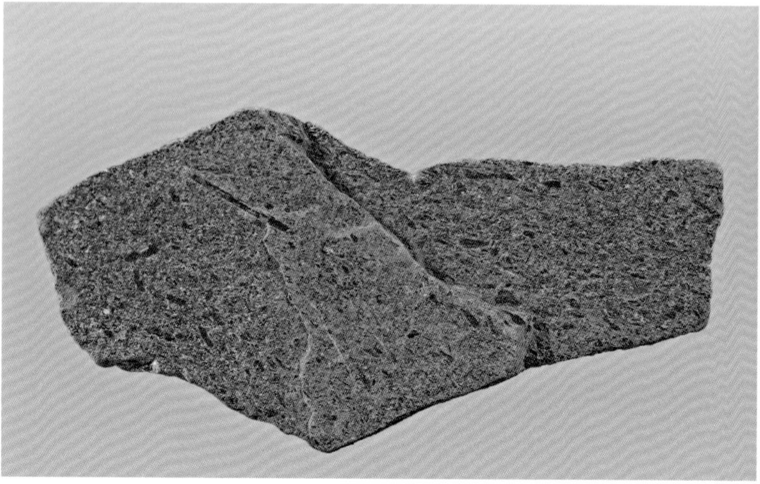

Foto 98: *Sandstein mit inkohlten Pflanzenresten (Pflanzen-Häcksel). Die Gesteinsmasse besteht aus Quarzkörnern. Auf der Schichtfläche sind auch einige Muskovitkristalle zu erkennen. Breite 14 cm. Grüntgen, Allgäu.*

vorkommt, wird Glaukonitsandstein (**Foto 96, 97**) genannt. Glaukonit ist ein Indikator für marine Sedimentation, entsteht typischerweise in warmen, flachmarinen Schelfgebieten und ist daher ein wichtiger **Faziesanzeiger**. In Süddeutschland gibt es solche Gesteine in der Oberen Meeresmolasse (Untermiozän, Alpenvorland) im Bodenseegebiet. Weitere Beispiele gibt es in Kreideablagerungen des Helvetikums (Alpen) und des Münsterlandes sowie im mittleren Tertiär der Dolomiten.

2.2.2.8 Sandsteine mit inkohlten Pflanzenresten

In einigen Sandsteinen können sich während der Diagenese in Kohle umgewandelte Pflanzenreste („Pflanzen-Häcksel") erhalten (**Foto 98**).

In den Sandsteinen kommen einige Sedimentstrukturen besonders gut zum Ausdruck und geben uns Hinweise auf Ablagerungsbedingungen wie Strömungsrichtungen oder auf Ablagerungsbereiche. Sedimentstrukturen, die man häufig sieht, sind Schrägschichtung oder Kreuzschichtung, Rippelmarken (Wellenrippeln, Oszillationsrippeln) oder Trockenrisse. Diese Sedimentstrukturen werden in Kap. III.2.4 behandelt.

2.2.3 Pelite (Tonsteine)

Psephite und Psammite bestehen überwiegend aus Verwitterungsresten. Bei den Peliten (griech. „pelos" = Schlamm) gewinnen die Verwitterungsneubildungen (Tonminerale) immer mehr an Bedeutung. Pelite entziehen sich durch ihre Feinkörnigkeit der genauen Mineralbestimmung mit makroskopischen Mitteln. Pelite sind weltweit die am meisten verbreiteten Sedimentgesteine der Erde (etwa 50 %).

2.2.3.1 Tonstein

Tonstein besteht im Wesentlichen aus Tonmineralen und Quarz; es sind ursprünglich schlammige Ablagerungen (Tonschlamm). Sind auch Karbonate enthalten, geht der Tonstein in **Mergel** über. Sie sind äußerst feinkörnig (Korngröße < 2 µm), meist grau, können aber auch rötlich (**Foto 99**) sein, wenn Hämatit oder Limonit, oder schwarz, wenn kohlige Substanzen oder sulfidische Bestandteile (z. B. Pyrit) vorhanden sind. Enthält der Tonstein bituminöse Komponenten, ist er ebenfalls dunkel bis schwarz gefärbt. Er heißt dann „Ölschiefer" und kann ein Erdöl-Muttergestein darstellen (**Foto 100**). Tonstein ist ein weiches Gestein, das sich zwischen den Fingern fettig-schmierig anfühlt. Subrezent gebildete Tonsteine können noch Abdrücke von Blättern enthalten (**Foto 101**). Bei ausgeprägt lagiger, feinplattiger Absonderung und engständiger Schichtung kann auch die Bezeichnung **Schieferton** verwendet werden. Schieferton darf nicht mit Tonschiefer, einem metamorphen Gestein, verwechselt werden! Die Feinschichtung der Schiefertone ist ein Hinweis auf eine ruhige Sedimentation und das Fehlen von Bioturbation, d. h. Durchwühlung des Sediments durch Organismen. Es gibt aber auch völlig homogene Tonsteine, wenn z. B. Organismen die Sedimentstrukturen zerstört haben. Eventuelles Vorhandensein von Silt erkennt man am Knirschen zwischen den Zähnen, außerdem fühlt er sich zwischen den Fingern rau an. Unverfestigter Ton ist plastisch, knetbar, speckig glänzend und wird an der Sonne durch Austrocknung steinhart.

2.2.3.2 Siltstein (Schluff)

Durch die Korngröße > 2 µm fühlt sich das Gestein schwach „sandig" an. Im Gelände hilft deshalb ein Zerreiben zwischen den Fingern weiter. Der Siltstein zeigt im Gegensatz zum Tonstein nie glatte, sondern unregelmäßige matte Bruchflächen. Siltsteine bestehen ebenfalls überwiegend aus Quarzkörnern und Tonmineralen, wobei Quarz vorherrscht. Sie haben eine etwas größere Porosität und sind wasserdurchlässiger als

Foto 99: *Roter Tonstein. Die rote Farbe ist Eisenoxid (Hämatit) und teilweise auch Eisenhydroxiden (Goethit/Limonit) zu verdanken. Nachdem man aber mit freiem Auge auch fein glitzernde Glimmerschüppchen erkennen kann, deutet dies auf einen Übergang zu einem Schluff/Siltstein hin. Breite 15 cm.*

Foto 100: *Dunkelgrauer Tonstein („Posidonienschiefer", „Schwäbischer Ölschiefer" – Lias Epsilon des Unterjuras). Das Gestein enthält Bitumen (sauerstoffarmes Ablagerungsmilieu) und zeigt einen Ammoniten-Abdruck. Der Tonstein kann eine fein laminierte Schichtung zeigen, deshalb ist die Bezeichnung „Schiefer" eigentlich irreführend. Breite 13 cm. Holzmaden, Baden-Württemberg.*

Foto 101: *Grauer, subrezenter, weicher Tonstein mit dem Abdruck eines Blattes. Breite 16 cm.*

Tone. Im Gelände sind sie relativ verwitterungsanfällig und werden meistens als Wechsellagerungen innerhalb von Sandsteinbänken angetroffen.

2.2.3.3 Lehm

Lehm ist eine gebräuchliche Benennung für unverfestigte Gemische aus Ton, Silt und Sand. „Geschiebelehm" ist ein glaziales Sediment, meistens Teil des Grundmoränenmaterials, welches Sand, Schluff, Gesteinsbruchstücke oder Blöcke enthält. Hat er auch eine karbonatische Komponente, sprechen wir von „Geschiebemergel".

2.2.3.4 Löss

Der Löss ist ein eiszeitlicher, lockerer, äolischer Silt, dessen Suspensionsfracht aus rund 70 % Quarz/Feldspat, 20 % Kalzit (Salzsäure-Probe) und 10 % Glimmer und Tonmineralen besteht. Die Korngrößen liegen im oberen Bereich der Silt-Schluff-Fraktion, seine Farbe ist gelb bis ockergelb. „Lössdecken" können mit unterschiedlichen Mächtigkeiten (in Zentralchina bis zu 300 m) den geologischen Untergrund verhüllen. Löss entsteht durch Auswehung feinklastischen Materials aus dem pflanzenlosen schuttreichen Vorland großer Inlandeismassen, von denen starke Winde herunterwehen. Bei nachlassender Windenergie verwirbelt die lokale Windströmung und kann den Silt nicht mehr in Schwebe halten. Der Silt wird dadurch gut sortiert und in besonders lockerer Packung der eckigen Körner abgelagert. Löss ist deshalb sehr porös (über 50 %) und durchlässig (permeabel) für Wasser und Luft und bildet bei ausreichender Feuchtigkeit ackerbaulich besonders ertragreiche Böden (Hildesheimer und Magdeburger Börde, teilweise auch im Oberrheingebiet). Wegen der eckigen Form der Körner und des kalkigen Bindemittels ist der Löss standfest und bildet steile Wände. Da er aber mechanisch leicht zu bearbeiten ist, werden in Lösswänden oft Kammern zu Lagerzwecken (z. B. Wein) ange-

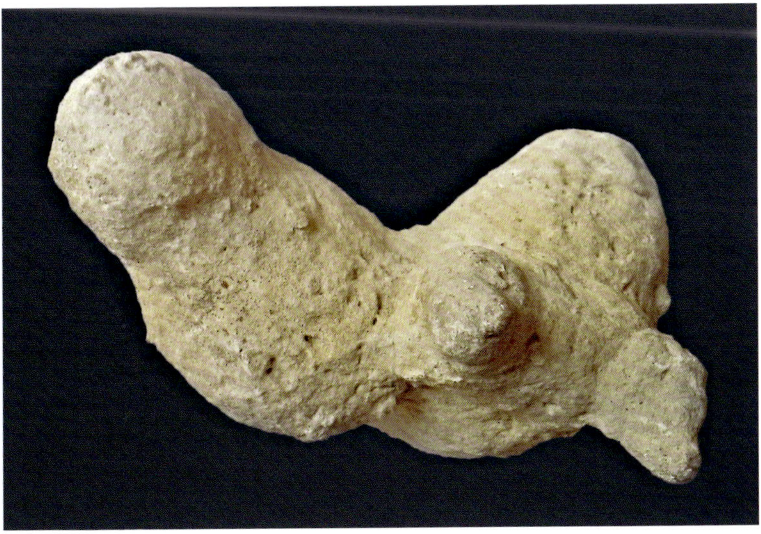

***Foto 102**: „Lösskindl" – unregelmäßige Kalkkonkretionen im Löss. Breite 16 cm.*

legt. Aus dem gleichen Grund wird aber durch Trittbelastung auf Kuhpfaden das empfindliche Gefüge des Lösses zerstört und in der Folge wird ein solcher Pfad metertief ausgespült; es bilden sich Hohlwege. Der Kalkanteil des Lösses wird durch Sickerwasser gelöst und als meist unregelmäßig geformte Kalkkonkretionen („**Lösskindl**“; **Foto 102**) wieder ausgefällt. Diese wachsen durch das Sickerwasser und die Bodenbildung in den Warmperioden einer Vereisungsphase, sodass mit jedem Interglazial die Lösskindl größer werden.

2.3 Zur wirtschaftlichen Bedeutung von klastischen Sedimenten

Pelite haben wirtschaftliche Bedeutung als wasser- und erdölstauende Schichten und sind Rohstoffe für die keramische Industrie und Ziegelherstellung. Mergel ist wichtig für die Zementherstellung. Bei Staudämmen, die nicht aus Beton gebaut werden, bilden sie den mittleren, wasserdichten Kernbereich. Nach außen folgen symmetrisch Silt-Sand, Kies und Blöcke. Diese Staudämme gelten wegen ihrer Flexibilität als ausgesprochen erdbebensicher.

Psammite finden als Bausande, Bausandsteine und bei der Betonherstellung Verwendung. Poröse Sandsteine sind wichtige Erdölspeichergesteine und Grundwasserleiter. **Psammite und Psephite** können Träger von Seifenlagerstätten sein, z. B. von Diamanten (Strandseifen Namibias) oder Gold (Witwatersrandkonglomerat in Südafrika).

Bedeutung von Tonmineralen als Rohstoff: Kaolinit wird in der keramischen Industrie und zur Porzellanherstellung verwendet; montmorillonitreiche Tone in Spülflüssigkeiten für Tiefbohrungen, als Filter in der Trinkwasseraufbereitung und in der Abwasserreinigung. Montmorillonit findet außerdem u. a. in der Kunststoff- und Gummiindustrie zusammen mit Quarz Verwendung als Füllstoff.

2.4 Sedimentstrukturen in klastischen Sedimentgesteinen

Bei Sandsteinen kann es sowohl durch Wasser (Wellen, Strömungen) als auch durch Windeinwirkung zu welligen Strukturen an der Sedimentoberfläche kommen (**Rippeln,**

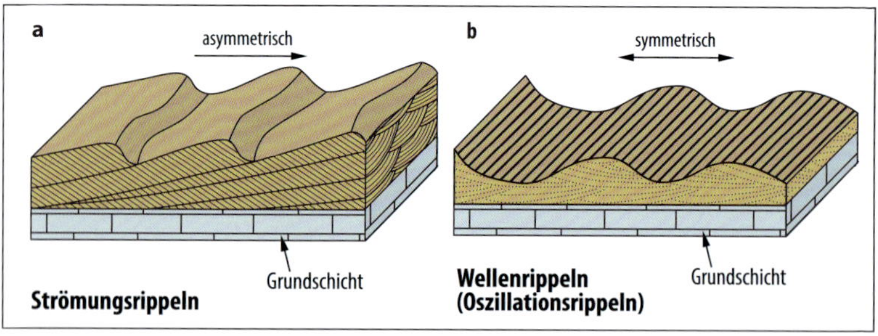

Abb. 60: *Strömungsrippeln (a) und Wellenrippeln (b). Strömungsrippeln sind asymmetrisch, weil eine Bewegungsrichtung vorherrscht. Die Wellenrippeln sind symmetrisch und entstehen in flachen Strandbereichen, wo die Wellen gleichmäßig in die eine oder in die andere Richtung schwappen.*

Foto 103: Strömungsrippeln in Sandstein. Die Rippeln sind asymmetrisch; eine flachere, der Strömung zugewandte Luvseite geht in eine steilere Leeseite über. In diesem Fall kam die Strömung von rechts. Die Rippelkämme sind geradlinig bis gekrümmt. Die Schichtung ist tektonisch steil gestellt. Cogealac, Dobrudscha, Rumänien.

Rippelmarken, engl. „ripple marks"); sie sind meist nur einige Zentimeter hoch und können zur Bestimmung der ursprünglichen Lagerung des Sedimentes hilfreich sein.

Durch Strömungen erzeugte Rippeln (**Strömungsrippeln**) sind asymmetrisch (**Abb. 60a, Foto 103**). Im Anschnitt zeigt sich eine Schrägschichtung. Der flache Rippelhang ist der Strömung zugewandt (Luvseite). Der Sand rutscht auf der steilen Leeseite im „freien Böschungswinkel" ab, der unter Wasser ca. 25°, an der Luft ca. 35° beträgt. Typische Strömungsrippeln bilden sich, zusammen mit Wickelschichtung (siehe weiter unten), auch im tiefer marinen Milieu von Turbiditen (Bouma-Zyklus, Lage C; **Abb. 59**). Durch pendelartige Wellenbewegung in flachen Strandbereichen erzeugte Rippeln (**Wellenrippeln** oder **Oszillationsrippeln**) sind symmetrisch (**Abb. 60b**). Die Wellen bewegen sich in die eine Richtung, um dann in entgegengesetzter Richtung zurückzulaufen; es findet eine Oszillation statt.

Schrägschichtung kann, wie weiter oben gezeigt, bei Strömungsrippeln beobachtet werden. Bilden Strömungsrippeln größere Formen (Kammabstand > 2 m), werden sie als Dünen bezeichnet und entstehen durch Windströmung in Wüsten. Dünen können durch riesige, flach einfallende konkave Formen gekennzeichnet sein („Barchane", Sicheldünen). Die dabei gebildete Schrägschichtung zeigt immer gleichmäßige Entwicklungen (**Abb. 61a**).

Im Meer sind entgegengesetzt einfallende Schrägschichtblätter („Fischgräten-Struktur") typisch für flachmarine Gewässer mit starkem Tidenhub. Dies ist durch die entgegengesetzte Strömung bei kommender Flut und kommender Ebbe zu erklären.

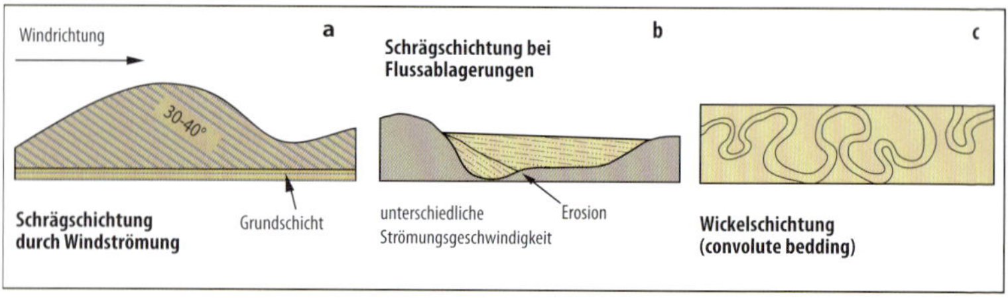

***Abb. 61**: Schrägschichtung und Wickelschichtung.*

Lang geschwungene Schrägschichtung mit ausdünnenden Schichtblättern kennzeichnen Sturmablagerungen. Aber Schrägschichtung durch strömendes Wasser entsteht nicht nur im Meer, sondern oft auch in Flüssen und Seen. Wenn sich z. B. Flussarme verlagern oder wenn die Strömungsgeschwindigkeit starken Schwankungen unterworfen ist, kann Schräg- und sogar stark unterschiedlich orientierte Kreuzschichtung entstehen (**Abb. 61b**, **Foto 85**, **Foto 104**). Auch im Falle einer durch Nichtsedimentation und Erosion gebildeten Schichtlücke, verursacht durch tektonische Hebung, können sich charakteristische Schrägschicht-Strukturen entwickeln: Die älteren Strukturen werden anschließend von jüngeren Ablagerungen, die aus anderen Richtungen kommen, bedeckt.

Wickelschichtung (engl. „convolute bedding“) ist eine unregelmäßige Faltung wassergesättigter Schichten, in Zentimeter- bis Dezimeter-Größe, die durch schichtin-

***Foto 104**: Schrägschichtung in einem Sandstein. Breite 10 cm. Runcu-Tal, Untere Kreide, Südkarpaten.*

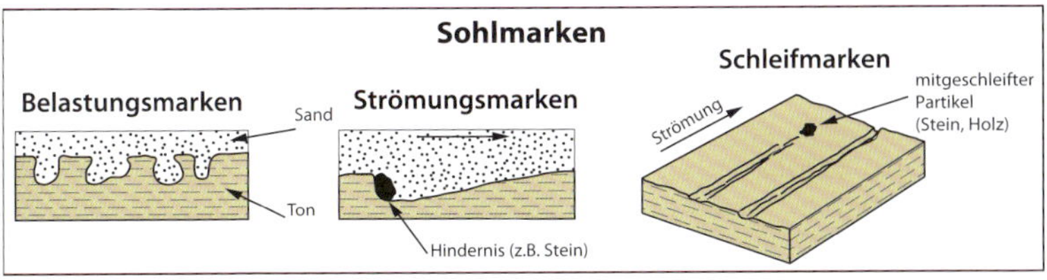

***Abb. 62**: Sohlmarken. Die Belastungsmarken haben Dimensionen, die im Zentimeter- bis Dezimeter-Bereich liegen. Strömungsmarken und Schleifmarken haben Breiten, die im Zentimeter-Bereich und Längen, die im Dezimeter- bis Meter-Bereich liegen.*

ternes Fließen während der Wasserabgabe und gleichzeitiger Verfestigung entsteht (**Abb. 61c**).

Im basalen Bereich von Turbiditen (Bouma-Zyklus, Lage A; **Abb. 59**) bilden sich durch den Druck der Ablagerung auf die Grundschicht bestimmte Strukturen; teilweise handelt es sich ursprünglich auch um einen Erosionsvorgang. Durch eine ungleichförmige Belastung entstehen Räume und Formen, die mit Material aufgefüllt werden, und es bilden sich **Sohlmarken** (**Abb. 62**). Man unterscheidet dabei Belastungsmarken, Strömungsmarken und Schleifmarken. Die **Belastungsmarken** (engl. „load casts“) bilden sich, wenn die Oberschicht schwerer ist (Sand mit Gesteinsfragmenten) als die

***Foto 105**: Strömungsmarken (flute casts). Die deutlich erkennbaren Wülste sind von links nach rechts gestreckt, wobei die Nasen nach links zeigen. Die Strömung kam also von links. Im vorliegenden Fall sind mehrere Generationen von Strömungskolken überlagert. Breite 9 cm. Buzău, Miozän, Ostkarpaten.*

Unterschicht (Feinsand, Silt, Ton). Sie können auch in flachmarinen, in fluviatilen Milieus oder in Seesedimenten beobachtet werden. **Strömungsmarken** (engl. „flute casts"; **Foto 105**) entstehen ebenfalls an der Unterseite von Turbiditabfolgen durch gravitativ transportiertes Material, welches an der Grundschicht Hohlformen erzeugt. Im Längsschnitt sind sie asymmetrisch, wobei der tiefste Punkt in die Strömungsrichtung zeigt. **Schleifmarken** (engl. „groove casts") entstehen, wenn ein Gesteinsfragment über die Sediment-Basisfläche bewegt wird und Schleifspuren in Form von langen Rillen erzeugt, wobei die Strömungsrichtung nicht erkennbar ist. Generell gilt, dass eine bestimmte Struktur alleine gesehen noch nicht eine sichere Zuordnung erlaubt. Erkennt man aber die typische Ablagerungssequenz zugleich mit den Sohlmarken, so stellen diese ein ausgezeichnetes Oben-Unten-Kriterium dar.

Beim Trockenfallen tonig-schlammiger, lehmiger oder mergeliger Oberflächen (Seen und Pfützen, seltener in Flüssen oder an Meeresstränden) findet ein Volumenverlust statt; das Sediment schrumpft und es bilden sich **Trockenrisse**. Diese haben ein polygonales Muster und im Querschnitt eine „V" bzw. „Keil"-Form (**Abb. 63a**, **b**). Sie können durch darüber abgelagerte Sande „ausgegossen" werden. Die daraus entstehenden Sandsteine werden dann auf der Unterseite **Netzleisten** aufweisen. Beobachtet man im Sedimentgestein eine solche Schichtfläche, so verfügt man über ein Oben-Unten-Kriterium und kann die Schichtfolge richtig einordnen (das Gleiche gilt natürlich auch für die Sohlmarken). Die bei der Austrocknung und Bildung von Trockenrissen abgebrochenen „Ton-Scherben" können z. B. während eines Starkregens vom Boden abgehoben werden und sich als rundliche Gesteinsfragmente im Sand ablagern. So entstehen Sandsteine mit **Tongallen** (**Abb. 63c**, **Foto 106**). Tongallen sind oft im Buntsandstein zu finden.

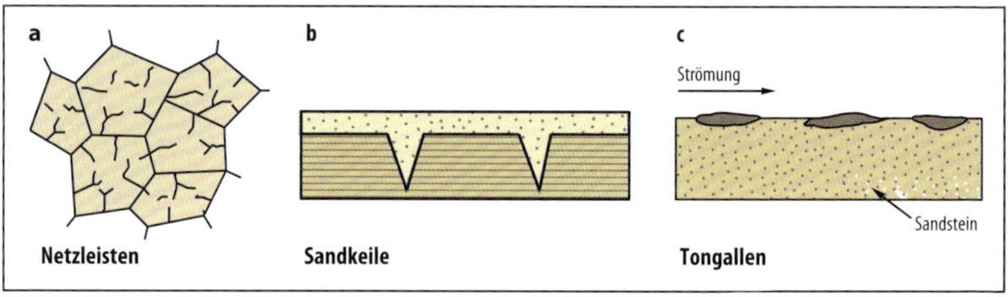

***Abb. 63**: Netzleisten (a), Sandkeile (b) und Tongallen (c) sind Sedimentstrukturen, welche auf Schichtflächen ein Oben-Unten-Kriterium darstellen können.*

Windkanter (**Foto 107**) sind Gesteinsbruchstücke, die durch den vom Wind transportierten Sand angeschliffen werden und zwar wird die der vorherrschenden Windrichtung zugewandte Seite abgeschliffen. Ändert sich die Windrichtung, so wird eine andere Fläche geglättet und so können sich Einkanter, Zweikanter oder Mehrkanter bilden. Windkanter stellen Faziesanzeiger für aride, sandreiche, pflanzenlose oder pflanzenarme Gebiete mit häufigem, starken Wind dar. Man findet sie in Wüsten, aber auch im Vorland großer Gletschermassen. Ausschließlich auf ein Wüstenklima weist der **Wüstenlack** hin. Dies ist ein dunkler, lackartig glänzender Überzug aus Eisen-Mangan-Oxiden. Er entsteht aus kapillar aufsteigenden Lösungen aus dem Inneren des Gesteins, welche an dessen Oberfläche während der Verdunstung ausgefällt werden.

Verbindet man die Beobachtungen über Sedimentstrukturen, über die texturelle und kompositionelle Reife, den mineralogischen Bestand oder die durch Materialwech-

Foto 106: *Sandstein mit Tongallen. Abgebrochene „Ton-Scherben" wurden als rundliche Gesteinsfragmente im Sand umgelagert. Breite 14 cm.*

Foto 107: *Windkanter. Vom Wind aus drei unterschiedlichen Richtungen abgeschliffene Gesteinsbruchstücke, die Faziesanzeiger für trockene Gebiete darstellen. Breite 5 cm.*

sel hervorgerufenen Schichtungsmerkmale eines klastischen Sedimentgesteins und werden zusätzlich auch Aussagen über den Fossilgehalt hinzugezogen, so kann eine Faziesanalyse vorgenommen werden. Dies bedeutet die Möglichkeit einer Rekonstruktion von Paläo-Sedimentationsräumen, der Ablagerungsbedingungen, der Transportwege und auch des Paläoreliefs. Die Fossilien, aber auch manche Minerale (z. B. Glaukonit) geben zusätzliche Informationen über ökologische Parameter wie Wassertemperatur, Salinität oder Wassertiefe.

3 Chemische Sedimentgesteine

Chemische Sedimentgesteine entstehen aus Verwitterungslösungen, welche sich durch die chemischen Reaktionen zwischen den Mineralen der betreffenden Gesteine und der Luft bzw. dem Wasser bilden. Diese werden während der Verwitterungsprozesse freigesetzt und nicht bei Mineralneubildungen im Boden oder bei der örtlichen Sedimentablagerung festgehalten. Die Lösungen werden durch Flüsse weggeführt und erreichen Binnenseen, die meisten gelangen aber ins Meer. Unter bestimmten Bedingungen kommt es dann in geringerem Maße aus dem Süßwasser und hauptsächlich im Ozean zu einer **Mineralausscheidung**. Der Ausfällungsprozess ist anorganisch oder erfolgt unter Beteiligung von Organismen. Wir unterscheiden **Ausfällungsgesteine**, die sich aus übersättigten Lösungen durch chemische Gleichgewichtsreaktionen vor allem aus Süßwasser bilden, und **Evaporite**, die durch Eindampfung/Verdunstung von Meerwasser entstehen. Die chemischen Sedimentgesteine sind oft monomineralisch und allgemein feinkörnig oder dicht.

3.1 Minerale chemischer Sedimentgesteine

3.1.1 Karbonate

3.1.1.1 Kalzit

Kalzit (Kalkspat; Tabelle 15) ist eines der häufigsten Minerale der oberen Erdkruste und kristallisiert im trigonalen Kristallsystem. Kalzitkristalle sind sehr flächenreich und gehören zu den formenreichsten Mineralen überhaupt – es gibt mehrere Hundert verschiedene Formen in mehr als 1000 Kombinationen! Mit verdünnter Salzsäure braust es heftig und löst sich dabei auf. Kalzit hat eine weite Verbreitung in Sedimenten, sowohl als Bindemittel (Sandstein, Mergel) als auch gesteinsbildend (Kalke bestehen oft ausschließlich aus Kalzit). Lokale Mobilisation und Fällung in Adern (wie z. B. im Muschelkalk zu beobachten) findet aufgrund der hohen Löslichkeit von Kalzit in Wasser häufig statt. Als Kristallformen sind meist Rhomben und Skalenoeder zu beobachten (**Foto 108**).

In metamorphen Gesteinen erscheint Kalzit grobkristallin als Marmor, in Erzlagerstätten als hydrothermales Gangmineral, und es kann in Geoden große Kristalle bilden. Bei den magmatischen Gesteinen gibt es die seltenen Karbonatite, die in einigen Fällen sogar monomineralisch sein können.

3.1.1.2 Aragonit

Aragonit kommt viel seltener als Kalzit vor, ist nicht gesteinsbildend und stellt die orthorhombisch kristallisierende Modifikation von $CaCO_3$ dar. Im Gestein ist er

Foto 108: *Rhomboedrische Kalzitkristalle, auf einer Gesteinskluft auskristallisiert. Breite 60 cm. Südkarpaten.*

Foto 109: *Aragonit mit strahlig-nadeliger Ausbildung. Breite 6 cm.*

makroskopisch nur schwer von Kalzit unterscheidbar. Aragonit entsteht unter anderen physikalischen Bedingungen als Kalzit, ist häufig strahlig, nadelig (**Foto 109**) oder bildet sechseckige Tafeln und Säulen. Er hat eine Härte von 3,5–4, einen muscheligen Bruch, ist farblos, grau, gelblich oder braun (durch Verunreinigungen). Aragonit ist metastabil; er scheidet sich aus reinen Lösungen von $CaCO_3$ oberhalb von 29 °C ab, wandelt sich jedoch später diagenetisch in Kalzit um. Unter gewissen Bedingungen können sich jedoch Aragonit auch unter (z. B. im Meerwasser) und Kalzit über 29 °C bilden (bei sehr hohen Temperaturen immer Kalzit). Aragonit kann als Perlmuttschicht mancher Muschelschalen und Perlen vorkommen oder als Sinterbildung heißer Quellen.

Aragonit ist normalerweise oberhalb von etwa 4 kbar stabil, bildet die Hochdruckmodifikation von $CaCO_3$ und ist für entsprechende Metamorphite typisch. Bei niedrigen Drucken wandelt sich Aragonit bei Erhitzung über 400 °C in Kalzit um. Ab etwa 3 kbar beginnt Kalzit in Aragonit überzugehen. Im umgekehrten Sinn können sich Paramorphosen von Kalzit nach Aragonit bilden.

3.1.1.3 Dolomit

Dolomit ($CaMg(CO_3)_2$) kristallisiert trigonal wie Kalzit, hat eine Härte von 3,5–4, ist farblos, weiß, hellgrau, manchmal gelblich oder bräunlich; Spaltbarkeit vollkommen nach dem Rhomboeder, Glasglanz. Dolomit ist sowohl ein Mineral als auch ein Gestein und hat völlig andere Eigenschaften als Kalzit. Dolomit als Gestein kann manchmal zuckerkörnige Aspekte aufweisen. Das Mineral bzw. Gestein, aber auch das Gebirgsmassiv in den Alpen sind nach dem französischen Geologen und Mineralogen Déodat Gratet de Dolomieu (1750–1801) benannt. Dolomit sprudelt nur als Pulver (= Vergrößerung der Oberfläche durch Anritzen) mit verdünnter Salzsäure. Die meisten Dolomite bilden sich sekundär aus Kalzit durch diagenetische Prozesse, wobei Ca teilweise durch Mg ersetzt wird, oder durch Mg-reiche Formationswässer (in diesem Fall „syn-sedimentär"). Seltener bilden sie sich durch chemische Ausfällung aus übersättigten Lösungen.

Dolomit als gesteinsbildendes Mineral ist nicht nur im sedimentären Bereich von Bedeutung, sondern auch in metamorphen Gesteinen (Dolomitmarmore). Dolomitkristalle können in Erzgängen auftreten. In Magmatiten erscheint das Mineral nur sehr selten, Karbonatite können z. B. dolomitisch sein.

3.1.1.4 Siderit

Siderit (Eisenspat, Eisenkalk, Spateisenstein, $FeCO_3$) kristallisiert im trigonalen Kristallsystem, hat eine Härte von 4–4,5 und sehr gute Spaltbarkeit nach den Rhomboederflächen, ist von gelber bis brauner Färbung und ein wichtiges Eisenerzmineral. Es bildet spätige, manchmal derbe Massen oder feinkristalline, dichte Aggregate mit schimmerndem Bruch. Siderit braust nicht mit verdünnter Salzsäure, auch nicht in Pulverform. Sedimentär ist Siderit in Form von Lagen in metasomatisch umgewandelten Lagerstätten anzutreffen, fällt aber unter bestimmten Bedingungen auch aus der Wassersäule als chemisches Sediment aus (z. B. Schwarzes Meer im Pliozän). Siderit erscheint auch als Gangart verschiedenartiger hydrothermaler Lagerstätten. Ein weiteres Eisenkarbonat ist **Ankerit** ($CaFe(CO_3)_2$), auch Brauneisenstein genannt und ebenfalls im trigonalen Kristallsystem auskristallisiert.

3.1.1.5 Magnesit

Magnesit ($MgCO_3$) ist ein trigonales Kristallsystem, hat eine Härte von 3,5–4,5, kann rhomboedrische Kristalle entwickeln, tritt aber meistens als derb massige Aggregate von weißer, gelber oder brauner Farbe auf. In Sedimentgesteinen bildet sich Magnesit durch Verdrängung mithilfe von magnesiumreichen Lösungen (metasomatisch) aus Dolomiten. Das Mineral entsteht aber vorwiegend hydrothermal als Gangmineral oder metamorph, z. B. in Serpentiniten.

3.1.2 Hydroxide

3.1.2.1 Goethit/Limonit

Goethit oder **Limonit** (FeO(OH)) wird auch Brauneisenerz oder Brauner Glaskopf genannt. Es ist ein bräunlich rotes, ocker bis rostig gefärbtes Mineral, bildet häufig weiche erdige Massen oder auch harte (Härte 5), manchmal schwärzliche Krusten und Konkretionen mit traubig nierigen Oberflächen, die einen Metall- oder Seidenglanz haben („Brauner Glaskopf“), hat keine Spaltbarkeit und einen muscheligen Bruch. Die Strichfarbe ist braun bis rötlich. Goethit/Limonit entsteht meist als Verwitterungsrest, als Zersetzungsprodukt von Fe-haltigen Mineralen (z. B. Hämatit, Magnetit, Pyrit), und bildet so ein Gemenge aus Eisenhydroxiden, welches über sulfidischen Lagerstätten als „Eiserner Hut“ (**Foto 110, 111**) wichtige Eisenerzlagerstätten bilden kann. Limonit kann jedoch auch aus wässriger Lösung ausfallen und z. B. Eisenooide oder Bohnerze (siehe Kap. III.3.2) bilden. Diese sind nur fossil bekannt, z. B. im Mittleren Jura der Schwäbischen Alb, rezente Bildungen konnten nicht beobachtet werden.

Die aus Eisenhydroxiden bestehenden, sogenannten sekundären Eisenerzlagerstätten waren vor allem in der Antike und bis ins Mittelalter sehr gesucht, weil der technologische Verarbeitungsprozess der Eisenherstellung einfacher ist als im Fall der aus Eisenoxiden (Magnetit, Hämatit) bestehenden, primären Eisenerzlagerstätten.

Foto 110: *Ockerfarbener Limonit/Goethit, auch mit traubig nierigen Krusten („Brauner Glaskopf“) innerhalb eines „Eisernen Hutes“. Reale Terranera, Elba.*

Foto 111: Limonit/Goethit in typischer Ausbildung als braunschwarze Konkretionen im Rahmen einer sekundären Eisenerzlagerstätte vom Typ „Eiserner Hut“ Breite 8 cm. Reale Terranera, Elba.

3.1.2.2 Bauxitminerale

Der Name „**Bauxit**“ kommt von der Lokalität Les Baux in Südfrankreich, wo Bauxitminerale in Kreidekalken vorkommen. Bauxite bestehen hauptsächlich aus einem Gemenge von Gibbsit $Al(OH)_3$, Diaspor AlO(OH) und Boehmit AlO(OH), sie können verfestigt und hart oder auch erdig locker sein. Obwohl Aluminium eines der häufigsten Elemente der Erdkruste ist (8,1 %, nach Sauerstoff und Silizium), wird das Metall fast ausschließlich aus Bauxit gewonnen (untergeordnet auch aus Nephelin).

3.1.3 Sulfate

3.1.3.1 Gips

Das Kristallsystem von **Gips** ($CaSO_4$ x 2 H_2O) ist monoklin, hat eine weiße bis graue Farbe, die Mohs’sche Härte 2, d. h. es ist mit dem Fingernagel ritzbar, hat vollkommene Spaltbarkeit und braust nicht mit verdünnter Salzsäure. Der Name „Gips“ gilt sowohl für das Mineral als auch für das (oft fast monomineralische) Gestein. Im fein- bis grobkörnigen Gipsgestein (**Foto 112**) ist das Mineral xenomorph, in Hohlräumen und in Tonen können sich idiomorphe Kristalle bilden. Gips bildet sich hauptsächlich in Evaporit-Abfolgen (siehe Kap. III.3.3), sekundär auch durch Umwandlung von Anhydrit als Folge von Wasseraufnahme. Gips ist stark wasserlöslich, deshalb können Gipsgestein-Schichten Karst-Landschaften bilden. Das Mineral (und Gestein) ist fast immer sedimentärer Herkunft. Selten kann er in hydrothermalen Erzgängen vorkommen; manchmal dort, wo vulkanische Gase in Ca-reichen Gesteinen austreten. Metamorph erscheint Gips niemals.

Foto 112: *Massiver feinkörniger Gips, weißlich farblos, aus xenomorphen Kristallen bestehend. Breite 7 cm.*

Foto 113: *Fasergips. Bildet Kluft- oder Spaltfüllungen, wo das Mineral als feine Nadeln ausgefallen ist. Breite 4 cm.*

Varietäten: faserige Kluftfüllungen, die von der Kluftwand nach innen gewachsen sind, in der Mitte meist eine dunkle Naht (**Fasergips**, **Foto 113**); große, klare Spalttafeln heißen **Marienglas** (**Foto 114**), mit charakteristischen Schwalbenschwanz-Zwillingen. **Alabaster** ist mikrokristallin, weiß, seltener grau, gelblich oder rötlich. Wenn er durchscheinend ist, handelt es sich um Zierstein.

Verwendung: Gips wird im Baugewerbe intensiv verwendet (Mörtelgips, Stuckgips), in der Medizinindustrie und als Füllmaterial in der Papier- und Gummiindustrie.

3.1.3.2 Anhydrit

Das Kristallsystem von **Anhydrit** ($CaSO_4$) ist orthorhombisch, hat eine weiße, häufig auch graue Farbe, die Mohs'sche Härte 3–3,5, d. h. es ist mit dem Fingernagel nicht mehr ritzbar, ist also merklich härter als Gips. Anhydrit braust nicht mit verdünnter Salzsäure. Er hat eine vollkommene, würfelartige Spaltbarkeit und bildet sowohl ein Mineral als auch ein Gestein und kann im letzteren Fall körnig-massig bis grobkristallin auftreten, ist hellgrau bis bläulich, seltener gelblich, rötlich oder graubraun (**Foto 115**). Wie auch Gips bildet sich Anhydrit hauptsächlich im Rahmen von Evaporit-Abfolgen in Salzlagerstätten. Als relativ seltene magmatische Bildung kann Anhydrit in den Hohlräumen andesitischer pyroklastischer Gesteine auskristallisieren (**Foto 116**).

Bei Wasserzufuhr wandelt sich Anhydrit langsam in Gips um (reversibler Vorgang), hierbei erfolgt eine Volumenzunahme um bis zu 60 %. Unter gewissen Umständen kann diese Eigenschaft Probleme bereiten, z. B. beim Straßen- und Tunnelbau oder bei der Durchführung von Bohrungen in Stadtgebieten, wodurch Wasser in den Untergrund gelangen kann und dadurch unkontrollierte Hebungen von Gebäuden entstehen können.

Foto 114: *Marienglas. Idiomorpher Gipskristall, in Hohlräumen oder Tonsteinen auskristallisiert. Der Name entstand durch die Verwendung als Glasscheibenersatz vor Marienbildern. Breite 10 cm.*

Foto 115: *Feinkörniger Anhydrit, hier durch Verunreinigungen dunkel gefärbt. Breite 7 cm.*

Foto 116: *Helle, durchsichtige Anhydritkristalle, die aus vulkanischen Dämpfen in den Hohlräumen pyroklastischer Gesteine auskristallisiert sind. Breite 17 cm. Călimani-Gebirge, Ostkarpaten.*

Verwendung: Anhydrit wird zur Herstellung von Düngemitteln, als Rohstoff für die Schwefelsäuregewinnung und als Füllmittel in der Papierindustrie verwendet.

3.1.4 Chloride (Salze, Halogenide)

3.1.4.1 Steinsalz (Halit)

Steinsalz (NaCl) hat ein kubisches Kristallsystem und eine Härte von 2, ist zugleich Mineral und Gestein. Es ist durchsichtig weiß, farblos, grau (tonige Anteile) oder rot, manchmal mit blauen Schlieren (**Foto 117, 118**). Idiomorphe Kristalle bilden Würfel. Es hat eine sehr gute Spaltbarkeit (90°), eine Dichte von 2,1–2,2 g/cm³, ist mit dem Fingernagel ritzbar und salzig schmeckend. Als Gestein kann es körnig wirken, ist massig, manchmal gebankt oder geschichtet. Steinsalz bildet sich ausschließlich als Folge von Eindampfung von Meerwasser oder Salzseen. Wegen seiner hohen Wasserlöslichkeit tritt es in gemäßigten Zonen nur selten an der Erdoberfläche auf (**Foto 119**) und verschwindet in geologisch sehr kurzer Zeit. In aridem Klima ist es resistenter.

Verwendung: Außer in der Gastronomie wird Steinsalz sehr viel in der chemischen Industrie gebraucht, z. B. als Bleichmittel in der Papierindustrie oder in der Seifen- und Waschmittelproduktion.

3.1.4.2. Sylvin

Sylvin (KCl) hat die Mohs'sche Härte 2 und eine Dichte von 1,99 g/cm³, das Kristallsystem ist kubisch, der Geschmack bitter. Es kristallisiert in der evaporitischen Abfolge nach dem Steinsalz.

3.1.4.3 Bittersalze

Bischofit ($MgCl \times 6\ H_2O$) hat die Mohs'sche Härte 1,5–2 und eine Dichte von 1,59 g/cm³, der Geschmack ist eklig bitter. **Kieserit** ($MgSO_4 \times H_2O$) hat die Mohs'sche Härte 3,7 und eine Dichte von 2,57 g/cm³, der Geschmack ist bitter.

Foto 117: *Steinsalz ist weißlich farblos sowie zugleich Mineral und Gestein. Breite 8 cm.*

Foto 118: *Geringe Beimengungen von Tonmineralen können dem Steinsalz eine leicht graue oder auch rötliche Farbe verleihen. Breite 7 cm.*

Foto 119: *Steinsalz (Halit). Ein Salz-Diapir (s. auch Abb. 65) wurde von der Erosion angeschnitten und bildet eine Talseite. Das Gestein zeigt eine deutliche Schichtung. Bei Regen beschleunigt sich die Auflösung des Salzes und es entstehen jedes Mal neue Erosionseinschnitte. Mânzălești-Lopătari (Buzău), Ostkarparten.*

3.1.4.4 *Edelsalze*

Zu den **Edelsalzen** (**K-Mg-Mischsalze**) zählen z. B. **Polyhalit** (K_2SO_4 x $MgSO_4$ x 2 $CaSO_4$ x 2 H_2O) mit einem kaum salzigen Geschmack, **Kainit** (4 KCl x 4 $MgSO_4$ x 11 H_2O) mit einem bitter-salzigen Geschmack und **Carnallit** (KCl x $MgCl_2$ x 6 H_2O). Es ist rötlich, hat einen eklig bitteren Geschmack, ist stark hygroskopisch (Feuchtigkeit bindend), sehr instabil und reaktiv, knirscht unter Druck und setzt bei leichter Erwärmung Kristallwasser frei.

Bittersalze und Edelsalze kristallisieren zuletzt aus der hochkonzentrierten Salzlösung. Sie sind auch relativ selten, weil die evaporitischen Abfolgen meistens nicht vollkommen sind und die frühen Eindampfungsphasen häufiger sind als die späten.

Verwendung: Kali-, Bitter- und Edelsalze sind für die chemische- und Düngemittelindustrie von Bedeutung.

3.2 Ausfällungsgesteine

Als gesteinsbildende Minerale treten Kalzit, Aragonit, Dolomit, Siderit, Limonit/Goethit und Bauxitminerale auf. Hinzu können klastische Beimengungen von Quarz, Feldspat und Tonmineralen kommen. Die chemische Ausfällung von Kalzit erfolgt nach folgender Gleichgewichtsreaktion:

$$Ca^{2+} + 2\ HCO_3^- \leftrightarrow CaCO_3 + CO_2 + H_2O$$

Die Löslichkeit von Kalzit in Wasser ist hauptsächlich von der Menge des im Wasser gelösten CO_2 abhängig. HCO_3- wird „Hydrogenkarbonat“ genannt. Eine Ausfällung von Kalzit kann daher erzielt werden durch:

- Entzug von CO_2 durch Assimilationsvorgänge von Pflanzen
- Temperaturerhöhung, d. h. CO_2 entweicht
- Druckverminderung, d. h. CO_2 entweicht
- Austreiben von CO_2 durch Erschütterung beim Aufschlagen von Tropfen (Höhlen).

Eine reine chemische Fällung ist also eher selten. Kalzit löst sich besser in kaltem Wasser als in warmem. Man unterscheidet folgende Ausfällungsgesteine:

3.2.1 *Kalksinter (Sinterkalk)*

An Quellaustritten erwärmt sich das Wasser bei gleichzeitiger Druckentlastung, wodurch eine Entgasung des gelösten CO_2 einsetzt. Dies führt zur Ausfällung von $CaCO_3$ und Bildung des Kalksinters. Hinzu kommt meist noch der CO_2-Entzug durch Pflanzen, was zur Überkrustung von Pflanzenteilen (Zweigen, Stängeln, Blätter etc.) führt. Hier kann man oft auch eine aktuelle Bildung von Kalksinter beobachten. Das Gestein ist meist weißlich bis hellgrau, häufig porös und löchrig, da die Pflanzenreste verrotten, während die Kalkkrusten übrig bleiben (**Foto 120**). Voraussetzung ist ein Einzugsgebiet mit hohem Anteil von Kalkstein. Auch Gebirgsbäche können unter diesen Umständen aufgrund hoher Lösungsinhalte Blätter, Moose oder Pflanzenwurzeln umkrusten und ihre Abdrücke bewahren. Schneckengehäuse oder andere Fossilien können ebenfalls auftreten.

Kalksinter sind auch die säulenförmigen Tropfsteine in Höhlen („Karsthöhlen“), **Stalaktiten**, die von der Decke nach unten wachsen, und die eher kegelförmigen, nach oben wachsenden **Stalagmiten**. Wachsen sie zusammen, bilden sie durchgehende Säu-

Foto 120: *Kalksinter entsteht durch die Ausfällung von $CaCO_3$ aus dem Wasser, wobei Pflanzenteile (Zweige, Stängel, Blätter) umkrustet werden. Nachdem diese verrottet sind, bleiben die Kalkkrusten übrig. Breite 10 cm. Böttingen (Tuttlingen), Baden Württemberg.*

Foto 121: *Travertin. Das Gestein ist löchrig-porös und deshalb relativ leicht. Breite 14 cm.*

len. Neben Kalzit kann sich in den Tropfsteinen auch Aragonit bilden. Sickert Wasser durch Kalkstein, wird $CaCO_3$ zuerst aufgelöst, um danach in den offenen Höhlenräumen abzutropfen. Dabei findet eine Verdunstung und Druckentlastung statt, es entweicht CO_2 und $CaCO_3$ kann ausgefällt werden.

Wenn Kalksinter besonders locker verkittet ist, wird auch der Ausdruck „**Kalktuff**" verwendet, was allerdings wegen der Verwechslungsgefahr zu vulkanischen Gesteinen vermieden werden sollte.

3.2.2 Travertin

Wie auch Kalksinter ist Travertin ein Süßwasserkalk. Er wird, insbesondere in der Stuttgarter Gegend, wegen des hohen CO_2-Gehaltes des Wassers auch Sauerwasserkalk genannt. Die CO_2-Gehalte verringern sich beim Austritt drastisch, was zur Fällung großer Kalkmengen führt. Dabei handelt es sich um Mineralwässer, die oft auch heiß sein können (Thermalwässer) und deshalb „hydrothermale Wässer" genannt werden, ohne eine Gemeinsamkeit mit der „hydrothermalen Phase" der Abkühlung einer Schmelze zu haben. Travertine bilden sich, zum Unterschied von Kalksinter, insbesondere dort, wo heißes Wasser in Quellen austritt und $CaCO_3$ als Kalzit oder Aragonit ausfällt. Das Gestein ist oft löchrig-porös (**Foto 121**), kann aber auch dicht und gebändert sein (**Foto 122**). Die Farbe ist gelblich hell, die Bänderung kommt oft durch rotbraune bis rosa Tönungen zum Ausdruck. Die Färbungen sind dem Umstand zu verdanken, dass die heißen Wässer im Untergrund Schichten durchqueren, welche Hämatit oder Limonit enthalten.

Verwendung. Travertin wird für unterschiedliche Bauzwecke verwendet. Am häufigsten sieht man ihn als Plattenstein für Verkleidungen.

***Foto 122**: Travertin (Thermalsinterkalk). Das Gestein ist dicht und rötlich gebändert. Die rote Farbe der Bänderung ist auf die periodische Ausfällung von Limonit- oder Hämatit-Partikeln zurückzuführen. Breite 12 cm. „Böttinger Marmor", Obermiozän, Münsingen, Schwäbische Alb, Baden Württemberg*

Foto 123: *Caliche (Krustenkalk) ist ein kalkige Kruste hat eine vorwiegend kalkige Kruste, die sich in ariden und semiariden Gebieten an der Oberfläche durch das Verdunsten der aufsteigenden Bodenwässer bildet. Breite 12 cm.*

3.2.3 Caliche (Krustenkalk)

In ariden und semiariden Klimabereichen führen aufsteigende Bodenwässer, die an der Oberfläche verdunsten, zur Abscheidung der gelösten Mineralfracht. Der obere Bereich des Bodens wird dadurch zementiert. Dieser Zement, eine harte, vorwiegend kalkige, teilweise auch verkieselte Kruste, wird Caliche (auch Calcrete) genannt (**Foto 123**). Die Zementschicht kann meterdick werden, enthält unterschiedliche Bodenkomponenten wie z. B. Gesteinsfragmente und hat eine negative Wirkung auf die Landwirtschaft. Über quarz- und feldspatreichen Gesteinen können kieselige Krusten entstehen: Silcrete.

3.2.4 Oolith (Kalkoolith)

Die Oolithe sind Ablagerungen, die in extrem flachem (< 5 m), tropisch warmem und bewegtem Meerwasser am Gewässerboden gebildet werden können. Oolithe werden von unzähligen kugelförmigen Einzelkörpern, den Ooiden, aufgebaut (**Foto 124**), die einen Durchmesser von 0,3–2 mm aufweisen. Die Farbe ist meist weißlich hell bis gelblich. Die Ooide bestehen primär aus feinsten Aragonitnädelchen, die sich konzentrisch oder radial, jedenfalls gleichmäßig um Kristallisationskeime – einen winzigen Kern, der einen Fremdkörper (Schalenbruchstücke, Quarzkörner) darstellt – anlagern. Durch die Bewegung des Wassers erhalten die Ooide ihre kugelige Form und bleiben so lange in der Schwebe, bis sie eine kritische Größe erreicht haben, nicht mehr aufgewirbelt werden können und zu Boden sinken. Oolithe können eine gute Sortierung nach der Korngröße aufweisen, sind entweder korngestützt oder haben eine kalkige Matrix. Für die Aragonitabscheidung ist eine Wassertemperatur von mindestens 20–30 °C erforderlich.

Foto 124: *Oolith-Kalkoolith. Das Gestein besteht aus weißlichen kugelförmigen Ooiden, deren chemische Ausfällung organisch gesteuert war (Cyanobakterien). Breite 11 cm.*

Foto 125: *Eisenoolith. Die Ooide bestehen außer aus Kalzit auch aus Goethit, wodurch ihre rotbraune Färbung erklärt wird. Breite 10 cm.*

Heute ist es erwiesen, dass die Abscheidung nicht rein anorganisch erfolgen kann, sondern der Entzug von CO_2 aus dem Meerwasser durch Cyanobakterien, unterstützt wird. Rezent bilden sich Oolithe z. B. auf den Bahamas. Fossil (hier ist der Aragonit meist diagenetisch in Kalzit umgewandelt) gibt es solche Gesteine z. B. im Süddeutschen Muschelkalk oder im Unteren Buntsandstein Norddeutschlands („Rogenstein"). Wegen ihrer hohen Porosität bilden oolithische Kalke die Haupt-Erdöl- und Erdgasspeicher des Mittleren Ostens.

3.2.5 Eisenoolith

Bei den **Eisenoolithen** (**Foto 125**) sind die Ooide aus Kalzit und Goethit/Limonit (α-FeOOH) aufgebaut. Für die Bildung der runden Ooidkörper werden ähnliche Bedingungen wie für die Kalkooide angenommen, wobei gleichzeitig auch eine Eisenanreicherung stattfand. Eine rezente Bildung solcher Gesteine ist jedoch unbekannt. Fossil sind solche Gesteine z. B. im Dogger anzutreffen und wurden oder werden als Eisenerze abgebaut („Doggererz" im süddeutschen Schichtstufenland, bei Blumberg/ Schwäbische Alb). Sehr bekannt sind die Lagerstätten aus dem Braunen Jura im westlichen Lothringen, wo sie auch „**Minette**" genannt werden, und im südlichen Luxemburg.

3.2.6 Itabirite

Itabirite oder **Gebänderte Eisenerze** sind nach der Lokalitä Itabira, Minas Gerais, Südbrasilien benannt. Diese marin-sedimentär gebildeten, heute jedoch ausschließlich metamorphen Erze bestehen aus Wechsellagerungen von Hämatit (untergeordnet Magnetit, Siderit, Pyrit) und Quarz. Die sedimentären Ausgangsgesteine der quarzgebänderten Itabirite wurden im Proterozoikum zwischen 2,5 und 1,8 Milliarden Jahren marin in flachem Wasser durch chemische Ausfällung gebildet. Eine Unterstützung des Prozesses durch bestimmte Mikroorganismen ist möglich. Die Umweltbedingungen waren zu der Zeit, im Vergleich zu den heutigen, völlig unterschiedlich. Die Atmosphäre enthielt kaum 1 % des heutigen Sauerstoffgehalts und der Ozean hatte einen viel stärkeren basischen Charakter ($pH > 10$ im Vergleich zu heute $pH = 8{,}1–8{,}4$). Das Gestein ist gebändert, rotbraune Eisenerze wechseln sich mit weißen Quarzlagen im Millimeter- bis Zentimeter-Abstand ab.

3.2.7 Bohnerze

Bei Bohnerzen (**Foto 126**) handelt es sich um Verwitterungsbildungen, die hauptsächlich in Karsthohlräumen entstehen (z. B. im Oberen Jura der Schwäbischen Alb). Sie entstehen, wenn unter tropischen Bedingungen Eisen in sauren Wässern gelöst wird, um nachher vom Kalk neutralisiert zu werden, wobei das Eisen ausgefällt wird. Die erbsen- oder bohnenförmigen, oft konzentrisch schaligen, manchmal auch hohlen Knollen bestehen hauptsächlich aus Goethit/Limonit und sind meistens in Lehm eingebettet. Der Durchmesser der oft fettglänzenden Körner reicht von wenigen Milimetern bis zu ca. 5 Zentimeter. Die Farbe der Bohnerze variiert zwischen verschiedenen Braun- und Grüntönen, kann aber auch gelblich oder schwärzlich sein. Bis ins 19. Jahrhundert wurden Bohnerze (Eisengehalt bis zu 76 %) vor allem in Südwestdeutschland und in der Schweiz abgebaut und deckten so teilweise den Bedarf an Eisen.

3.2.8 Bauxit

Die Minerale **Gibbsit** ($Al(OH)_3$, **Diaspor** AlO(OH) und **Boehmit** AlO(OH), aus denen Bauxit besteht (Foto 127; siehe auch Kap. III.3.1.2), bleiben nach der lateritischen Bo-

Foto 126: *Bohnerz. Die bohnenförmigen Knollen bestehen aus Goethit/Limonit und sind innen meist konzentrisch aufgebaut. Breite 8 cm.*

Foto 127: *Bauxit. Gelb bis rötlich gefärbtes, erdig festes Gemenge mit knolliger Struktur, welches aus mehreren Bauxitmineralen (Gibbsit, Diaspor, Boehmit) besteht. Breite 10 cm.*

denbildung, bei der SiO_2 nahezu vollständig abgeführt werden kann, zurück. Es handelt sich um äußerst Al-reiche Residualböden bzw. -gesteine, die sich in tropischen, wechselfeuchten Gebieten, wo im Laufe der Verwitterung Si in Lösung bleibt (wegen höherer pH-Werte) und zusammen mit den Alkalien abgeführt wird, die Al-Hydroxide aber ausgeschieden werden. In Bauxiten sind diese Minerale eng miteinander verwachsen und können nicht mit dem bloßen Auge voneinander unterschieden werden. In reiner Form sind sie allesamt farblos und glasklar (wenn gut kristallisiert). Neben den Al-Hydroxiden bleiben auch Fe-Hydroxide (Limonit/Goethit) und Fe-Oxide (Hämatit) zurück, sodass ein Bauxitmineral-Gemenge meistens eine rötlich braune, manchmal gelbbraune Färbung hat. Bauxite bilden sich sowohl aus magmatischen als auch aus metamorphen Gesteinen. Sie sind oft in Taschen und Höhlen von Kalken zu finden, wo sie sich aus Sedimenten gebildet haben (abgetragene Vulkanite und Metamorphite des Hinterlandes), welche in die verkarsteten Kalke hineingeschwemmt wurden.

Verwendung: Bauxit ist das mit Abstand wichtigste Erz zur Aluminiumgewinnung und oft im Tagebau abbaubar. 95 % des Erzes wird für die Aluminiumproduktion verwendet („metallurgisches Bauxit"), der Rest dient zur Herstellung von Aluminium-Chemikalien, Schleifmitteln und feuerfesten Werkstoffen. Die wichtigsten Abbaustätten in Europa befinden sich in Griechenland, Ungarn und Frankreich. Weltweit betrachtet ist Australien führend, danach Mittel- und Südamerika, Asien (China) und Afrika.

3.3 Evaporite (Eindampfungsgesteine)

Evaporite (Eindampfungsgesteine) bilden sich terrestrisch in abflusslosen Becken arider Klimabereiche in Salzseen und Salzsümpfen (z. B. Great Salt Lake, Death Valley, Lake Natron in Kenia) oder häufiger marin, wo sie auch von größerer Ausdehnung sind. Voraussetzung ist ein trockenes und warmes Klima, wodurch eine so **hohe Verdunstungsrate** eintritt, dass die Zufuhr von Regen- und Flusswasser, im Falle der marinen Evaporite auch von zugeströmtem Meerwasser, übertroffen wird.

Marine Evaporite entstehen in vom offenen Meer teilweise oder vollkommen durch eine **Barriere** (Schwelle) abgeschnürten Meeresbecken bzw. Randmeeren (**Abb. 64**; z. B. Rotes Meer, Totes Meer, Mittelmeer). Terrestrische Evaporite aus sehr großen Seen (z. B. Kaspisches Meer, Kara-Bugas-Golf) leiten ihre Bildung auf ähnliche Weise ab. Das Meerwasser enthält hauptsächlich gelöstes Steinsalz (NaCl), im Durchschnitt ca. 3,5 %. Andere, untergeordnet verbreitete Kationen sind neben Natrium noch Kalium, Magnesium und Kalzium. Anionen bilden neben Chlorid auch Sulfat, Hydrogenkarbonat und Bromid. Die hohe Verdunstungsrate führt zu einem **Anstieg des Salzgehalts** im Wasser (Aufkonzentration). Das dichtere, salzreichere Wasser sinkt ab und bildet eine Salzsole am Grund, während oberflächennah normal konzentriertes Meerwasser über die Barriere nachströmt.

Ein Nachfluss von frischem Meereswasser ist notwendig, um die großen Mächtigkeiten vieler mariner Evaporitablagerungen zu erklären. Die Eindampfung einer 1000 m hohen Meerwassersäule würde ca. 16 m Evaporite liefern.

Entsprechend ihrer Löslichkeit in Wasser scheidet sich nacheinander, diesmal rein anorganisch, bedingt durch die erreichte Überkonzentration eine charakteristische Mineralabfolge ab: Karbonate (Kalk, Dolomit) – Sulfate (Gips, der sich später diagenetisch in Anhydrit umwandelt) – Chloride (Steinsalz) – Bitter-/Edelsalze, z. B. Kieserit, Carnallit, Bischofit – Salzton (**Tabelle 21**). Der Salzton ist ein toniges Windsediment, demnach

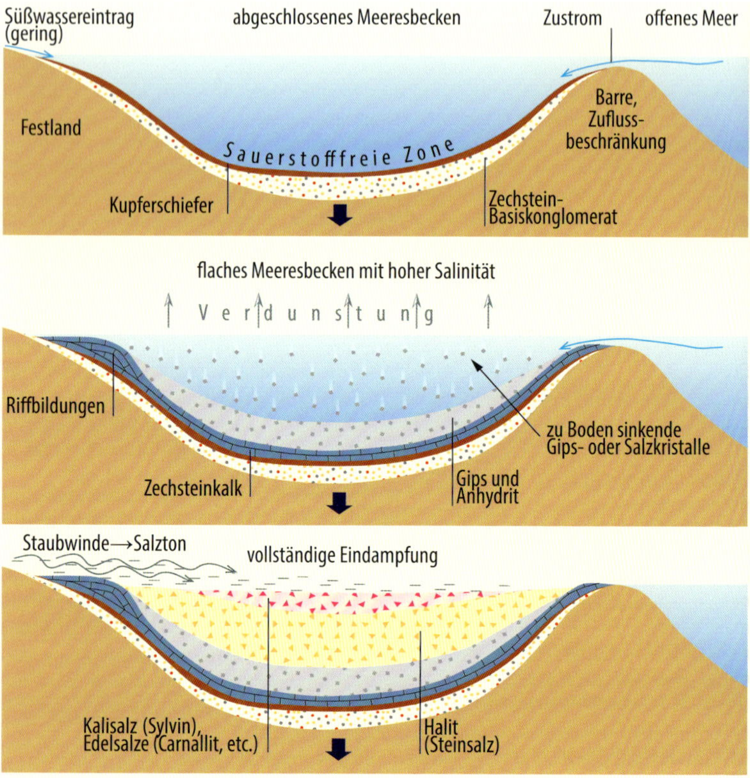

Abb. 64: *Evaporitbildung. Eine Barriere schnürt ein Meeresbecken zuerst teilweise und bis zuletzt vollkommen ab. Die immer höhere Verdunstungsrate bewirkt eine Steigerung der Salzkonzentration und, abhängig davon, das Ausscheiden unterschiedlicher Minerale. Das Meerwasser ist in diesen Fällen in eine obere sauerstoffreiche Schicht und eine untere sauerstoffarme (anoxische, euxinische) Schicht geteilt. Unter diesen Bedingungen sind, nach der Zechsteintransgression (Perm), zuerst die Kupferschiefer (fein geschichtete Tonsteine mit Kupfermineralen) entstanden und anschließend fand die evaporitische Ablagerung statt.*

↓	Kalkstein	
	Dolomit	
	Gips	rund 70% des Meerwassers ist verdunstet
	Anhydrit	Bildung auch diagenetisch aus Gips
	Steinsalz	rund 89% des Meerwassers ist verdunstet
	Kalisalz (Sylvin), Bittersalz und K-Mg-Mischsalz	Edelsalze

Tabelle 21: *Evaporitabfolge im Perm Deutschlands. In Abhängigkeit der durch die Verdunstung immer höheren Salzkonzentration im Meerwasser entsteht eine charakteristische Mineralabfolge.*

kein Evaporit im eigentlichen Sinn, sondern eine Mischung aus äolischen Klastika und Evaporiten, das nach der vollständigen Eindampfung des abgeschnürten Beckens die Salzabfolge nach oben abschließt und versiegelt, bevor es von späteren Sedimentabfolgen bedeckt wird. Salzabfolgen sind jedoch häufig unvollständig, da Zufuhr von frischem Meerwasser die Ausscheidung beispielsweise der Chloride unterdrücken oder zu deren Auflösung führen kann.

Es ist auch offenkundig, dass außer den klimatischen Bedingungen die **Barriere** eine wichtige Rolle in der Evaporitbildung hat. Abhängig davon, ob sie höher oder tiefer liegt, kann das Meeresbecken mehr oder weniger vom offenen Meer isoliert werden und die im Wasser gelösten Salze werden unterschiedlich stark angereichert. Die Position einer Barriere kann von mehreren Faktoren abhängen. So kann eine **Meeresspiegelerhöhung** (z. B. nach einer Eiszeit) zur Erhöhung der Wassersäule über der Barriere führen und somit zu mehr Nachfluss von frischem Meerwasser in das Randbecken. Das allgemeine Fassungsvermögen der Ozeane kann auch von der Plattentektonik beeinflusst werden: Gibt es global viele Rückensysteme (MOR), ist der Meeresspiegel höher. Letztendlich kann auch die lokale Tektonik eine gewisse Rolle spielen, z. B. wenn die Schwelle einen tektonischen Block darstellt, der von einem Störungssystem begrenzt, im Laufe der Zeit gehoben oder gesenkt wird. All diese Faktoren können in ihrer Wirkung schwanken und sich auch wiederholen, was sich direkt in der Evaporitbildung widerspiegelt.

Die wirtschaftlich so bedeutenden Kalisalze sind im Rahmen mariner Evaporitlagerstätten daher eher selten. Kalisalze findet man häufiger in abgeschlossenen kontinentalen Riftsystemen mit kalireichen, leicht verwitternden Gesteinen im Einzugsgebiet (z. B. Oberrheingraben im Eozän). Die evaporitischen Gesteine sind meist monomineralisch und gleichen in ihren Eigenschaften den Mineralen (siehe Kap. III.3.1).

Salzgesteine sind unter Auflastdruck plastisch fließfähig

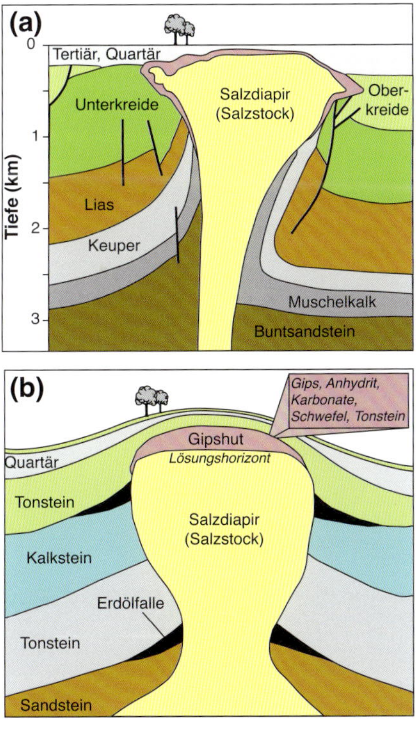

Abb. 65: Salzdiapir (Salzstock). Das Salz hat eine geringere Dichte als die Nebengesteine und durchdringt sie deshalb im Laufe der Zeit, wobei sich eine pilzähnliche Form – auch Diapir genannt – herausbildet. Seitlich werden dabei die Schichten hochgeschleppt. (a) Schnitt durch den Salzdiapir von Wienhausen-Eicklingen bei Celle. Verändert nach Bentz (1949). (b) Schematischer Schnitt durch einen Salzdiapir mit „Gips-Hut", entstanden durch Subrosion (unterirdische Lösungsverwitterung) und mit Erdölfallen.

und da ihre Dichte (etwa 2 g/cm³) geringer als die des gewöhnlichen Nebengesteins (Sandsteine etwa 2,5 g/cm³, Kalksteine etwa 2,75 g/cm³) ist, sind sie leichter. Dies führt zu ihrem Aufstieg und zur Bildung von **Salzdiapiren** (**Abb. 65**). Am Rande des Salzstocks kommt es zur Aufschleppung der Nebengesteinsschichten. Dadurch bilden oft die sandigen oder kalkigen Erdölspeichergesteine unter undurchlässigen tonigen Schichten Erdölfallen, wie dies in Norddeutschland oder am östlichen und südlichen Karpatenrand bekannt ist.

4 Organogene (biogene) Sedimentgesteine

Organogene Sedimentgesteine sind vorwiegend aus Hartteilen und mineralisierten Weichteilen von Makro- und Mikroorganismen aufgebaut. Sie werden hier wie folgt eingeteilt:
- kalkige organogene Sedimentgesteine bzw. Karbonatgesteine
- kieselige organogene Sedimentgesteine
- phosphatische Sedimentgesteine
- Kaustobiolithe (brennbare biogene Gesteine)

4.1 Kalkige organogene Sedimentgesteine

Kalkstein ist der allgemeine Ausdruck für ein aus Kalzit (Kalk) aufgebautes Sedimentgestein, zumeist von weißer, hellgelblicher oder grauer Farbe. Der Begriff macht keine Aussage darüber, ob das Gestein sich durch anorganische (chemische) Ausfällung gebildet hat (Travertin) oder ob Organismen an seiner Bildung beteiligt waren. Die meisten

***Foto 128**: Mikritischer (feinkörniger) Kalk. Oberjura (Malm, Weißjura). Breite 9 cm. Schwäbische Alb, Baden Württemberg*

Kalksteine stammen aus marinen Sedimenten geringer und mäßiger Wassertiefe, können großflächige Vorkommen bilden und sind organischen Ursprungs. Kalke, die durch chemische Ausfällung entstanden sind, haben nur eine lokal begrenzte Verbreitung und treten mengenmäßig untergeordnet auf.

Organismen sind an der Bildung der kalkigen organogenen Sedimentgesteine direkt oder indirekt beteiligt: direkt beim Aufbau des Gesteins aus Kalkgerüsten von Einzellern oder Schalen- und Skelettbruchstücken, indirekt durch Entzug von CO_2 aus dem Wasser (Fotosynthese) oder der Luft. Auch wenn Fossilien nicht mehr erkennbar sind, haben sich fast alle Kalksteine organogen gebildet. So stützen z. B. viele Kalkschwämme und Kalkalgen ihr Gewebe mit winzigen Aragonitnadeln (lat. „spicula" = Sklerite), die beim Verwesen der organischen Substanz zerfallen und dann mikritische (sehr feinkörnige, „dichte") Kalksteine bilden (**Foto 128**). Auch das Abweiden oder Zerbohren von Korallen durch Invertebraten (Wirbellose) erzeugt große Mengen von Mikrit (= feinkörniger Kalk).

Wenn das Vorkommen von Fossilien mit freiem Auge erkennbar ist, sprechen wir von **makrofossilreichen organogenen Kalksteinen**. Sind die gesteinsbildenden Fossilien erst im Mikroskop sichtbar, bezeichnet man das Gestein als **mikrofossilreichen organogenen Kalkstein**. Die betreffenden Gesteine werden meistens nach dem vorherrschenden gesteinsbildenden Fossil oder der Fossilgruppe benannt. Die Organismenreste bestehen aus Skeletten unterschiedlicher Mineralogie (Aragonit, Niedrig-Mg-Kalzit, Hoch-Mg-Kalzit), die dann sekundär, also diagenetisch, zu Kalzit oder Dolomit umgewandelt werden. Diese Prozesse können die Fossilien völlig zerstören. Es bilden sich so diagenetisch veränderte organogene Karbonatgesteine, z. B. ein Riffdolomit.

Die Kalke bilden sich im Meer in verschiedenen Zonen. So sind z. B. Muscheln, deren Gehäuse aus zwei Schalen besteht, welche aus Aragonit und Kalzit zusammengesetzt sind und Kalksteine bilden können, dickschalig, wenn sie in Küsten- oder Riffnähe leben, und dünnschalig, wenn sie in ruhigerem Wasser verbreitet sind. Die meisten Kalke bilden sich jedoch aus Mikroorganismen mit kalkigen Skeletten, die in der oberen, planktischen (viele nur in der photischen, lichtdurchdrungenen) Zone schwebend leben, nach ihrem Absterben durch die Wassersäule absinken und am Boden einen feinen Schlamm bilden. Aus ihnen entstehen durch Kompaktion und Zementation die dichten, mikritischen Kalkgesteine. Rezente planktische Kalkbildner sind z. B. Coccolithophorida (einzellige Kalkalgen), Globigerinen (Foraminiferen) und Pteropoden (Flügelschnecken).

4.1.1 *Kalzit-Kompensationstiefe (CCD)*

Eine Ablagerung von Kalk am Meeresboden ist nur bis in eine bestimmte Tiefe möglich, da abhängig von der Temperatur, dem CO_2- und O_2-Partialdruck und dem Salzgehalt des Tiefenwassers die Skelettreste zunehmend aufgelöst werden (siehe Gleichgewichtsreaktion Kap. III.3.2). Die absolute Untergrenze für eine Karbonaterhaltung bezeichnet man als **Kalzit-Kompensationstiefe** (**CCD** – engl. „Calcite Compensation Depth"), darunter ist Kalzit nicht mehr stabil und wird im Wasser gelöst. In diesen Tiefen lagern sich nur noch Organismen mit kieseligen Skelettelementen (z. B. Radiolarien- oder Diatomeenschlamm) und Tiefseeton ab (**Abb. 66**). Die CCD liegt heute meist zwischen 3500 und 5000 m und schwankt regional. Im Atlantik liegt sie tiefer als im Pazifik, in Äquatornähe sinkt sie bereichsweise bis unter 5000 m ab. In Tiefen über 3000 m befindet sie sich seit ca. 35 Millionen Jahren. Zuvor, und speziell in der Kreidezeit, befand sich die CCD oft in deutlich geringerer Wassertiefe.

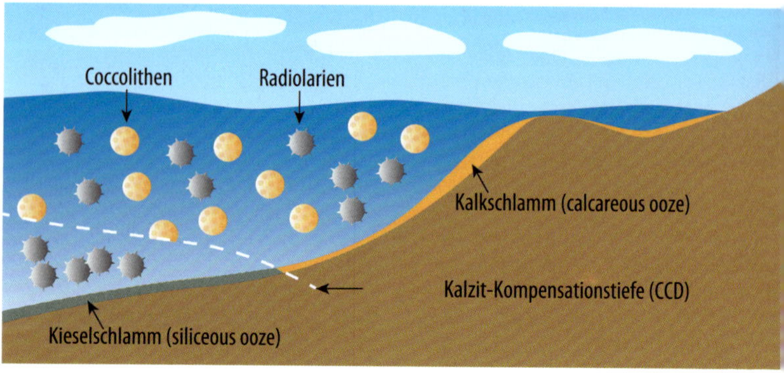

***Abb. 66**: Kalzit-Kompensationstiefe (CCD). Die kalkigen Organismenreste (Coccolithen = Kalkalgen) können sich nur darüber ablagern, da sie unter dieser Grenze aufgelöst werden. Darunter lagern sich z. B. Radiolarien ab, die ein kieseliges Skelett besitzen, welches sich auch in der Tiefe nicht auflöst. Die CCD liegt zwischen 3500 und 5000 m Tiefe. Ilustration Quelle & Meyer Verlag.*

Den Beginn der Anlösung von Kalzit im Wasser bezeichnet man als **Lysokline**, wobei die Aragonit-Lysokline in ca. 2500–3000 m Tiefe und die Kalzit-Lysokline in ca. 3500–4000 m Wassertiefe liegt. Wir unterscheiden demnach außer der CCD auch eine **Aragonit-Kompensationstiefe** (**ACD** – engl. „Aragonite Compensation Depth"), die gegenwärtig zwischen 3000 m und 3500 m liegt. Weil Aragonit in Wasser leichter löslich ist als Kalzit, liegt die ACD über der CCD.

Wegen der unterschiedlichen Löslichkeit von Aragonit und Kalzit findet man gelegentlich in Kalken die Formen völlig weggelöster aragonitischer Skelette (z. B. Ammoniten), während kalzitische Skelettteile, wie z. B. die Kieferplatten der Ammoniten (Aptychen), erhalten geblieben sind. Aptychen dienen als biostratigrafische Indikatoren für tiefmarine Ablagerungen oberhalb der CCD, für den Oberen Jura und die Kreidezeit.

4.1.2 Mikrofossilreiche organogene Karbonatgesteine

4.1.2.1 Coccolithenkalk

Schlämme aus Nannoplankton bestehen hauptsächlich aus Coccolithen, den Skelettelementen der Coccolithophorida (d. h. Coccolithen-Träger). Aus ihnen entstehen **Algenkalke** wie z. B. die **Schreibkreide** (**Foto 129**) und viele **Plattenkalke (Foto 130)**. Coccolithophorida sind marine, planktisch lebende Algen, die einen vorwiegend kugeligen, gallertartigen Körper mit aufsitzenden Kalkplättchen (Coccolithen) haben. Der Durchmesser dieser Kalkplättchen liegt bei 2–10 µm. Coccolithophorida gibt es seit dem Mesozoikum, rezent bewohnen sie massenhaft die wärmeren Meeresregionen.

Schreibkreide hat die Eigenschaft, nur gering diagenetisch verfestigt zu sein, und besitzt deshalb eine hohe Porosität, die jedoch makroskopisch nicht erkennbar ist. Diese bewirkt aber eine erhöhte Saugfähigkeit für Wasser. Schreibkreide hat sich insbesondere in der Oberkreide gebildet und ist in Nordwesteuropa verbreitet. Charakteristisch und bekannt sind z. B. die Steilküsten der Insel Rügen (**Foto 129 a**)oder bei Dover in Südengland. Schreibkreide-Vorkommen sind aber auch im Nahen Osten und im Mittleren Westen der USA verbreitet. Kreide ist in vielen Industriezweigen unentbehrlich,

Foto 129 (links): *Schreibkreide. Schwach diagenetisch verfestigte Algenkalke mit hoher feinkapillarer Porosität. Sie besteht überwiegend aus Coccolithen, den mikroskopisch kleinen Skelettelementen der Coccolithophorida. Diese sind planktisch lebende Algen. Breite 5 cm.*
Foto 129 a (rechts): *Rügen, Kreidefelsen.*

Foto 130: *Plattenkalk. Das Gestein ist sehr feinkörnig (mikritisch), relativ hart und ein Algenkalk, der aus Coccolithen besteht. Auf den Schichtflächen sind Dendriten zu sehen. Diese sind aus Eisen- oder Manganoxiden entstanden und können einen Pflanzenabdruck vortäuschen. Die Entstehung der Dendriten beruht auf Diffusionsvorgängen und sie können auch in anderen Gesteinsarten auftreten. Breite 12 cm. Solnhofen, Fränkische Alb, Bayern.*

Foto 131: *Feinschichtiger stromatolithischer Kalk (Algenlaminit). Breite 20 cm. Somerset, Trias, Großbritannien.*

Foto 132. *Stromatolithischer Kalk. Breite 15 cm. Großbritannien.*

z. B. Papier, Textil, Kosmetik, Pharmazie, Keramik, Glas, Farben und Gummi sind auf sie als Zusatzstoff angewiesen.
Die **Solnhofener Plattenkalke** (Oberjura, Mittelfranken, Fränkische Alb und Oberbayern) sind besonders bekannt, weil hier alle zwölf bisher bekannten Exemplare des gefiederten Dinosauriers *Archaeopterix*, auch als „Urvogel" bezeichnet, gefunden wurden. Sie werden auch als „lithografische Kalke" bezeichnet, da sie früher zur Herstellung von lithografischen Druckplatten verwendet wurden.

4.1.2.2 Stromatolithenkalk

Die Fotosynthese-Tätigkeit von Cyanobakterien führt zur Abscheidung von Kalkkrusten auf der Oberfläche von Algenmatten/Bakterienmatten, die allmählich flächenhaft nach oben wachsen. Es entstehen so feinschichtige (laminierte) kalkige Bildungen, die innerhalb von Karbonatabfolgen auftreten (**Foto 131**). In vielen Fällen werden sie später sekundär-diagenetisch dolomitisiert. Die Stromatolithe können gebogene Lagen oder wulstige Kuppeln bilden (**Foto 132**). Ein Kalkstein, der Stromatolithlagen enthält, wird als **stromatolithischer Kalk** bezeichnet. Seine Farbe ist meistens grau, kann aber auch rötliche Tönungen aufweisen, welche durch Eisenhydroxide verursacht werden. Die Algenmatten dienen auch als Sedimentfalle für Mikropartikel; insoweit ist auch ein klastischer Anteil möglich, der dem Gestein eine andere Färbung verleihen kann.

Cyanobakterien gibt es seit 3,5 Milliarden Jahren (Präkambrium). Sie hatten und haben relativ wenig Feinde. In größeren Mengen sind stromatolithische Kalke besonders im Präkambrium und Altpaläozoikum entstanden, sie waren damals auch Riffbildner. Sie bilden sich auch heute noch, ihre Bedeutung als Riffbildner hat jedoch seit dem Kambrium durch das Aufkommen von Eukaryoten (Ein- und Mehrzellern) abgenommen. Stromatolithe waren wichtige Kalkbildner der großen Karbonatplattformen der

Foto 133: *Stromatolithbrekzien (Algenlaminitbrekzie). Wenn die Algenmatten durch Sturmfluten zerstört und danach umgelagert und verfestigt werden, bilden die eckigen Fragmente eine Brekzie. Breite 13 cm. Lechtaler Alpen (Nördliche Kalkalpen).*

Foto 134: Cyanobakterienkalk. Die äußere Form von Schilfhalmen wird durch die Krusten des lakustrin gebildeten stromatolitischen Kalks wiedergegeben. Breite 14 cm. Rheingraben, Baden-Württemberg.

Nördlichen Kalkalpen. Heute sind sie typisch für randmarine Ablagerungen (intertidales bis supratidales Milieu, d. h. im Gezeitenbereich oder knapp darüber). Der randmarine Ablagerungsbereich wird oft temporär durch Springtiden und Sturmfluten unter Wasser gesetzt und unter diesen Umständen finden die Cyanobakterien ideale Lebensbedingungen. Die winzigen Kalkausscheidungen der Cyanobakterien bestehen aus Kalzit, der diagenetisch häufig in Dolomit umgewandelt wird.

Die Algenmatten werden gelegentlich bei Sturmfluten zertrümmert und umgelagert, wodurch sich **Stromatolithbrekzien** („intraformationale Brekzien") bilden können (**Foto 133**). Stromatolithische Kalke bilden sich auch in den Uferbereichen abgeschlossener tropischer Seen mit rasch wechselnder, teilweise geringer Salinität und schwankendem Wasserpegel. Hier siedeln Cyanobakterien am Spülsaum des Ufers und um Schilfhalme, deren äußere Form durch die Krusten des lakustrin gebildeten stromatolithischen Kalks überliefert wird (**Foto 134**).

4.1.2.3 Grünalgenkalk, Rotalgenkalk und Onkolithe

Grünalgen siedeln im flachen, ruhigen und warmen Wasser der Lagunen und sind ebenfalls wichtige Karbonatproduzenten der tropischen Karbonatplattformen. Manche Grünalgen wie z. B. Penicillus zerfallen zu Aragonitnadeln, während andere in ihrer Form erhalten bleiben können. **Rotalgenkalke** bilden sich in etwas größerer Wassertiefe, auf dem tropischen Schelf. Inkrustierende Rotalgen kommen aber auch oft in mäßig warmen Meeren vor und sind sogar wichtige Produzenten der sogenannten **Kaltwasserkarbonate**, wie sie z. B. rezent an der norwegischen Küste entstehen. Rotalgen bilden in der Regel Krusten und wachsen auf jedem verfügbaren Untergrund und um Partikel. Durch langsames Wachstum und unregelmäßiges Umwenden der Partikel können Rotalgen-Onkoide entstehen. **Onkoide (Foto 135)** sind rundlich ovale bis bohnenförmi-

Foto 135: *Onkoide. Rundlich ovale Kalkkörper, die von Rotalgen gebildet werden. (Rotalgenkalk, Onkolith). Breite 9 cm.*

Foto 136: *Nummulitenkalk. Nummuliten sind Großforaminiferen, die typisch für das frühe Tertiär sind. Ihre linsenförmigen Gehäuse bestehen aus mehreren Kammern (siehe Ausschnitt). Breite 19 cm.*

ge, konzentrisch schalige, unregelmäßige, meist graue oder gelblich graue Kalkkörper. Sie erreichen bis zu etwa 10 cm Durchmesser, typisch sind jedoch zwischen 1 und 3 cm, wobei im gleichen Gestein unterschiedliche Größen vorkommen können. Im Zentrum haben sie einen Kern (Muschelrest, kleines Steinchen etc.), auf dem die Algen gesiedelt haben. Kalksteine, die Onkoide enthalten, werden **Onkolithe** genannt.

4.1.2.4 Foraminiferenkalk

Foraminiferen sind tierische Einzeller. Sie leben überwiegend marin und bauen Gehäuse, die selten aus einer und meistens aus mehreren Kammern bestehen. Die Gehäuse haben Durchmesser zwischen 0,05 und 50 mm (Großforaminiferen), weshalb die Foraminiferenkalke sowohl mikrofossilen als auch makrofossilen Charakter haben können. Baustoff der Gehäuse ist meistens Kalzit, selten Aragonit, sie können aber auch aus einer hornartigen Substanz – Tektin – bestehen. Agglutinierende Foraminiferen verkleben Sandkörner oder andere Fremdkörper zu einem Gehäuse. Foraminiferen leben auf dem Meeresboden („benthisch") und seit der Kreidezeit auch planktisch, im oberen Teil der Wassersäule. Die gegenwärtig weltweit verbreiteten Foraminiferen sind die offenmarin-pelagisch, planktisch lebenden **Globigerinen**. Nach ihrem Absterben bilden die herabgesunkenen Gehäuse das häufigste rezente organogene Sediment (Globigerinenschlamm).

Im Laufe der Erdgeschichte kommen Großforaminiferen gelegentlich als Gesteinsbildner vor: Fusulinen im Karbon und Perm, Alveolinen und Nummuliten (**Nummulitenkalke**; **Foto 136**) in der Oberen Kreide und im Paläogen (Paläozän, Eozän).

	Wassertemperatur	Wassertiefe	Lebensraum	Lebensweise	Skelettmaterial
Stromatolithen	warm	gerinag - trockenfallend	lakustrin oder marin intertidal	sessil	Karbonat
Grünalgen	warm	photische Zone	marin, Lagune	planktisch, sessil	Karbonat
Rotalgen	temperiert - kalt	gering	marin, Schelf	sessil	Karbonat
Coccolithophorida	warm	photische Zone	offenmarin	planktisch	Karbonat
Foraminiferen	temperiert	photische Zone	offenmarin, pelagisch, Lagune	bentisch, planktisch	Karbonat/Skelettopal/ agglutinierend
Radiolarien	temperiert	variabel	offenmarin, pelagisch	planktisch	Skelettopal
Diatomeen	kalt	photische Zone	offenmarin, pelagisch	planktisch	Skelettopal

Tabelle 22: *Lebensräume und Lebensweisen verschiedener Mikroorganismen.*

4.1.3 Makrofossilreiche organogene Karbonatgesteine

4.1.3.1 Riffkalk

Riffkalk besteht aus den Kalkgerüsten verschiedener riffbildender Organismen, z. B. Korallen, Bryozoen, Kalkalgen, Schwämmen, Austern etc., die eine Lebensgemeinschaft bilden. Außerdem leben einige Organismen auch in Symbiose – z. B. Korallen mit Algen. Auch Einzelbezeichnungen (Algenriffkalk, **Foto 137**; Korallenkalk, **Foto 138, 139**; Korallen-Bryozoenkalk, **Foto 140**) sind üblich, wenn eine Gruppe an Riffbildnern vorherrscht.

Foto 137: *Algenriffkalk. Gewisse Algen können, obwohl sie eigentlich Mikroorganismen sind, Riffe bilden, so z. B. die Grünalgen der Gattung Chladophorites, die röhrenförmige, verzweigte Formen aufweisen. Breite 12 cm. Miozän – Mainzer Becken, Rheinhessen, Rheinland-Pfalz.*

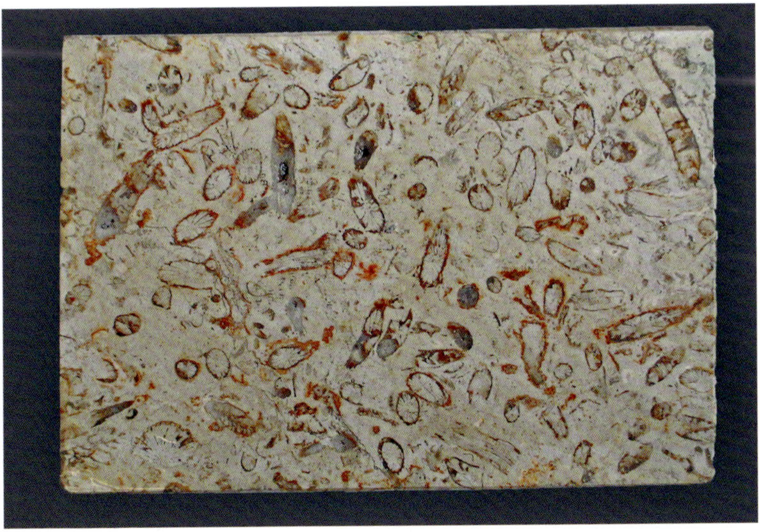

Foto 138: *Korallenkalk (angeschliffen). Zahlreiche Korallen, die im Querschnitt und Längsschnitt erkennbar sind, setzen den Kalkstein zusammen. Die Zwischenräume bestehen aus einem fein- bis kleinkristallinen, diagenetisch gebildeten kalzitischen Zement. Breite 13 cm. Südkarpaten.*

Foto 139: *Korallenkalk. Obertrias mit sekundär rot eingefärbter mikritischer Matrix. (Breite 13 cm). Steinbrüche von Adneth, Salzburg.*

Foto 140: *Korallen-Bryozoenkalk. Die breiteren Fossilien sind Korallen, die länglichen und schmalen sind Bryozoen (Moostierchen). Diese bilden Kolonien aus mehreren Einzeltieren. Zwischen den Korallen und Bryozoen ist noch Riffschutt vorhanden.*

Korallenriffe bilden im Meer starre, wellenresistente Strukturen, deren Entstehung nur unter bestimmten Bedingungen möglich ist. Korallenkalke spiegeln deshalb paläoklimatische Verhältnisse wider, und zwar warmes, lichtdurchflutetes, sauberes Wasser. Korallenriffe bilden sich in flachen, küstennahen Gewässern. Typisch für Riffe ist auch, dass sich in gewissen Zonen derselben zusätzlich Kalksand und Kalkschlamm ablagern, woraus dann Arenite und mikritische Kalke hervorgehen.

4.1.3.2 Schillkalk

Schillkalk, auch **Muschelpflaster** oder **Lumachelle** genannt **(Foto 141, 142, 143)** besteht aus Schalenresten und Bruchstücken von Muscheln (Bivalvia), Armfüßern (Brachiopoden) oder seltener Schnecken (Gastropoden), die durch Wellenbewegung oder Strömung flächenhaft zusammengeschwemmt wurden. Der Fossilanteil beträgt mindestens 50 %. Die Muscheln gehören zusammen mit den Schnecken und Kopffüßern (Cephalopoden) zu den Mollusken (Weichtiere).

Brachiopoden sind marine Filtrierer, die den Muscheln äußerlich ähneln, aber ein bilateral-symmetrisches, zweiklappiges Gehäuse haben. Sie sind fast immer kleiner als Muscheln und haben anstatt einer linken und rechten Klappe eine obere und eine untere.

Besonders große und dickschalige Muscheln, die bis zu 50 cm, selten 1 m groß wurden, heißen Rudisten (Hippuriten). Ihre Gehäuse besaßen einen Deckel. Die Rudisten bildeten riesige festgehaftete Kolonien (Riffe) und sind in den Ablagerungen des Gosau-Meeres in der Oberkreide der Nördlichen Kalkalpen und östlichen zentralen Ostalpen verbreitet.

Foto 141: *Rötlicher Schillkalk mit Cardium. Es handelt sich um die „Herzmuschel", die seit der Trias und bis heute weit verbreitet ist. Eine Matrix ist kaum vorhanden und zeigt einen sandigen (arenitischen) Charakter. Breite 12 cm. Eforie, Süd-Dobruscha.*

Foto 142: *Schillkalk mit Muscheln der Ordnung Unionida (Süßwassermuscheln, Pliozän). Die fossilen Reste bilden die Hauptmasse des Gesteins. Der Rest besteht aus kalkarenitischer Matrix. Breite 10 cm. Südkarparten (Oltenien).*

Foto 143: *Heller, gelblicher Schillkalk, der fast ausschließlich aus Muschelresten zusammengesetzt ist. Breite 10 cm.* („Randengrobkalk – Ottnang".) Miozäne Molasse, Hegau, Baden Württemberg.

Foto 144: *Gastropodenkalk. Die Schneckengehäuse sind im Schnitt gut erkennbar. Breite 12 cm. Nandru-Tal (Kreide), Poiana Rusca-Gebirge, Südkarpaten.*

Foto 145: *Turmschneckenkalk. Die fossilen, hochkonischen und spitzen Gehäuse der Turmschnecke (Turritella turris) bilden den Hauptbestandteil des Gesteins. Breite 11 cm. Ermingen (Ulm), Baden-Württemberg.*

Foto 146: *Landschneckenkalk. Kleine Schneckengehäuse bilden einen undeutlich geschichteten Kalkstein. Breite 13 cm.*

4.1.3.3 Gastropodenkalk

Gastropodenkalk besteht im Unterschied zum Schillkalk überwiegend aus den Überresten von Schneckenschalen (**Foto 144**). Die Gastropoden („Bauchfüßer") sind die artenreichste Klasse der Mollusken, können mariner Herkunft sein, leben aber auch im Brack- und Süßwasser sowie an Land (Lungenschnecken). Bekannt ist z. B. die „Erminger Turritellenplatte" – **Turmschneckenkalke** (mit *Turritella turris*) bei Ulm, die sich flachmarin im Neogen (Mittleres Miozän) gebildet haben (**Foto 145**).

Darüber hinaus sind sogenannte Landschneckenkalke bekannt (**Foto 146**), die z. B. im Paläogen (Oberoligozän) des Mainzer Beckens aufgeschlossen sind. Sie bestehen aus mehreren Arten von Landschnecken, die aber von der Gattung *Helix* mengenmäßig dominiert werden.

4.1.3.4 Echinodermenkalk

Das Gestein ist aus den Überresten von Echinodermen („Stachelhäutern" – Seelilien, Seeigeln und Seesternen) aufgebaut. Echinodermen besitzen Skelettelemente aus millimeterlangen Hoch-Mg-Kalzit-Kristallen, die viele, makroskopisch nicht wahrnehmbare Poren aufweisen. Diagenetisch werden diese Einkristalle in Niedrig-Mg-Kalzit umgewandelt, wobei die Porenräume in derselben kristallografischen Orientierung ausgefüllt werden, die der umgebende Kristall aufweist (epitaktisches Wachstum); die äußere Form bleibt dabei erhalten. Die Skelettelemente der Echinodermen bestehen deshalb nach der Diagenese aus je einem Kalzit-Einkristall, erkennbar an der sehr guten Spaltbarkeit (im Ganzen glänzende, manchmal mehrere Millimeter große Spaltflächen). Durch dieses typische Merkmal sind die Echinodermenreste immer leicht zu erkennen.

Die meisten Echinodermenkalke sind aus den Stielgliedern von Seelilien (Crinoiden) aufgebaut und werden dann auch als **Crinoidenkalke** bezeichnet (**Foto 147**). Die

Foto 147: *Crinoidenkalk (Trochitenkalk). Trochiten sind die Stielglieder von Seelilien und bestehen aus einzelnen Kalzitkristallen. Breite 6 cm.*

Foto 148: *Ceratitenkalk. Die Ceratiten gehören zu den Ammonoideen und sind wichtige Leitfossilien für die Trias. Ihr Gehäuse ist planspiral. Foto Eugen Gradinaru. Breite 36 cm. Mahmudia (Mittlere Trias), Dobrudscha, Rumänien.*

Foto 149: *Schwammkalk. Breite 11 cm.*

Stielglieder (Skelettsegmente) der Seelilie *Encrinus* werden als Trochiten bezeichnet und haben meist eine zylindrisch runde Form. Bekannt sind z. B. die **Trochitenkalke** des Oberen Muschelkalks (Mittlere Trias) in Deutschland. Crinoidenkalke sind insbesondere im Paläozoikum (Obersilur bis Unterkarbon) verbreitet.

4.1.3.5 Cephalopodenkalk

Diese Art von Makrofossilien führenden Kalken ist aus den mit Sediment verfüllten Gehäusen von Cephalopoden (Kopffüßern, die ebenfalls zu den Mollusken gehören) aufgebaut. Dazu zählen z. B. Orthoceren, Goniatiten, Ceratiten, Ammoniten und Belemniten. Die Ammoniten und Ceratiten haben als Grundform eine in der Ebene aufgerollte Spirale (**Foto 100** und **148**), sie lebten ausschließlich marin und waren im Mesozoikum stark verbreitet. Für viele Altersstufen sind sie hier wichtige Leitfossilien. **Orthocerenkalke** sind typisch für das Ordovizium bis Devon (Paläozoikum); sie enthalten die stabförmigen Gehäuse der Orthoceren, die Dezimeter-Längen erreichen können.

4.1.4 Synsedimentär veränderte kalkige organogene Karbonatgesteine

4.1.4.1 Schwammkalk

Es handelt sich um Kalksteine, die hauptsächlich aus Kalkschwämmen aufgebaut sind (**Foto 149**). In einigen Fällen können es auch sekundär verkalkte Kieselschwämme sein, wie es z. B. im Oberen Jura (Malm) der Schwäbischen Alb der Fall ist. Das Skelett der Kalkschwämme besteht aus „Skleriten", auch „Spicula" (lat. „spiculum" = Nadel) genannt, die aus Kalzit bestehen. Das Skelett der Kieselschwämme besteht aus Skelettopal bzw. aus Opal ($SiO_2 \cdot H_2O$). Die Schwämme sind manchmal im Anschlag als dunklere Strukturen erkennbar, die typischerweise die Form von Kegelschnitten zeigen, da die meisten Schwämme teller- bis spitzkegelige Körper aufbauen.

4.1.4.2 Mergel/Kalkmergel

Ein Mergel besteht etwa zu gleichen Teilen aus Ton und Kalk (Kalzit). Ist der Kalkanteil höher als derjenige der Tonminerale, nennt man das Gestein Kalkmergel. Mergel sind demnach feinkörnige karbonatisch-klastische Mischgesteine. Im Mergel können manchmal diagenetisch deutlich sichtbare Gips-, Pyrit-, Kalzit- oder Quarzkristalle wachsen. Das Gestein ähnelt einem Kalk, ist aber viel weicher bis mürb und bildet im Gelände deshalb oft Senken. Die kalkige Gesteinsmasse besteht aus umgelagertem Mikrit, der aus zerfallenen Organismenresten hervorging und sich bei ruhiger Sedimentation in Schelf-Gebieten (bis zu 250 m Tiefe) oder tiefer abgelagert hat. Der tonige Anteil stammt hauptsächlich aus der Sedimentfracht von Flüssen. Man kann ihn aber auch von Vulkanausbrüchen, bei denen viel Asche produziert wird, die ins Meer fällt, ableiten. Vulkanische Asche wandelt sich im Kontakt mit Wasser in das typische vulkanogene Tonmineral Montmorillonit um. Mergel können auch dolomitisch sein, diese sind aber weniger verbreitet. In Süddeutschland treffen wir Mergel z. B. auf der Schwäbischen Alb (Malm gamma) an.

Verwendung: Mergel ist der wichtigste Rohstoff für die Zementindustrie.

4.1.4.3 Knollenkalk

Knollenförmige Kalke bilden sich verbreitet in **pelagischem Milieu** (küstenferne Hochsee), in tieferem Wasser bei geringer Sedimentationsrate (Mangel- oder Hun-

Foto 150: *Knollenkalk. Die knollige Struktur entsteht bei geringen Sedimentationsraten, die sich in tieferem Wasser (CCD-Bereich) als Folge fast gleichzeitiger Ablagerung und Anlösung bilden. Die rote Färbung wird von feinen Hämatit (Fe_2O_3)-Partikeln bewirkt. Breite 9 cm. Adneter Kalk, Steinbrüche von Adnet bei Salzburg.*

gersedimentation). Starke Lösungsvorgänge, die am Meeresboden stattfinden, wenn dieser im Bereich der CCD liegt, bewirken eine knollige Struktur. Weil die Meerestiefe der CCD schwanken kann, kommt es dadurch immer wieder zur Ablagerung bzw. Anlösung der karbonatischen Sedimente. Die Kalke bestehen aus Mikrit, aber auch aus Makroresten (z. B. aragonitschalige Cephalopoden), die aber kaum erhalten bleiben. Knollenkalke sind meist bunt oder rot gefärbt (**Foto 150**), weil als Folge der Mangelsedimentation und durch die Tiefenströmungen Eisen angereichert wird. Knollenkalke können sich auch auf Schwellen im offenen Meer bilden, wo eine stärkere Strömung die Sedimentation behindert und gleichzeitig sauerstoffreiches Wasser zur Bildung von Hämatit (Fe_2O_3) führt, der, als feine Partikel im Gestein verteilt, die Rotfärbung verursacht.

4.1.5 Diagenetisch veränderte organogene Karbonatgesteine

4.1.5.1 Dolomit

Das Gestein ist aus dem Mineral desselben Namens aufgebaut, hat eine hellgraue, oft auch gelbliche Farbe und zeigt eine typische feine Kristallinität („zuckerkörnig“). Fossilien sind eher selten im Dolomit erhalten. Dolomit kann als primäre Ausfällung evaporitisch (siehe Kap. III.3.3) oder frühdiagenetisch in Lagunen im noch unverfestigten karbonatischen Sediment gebildet werden, dann bleiben meist auch die Reste der karbonatproduzierenden Organismen, in der Regel Cyanobakterien, erhalten (siehe Kap. III.4.1.2). Diese Dolomite bilden meistens Schichten in kalkigen Abfolgen.

Wesentlich häufiger entsteht Dolomit spätdiagenetisch durch die Umwandlung meistens schon verfestigter kalkiger Sedimente (sekundäre Dolomitisierung). Es findet eine diagenetische Reaktion statt, bei der Ca teilweise durch Mg ersetzt wird, z. B. durch Einwirkung von Mg-reichem Porenwasser oder im Mischungsbereich von Meer- mit Süßwasser, wie auch beim Rückströmen hypersaliner Lösungen von Lagunen Richtung Meer. Bei diesen Vorgängen werden Fossilien und andere primäre Strukturen fast immer zerstört. Die großen Dolomit-Vorkommen, welche oft landschaftsprägend sein können (z. B. „Dolomiten“ in Südtirol oder im Jura der Fränkischen Alb), sind auf diese Art entstanden.

Dolomit ist im Vergleich mit Kalkstein härter, schwerer und vor allem spröder, weswegen die Gesteinsoberflächen oft splittrig wirken und nicht glatt, wie viele mikritische Kalke. Diese Eigenschaften erlauben es uns in vielen Fällen, im Gelände einen Dolomit, insbesondere wenn er im Wechsel mit Kalkstein aufgeschlossen ist, auch ohne die Säureprobe zu erkennen. Wenn in einem Dolomit der tonige Anteil zunimmt, entstehen, wie bei den Kalken, mergelige Gesteine (Dolomitmergel).

4.1.5.2 Rauwacke (Synsedimentär verändertes Karbonatgestein)

Das Gestein ist durch Auflösungsstrukturen, die ein brekzienhaftes bis zelliges Aussehen haben, gekennzeichnet (**Foto 151**) und geht aus Dolomit-Gips/Anhydrit-Wechsellagerungen hervor. Der Gips wurde später als Folge tektonischer und diagenetischer Überprägung weggelöst und verursacht so das löchrige Aussehen. Neben den groben Löchern ist oft auch eine feinporige Struktur erkennbar. Der Dolomit wird in den meisten Fällen vollkommen oder teilweise diagenetisch, oder in Verbindung mit der Gipslösung (Ca wird dabei frei), in Kalzit umgewandelt. Rauwacken sind typische Gesteine des Mittleren Muschelkalks (Trias) und des Zechsteins (Perm) und sind unter anderem in den Kalkalpen verbreitet.

Foto 151: *Rauwacke. Das Gestein hat durch die Weglösung von Gips ein zellig-löchrig, brekziöses Aussehen, besteht aus Kalzit (kann untergeordnet auch Dolomit enthalten) und ist ein tektonisch und diagenetisch überprägtes, evaporitisches Sediment. Breite 12 cm. Karn, Lechtaler Alpen, Österreich.*

Neben reinen Kalksteinen treten auch Gesteine auf, die nicht nur aus Kalzit aufgebaut sind, sondern auch andere Minerale enthalten. Die wichtigsten dieser Gesteine sind:

- **Kieselkalk** (Kalzit und Quarz); siehe Kap. III.4.2.2
- **Bituminöser Kalk** – enthält Bitumen (organische Substanz); siehe Kap. III.4.4
- **Mergel, Kalkmergel** (Kalzit und Tonminerale); siehe Kap. III.4.1.3

4.2 Kieselige organogene Sedimentgesteine

Kieselige Sedimentgesteine bilden sich größtenteils im Meer, oft in größerer Wassertiefe. Im SiO_2-Kreislauf der Ozeane ist die Kieselsäure biogenen Ursprungs. Einzeller oder andere Organismen, die SiO_2 aufnehmen und es für den Aufbau ihrer Skelettsubstanz verwenden, bilden nach ihrem Absterben am Meeresboden die Sedimente, aus denen die kieseligen organogenen Sedimentgesteine hervorgehen. Die Skelette dieser Lebewesen bestehen aus amorpher Kieselsäure („Skelettopal“). **Skelettopal** ist nicht stabil, sondern wandelt sich während der Diagenese in mikrokristalline SiO_2-Modifikationen (Chalzedon, Quarz) um.

4.2.1 Radiolarit

Das Gestein ist hart, dicht, der Bruch ist scharfkantig-splittrig bis muschelig; eine Porosität ist nicht erkennbar. Seine Farbe ist meist typisch rötlich oder braunrot, kann aber auch in hellere, graue bis grüne, seltener schwarze Tönungen übergehen (**Fotos 152–155). Radiolarite** bestehen aus einer dichten, feinkristallinen Quarzmasse, welche sich

Foto 152: *Radiolarit. Die rote Färbung des Gesteins geht in hellere, graue Tönungen über. Breite 10 cm. Kalkalpen, Österreich.*

Foto 153: *Radiolarit. Das Gestein zeigt eine typische braunrote Färbung und hat einen scharfkantigen Bruch. Breite 8 cm. Nördlich Rio n´ ell Elba, Elba.*

Foto 154: *Radiolarit. Das Gestein ist gebankt, mit Mächtigkeiten zwischen 10 und 15 cm. An den Bankungsfugen ist toniges Material angereichert (Sedimentationsunterbrechung). Nördlich Rio n´ell Elba, Elba.*

Foto 155: *Radiolarit. Die bis maximal 15–20 cm mächtigen Radiolaritbänke sind in Falten von einigen Metern Größe gelegt. Nördlich Rio n´ell Elba, Elba.*

aus den Gehäusen der Radiolarien durch diagenetische Prozesse gebildet hat. Radiolarite können geringe Mengen von Tonmineralen enthalten; außerdem können Radiolarien ebenfalls Klasten darstellen, wie es z. B. der radiolaritische Flysch (Turbidite) in den Kalkalpen erkennen lässt.

Radiolarien sind planktonisch lebende marine Einzeller aus der Gruppe der Actinopoda (Strahlentierchen). Ihre Größe beträgt zwischen 0,1 und 0,5 mm. Radiolarienschlamm ist ein typisches Tiefseesediment, das sich in niederen Breiten unterhalb der CCD bildet. Die Diagenese zerstört in den meisten Fällen sedimentäre Strukturen und die Gehäuse der Radiolarien. Manchmal kann man sie jedoch mithilfe von Röntgenstrahlen noch sichtbar machen. Nur in seltenen Fällen sind Radiolarien mit der Lupe als Kügelchen auf angewitterten Gesteinsflächen erkennbar.

Der plattig spaltende „**Kieselschiefer**“ (**Lydit; Foto 156**) ist durch eine feine Schichtung gekennzeichnet, die auch mit bloßem Auge erkennbar ist, und hat meistens eine dunklere Farbe. Die Benennung „Kieselschiefer“ wird regional für die schwarzen, feinplattigen paläozoischen Radiolarite verwendet. Das Gestein ist geschiefert, weil es während des Paläozoikums eine leichte Metamorphose erfahren hat.

4.2.2 Kieselkalk

Dieser Gesteinstyp ist unterschiedlich (rötlich, grau, braun, seltener schwarz) gefärbt und wegen seines erhöhten Quarzgehalts durch eine größere Härte im Vergleich zu reinen Kalken gekennzeichnet. Je nach der Größe des kieseligen Anteils reagieren Kieselkalke unterschiedlich stark mit Salzsäure. Kieselkalke bilden sich im pelagischen Milieu, wenn die Produktion kieseligen und kalkigen Planktons im Oberflächenwasser ähnlich groß ist, die Kieselskelette im Sediment diffus verteilt sind und der Meeresgrund über bzw. nahe der CCD liegt. Wird das betreffende Sediment von diagenetischen Prozessen erfasst, so kommt es in diesem Fall aus unterschiedlichen Gründen nicht zu einer Trennung zwischen den kalzitischen und kieseligen Anteilen und die beiden Komponenten bleiben mehr oder weniger einheitlich innerhalb der Gesteinsmasse verteilt.

4.2.3 Hornsteinkalk

In einer ersten Phase entsteht Hornsteinkalk ähnlich wie Kieselkalk. Setzt die Diagenese ein, kommt es aber zu unterschiedlichen Entwicklungen. Das kieselige Skelettmaterial (z. B. Radiolarien) wird größtenteils gelöst und, meistens noch innerhalb der gleichen Schicht, als Konkretion – Hornstein – ausgefällt. Diese knolligen, linsenförmigen oder lagigen Konkretionen sind manchmal noch kalkhaltig. Die Hornsteine sind mikro- bis kryptokristallin, ihre Farbe ist dunkelgrau bis schwarz, aber auch rot oder graugrün, während die kalkigen Teile meist hellgrau erscheinen (**Foto 157**). Der Name „Hornstein“ wird von ihrem dichten, hornartigen Aussehen abgeleitet.

4.2.4 Feuerstein

Feuersteine (engl. **Flintstone, Silex; Foto 158**) sind wie Hornsteine durch diagenetische Stoffwanderung entstandene Konkretionen, die auch Kieselknollen (engl. „nodules“) genannt werden. Im Unterschied zu den Hornsteinen sind sie jedoch immer kalkfrei. Das SiO_2 der Feuersteine stammt hauptsächlich aus den Skelettelementen von Kieselschwämmen (Schwammnadeln – „Skleriten“, „Spicula“). Sehr bekannt sind die Feuersteinkonkretionen der Kreideformationen Nordeuropas (z. B. Rügener Kreidefelsen). Sie sind in Coccolithenkalk eingebettet und können Längen von mehreren Dezimetern bis

Foto 156: *Kieselschiefer (Lydit). Das Gestein zeigt eine plattige Spaltbarkeit und ist hart. Breite 14 cm. Niederösterreich.*

Foto 157: *Hornsteinkalk. Im kalkigen Gestein befinden sich dunkel gefärbte, kieselige Konkretionen, die Linsen und Lagen bilden und als Folge diagenetischer Konzentrationsprozesse entstanden sind. Breite 10 cm. Oberalmer Schichten, nördliche Kalkalpen, Österreich.*

Foto 158: *Feuerstein. Rein kieselige Konkretionen (Kieselknollen), die in Kreide-Coccolithenkalk liegen. Breite 8 cm.*

Foto 159: *Kieselgur („Diatomit"). Das hochporöse Gestein ist sehr leicht (schwimmt auf Wasser), weich und zeigt wechselnd feinere und gröbere Schichtung. Die Farbe der einzelnen Schichten ist vom Klima abhängig: In kälteren Perioden ist der zusätzliche organische Anteil geringer und die Lagen haben hellere Farben, in wärmeren Perioden ist er höher und die Färbung wird leicht bräunlich. Breite 14 cm. Sibiciu de Suz (Buzău), Ostkarpaten.*

maximal einen Meter erreichen. Feuerstein wurde in prähistorischer Zeit auch als Rohmaterial für die Herstellung von Steinwerkzeugen verwendet.

4.2.5 Diatomeenerde (Kieselgur, Diatomit)

Die Sedimentation der kieseligen Skelette von **Diatomeen** (einzellige Grünalgen mit einem zweiklappigen Gehäuse aus amorpher Kieselsäure) führt zur Bildung von Diatomeenerde. Diatomeen leben sowohl im Süß- als auch im Meerwasser. Bilden sie sich in Süßwasser, werden sie als Kieselgur bezeichnet. In hohen Breiten bildet Diatomeenschlamm auch rezent das Tiefseesediment unterhalb der hier wesentlich höher liegenden CCD.

In Binnenseen bildet sich Diatomeenerde als rezentes Lockersediment. Kieselgur ist nur schwach kompaktiert, extrem leicht, hochporös, hell und weich (**Foto 159**). Die mikroskopisch kleinen Diatomeenskelette sind ineinander klettenartig verhakt und geben so dem fein strukturierten Gestein den Zusammenhalt. Lakustrine Diatomeenerde ist aufgrund des Porenwassercharakters viel weniger von den diagenetischen Umbildungsprozessen betroffen als marine Diatomeenschlämme.

Verwendung: Diatomeenerde hat ein enormes Adsorbtionsvermögen. Sie wird als Filtermaterial (auch im Lebensmittelbereich) und als Isolationsmaterial verwendet. Darüber hinaus findet sie Verwendung als Schleif- und Poliermittel (z. B. in Zahnpasta) und als Trägersubstanz für Nitroglyzerin (Dynamit).

4.3 Phosphatische organogene Sedimentgesteine

Mengenmäßig spielen die phosphatischen Sedimentgesteine eine untergeordnete Rolle, in Europa kommen sie selten vor. Die sedimentären Phosphatgesteine bilden sich

***Foto 160**: Bonebed (Knochenbrekzie). Das Gestein besteht aus zusammengeschwemmten Zähnen, Schuppen und Knochen von Wirbeltieren und Exkrementen. Breite 12 cm. Pfrondorf (Tübingen), Baden-Württemberg.*

Foto 161: Phosphorit. Die Knollen bestehen aus Apatit und sind in einem grünlichen Glaukonitsandstein eingelagert. Breite 11 cm. Bornholm (Dänemark).

marin durch mechanische Anreicherung phosphatischer Hartteile von Organismen (z. B. Wirbeltierknochen, Schuppen, Zähne) in Form von **Knochenbrekzien** (bonebeds; **Foto 160**) oder terrestrisch als **Guano** – diagenetisch veränderter Vogel- bzw. Fledermauskot. Phosphate entstehen auch als Folge diagenetischer Fällung und bilden dann meist Knollen oder auch plattige Lagen: **Phosphorite** (**Foto 161**). In Sedimentgesteinen können Phosphate auch als Bindemittel wirken.

Phosphatische Sedimente bestehen hauptsächlich aus **Apatit** – $Ca_5(PO_4)_3(F, Cl, OH)$ – mit der Härte 5. Die Benennung „Apatit" stellt einen übergeordneten Sammelbegriff für eine Gruppe von ähnlichen Mineralen dar, wie z. B. Frankolith, Fluorapatit, Chlorapatit oder Hydroxylapatit. Das letztere Mineral baut das Knochengewebe auf. In der mineralogischen Systematik gehört Apatit zur Klasse der Phosphate. In Sedimentgesteinen bildet Apatit, insbesondere in den Phosporiten, meist knollig traubige, seltener plattige, dichte und dunkel gefärbte Massen. In magmatischen und metamorphen Gesteinen erscheint das Mineral in Kristallform (z. B. in Pegmatit und Marmor) und in unterschiedlichen Farben.

4.3.1 Bonebed/Knochenbrekzie

Eine **Knochenbrekzie** (engl. **Bonebed**) entsteht, wenn eine konstante Strömung über längere Zeit das feinere Sediment auswäscht und sich gleichzeitig die aus dichterem Apatit bestehenden Organismenreste (Zähne, Schuppen, Wirbeltierknochen) anreichern (**Foto 160**). Die Knochenbrekzien bilden meist linsenförmige, unregelmäßig verteilte Gesteinskörper, die gewöhnlich in Sandsteinen vorkommen. So finden sich z. B. auf dem in Küstennähe abgelagerten Rhätsandstein an der Trias-Jura Grenze bei Pfrondorf (Tübingen) eine Serie von bräunlich gefärbten, metergroßen Bonebed-Linsen und -Lagen. Wegen ihrer typischen Entstehungsweise sind Bonebeds Faziesanzeiger für marine Transgressionsflächen.

4.3.2 Phosphorit

Phosphorite entstehen in Verbindung mit Kalken oder Sandsteinen in marinen, strömungsbedingten Auftriebsgebieten (Upwellingsystemen) in der Nähe der Außenkante des Schelfs. Hier ist das Meer noch vorwiegend flach, der Eintrag an terrestrischem Material reduziert und die Sedimentationsraten gering – Voraussetzungen, die zur Bildung von Phosphorit beitragen (**Abb. 67**). Dabei mischt sich kaltes, nährstoffreiches Tiefenwasser mit warmem O_2-reichem Oberflächenwasser, was zu einer hohen Primärproduktion von PO_4-reichem organischem Material (Plankton, Fische etc.) führt. Der Auftriebsprozess wird durch ablandige Winde angetrieben, die Oberflächenwasser von der Küste wegdrücken. Das entstehende Defizit wird durch Nachströmen von Tiefenwasser entlang des Kontinentalhanges ausgeglichen. Die Löslichkeit der Phosphate ist temperaturabhängig: In kaltem Wasser lösen sie sich besser. Gleichzeitig entstehen durch Oxidation des entstandenen organischen Materials reduzierende Bedingungen im Meerwasser. Dabei werden durch diagenetische Mobilisation Kalkschalen durch Phosphat ersetzt und es kommt zur Bildung von Knollen in Zentimetergröße, die oft noch erkennbare Organismenreste enthalten. Phosphorite sind meist dunkel (schwarzbraun) gefärbt. Die Bildung von Phosphorit ist in vielen Fällen mit der von Glaukonit verbunden, weshalb Phosphoritknollen oft in Glaukonit-Sandstein vorkommen. Knollenförmige, zentimetergroße Phosphoritkonkretionen, die häufig Fossilreste enthalten, bilden sich vereinzelt auch in Tonsteinen oder Mergeln (z. B. „Emscher Mergel", Obere Kreide).

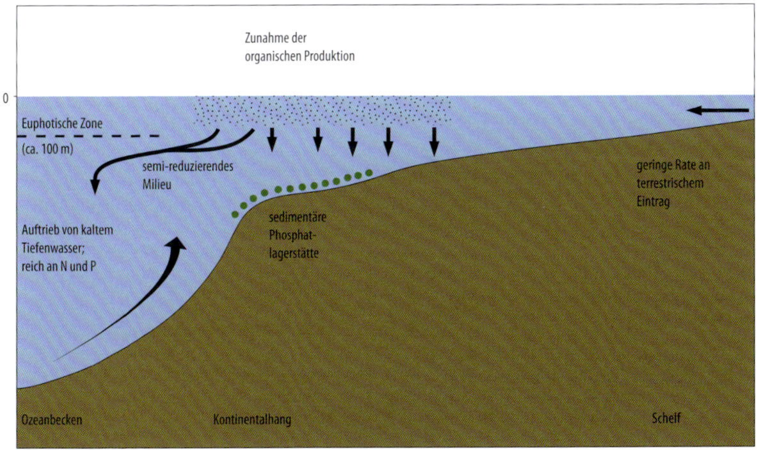

Abb. 67: *Modell der Phosphorit-Genese. Phosphat-Knollen bilden sich diagenetisch an der Schelfkante. Verändert nach Chamley 1990.*

4.3.3 Guano

Zu den phosphatischen Sedimentgesteinen gehört auch der Guano. Dieser wird aus den phosphathaltigen Exkrementen von Seevögeln bzw. Fledermäusen (Höhlenguano) gebildet. Seevögel-Guano entsteht z. B. auf vor dem Festland gelegenen Inseln oder auf dem Festland in Küstennähe, wo Vögel ihre Brutplätze haben. Guanolagerstätten, die von Fledermäusen stammen, bilden sich in Höhlen. Das größte, von Fledermäusen stammende Guanovorkommen Europas befand sich in der Cioclovina Uscata-Höhle im mittleren Teil der rumänischen Südkarpaten. Guanovorkommen sind auch paläoklimatische Indikatoren.

Verwendung. Phosphorit und Guano sind natürliche Phosphatdünger, sie werden aber auch in der chemischen Industrie gebraucht.

4.4 Kaustobiolith

Kaustobiolithe sind **brennbare Gesteine** (griech. „kausis" = das Verbrennen). Im terrestrischen Bereich entsteht durch organische in-situ-Bildung in sumpfigen Gebieten, wo die Sauerstoffzufuhr unterbunden ist, Kohle. Im marinen Bereich kommt es durch Ablagerung von organischem Material aus Suspension, ebenfalls in Abwesenheit von Sauerstoff, zur Bildung von **bituminösen Tonsteinen** und **Bitumenmergel** (lat. „bitumen" = Erdpech).

4.4.1 Kohle

Der bedeutendste Kaustobiolith ist die Kohle, sie erscheint als Schichten („Flöze") in Sedimentgesteinen. Ihre Entstehung beginnt in Mooren, verlandeten Seen und Flussauen, meist in warmen und feuchten Gebieten, wo z. B. abgestorbenes Holz nicht dem normalen aeroben Zersetzungsprozess ausgesetzt ist. Kohle bildet sich durch den Prozess der **Inkohlung von pflanzlichen Stoffen**. Inkohlung ist ein diagenetischer Prozess, der mit zunehmender Versenkungstiefe und Temperaturerhöhung (der Druck spielt eine eher untergeordnete Rolle) zur Anreicherung von elementarem Kohlenstoff führt (**Abb. 68** und **69**). Die Unterbrechung der Sauerstoffzufuhr verhindert die Verrottung des organischen Materials und damit dessen Oxidation zu CO_2. In **Tabelle 23** sind die unterschiedlichen Kohlearten mit steigendem Inkohlungsgrad angeführt. Je höher der Inkohlungsgrad, desto geringer der Anteil an flüchtigen Bestandteilen. Zuerst entsteht Torf, darauf Lignit, Braunkohle, Steinkohle und am Ende, mit dem höchsten Kohlenstoffgehalt Anthrazit. Setzt sich der Prozess fort, so entsteht aus Anthrazit das Mineral Grafit, welches zu 100 % aus Kohlenstoff besteht; allerdings handelt es sich dabei nicht mehr um einen diagenetischen, sondern um einen metamorphen Vorgang.

Es gibt **paralische Kohlenwälder**, die in Küstenbereichen verbreitet waren; große Teile der Karbonischen Ruhrkohle sind z. B. so entstanden. Die betreffenden Kohlela-

Pflanzen: Holz	80% flüchtige Bestandteile (Wasser, Kohlenwasserstoffe)
Torf	65% flüchtige Bestandteile
Lignit	55% flüchtige Bestandteile
Braunkohle	50% flüchtige Bestandteile
Steinkohle	45% flüchtige Bestandteile
Anthrazit	<10% flüchtige Bestandteile

Tabelle 23: *Der Inkohlungsgrad zeigt den fallenden Anteil an flüchtigen Bestandteilen des Kaustobiolithes und den steigenden Anteil an elementarem Kohlenstoff.*

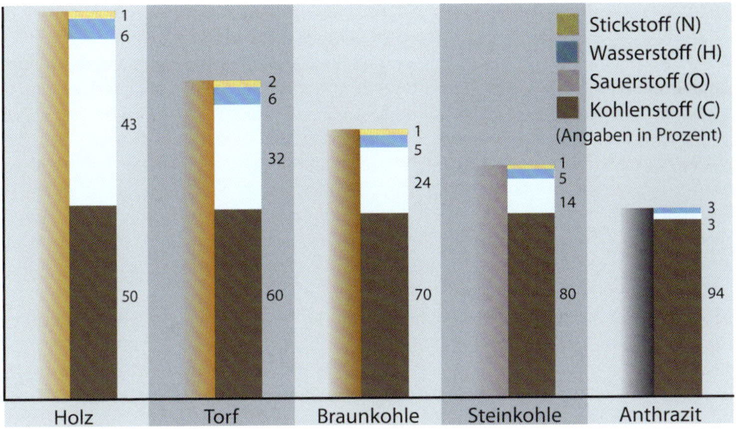

***Abb. 68**: Der Anteil an chemischen Elementen in Holz und in den unterschiedlichen Kohlearten bei steigendem Inkohlungsgrad: Wasserstoff, Sauerstoff (vor allem Wasser) und Stickstoff nehmen ab, Kohlenstoff nimmt zu. Auch Schwefel kann gelegentlich eine Rolle spielen – es gibt z. B. minderwertige schwefelreiche Braunkohlen. Illustration Quelle & Meyer Verlag.*

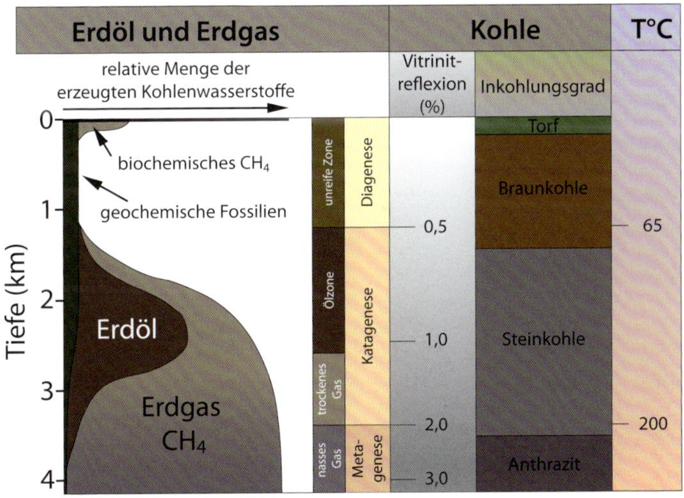

***Abb. 69**: Darstellung der Bereiche in der Erdkruste, wo sich, abhängig von der Tiefe und der Temperatur, Erdöl, Erdgas und Kohle bilden. Auf der linken Seite ist das sogenannte „Erdölfenster" zu erkennen. Hier ist der Tiefen- und Temperaturabschnitt erkennbar, in welchem die Erdöl- und Erdgasbildung stattfindet. Rechts werden die verschiedenen, ebenfalls temperaturabhängigen Zonen der Kohlenbildung gezeigt. Vitrinitreflexion (Vitrinit ist Bestandteil der Kohle) bezieht sich auf den Anteil des unter dem Polarisationsmikroskop reflektierten Lichts: je höher der Inkohlungsgrad, desto größer die reflektierte Lichtmenge. Es wird dadurch möglich, die thermische Entwicklung bzw. den Reifegrad der betreffenden Kohle zu definieren.*

gerstätten sind durch eingeschaltete marine Sedimentgesteine gekennzeichnet, die kurzen, aber sich wiederholenden Transgressionsphasen entsprechen. Nach dem Ende einer solchen Phase sind nach einer Zeit die Kohlenwälder von Neuem gewachsen und es kam zu einer Wiederholung des Entstehungsprozesses. So ist im Ruhrgebiet eine bis zu 3000 m mächtige, wechselnde Abfolge von fast hundert Steinkohleschichten (bis zu 3 m mächtig) und klastischen marinen Sedimentgesteinsschichten bekannt.

Limnische Kohlen haben sich in Feuchtgebieten, oft intramontan innerhalb von Senken, die bei der Heraushebung eines Orogens entstanden sind, gebildet. Rezent kann man in solchen Gegenden die Bildung von Torf in Flachmooren oder Hochmooren verfolgen. Wenn diese Gebiete später von Sedimenten bedeckt werden (Ton, Sand, Geröll), kommt der Inkohlungsprozess in Gang. Die Steinkohle des Saarlandes und die rheinische Braunkohle haben eine limnische Entstehungsweise.

Die unterschiedlichen Kohlearten (Lignit, Braunkohle, etc.) unterscheiden sich makroskopisch hauptsächlich durch die Menge ihres noch erkennbaren Anteils an Pflanzenresten und dem wachsendem Glanz bei höherem Inkohlungsgrad. Außerdem wird die Kohle mit ansteigendem Kohlenstoffgehalt immer dunkler. Zwischen Braunkohle und Steinkohle liegt der Unterschied im fast vollkommenen Fehlen von Pflanzenstrukturen in der Steinkohle und ihrem deutlichen Glanz. (**Foto 162–164**). Braunkohleschichten können maximale Mächtigkeiten von bis zu 100 m erreichen, Steinkohleschichten höchstens 50 m.

In Europa sind die meisten Kohlelagerstätten im Karbon (Paläozoikum) und im Tertiär entstanden, im Mesozoikum sind sie nur untergeordnet verbreitet. Im Karbon (vor 355–290 Millionen Jahren) ist hauptsächlich Steinkohle oder Anthrazit zu finden, im Tertiär (vor 65–2 Milionen Jahren) vorwiegend Lignit und Braunkohle. Die bedeutenden karbonischen Kohlelagerstätten haben sich aus großen Wäldern, die aus den damals riesigen Schachtelhalmen, Schuppenbäumen und Farnen bestanden, gebildet. Die größten Steinkohlevorkommen der Welt befinden sich in China, gefolgt von den USA und Indien.

***Foto 162**: Lignit. Es sind noch deutlich erkennbare Pflanzenstrukturen erkennbar. Breite 9 cm.*

Foto 163: *Braunkohle. Die Pflanzenreste sind noch vorhanden, aber in reduzierter Menge. Breite 10 cm.*

Foto 164: *Steinkohle. Ein hoher Glanz wird deutlich und die Pflanzenstrukturen wurden von der Diagenese weitgehend zerstört. Breite 9 cm.*

4.4.2 Bituminöser Tonstein („Ölschiefer"), Bitumenmergel, bituminöser Kalk

Bituminöser Tonstein ist dunkelgrau bis schwarz gefärbt und eigentlich handelt es sich um einen Schieferton, d. h. einen fein geschichteten (laminierten) Tonstein. Im Unterschied zur Kohle bilden sich die bituminösen Tonsteine nicht aus pflanzlichen Stoffen, sondern haben als Ausgangsprodukt hauptsächlich tierisches Material wie Plankton (Algen). Der Prozess, welcher zur Bildung von Kohlenwasserstoffen führt, heißt **Bituminierung**. Dabei wird die organische Substanz in ihre Bestandteile aufgespalten: Kohlenhydrate, Fette, Proteine und etwas Schwefel und Stickstoff. Die darauf folgenden diagenetischen Stadien verwandeln diese Masse letztendlich in Erdöl.

Bildung bituminöser Gesteine: Anfangs lagert sich am Meeresboden, in einem anoxischen (euxinischen) Milieu, d. h. unter Sauerstoffabschluss, ein an organischem Material reiches Sediment ab, der sogenannte Faulschlamm (Sapropel). Aufgrund der nicht vorhandenen Sauerstoffzufuhr findet keine oder nur eine sehr begrenzte aerobe Verwesung statt. Die sauerstofffreie Zone beginnt oft bereits über dem Bodenniveau, sodass kein Bodenleben möglich ist und eine ruhige Sedimentation ohne Bioturbation stattfindet. Rezent bilden sich solche Faulschlämme z. B. im Schwarzen Meer. Nachdem der Faulschlamm durch andere Sedimente bedeckt worden ist und diagenetische Prozesse die Bituminierung hervorgerufen haben, entstehen bituminöse Tonsteine; diese werden dank ihres hohen Gehaltes an organischer Substanz (3–15 % Bitumengehalt) auch als **Erdölmuttergesteine** bezeichnet. Wenn der Bituminierungsprozess nicht ganz zu Ende geführt wurde, entstehen anfangs Kerogene – eine Vorstufe von Erdöl. Steigen die Temperaturen („Katagenese"; **Abb. 69**), bildet sich zuerst Erdöl, dann Erdöl und Erdgas und in weiterer Folge nur noch Erdgas.

Indem die Kohlenwasserstoffketten bei höheren Temperaturen in immer kürzere zerlegt werden, bildet sich aus Bitumen Erdöl und Erdgas. Die Kohlenwasserstoffe wandern jedoch aufgrund ihrer Eigenschaften (hohe Mobilität, geringe Dichte, Gasgehalt) im Laufe der Zeit aus den Erdölmuttergesteinen in andere, poröse Gesteine, wie z. B. Sandsteine, Riffkalke, manchmal sogar in magmatische Gesteine, wenn sie tektonisch stark beansprucht, von Klüften durchsetzt sind und deshalb ebenfalls einen porösen Charakter erhalten. Können die Kohlenwasserstoffe aus diesen Gesteinen nicht mehr entweichen, werden daraus **Erdölspeichergesteine**. Dies passiert, wenn sich eine „Erdölfalle" gebildet hat und dadurch der hauptsächlich nach oben, aber auch lateral orientierte Migrationsprozess aufgehalten wird. Migration findet sehr oft entlang von Störungen statt. Nur ein ganz geringfügiger Teil des in geologischer Zeit gebildeten Erdöls ist in Erdölfallen erhalten geblieben. Fast das gesamte entstandene Erdöl ist durch die unterschiedlichen Gesteine und Brüche an die Erdoberfläche gelangt, wo es sich zersetzt hat. Erdölfallen können sedimentologisch-stratigrafisch bedingt sein, in den meisten Fällen entstehen sie jedoch tektonisch. Wichtig ist, dass das Erdölspeichergestein oben und seitlich von einer Schicht begrenzt wird, die undurchlässig ist (z. B. Tonstein oder ein Salzdiapir) und die Migration der Kohlenwasserstoffe dadurch nicht stattfinden kann.

Die bituminösen Tonsteine zeichnen sich oft auch durch ungestörte Fossilerhaltung, teilweise noch mit Weichteilen, aus. Ein Beispiel ist der **Posidonienschiefer**, auch „Schwäbischer Ölschiefer" genannt (Unterer Jura) mit der weltbekannten Fossillagerstätte Holzmaden (Baden-Württemberg). Hier haben sich z. B. Fischsaurier (Ichthyo-

***Foto 165**: Bituminöser Kalkstein („Stinkkalk"). Dunkelgrauer feinkörniger Kalk, der beim Anschlagen oder Reiben nach Bitumen riecht. Breite 7 cm.*

saurier), Flugsaurier, Krokodile, Fische, Seelilien etc. außergewöhnlich gut erhalten. Innerhalb von bituminösen Tonsteinen bilden sich in einigen Fällen auch mergelige oder kalkige Horizonte aus: **Bitumenmergel** oder bituminöser Kalk. Diese enthalten dann ebenfalls Bitumen, sind also auch Erdölmuttergesteine. Die Karbonatdiagenese kann die flüchtigen Kohlenwasserstoffe folglich gleichfalls einschließen. Beim Anschlagen dieser Gesteine breitet sich ein intensiver Geruch aus, weshalb sie auch „Stinkkalk" oder „Stinkmergel" genannt werden. Die Gesteine haben eine graue bis dunkelgraue Farbe (**Foto 165**). Bitumenmergel können auch Erz enthalten – „Kupferschiefer".

Es kommt vor, dass außer marinem organischem Material auch pflanzliche Reste und somit terrestrischer Kohlenstoff in den Kalkmergeln vorhanden sind. Dies wird z. B. in den Posidonienschiefern beobachtet, die bis zu 30 cm mächtige kalkmergelige und kalkige Lagen enthalten.

Als Beispiel für bituminöse Tonsteine, die auch viel vom Land eingeschwemmte Pflanzenpartikel enthalten, kann der zu Beginn des Oligozäns gebildete produktive Horizont (eine Gesteinsschicht, aus welcher Erdöl gefördert wird) mit einer Ausdehnung in der gesamten Paratethys (also bis Zentralasien) angeführt werden. Das Gleiche gilt auch für andere anoxische Ereignisse mit Sapropel-Horizonten, wie es das Adria-Becken (Italien, Pliozän–Pleistozän) oder das Vocontische Becken (französische Alpen, Kreide) zeigen. Die bekannteste und weltweit intensivste Bildung bituminöser Tonsteine mit dem höchsten Prozentsatz an Kohlenwasserstoffen fand jedoch im Oberen Jura (Kimmeridgium) statt.

Fracking (hydraulic fracturing; hydraulische Stimulation)

Unterschiedliche **Erdölmuttergesteine**, die als solche erhalten geblieben sind, aber auf herkömmliche Weise nicht wirtschaftlich rentabel ausgebeutet werden können („unkonventionelle Lagerstätten"), sind im Moment als Folge einer speziellen Erdöl- und Erdgasfördermethode von großem Interesse. Diese besteht im hydraulischen Aufbrechen des dichten bis sehr gering durchlässigen Muttergesteins. Die in ihm vorhandenen Kohlenwasserstoffe werden dadurch freigesetzt und können so wirtschaftlich nutzbar gemacht werden. Zu diesem Zweck wird mithilfe einer Bohrung ein Gemisch aus Wasser (ca. 94,5 %), Sand (ca. 5 %) und chemischen Zusätzen (ca. 0,5 %) unter hohem Druck in die betreffende Gesteinsschicht hineingepumpt. Sand oder Keramikkügelchen werden beigemischt, um die entstandenen Risse offen zu halten. Die chemischen Zusätze halten die Emulsion in Schwebe. Die Durchlässigkeit (Permeabilität) des Gesteins erhöht sich so und das vorhandene Erdöl oder Erdgas kann entweichen. Es wird dadurch eine beträchtliche Erhöhung der Produktion bzw. der vorhandenen Reserven erzielt.

In diesem Zusammenhang werden folgende Umweltrisiken diskutiert: (**1**) Erdbeben und (**2**) Grundwasserkontamination. (**1**) Der „Fracking-Prozesses" kann schwache seismische Ereignisse auslösen (Mikroseismik). In den USA, wo diese Fördermethode sehr verbreitet ist, wurden Richter-Magnituden zwischen 1 und 3 gemessen. Magnitude 3 entspricht der Erschütterung, die ein 5 t schwerer Lastwagen beim Vorbeifahren erzeugt. Die Erklärung für die erzeugte Mikroseismik liegt im schon vor der Bohrung vorhandenen konstanten Spannungsfeld, in welchem sich die Erdkruste befindet. Durch das hydraulische Aufbrechen des Gesteins wird das Spannungsfeld verändert und es kommt zu kleinen Bewegungen entlang vorhandener Störungsflächen, welche die Erdbeben hervorrufen. (**2**) Das für Trinkwasser verwendete Grundwasser wird aus Tiefen bis höchstens 300 m gewonnen. Die Fracking-Methode wird in den meisten Fällen in Tiefen angewendet, die größer als 1,5 km sind. Eine direkte Verbindung durch alle darüber liegenden Schichten ist in der Regel nicht gegeben. Aktive Störungen, die die Kruste bis in viele Kilometer Tiefe durchschlagen und eventuell eine Verbindung herstellen könnten, sind aus der Oberflächengeologie und aufgrund ihrer Seismizität bekannt und im Allgemeinen gut untersucht.

Trotz strenger Auflagen können Risiken für das Grundwasser von technischen Fehlern ausgehen, wie z. B. eine ungenügend dichte Zementierung bzw. Isolierung des Bohrlochs oder durch bohrtechnische Probleme.

Die Methode wird schon seit längerer Zeit auch bei „herkömmlichen Lagerstätten" angewendet. In diesen Fällen werden jedoch die Erdölspeichergesteine „gefrackt", um die Durchlässigkeiten und damit die Produktionsraten zu erhöhen.

IV Metamorphe Gesteine

1 Einleitung und Grundbegriffe

Die Umwandlung (Metamorphose) unterschiedlicher Gesteine in tieferen Krustenbereichen durch erhöhte **Temperatur** (**T**) und steigenden **Druck** (**p**) führt zur Entstehung einer neuen Gesteinsart: den metamorphen Gesteinen. Dies geschieht in einem für uns unsichtbaren Bereich – etwa in den unteren zwei Dritteln der Erdkruste. Die Bildung der betreffenden Gesteine wurde auch experimentell nachgewiesen, wobei außer dem Faktor „Zeit" die anderen Bildungsbedingungen nachgestellt werden konnten. Während der Metamorphose findet im festen (plastischen) Zustand der Gesteinsmasse eine Umkristallisation statt. Gleichzeitig generiert der in der Erdkruste entstandene Druck eine dynamische Verformung, welche die Schieferung oder Regelung der betreffenden Metamorphite bewirkt (**dynamische Metamorphose**). Mit der Deformation (Verformung) der Gesteine befasst sich als Teilbereich der Geowissenschaften die Strukturgeologie. Die Rekristallisation kann aber auch statisch erfolgen, wobei dann das Gesteinsgefüge nicht geschiefert ist (**statische Metamorphose**). In diesem Fall wirkt ein lithostatischer Druck (aus allen Richtungen gleich groß) auf das Gestein, bei dem keine Verformung stattfindet. Die Temperatur ist dann der wichtigste Parameter der metamorphen Rekristallisation.

Werden Sedimentgesteine umgewandelt, sprechen wir von Metamorphose, sobald etwa 200 °C überschritten werden; unterhalb dieser Temperatur handelt es sich um Diagenese. Die Obergrenze der Metamorphose liegt, abhängig von unterschiedlichen Parametern, bei etwa 650 °C, wenn die teilweise Aufschmelzung der Gesteine beginnt. Dieser Prozess wird **Anatexis** genannt. Setzt er sich bei steigender Temperatur fort und die Gesteine schmelzen komplett auf, kommt es zur **Palingenese** und in den betreffenden Zonen der Erdkruste entstehen größere Magmakammern.

Im einfachsten Fall läuft die Metamorphose in einem geschlossenen System ab. So wird z. B. ein Sandstein, der ausschließlich aus Quarz besteht, als Folge der Metamorphose ebenfalls nur aus Quarz zusammengesetzt sein. Dieser ist aber dann metamorph rekristallisiert und das Gestein heißt Quarzit. Das Gleiche gilt für einen reinen Kalkstein, der aus Kalzit besteht: Die Metamorphose lässt aus ihm einen Marmor entstehen, der aus umkristallisiertem Kalzit besteht. Selbst bei hohen Temperaturen bleibt es dabei, denn der Kalzit kann hier mit keinem anderen Mineral reagieren. Wenn aber z. B. im Ausgangsgestein außer Kalzit auch Quarz vorhanden ist, findet ab etwa 400 °C eine Mineralreaktion statt:

$$SiO_2 + CaCO_3 \rightarrow \mathbf{CaSiO_3} + CO_2\uparrow$$

Als Resultat entsteht neben Kohlendioxid, das entweicht, ein neues, typisch metamorphes Mineral im Gestein, das Wollastonit (**Foto 166**) heißt.

Ist der Quarzanteil im Ausgangsmaterial höher als der des Kalzits, ergibt sich folgende Reaktion:

$$2SiO_2 + CaCO_3 \rightarrow \mathbf{CaSiO_3} + \mathbf{SiO_2} + CO_2\uparrow$$

Während der metamorphen Rekristallisation findet Kristallneubildung- und -wachstum statt – **Blastese** (griech. „blastein" = wachsen) genannt. Gleichzeitig entstehen durch

Foto 166: *Wollastonit ($CaSiO_3$) bildet faserig nadelige, weiße Kristalle in einem Marmor als Folge der Reaktion zwischen Kalzit und Quarz, der ursprünglich im Kalkstein ebenfalls enthalten war. Der Marmor zeigt ein granoblastisches Gefüge, Wollastonit ist nematoblastisch. Breite 9,5 cm.*

Foto 167: *Augengneis. Die typisch ovalen Alkalifeldspat (Mikroklin)-Augen sind von Glimmer und von dünnen, parallelen Quarz-Feldspat-Lagen umgeben. Breite 12 cm. Cozia-Gneis, Südkarpaten*

die unterschiedlichen Mineralreaktionen neue **Mineralvergesellschaftungen**, auch **Mineralparagenesen** bezeichnet. Welche Mineralparagenesen sich genau bilden, hängt sowohl vom Chemismus des Ausgangsgesteins ab als auch von den p-T-Bedingungen.

Insbesondere in größeren sedimentären Becken können die Gesteinsschichten und auch lokal in diesen vorhandene Magmatite im Laufe der Zeit durch die Last der darüber neu gebildeten Schichten in immer größere Tiefen versenkt werden („Zusedimentation"). Dabei steigen der Druck und die Temperatur, das Diagenese-Stadium kann überschritten werden und ab etwa 200 °C beginnen metamorphe Prozesse zu wirken. Bei dieser **Versenkungsmetamorphose** spielt der **geothermische Gradient**, dessen mittlerer Wert 3 °C pro 100 m Tiefe entspricht, eine wichtige Rolle: In 1 km Tiefe haben wir demnach in der Kruste im Durchschnitt eine Temperatur von etwa 30 °C, in etwa 6–7 km Tiefe werden die 200 °C erreicht und bei 15 km Tiefe kann sie 450 °C betragen. Ist das Metamorphosestadium erreicht, bilden sich bei steigenden p-T-Werten immer wieder neue, typische Mineralvergesellschaftungen.

Der geothermische Gradient kann allerdings, abhängig von der betreffenden plattentektonischen Situation, von der Krustenzusammensetzung und Krustenmächtigkeit, dem dynamischen Umfeld, stark schwanken.

Wird ein Sedimentgestein metamorph überprägt, bilden sich „**Paragesteine**", z. B. Paragneise, die meistens glimmerreich sind. Die Glimmerminerale gehen aus der metamorphen Umwandlung eines Tonsteins hervor, daher sind Paragneise oft metamorphe Tonsteine. Wenn ein magmatisches Gestein metamorphosiert wird, so entsteht ein „**Orthogestein**", z. B. Orthogneise, die metamorph umgewandelte Granite, Granodiorite oder auch Diorite darstellen können. Im Falle der erneuten metamorphen Überprägung eines Metamorphits sprechen wir von „**polymetamorphen Gesteinen**".

Ist das Ausgangsgestein eines Metamorphits – auch Protolith oder Edukt genannt – noch direkt erkennbar oder seine Identifizierung indirekt möglich, so kann das Präfix „Meta" dem betreffenden sedimentären oder magmatischen Ausgangsgestein vorangesetzt werden, z. B. „Metaarkose", „Metapelit" (Paragneis), Metagabbro oder Metagranit. Ein Metagranit kann oft einen „**Augengneis**" darstellen, dessen ovale oder augenförmige Alkalifeldspäte durch metamorphe Deformation der ursprünglich idiomorphen Alkalifeldspat-Großkristalle eines porphyrartigen Granits hervorgegangen sind (**Foto 167**).

Gneise sind geregelte, gebänderte oder leicht geschieferte Gesteine, die allgemein feldspatreich sind (ca. > 25 %). Bei den restlichen Mineralen handelt es sich vor allem um Quarz und Glimmer, aber auch Amphibole, Granat, Pyroxen, Cordierit oder Sillimanit können vorhanden sein. Es handelt sich um mittel- bis grobkörnige Gesteine mit Korngrößen bis zu mehreren Millimetern. Im angloamerikanischen Sprachraum wird Gneis ausschließlich auf Grundlage des Gefüges definiert, welches immer deutlich lagig ist, charakterisiert durch eine Teilbarkeit im Maßstab von über 1 cm. Es handelt sich dabei um eine Foliation (Paralleltextur – siehe weiter unten), meistens als Bänderung entwickelt, oder um eine Lineation (lineares Gefügeelement in einem Gesteinskörper, z. B. die Auslängung von Mineralen in einer bestimmten Richtung – Streckungslineation). Typisch für Gneise ist auch das Augengneisgefüge oder eine Flaserung (siehe weiter unten).

Ein Orthogneis, der aus einem metamorph überprägten Granit entstand, kann den gleichen Chemismus wie eine Metaarkose haben, die, weil sedimentären Ursprungs, ein „Paragestein" darstellt. Dies ist möglich, weil Arkosen, als Folge der Erosion von Granitmassiven entstanden, besonders feldspatreich sind.

Ein wichtiges Merkmal der metamorphen Gesteine ist ihr **Gefüge**. Wird ein Gesteinspaket durch einen dynamischen Prozess in die Tiefe gezogen, erfolgt die metamorphe Rekristallisation in den meisten Fällen unter einem gerichteten Druck, auch „Stress" genannt. Es kommt dabei, oft in Verbindung mit Faltung und Überschiebung, zu einer Durchbewegung der Gesteine. Die vorhandenen planaren (plattigen) oder länglichen Minerale werden dabei entweder in die neu gebildeten Deformationsebenen einrotiert oder sie wachsen geregelt unter steigenden Metamorphosebedingungen neu. Es entsteht dadurch eine Schieferung oder Regelung (Paralleltextur) des Gesteins, auch **metamorphe Foliation** (**Foto 168**) genannt, welche durch die bevorzugte Orientierung von Mineralen, z. B. der Glimmer („Glimmerschiefer") oder der Amphibole (**Foto 169, 170**) ersichtlich wird. Weil die Schieferung in vielen metamorphen Gesteinen einen prägenden Charakter hat, wird sie oft in Gesteinsnamen aufgenommen, z. B. Tonschiefer oder Grünschiefer (Chloritschiefer). Beschreibt man bestimmte metamorphe Gesteine etwas genauer, so können die typischen Minerale vor dem eigentlichen Gesteinsnamen angeführt werden, z. B. Granat-Glimmerschiefer **(Foto 171)**, Sillimanit-Glimmerschiefer (**Foto 172**), Staurolith-Granat-Glimmerschiefer oder Disthen-Glimmerschiefer (**Foto 173**).

Die meisten Minerale, z. B. Quarz oder Feldspat, lassen sich ab einer bestimmten mineralspezifischen Temperatur plastisch deformieren. Eine so gute Spaltung wie bei Glimmern ist bei ihnen nicht möglich und das Gestein erhält deshalb kein richtig geschiefertes, sondern ein eher geregeltes Gefüge. Sind in einem Gestein Quarz und Feldspat z. B. mit Biotit in auskeilenden Aspekten verwoben, sprechen wir von einer **Flaserung**, z. B. „Flasergneise" (**Foto 174**), welche etwas stärker metamorph deformierte granitoide Gesteine darstellen können.

***Foto 168**: Die Schieferung der Gesteine (Quarzit-Schiefer) ist gut erkennbar; die fast vertikale Position der geschieferten Gesteinspakete ist auf Gebirgsbildungsprozesse zurückzuführen. Măcin-Gebirge, Drobrudscha, Rumänien.*

Foto 169: *Biotitreicher Gneis mit deutlicher Schieferung. Im Kontrast dazu steht das gleichkörnig richtungslose Gefüge des Ganggranits, welcher den Gneis teilweise entlang der Schieferungsfläche (links) und teilweise im spitzen Winkel dazu durchdringt. Breite 20 cm. Wehra-Tal, Südschwarzwald.*

Foto 170: *Amphibolschiefer mit Spessartin. Die Amphibol-Lagen bestehen aus schwarzblauem Glaukophan und zeigen eine nematoblastische Struktur (siehe Seite 239). Die bräunlich roten Bänder und Lagen sind aus sehr feinkörnigem Spessartin (ein Mn-reicher Granat) zusammengesetzt. Breite 9 cm. Syros (Kykladen).*

Foto 171: *Granat-Glimmerschiefer. Die rotbraunen Granatkristalle sind porphyroblastisch in der hellen glimmer- und quarzreichen, geschieferten Gesteinsmasse gewachsen. Die rostbraune Tönung ist durch Verwitterung entstandenen Eisenhydroxiden zu verdanken. Breite 24 cm.*

Foto 172: *Sillimanit-Glimmerschiefer. Das feine, nadelig streifige, helle, meist parallel angeordnete Mineral ist Sillimanit. Das Gefüge ist nematoblastisch bis fibroblastisch (siehe S. 239). Der Rest des Gesteins besteht aus Glimmern, Quarz und etwas Feldspat (Plagioklas). Breite 13 cm.*

Foto 173: *Disthen-Glimmerschiefer. Die blauen Disthenkristalle sind parallel zur Schieferung gewachsen und überwiegen hier im Gestein den Glimmer- sowie den Quarz-Feldspat-Anteil. Nematoblastisches Gefüge. Breite 12 cm. Semenic-Gebirge, Südkarpaten, Rumänien.*

Foto 174: *Flasergneis. Die Schieferung wird von Biotitkristallen und länglich ausgewalzten Quarz- und Feldspatkristallen markiert. Breite 9 cm. Mittlerer Schwarzwald, St. Wilhelms-Tal.*

Erscheinen im Gestein augenförmige oder ovale Feldspatkristalle in einer glimmerreichen, schiefrigen Matrix eingeregelt, erkennt man ein **Augengneisgefüge** (**Foto 167, 175**). Sind die betreffenden Feldspatkristalle neu gewachsen, spricht man von „**Porphyroblasten**" (griech. „blastein" = wachsen, „porphyros" = groß). Oft weisen die Kristalle jedoch noch teilweise idiomorphe, reliktische Aspekte auf – in diesem Fall bezeichnet man sie als „porphyroklastische" Feldspataugen. „**Porphyroklasten**" sind auch die an den Enden etwas zugespitzt bzw. rekristallisierten Feldspatkristalle, wie es meistens der Fall ist, denn das Auge ist noch der Altkristall.

Wenn sich als Folge metamorpher Prozesse im Gestein, vorwiegend in Gneisen, parallele, meist Zentimeter bis Dezimeter dicke helle (leukokrate, quarz-feldspatreiche) und dunkle (melanokrate, biotit- oder hornblendereiche) Lagen entwickeln, entsteht eine **Bänderung** des Gneises (**Foto 176, 177**). Diese Aspekte dürfen auf keinen Fall mit der für Sedimentgesteine typischen Schichtung verwechselt werden.

Eine **Fältelung** (engl. „crenulation") bezieht sich auf kleindimensionierte Falten, die auch in Handstücksgröße eines Gesteins erkennbar sind. Die ältere Schieferung wird dabei krenuliert oder gerunzelt (**Foto 178**). Es entstehen kleine Knitterfalten, die meist asymmetrisch sind.

Das **mylonitische Gefüge (Foto 179)** bezieht sich auf Gesteine, die Mylonite (griech. „mýle" = Mühle) genannt werden und welche entlang von Scherzonen durch eine duktile (zähplastische) Verformung verändert wurden. Viele Störungszonen durchqueren zuerst die oberen, spröden Bereiche der Erdkruste, wo sich die Gesteine aufgrund mechanischer Reibung bruchhaft verändern, und es entstehen Kataklasite bzw. tektonische Brekzien. Sie gelangen aber auch in tiefere Krustenzonen, wo die Deformation duktil wird: Die Gesteinspakete bewegen sich hier bruchlos aneinander vorbei und es bilden sich Mylonite. Duktile Scherzonen entstehen in der Tiefe auch im Zuge von

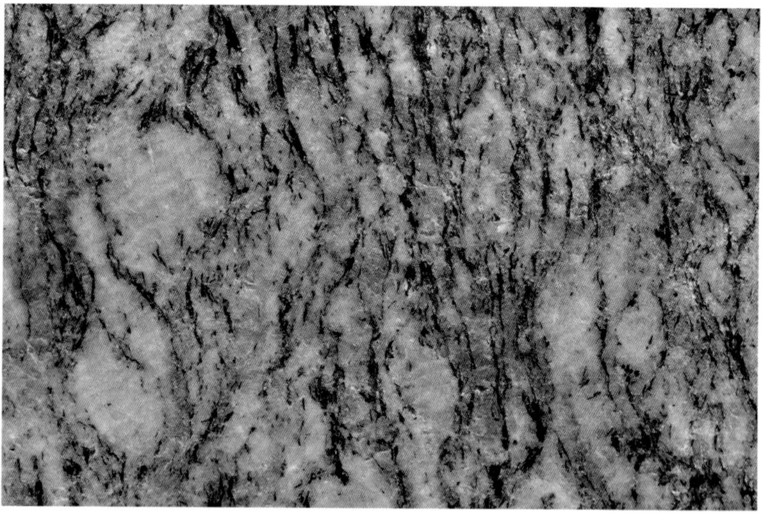

Foto 175: *Augengneisgefüge. Oval deformierte Alkalifeldspat-Augen sind in einer biotitreichen Matrix eingeregelt. Die Gesteinsmasse besteht noch aus Quarz und Plagioklas. Breite 4 cm.*

***Foto 176**: Bänderamphibolit. Das Gestein besteht aus dunkelgrünen hornblendereichen und weißlichen, feldspatreichen Bändern bzw. Lagen, die teilweise verfaltet sind (rechte Bildseite). Siros, (Kykladen).*

***Foto 177**: Gebänderter Gneis. Feldspatreiche Bänder verleihen dem Gestein ein „plattiges", gebändertes Gefüge. Die dunklen Lagen sind biotitreich und enthalten Hornblende. Man bezeichnet diese Art von lagigem Gefüge auch als „lit par lit"-Strukturen.* Yunmeng-Shan-Gebirge, N-NE-Peking, China.

Foto 178: *Fältelung der Schieferung eines Kalkschiefers (Kalkphyllit) in oft asymmetrische Klein- und Knitterfalten. Foto Wolfgang Frisch. Capo Castello, Elba.*

Gebirgsbildungen, bei der Kollision von kontinentalen Massen. Teile der Erdkruste werden dabei gestapelt, über- und untereinander geschoben und es bilden sich unter den betreffenden p-T-Bedingungen Falten und Deckenstrukturen. Die entstandenen Überschiebungsflächen stellen Scherzonen dar und die betroffenen Gesteine sind deshalb intensiv mylonitisch beansprucht. Wird so ein Gebirge herausgehoben und gelangen Gesteine aus der Tiefe an die Erdoberfläche, so sind mylonitische Strukturen oft im Aufschluss erkennbar und bilden wichtige Hinweise für den Ablauf der geodynamischen Ereignisse.

Die einzelnen Minerale besitzen sehr unterschiedliche Materialeigenschaften. So liegt z. B. die Duktilitätsgrenze (der Beginn der plastischen Deformation) von Kalzit bei etwa 200 °C, diejenige des Quarzes bei knapp 300 °C und Feldspat beginnt sich erst ab 450 bis 500 °C duktil zu verformen. Ein Gestein kann deshalb auch nur teilweise duktil und zum anderen Teil bruchhaft verformt werden. Während dieser Prozesse können die Minerale teilweise oder vollständig umkristallisieren. Dabei bilden sich aus großen, stark deformierten Kristallen zahlreiche neue, deutlich kleinere Kristalle.

Dynamische Rekristallisation und statische Rekristallisation

Durch die plastische Verformung erfolgt eine permanente Anpassung der Minerale an die Scherspannung. Die starke Verformung der Kristalle löst eine **dynamische Rekristallisation** aus. Die bei der Rekristallisation neu gebildeten Kristalle sind wesentlich kleiner als die ursprünglichen Körner, sodass das Gestein durch eine erhebliche **Korngrößenreduktion** gekennzeichnet ist.

Die Rekristallisation der Minerale ist somit Teil eines dynamischen Prozesses, wobei die Korngrößen der neu gebildeten Kristalle einheitlich sind. Das durch die Kornverkleinerung gebildete Gefüge ist deshalb meist gleichkörnig und polygonal. Nachdem sich die Minerale bei bestimmten Temperaturen unterschiedlich verhalten, können z. B. Quarze vollkommen dynamisch rekristallisiert sein und eine homogene Matrix bilden, während die Feldspäte noch keine Verformung aufweisen – dies trifft für den Temperaturbereich zwischen etwa 300 und 450 °C zu.

Im Gegensatz dazu befindet sich die **statische Rekristallisation**, welche überwiegend während reduzierter Deformation und zu einem späteren Zeitpunkt stattfindet (postkinematisch). Die statische Rekristallisation entsteht, wenn nach starker Deformation die Durchbewegung aufhört und die verformten Körner rekristallisieren können, ohne wieder deformiert zu werden. Steigen gleichzeitig der Druck und die Temperatur, kommt es zu einer **Sammelrekristallisation,** bei der die Minerale ein Größenwachstum erfahren (Minimierung der Oberflächenspannung).

In „**Druckschatten**" von großen undeformierten Kristallen können sich linsenförmige Teile des ursprünglichen, nicht oder nur wenig rekristallisierten Gesteins erhalten (**Foto 179**). Wenn in späteren metamorphen Phasen die Deformation nachlässt, können die während der Mylonitisierung gebildeten, kleinen Rekristallisat-Körner wieder zu wachsen beginnen und die ursprüngliche Kornverkleinerung wird so verwischt. Deshalb ist die Korngröße an und für sich nicht als absolutes Maß für die Verformungsintensität

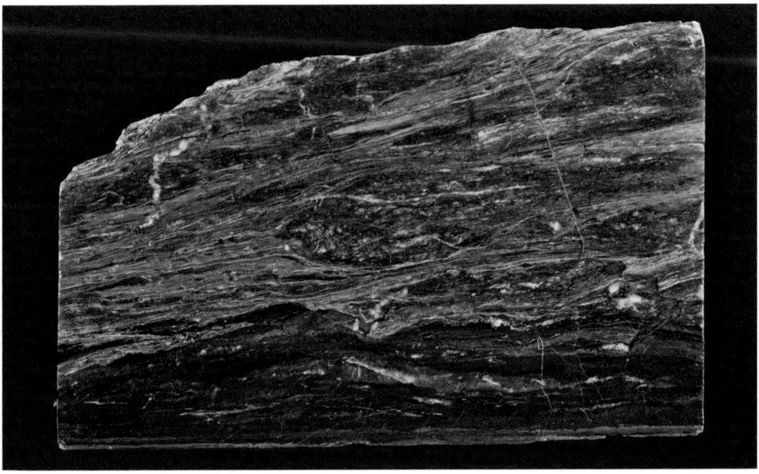

Foto 179: *Mylonit. Das Gestein hat durch intensive duktile Deformation und Rekristallisation entlang der zahlreichen Scherbahnen, welche durch eine grünliche Färbung (Chlorit und Epidot) markiert sind, eine Kornverkleinerung erfahren. Im Zentrum hat sich eine Linse erhalten, die Teil des ursprünglichen, nur wenig rekristallisierten Gesteins darstellt. Die vielen Scherbahnen dokumentieren die Dynamik des Prozesses. Breite 18 cm. Breitestølen, Kaledoniden, Norwegen.*

Foto 180: *Mylonit mit Streckungslineation (Auslängung der Minerale in eine bestimmte Richtung), auch „Stängelgneis" genannt. Breite 13 cm.*

Foto 181: *Mylonitischer Amphibolit. Das Gestein zeigt ausgewalzte Lagen mit vorwiegend Feldspat (helle Bänder) und Hornblende (dunkle Bänder). Typisch ist das Flasergefüge. Breite 20 cm. Südkarpaten.*

zu betrachten. Bei mylonitischer Deformation entsteht eine sogenannte **Streckungslineation** (**Foto 180**). Die Streckungslineation ist ein penetratives, lineares Gefügeelement und zeigt die Richtung der stärksten Dehnung bei der Deformation an. Sie wird zur Ermittlung der Scherrichtung (Bewegungsrichtung) in Myloniten verwendet. In anderen Fällen kann eine zerfranste, gewellte und auch oft immer wieder unterbrochene Bänderung des Gesteins seine mylonitische Überprägung verraten (**Foto 181**).

In Bezug auf die Kornform und Korngröße der während der metamorphen Rekristallisation entstandenen Minerale benutzt man die folgende Nomenklatur für die unterschiedlichen Strukturen der Gesteine. **Nematoblastisch** ist eine Struktur, welche z.B. von der Parallelorientierung der säulenförmig gestreckten Amphibolkristalle bestimmt wird und in Amphiboliten oder Amphibolgneisen zu finden ist (**Foto 170**). Das Gleiche gilt aber auch für nadelige Kristalle wie Wollastonit oder Sillimanit (**Foto 166, 172**). **Granoblastisch** bezieht sich auf Minerale, die keine Einregelung erkennen lassen und isometrische Aspekte vorweisen. Insbesondere Karbonatminerale (Kalzit-Marmor; **Foto 166, 221, 222, 223**) haben diesen Charakter, aber auch Feldspäte, Quarz und seltener Pyroxene oder Amphibole können solche Strukturen zeigen. **Porphyroblastisch** sind Kristalle, die deutlich größer gewachsen sind als die Durchschnittskorngröße der Minerale, in die sie eingebettet sind. Ein typisches Beispiel dafür ist der Granat (**Foto 171**). Granate sind zusätzlich oft auch **idioblastisch** – wenn die äußere Kristallgestalt erkennbar ist (**Foto 188**). **Diablastisch** hingegen ist die regellose Durchdringung und Verwachsung zweier Mineralarten. **Lepidoblastisch** ist das Gefüge, wenn das Gestein schuppig blättchenförmige Minerale enthält. Es handelt sich dabei um Schichtsilikate wie Glimmer (**Foto 171, 182**), Talk oder Chlorit, welche den schiefrigen Charakter eines Gesteins besonders gut hervorheben. Man unterscheidet noch **fibroblastische**

Foto 182: *Glimmerschiefer. Die hellen Muskovitkristalle sind perfekt parallel zur Schieferung angeordnet und unterstreichen so das typisch lepidoblastische Gefüge. Die rotbraunen, rundlichen Kristalle bestehen aus Granat. Breite 3 cm.*

Strukturen (typisch für Sillimanit), wo das Mineral sehr feinfaserig, meistens nur mit der Lupe erkennbar auskristallisiert (**Foto 187**). Ebenfalls nur mithilfe der Lupe können **symplektitische Strukturen** identifiziert werden. Hier handelt es sich z. B. um Plagioklas-Hornblende-Verwachsungen, die bei retrograd überprägten Eklogiten einen Saum um die Granatkristalle bilden können (siehe Kap. IV.5) und ein Reliktgefüge darstellen.

2 Metamorphosearten, metamorphe Fazies und metamorphe Prozesse

2.1 Metamorphosearten

Neben der weiter oben genannten Versenkungsmetamorphose, die von eher untergeordneter Bedeutung ist, sind die wichtigsten Metamorphosearten die **Regionalmetamorphose**, die **Hochdruck- oder Subduktionsmetamorphose** und die **Kontaktmetamorphose**. Die **Ozeanbodenmetamorphose,** die im Gelände als solche kaum zu unterscheiden ist, und die **Impaktmetamorphose**, die relativ selten auftritt, sind in der Praxis weniger wichtig (**Abb. 70**).

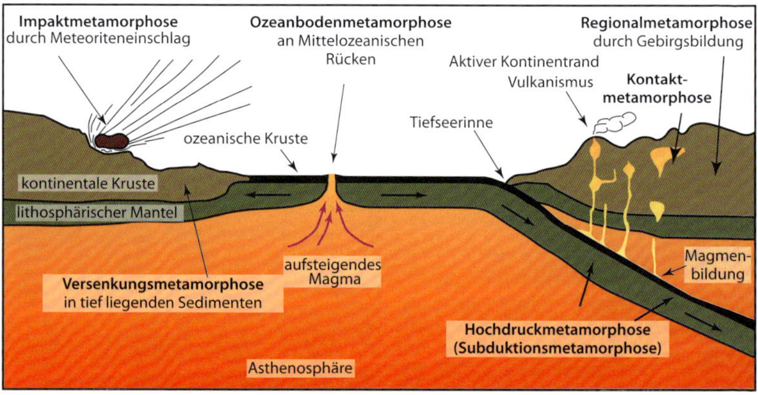

***Abb. 70**: Metamorphosearten. Die unterschiedliche Entstehung metamorpher Gesteine ist im Zusammenhang mit dem betreffenden geotektonischen Umfeld dargestellt.*

Die **Regionalmetamorphose**, auch **Thermo-Dynamometamorphose** genannt, bezieht sich auf großräumige Umwandlungen und Durchbewegung von Gesteinen der kontinentalen Kruste in mehr als 5–6 km Tiefe, bedingt durch erhöhte Drücke und Temperaturen. Die Versenkung der betreffenden Krustenbereiche geschieht in Verbindung mit Kollisions- und Überschiebungsvorgängen, hervorgerufen durch plattentektonische Prozesse wie Subduktion am Kontinentrand oder Kontinent-Kontinent-Kollision. Die Regionalmetamorphose ist typisch für **Gebirgsbildungsprozesse** („orogene Metamorphose", siehe auch Kasten „Orogenese und Erdentwicklung", Kap. I.2) und hat einen **dynamischen Charakter**. Neben dem durch die Versenkungstiefe bedingten Umschließungsdruck wirkt auch ein gerichteter Druck, welcher für die Deformation und orientierte Umkristallisation der Gesteine verantwortlich ist und das typisch geschieferte Gefüge der regionalmetamorphen Gesteine hervorruft. Eine wichtige Rolle spielt dabei auch die fluide Phase (hauptsächlich Wasser), welche die Mineralreaktionen, die zur Angleichung des Mineralbestands an die herrschenden Druck- und Temperaturbedingungen führen, beschleunigt.

Bei der **Hochdruck- oder Subduktionsmetamorphose** wird in Subduktionszonen kühle ozeanische (basaltische) Kruste in große Tiefen geführt. Gesteine sind schlechte Wärmeleiter und es dauert Millionen Jahre, bis sie sich an die höheren Temperaturen in der Tiefe anpassen. Der Druck jedoch, bestimmt vom Gesamtgewicht der überlagernden Gesteine (Umschließungsdruck) steigt entsprechend der Tiefe spontan an. Deshalb ist dieser Metamorphosetyp durch hohe Drucke bei relativ geringen Temperaturen gekennzeichnet. Während der Subduktionsmetamorphose werden die Gesteine der ozeanischen Kruste entwässert. Die Basalte sind relativ wasserreich, weil durch die Interaktion mit dem Meerwasser wasserhaltige Minerale (z. B. Zeolithe, Epidot, Amphibol, Chlorit) entstehen. Diese Minerale werden unter den Bedingungen der Hochdruckmetamorphose instabil und durch andere, meist wasserfreie ersetzt, wobei die Gesteine dadurch immer „trockener" werden. Das frei gewordene Wasser wird dabei hauptsächlich in den Mantel über der Subduktionszone abgegeben.

Die **Kontaktmetamorphose** ist in erster Linie temperaturbetont, entsteht in der näheren Umgebung von Plutonen oder subvulkanischen Intrusionen und entwickelt sich gewöhnlich in einem lokal begrenzten Rahmen. Das Magma wirkt dabei durch Wärmeabgabe auf das wesentlich kühlere Nebengestein ein. Dabei kann es, abhängig vom lithologisch-geochemischen Charakter des angrenzenden Gesteins, zu Reaktionen mit diesem oder zu Rekristallisationsprozessen und Kornwachstum kommen. Die Kontaktmetamorphose hat einen **statischen Charakter**, weil gerichteter Druck und Deformation keine oder nur eine sehr untergeordnete Rolle spielen.

Die **Ozeanbodenmetamorphose** (**Abb. 71**) findet im Untergrund des Ozeanbodens statt und ist charakteristisch für mittelozeanische Rücken. Sie ist, wie auch die Kontaktmetamorphose, eine thermische Metamorphose und erfolgt unter statischen Bedingungen. Das Meerwasser dringt dabei über Kluft- und Spaltensysteme mehrere Kilometer tief in die basaltischen, doleritischen und gabbroiden Gesteine der ozeanischen Kruste unmittelbar nach deren Erstarrung ein und bildet großräumige Konvektionsströme, wobei riesige Wassermengen befördert werden. Das Wasser erhitzt sich dabei stufenweise auf bis zu über 500 °C, also über seine kritische Temperatur (374 °C). Dabei findet ein Stoffaustausch statt und die Ozeanbodengesteine erfahren Mineralumwandlungen. Die „trockenen" Minerale der Basalte und Gabbros (Pyroxen, Olivin) wandeln sich in Minerale um, die OH-Ionen enthalten. Bei niedrigeren Temperaturen (200 °C) entstehen so Zeolithe (ein feldspatähnliches Mineral), die Zone wird Zeolithfazies (zu dem Begriff „Fazies" siehe Kap. IV.2.2) genannt. In tieferen Bereichen, wo die Temperaturen steigen, bilden sich in den Basalten und Doleriten Chlorit und Aktinolith – ein Niedrigtemperatur-Amphibol – und es entstehen „Grünsteine" (Grünschieferfazies bzw. Grünsteinfazies). Aus der Kalzium-Phase des Plagioklases entsteht Epidot (siehe Kap. IV.3). Andererseits geben die heißen, salzreichen Meerwasser-Fluide Na ab und in den Plagioklasen, die Kalzium-Natrium-Feldspäte darstellen, findet ein Ca-Na-Austausch statt, wobei sich diese in fast reine Natrium-Feldspäte umwandeln (Albit). Dieser Umwandlungsprozess wird **Spilitisierung** genannt und die betreffenden Gesteine **Spilite**. In den tiefen Zonen, wo sich die Gabbros befinden, können die Temperaturen über 500 °C betragen. Hier wandelt sich der Pyroxen in Hornblende um – ein

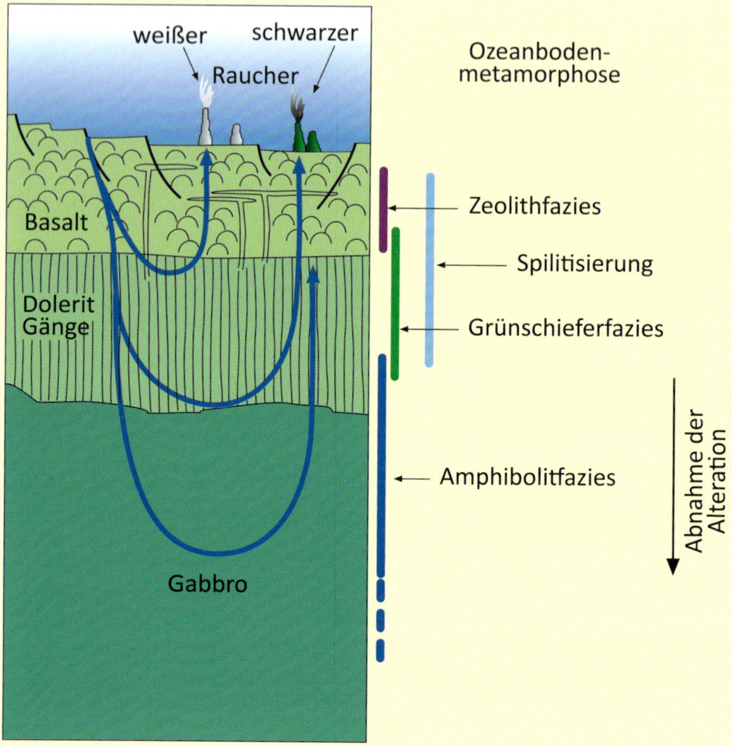

***Abb. 71**: Ozeanbodenmetamorphose. Kaltes Meerwasser dringt über Kluft- und Spaltensysteme in die jungen, heißen Ozeanbodengesteine ein, wird dabei bis über die kritische Temperatur aufgeheizt und verursacht durch Stoffaustausch mineralogische Umwandlungen. Zeugen dieses großräumigen Austauschs zwischen der ozeanischen Kruste und dem Meerwasser sind die „weißen und schwarzen Raucher". An diesen tritt das erwärmte und mit Lösungsfracht beladene Wasser wieder aus. Die schwarzen Raucher verdanken ihre Farbe Partikeln aus Eisen-, Kupfer- und Zink-Sulfiden (Pyrit, Magnetit, Chalkopyrit, Zinkblende). Die weißen Raucher enthalten vorwiegend Sulfate wie Baryt (Schwerspat) und Anhydrit, fällen aber auch Zinkblende und Kieselsäure aus. Durch dieses konvektive Hydrothermalsystem wird aus dem Erdinneren stammende Wärme abtransportiert und die Kruste dadurch gekühlt. Nach Frisch & Meschede (2013).*

Amphibol (Amphibolitfazies). Die Mineralumbildungen entsprechen jenen, die auch bei der Regionalmetamorphose auftreten, nur die Deformationsprozesse fehlen.

Hauptsächlich entlang von Transformstörungen gelangen oft auch **Peridotite des Mantels** tektonisch in den Bereich der thermisch angetriebenen Wasserzirkulation und werden zu **Serpentiniten** umgewandelt (**Foto 183**). Olivin und Orthopyroxen werden dabei in wasserhaltige Serpentinminerale verwandelt. Klinopyroxen, der Ca enthält, wandelt sich nicht in Ca-freie Serpentinmi-

Foto 183: *Dunkelgrüner, serpentinisierter Peridotit. Das Gestein bestand ursprünglich aus Pyroxen und Olivin, die in großem Maße in feinkörnig dichte Serpentinminerale (Antigorit und Lizardit) umgewandelt wurden. Dadurch ist die Körnigkeit des Gesteins teilweise undeutlich geworden. Die großen Kristallflächen, die man gut sieht, sind Pyroxene (Klinopyroxen, weil dieser im Unterschied zum Orthopyroxen Ca enthält und sich nicht in die Ca-freien Serpentinminerale umwandelt), Olivin ist nicht mehr erkennbar. Die weißen Flecken sind Reste sekundärer Kluftfüllungen, die später entstanden sind. Breite 10 cm. Rio n´ell Elba, Elba.*

Foto 184: *Suevit. Impaktbrekzie mit Anteilen an geschmolzenem Material, das zu Gesteinsglas erstarrt ist. Die fladenförmigen dunklen Teile („Flädle") bestehen aus Impaktglas und Gesteinsfragmenten; sie liegen in einer porösen, blasigen Grundmasse. Breite 12,5 cm. Nördlinger Ries, Süddeutschland.*

nerale um und bleibt stabil. Serpentinite haben ein deutlich geringeres spezifisches Gewicht (2,7 g/cm³) als die Gesteine der Ozeankruste (ca. 3,0 g/cm³) und deshalb die Tendenz, diese entlang von größeren Störungszonen zu durchdringen und diapirartig bis an die Oberfläche aufzusteigen.

Die **Impaktmetamorphose** (**Stoßwellenmetamorphose**) entsteht durch Meteoriteneinschlag, welcher eine sich konzentrisch ausbreitende Schockwelle erzeugt, die in Sekundenbruchteilen Drücke von mehr als einer Million Bar und Temperaturen von bis zu 10.000 °C bewirken kann und die Gesteine im Umkreis des Einschlags umwandelt. Die impaktmetamorphen Gesteine werden auch **Impaktite** genannt. Obwohl die Wirkung nur von kurzer Dauer ist, erfolgt eine Verdampfung und teilweise Aufschmelzung

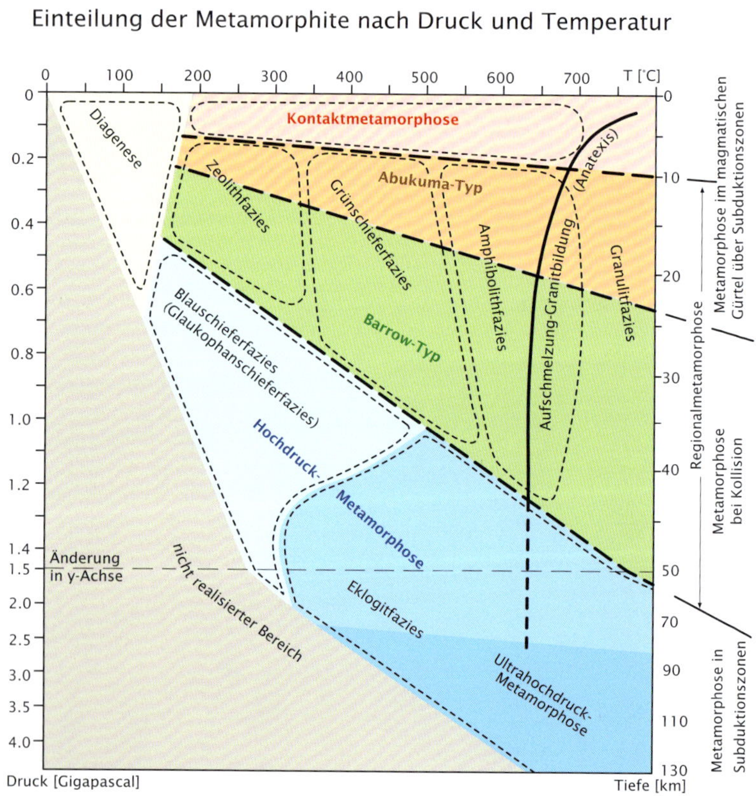

Abb. 72: Metamorphe Faziesfelder und Arten der Metamorphose in einem Druck-Temperatur-Diagramm. Die Regionalmetamorphose hat in der Erdkruste mit Abstand die größte Verbreitung und enthält einen druckbetonten Bereich (Barrow-Typ) und einen temperaturbetonten Bereich (Abukuma-Typ). Der Barrow-Typ ist für Kontinent-Kollisionen, der Abukuma-Typ für die magmatischen Gürtel über Subduktionszonen charakteristisch. Die Hochdruckmetamorphose ist für Subduktionszonen typisch. Die Kontaktmetamorphose tritt im Hitzehof um frisch eingedrungene Intrusionskörper auf. Nach Frisch & Meschede (2013).

des kosmischen Körpers und der Gesteine des getroffenen Untergrundes. Im (schwäbischen) Nördlinger Ries bildete sich vor ca. 14,6 Millionen Jahren eine verschweißte Brekzie mit blasig erstarrtem Gesteinsglas (**Foto 184**) – **Suevit** (lat. „Suevia" für Schwaben; deshalb auch als „Schwabenstein" bekannt) genannt (siehe auch Kasten „Brekzien nichtsedimentärer Entstehung", Kap. III.2).

Die Ähnlichkeit mit dem vulkanischen ignimbritischen Gefüge und die Kraterstruktur haben lange Zeit zur Folge gehabt, dass diese Gesteine als Vulkanite betrachtet wurden. Erst die Entdeckung der Quarz-Hochdruckmodifikationen Coesit und Stishovit in diesen Gesteinen (Shoemaker & Chao 1961) erlaubte ihre Zuordnung zu den Impaktiten.

2.2 Metamorphe Fazies

Um die metamorphen Prozesse besser verstehen und einteilen zu können, ist ein Ordnungsprinzip notwendig. Zu diesem Zweck wurden die Bereiche der Erdkruste, in denen die druck- und temperaturbedingten Gesteinsumwandlungen ablaufen, in verschiedene Felder eingeteilt, die als **Faziesbereiche** bezeichnet werden. Jedes dieser Felder veranschaulicht dabei einen bestimmten Druck- und Temperaturbereich, wobei die Art der Metamorphose (**Abb. 72**) vom Verhältnis zwischen Druck und Temperatur (p/T-Quotient) bestimmt wird.

Unter einer **metamorphen Fazies** versteht man die mineralogischen Charakteristika von Gesteinen unterschiedlicher Zusammensetzung, die sich unter den gleichen Metamorphose-Bedingungen (im gleichen p-T-Feld) gebildet haben. Die betreffenden Gesteine enthalten Minerale oder **Mineralparagenesen** (Mineralassoziationen), deren Stabilitätsbereiche sich mit dem Faziesfeld decken (**Abb. 73**). Einige dieser Minerale

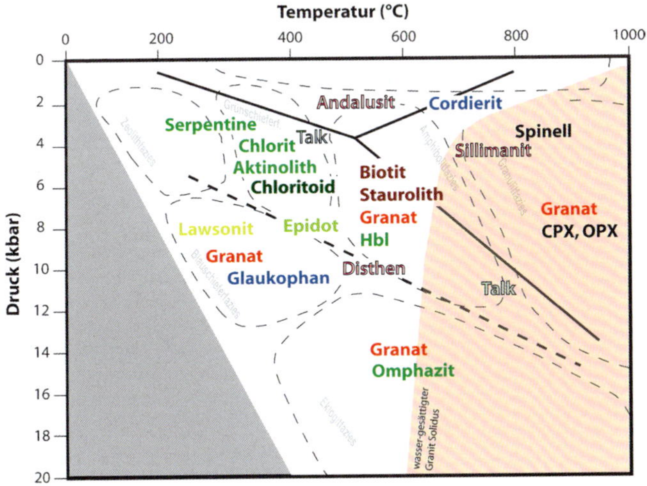

***Abb. 73**: Übersicht der ungefähren Stabilitätsbereiche wichtiger metamorpher Minerale (abhängig vom Ausgangsmaterial). CPX – Klinopyroxen; OPX – Orthopyroxen.*

spiegeln mit großer Genauigkeit die Metamorphoseintensität wider und werden **Indexminerale** genannt (z.B. Glaukophan, Chlorit, Biotit, Staurolith, Disthen, Sillimanit oder Andalusit). Die Grenzen zwischen den einzelnen Faziesfeldern sind nicht immer scharf und können durch Übergangsbereiche gekennzeichnet sein.

Die Benennungen der Faziesfelder wurden nach metamorphen basischen Magmatiten vergeben, die für das jeweilige Feld repräsentativ sind. So wurde die Amphibolitfazies nach dem Gestein Amphibolit benannt. Man unterscheidet, ebenfalls nach den Edukten basischer Magmatite, auch Metamorphite der Grünschiefer- oder Blauschieferfazies. Diese Gesteine sind tatsächlich grün bzw. blau, aber im gleichen Faziesfeld können auch Gesteine ganz anderen Ursprungs und daher mit völlig anderen Zusammensetzungen auftreten, wie z.B. Quarzit oder Marmor. Folglich wird durch die betreffende Faziesbezeichnung nicht ein bestimmtes Gestein angegeben, sondern ein bestimmtes Metamorphosefeld, in das völlig unterschiedliche Gesteine fallen können.

Der Begriff der metamorphen Fazies („**das Faziesprinzip**") wurde 1914 von Eskola eingeführt und anschließend vor allem mithilfe der experimentellen Petrologie und durch immer genauere analytische und thermodynamische Berechnungsmethoden weiterentwickelt. So hat Winkler (1966) die metamorphen Gesteine aufgrund experimenteller Resultate, welche die Mineralreaktionen im Gestein berücksichtigen, nach ihren Metamorphosegraden als **sehr niedrig**-, **niedrig**-, **mittel**- oder **hochgradig** gekennzeichnet. Die Faziesfelder können so durch **Isograden**, welche das Eintreten bzw. Verschwinden eines Minerals oder einer Mineralreaktion markieren, begrenzt werden. Diese Einteilung entspricht der bekannten, aber in letzter Zeit weniger verwendeten Klassifikation nach ansteigender Temperatur (Grubenmann 1904, 1910):

- **Anchizone** (anchizonal, Anchimetamorphose, ca. 200–350 °C),
- **Epizone** (epizonal, Grünschieferfazies, ca. 350–550 °C),
- **Mesozone** (mesozonal, Amphibolitfazies, ca. 550–650 °C)
- **Katazone** (katazonal, Granulitfazies (ab ca. 650 °C).

2.3 Metamorphe Prozesse: Prograde und retrograde Metamorphose

Die Entwicklung des Mineralbestands eines metamorphen Gesteins ist von der Zusammensetzung des Ausgangsgesteins und von den sich bei der Versenkung und beim Aufstieg des Gesteins ändernden Druck- und Temperaturbedingungen abhängig; man spricht von einem **p-T-Pfad**. Druck und Temperatur verhalten sich dabei unterschiedlich. Der Druck nimmt bei der Versenkung mit der Tiefe spontan zu und beim Aufstieg wieder entsprechend ab. Er wird von der überlagernden Gesteinssäule und der Dichte dieser Gesteine bestimmt. Da Gesteine schlechte Wärmeleiter sind, hinkt die Temperatur sowohl bei der Gesteinsversenkung als auch beim Gesteinsaufstieg nach. Das bedeutet, dass bei der Versenkung die Temperatur niedriger ist, als es der Umgebungstemperatur entsprechen würde; beim Aufstieg ist es umgekehrt. Die **Maximaltemperatur** wird daher meist später erreicht als der **Maximaldruck**. Aus diesem Grund weist der Versenkungspfad andere p-T-Bedingungen auf als der Aufstiegspfad. Nur wenn das Gestein einige Millionen Jahre in der gleichen Tiefe verweilt, stellt sich die entsprechende Umgebungstemperatur ein.

Metamorphe Prozesse haben die Tendenz, im Gestein einen physikalisch-chemischen Gleichgewichtszustand zu erreichen. Durch Phasenumwandlungen infolge chemischer Reaktionen werden die ursprünglichen Minerale des Ausgangsgesteins durch neue metamorphe Minerale ersetzt. Die chemischen Austauschprozesse können nur unter dem Mitwirken von Fluiden (meist H_2O und CO_2) stattfinden, die als Transportmedium (Diffusionsmedium) und Katalysatoren dienen. Metamorphose ist praktisch ohne Fluide nicht möglich! Wenn nicht alle Mineralreaktionen zum Abschluss gekommen sind, bleiben im Mineralbestand Ungleichgewichte erhalten. Bestimmte Minerale dokumentieren die unterschiedlichen Stadien des p-T-t-Pfads, wobei t für die Zeit steht. Reliktische Minerale bestehen in solchen Fällen neben neu gebildeten.

Besitzen die neu gebildeten metamorphen Gesteine einen mehr oder weniger gleichen Chemismus wie das Ausgangsgestein, spricht man von **isochemischer Metamorphose**. Ändert sich der Chemismus des Gesteins und kommt es mithilfe von heißen Lösungen, welche die Gesteine durchströmen, zu einem Austausch bestimmter Elemente, ist die Metamorphose **allochemisch** – der betreffende Prozess wird **Metasomatose** genannt. Die weiter oben beschriebene Ozeanbodenmetamorphose hat diesen Charakter, aber auch die Kontaktmetamorphose führt in vielen Fällen zu einem Austausch zwischen den silikatischen Lösungen der Magmakammer mit den Mineralen des Nebengesteins.

Wird ein Gesteinspaket durch geologische Prozesse in größere Tiefen versenkt, steigen die Druck- und Temperaturbedingungen; es finden Mineralreaktionen und Gefügeumwandlungen statt, die Metamorphose ist **prograd**. Dabei bestimmt die **Thermodynamik,** welche Mineralvergesellschaftung stabil ist, und die **Kinetik** die Geschwindigkeit, mit der die Mineralreaktionen stattfinden. Die Reaktionskinetik ist sowohl temperatur- als auch fluidabhängig. Nur bei höheren Temperaturen (ab ca. 300 °C) und in längerer Zeit (meist handelt es sich um Millionen Jahre) bilden sich stabile Mineralvergesellschaftungen und die Gesteine zeigen ihre maximalen Metamorphosebedingungen. Wie schon gezeigt, hinkt der Temperaturanstieg infolge der schlechten Wärmeleitfähigkeit der Gesteine bei Versenkung nach (der normale Gradient ist etwa 30 °C/km). Die fluide Phase beschleunigt dabei die Mineralreaktionen und die Umkristallisation, beim Fehlen einer wässrigen Phase laufen die Reaktionen nur unvollständig ab. Wird nun ein metamorph überprägtes Gesteinspaket zu einem späteren Zeitpunkt durch tektonische Prozesse wieder an die Oberfläche gebracht, könnten die Gesteine theoretisch wieder so aussehen wie vor ihrer Umwandlung. Dies verhindert jedoch die Kinetik, welche die mineralogische Anpassung hemmt. Weil aber das Wasser nun größtenteils verbraucht ist (in die Minerale eingebunden), laufen daher oft beim Aufstieg keine Reaktionen ab. Nur bei Wasserzutritt finden entsprechende **retrograde** Umwandlungen statt. Die Angleichung der Temperatur der Gesteine während der Heraushebung ist im Prinzip genauso langsam wie beim Abstieg, die Gesteine kühlen diesmal mit Verzögerung ab.

Der Metamorphosezyklus eines Gesteins bzw. sein p-T-Pfad beschreibt im Allgemeinen eine Schleife, wobei der prograde Ast einen höheren p/T-Quotienten aufweist als der retrograde. Durch das Nachhinken der Temperatur ergibt sich, dass Druck- und Temperaturhöhepunkt nicht zusammenfallen. Der Temperaturhöhepunkt wird oft erst erreicht, wenn das Gestein bereits begonnen hat aufzusteigen, also bei fallendem Druck (**Abb. 74**). Wenn während der Exhumierung und Abkühlung Fluide in ausreichender Menge vorhanden sind, laufen retrograde Mineralreaktionen ab. Ein Beispiel ist Biotit, der sich prograd aus Chlorit bildet und sich anschließend retrograd wieder in Chlorit umwandeln kann.

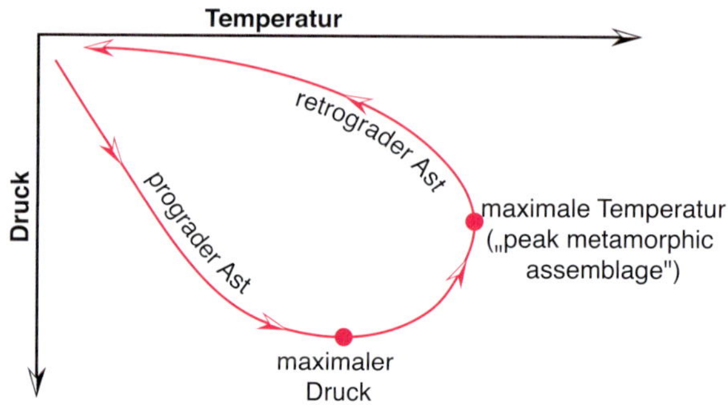

***Abb. 74**: Schematischer p-T-Pfad mit prograder und retrograder Entwicklung.*

Im Rahmen eines Kollisionsorogens kann man die Druck-Temperatur-Schleifen von Gesteinen in dessen verschiedenen Bereichen gut verfolgen (**Abb. 75**). Im Falle der Subduktionsmetamorphose wird die ozeanische Kruste tief subduziert und hochdruckmetamorph umgewandelt, um dann beim Aufstieg amphibolit- oder grünschieferfaziell

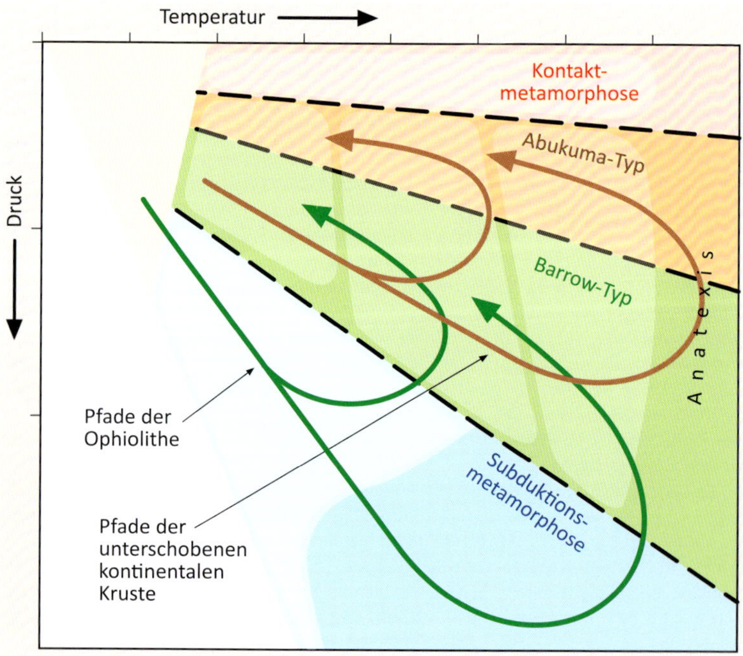

***Abb. 75**: Druck-Temperatur-Schleifen von Gesteinen in einem Kollisionsorogen. Nach Frisch & Meschede (2013).*

überprägt zu werden (grüne Pfade). Regionalmetamorph überprägte Teile der kontinentalen Kruste können eine druckbetonte Metamorphose erfahren (Barrow-Typ), die, wenn genügend Fluide vorhanden sind, bis zur Anatexis (Aufschmelzung) führen kann. Beim Aufstieg gelangen diese Gesteine dann in das Feld der Abukuma (temperaturbetonten) Metamorphose (rote Pfade). Allgemein besitzen die Gesteine beim Aufstieg in gleicher Tiefe eine höhere Temperatur, weil Erwärmung wie Abkühlung Prozesse darstellen, die mit einer gewissen Verzögerung stattfinden.

3 Minerale der metamorphen Gesteine

Die Bildung der metamorphen Minerale ist hauptsächlich von zwei Faktoren abhängig: dem Chemismus des Ausgangsgesteins und den erreichten Druck- und Temperaturverhältnissen. Einige dieser Minerale oder Mineralgruppen sind ausschließlich für

Auswahl gesteinsbildender Minerale und ihre Vorkommen

xx = sehr häufig x = regelmäßig (x) = selten

		Magmatite	Sedimentite	Metamorphite
Silikate	Quarz	xx	xx	xx
	Orthopyroxen	x		(x)
	Klinopyroxen	xx		x
	Olivin	xx		(x)
	Amphibol	x		xx
	Biotit	xx		xx
	Muskovit	(x)	x	xx
	Alkalifeldspat	xx	x	x
	Plagioklas	xx	(x)	xx
	Nephelin	(x)		
	Leucit	(x)		
	Chlorit			xx
	Granat	(x)		xx
	Disthen			x
	Andalusit			x
	Silimanit			x
	Epidot			xx
	Cordierit			x
	Chloritoid			x
	Lawsonit			(x)
	Staurolith			x
	Serpentin			x
	Talk			x
	Zeolithe		(x)	(x)
	Wollastonit	(x)		(x)
	Vesuvian			(x)
	Tonminerale (Kaolinit, Illit, etc.)		xx	
	Glaukonit		(x)	
Halogenide	Steinsalz		x	
	Kalisalz (Sylvin)		x	
	Fluorit	(x)		
Karbonate	Kalzit	(x)	xx	xx
	Dolomit	(x)	xx	x
	Magnesit		(x)	(x)
	Siderit		(x)	(x)
Sulfate	Gips		x	
	Anhydrit		x	
	Baryt	(x)		
Oxide	Magnetit	x	(x)	(x)
	Hämatit	(x)	(x)	(x)

Tabelle 24: *Auswahl der wichtigsten gesteinsbildenden Minerale in Magmatiten, Sedimentgesteinen und Metamorphiten.*

metamorphe Gesteine charakteristisch. Andere Minerale sind auch in den Magmatiten und Sedimentgesteinen gesteinsbildend und wurden hier schon vorgestellt: Feldspäte, Quarz, Glimmer, Amphibole, Pyroxene, Kalzit und Dolomit. Eine entsprechende Übersicht befindet sich in **Tabelle 24**.

3.1 Die Al_2SiO_5-Gruppe

Zu dieser Gruppe gehören die Minerale **Andalusit**, **Sillimanit** und **Disthen** (Kyanit). Sie werden auch Al_2SiO_5-Polymorphe oder Trimorphe genannt, weil sie chemisch identisch sind und sich nur in ihrer Struktur unterscheiden. Sie bilden druck- und temperaturabhängige Modifikationen mit unterschiedlichen Eigenschaften (**Tabelle 25**) und sind wichtige Indexminerale.

Al_2SiO_5-Gruppe

Eigenschaften	Andalusit	Sillimanit	Disthen
chemische Formel	Al_2SiO_5	Al_2SiO_5	Al_2SiO_5
Farbe	weiß, rosa, schwärzlich durch Einschlüsse	weiß	blau bis gräulich, durchscheinend, weiß
Form, Habitus	leistenförmig, prismatisch	oft nadelige bis faserige Aggregate (Fibrolith)	leistenförmig, flach
Härte	7,5	6 - 7	4 - 4,5 und 6 - 7 in unterschiedlichen Richtungen
Spaltbarkeit	gut	sehr gut	sehr gut
Dichte	3,16 - 3,2 g/cm³	3,3 g/cm³	3,55 - 3,66 g/cm³
Ausgangsgesteine	Pelite	Pelite	Pelite
Metamorphosetyp	Regional- und Kontaktmetamorphose	Regional- und Kontaktmetamorphose	Regional- und Hochdruckmetamorphose
Vergesellschaftung	Cordierit, Granat	Granat, Cordierit	Granat, Staurolith

***Tabelle 25**: Eigenschaften der Minerale Andalusit, Sillimanit und Disthen.*

Andalusit (orthorhombisch, Inselsilikat; **Foto 185**) besitzt die geringste Dichte und ist auf den Bereich mit geringem Druck, aber mittleren bis hohen Temperaturen beschränkt, was seine größere Verbreitung innerhalb der Kontaktmetamorphose im Vergleich zur Regionalmetamorphose erklärt. **Disthen** (triklin, Inselsilikat; **Foto 173, 186**) bildet sich bei höheren Drucken und **Sillimanit** (orthorhombisch, Kettensilikat; **Foto 172, 187**) bei sehr hohen Temperaturen und nicht zu hohem Druck (**Abb. 76**). Weil die Al_2SiO_5-Minerale bestimmte und klar begrenzte Metamorphosebedingungen ausdrücken, stellen sie wichtige Indexminerale dar.

Die Minerale der Al_2SiO_5-Gruppe entstehen fast ausschließlich in Al-reichen metamorphen Gesteinen, die aus ehemals tonigen Sedimentgesteinen (Metapeliten) hervorgegangen sind. Andalusit erscheint selten in Al-reichen granitischen Gesteinen, manchmal auch in metamorph (anatektisch) gebildeten Pegmatiten.

Foto 185: *Andalusit-Fruchtschiefer. Die Andalusitkristalle haben eine dunkle Färbung und wachsen hier kontaktmetamorph (deshalb richtungslos) in einem Tonstein. Breite 4 cm.*

Foto 186: *Disthen in Glimmerschiefer. Das Mineral bildet eine lang gestreckte hellblaue Leiste im oberen Teil des Bildes und zeigt Perlmuttglanz. Der darunterliegende braunrote längliche Kristall ist Staurolith. Breite 7 cm.*

Foto 187: *Sillimanit. Das Mineral bildet die feinen, hellen Nadeln, die parallel zur Schieferung angeordnet sind. Breite 11 cm.*

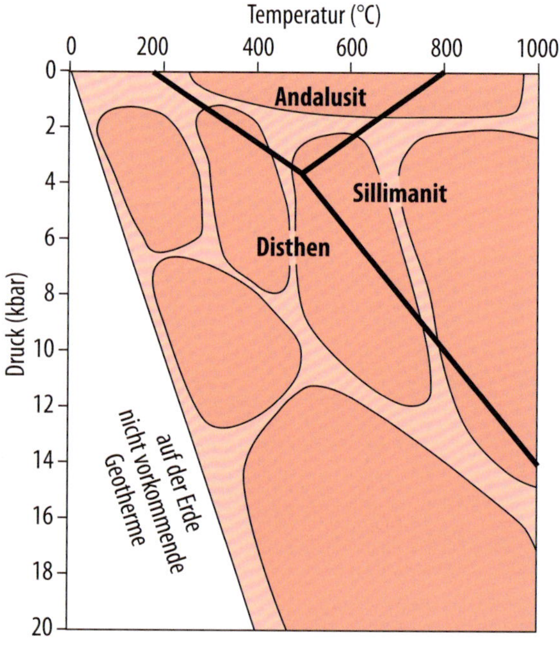

Abb. 76: *P-T-Diagramm mit Faziesfeldern und den Stabilitätsbereichen der drei Al_2SiO_5-Polymorphe Andalusit, Sillimanit und Disthen (Kyanit). Der Tripelpunkt (Dreiphasenpunkt) liegt bei etwa 3,8 kbar und 500 °C.*

3.2 Die Granat-Gruppe

Granate (kubisch, Inselsilikat; **Tabelle 26**) sind vor allem in metamorphen Gesteinen verbreitet und treten allgemein bei Temperaturen über 400 °C auf. Granate haben eine schlechte Spaltbarkeit und sind meist an ihren charakteristischen rundlichen bis isometrischen Kristallformen (z. B. „Rhombendodekaeder"; **Foto 188**, **Abb. 77**) zu erkennen.

Granat-Gruppe

Eigenschaften	Granat
chemische Formel	$(Fe, Mn, Ca, Mg)_3(Al, Fe^{3+})_2[SiO_4]_3$
Farbe	meist rot, rotbraun
Form, Habitus	oft idiomorph als Rhombendodekaeder
Härte	6,5 bis 7,5
Spaltbarkeit	keine
Dichte	3,5 - 4,3 g/cm^3
Ausgangsgesteine	meist pelitische Gesteine (Almandin), auch Basalte (Pyrop), Karbonatgesteine (Grossular)
Vorkommen	Glimmerschiefer, Granulit, Eklogit, Blauschiefer, Skarne
metamorphe Fazies	in vielen Gesteinen ab der mittelgradigen Metamorphose (höherer Grünschieferfazies), auch Kontakt- und Hochdruckmetamorphose
Vergesellschaftung	Granat (Grossular), Wollastonit, Diopsid

Eigenschaften	Almandin (Fe^{2+}-reich)	Grossular (Ca-reich)	Pyrop (Mg-reich)
Farbe	rot, bis braunrot	gelblich braun	rot bis hellrosa
Dichte	4,32 g/cm^3	3,59 g/cm^3	3,58 g/cm^3
Ausgangsgesteine	Pelite	Mergel	Basalt
Vorkommen	Glimmerschiefer	Skarn	Eklogit, Blauschiefer, Weißschiefer
Metamorphe Fazies	Regionalmetamorphose	Kontakt- und Regionalmetamorphose	Hochdruck-metamorphose
Vergesellschaftung	Disthen, Staurolith, Sillimanit	Disthen, Staurolith, Sillimanit	Omphacit, Disthen

***Tabelle 26**: Eigenschaften und Vorkommen von Mineralen der Granat-Gruppe.*

Die Farbe der Granate kann stark variieren und ist von ihrer Zusammensetzung abhängig; diese wiederum ist ihrem Bildungsort untergeordnet. Die gesteinsbildend wichtigsten chemischen Granat-Endglieder sind:

- $Mg_3Al_2(SiO_4)_3$: **Pyrop**. Das Mineral ist meistens rot gefärbt (**Foto 189**); ist es Mg-reicher, wird es rosa, in extremen Fällen farblos. Pyrop ist typisch für Eklogite (Hochdruckmetamorphose) und stellt gleichzeitig ein Indexmineral dar. Mischbarkeiten bestehen zu Almandin und Spessartin.
- $Fe_3Al_2(SiO_4)_3$: **Almandin**. Die Farbe ist immer typisch rot bis rotbraun, das Mineral hat einen relativ hohen Fe-Gehalt (**Foto 171, 188**). Almandin ist die häufigste Granatart. Er ist z. B. in den regionalmetamorphen (mittelgradigen) Glimmerschiefern und Gneisen sehr verbreitet. Almandin kann Mischkristalle mit Pyrop bilden und ist dann auch in Granuliten zu finden.

***Foto 188**: Granatkristalle (Almandin) mit rhombendodekaedrischen Kristallformen in einem metamorph gebildeten (anatektischen) Pegmatit. Breite 15 cm. Dalci (Caransebeş), Südkarpaten.*

- $Mn_3\ Al_2(SiO_4)_3$: **Spessartin**. Die Farbe des Minerals ist meistens gelborange, manchmal auch rötlich braun (**Foto 170**). Spessartin bildet meistens Mischkristalle mit Pyrop und Almandin und entsteht hauptsächlich durch Regionalmetamorphose aus Mn-reichen Sedimentgesteinen, kann aber auch während der Hochdruckmetamorphose auskristallisieren.
- $Ca_3Al_2(SiO_4)_3$: **Grossular**. Der Ca-Al-reiche Granat hat meistens eine helle, gelblich bis gelblich braune Farbe, selten ist er auch farblos. Das Mineral ist typisch für metasomatische Entwicklungen der Kontaktmetamorphose mit karbonatisch-silikatischen Mineralreaktionen.
- $Ca_3Fe_2(SiO_4)_3$: **Andradit**. Die Farbe des Minerals ist meistens grüngelb bis braun oder rotbraun. Andradit bildet Mischkristalle mit Grossular und erscheint wie dieser hauptsächlich im Zusammenhang mit kontaktmetamorphen Prozessen.

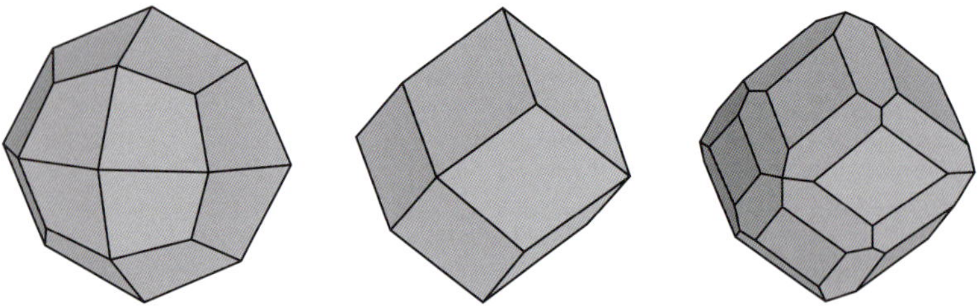

***Abb. 77**: Charakteristische Kristallformen von Granat.*

***Foto 189**: Rote Pyropkristalle in einem Eklogit. Das grüne Mineral ist Omphazit. Breite 12 cm. Ötztal, Tirol.*

- $Ca_3Cr_2(SiO_4)_3$: **Uwarowit**. Der Cr-reiche Granat ist selten und hat eine grüne Farbe. Er bildet Mischreihen mit Andradit und Grossular und kommt in kontaktmetamorphen Gesteinen oder in Serpentiniten vor.

Pyrop, Almandin und Spessartin werden auch Tongranate genannt, Spessartin auch Mangantongranat. Uwarowit, Grossular und Andradit werden auch als Kalkgranate bezeichnet.

Mg-reiche Granate von leuchtend roter Farbe (Pyrop) sind ein Hauptbestandteil der Peridotite des oberen Erdmantels. Untergeordnet erscheinen Granate noch in Al-reichen (peralumischen) Graniten (meist Zweiglimmergranite, in denen dann auch Cordierit und Sillimanit vorkommen können und die durch Aufschmelzung von Sedimentgesteinen entstanden sind), in Syeniten und in den Pegmatiten dieser Plutonite.

3.3 Chlorit

Chlorit (monoklin, Schichtsilikat; **Tabelle 27**) ist ein glimmerähnliches, meist feinkörniges Mineral. Chlorit ist ein wichtiges Indexmineral für die niedriggradige Metamorphose (Grünschieferfazies), teilweise auch für die Zeolithfazies. Seine Farbe ist fast immer grün bis dunkelgrün (**Foto 190**) und war deshalb für die Grünschieferfazies namensgebend. Neben Chlorit sind für die Grünschieferfazies noch die weniger stark verbreiteten Minerale Epidot und Aktinolith, die ebenfalls eine grüne Farbe aufweisen, charakteristisch.

Chlorit ist außerdem auch ein Alterationsprodukt von mafischen Mineralen.

Chlorit wird bei gegebenem Chemismus bei prograder Metamorphose gebildet, ist aber ebenso typisch für die retrograde Metamorphose. Dabei werden höher metamorphe Minerale wie Amphibol, Granat, Biotit oder Pyroxen während rückschreitender

Chlorit

Eigenschaften	Chlorit
chemische Formel	$(Mg, Fe, Al)_6Si_4O_{10}(OH)_8$
Farbe	grün, dunkelgrün
Form, Habitus	plättchenförmig, ähnlichen den Glimmern
Härte	2 - 2,5
Spaltbarkeit	vollkommen (001)
Dichte	2,6 - 3,3 g/cm^3
Ausgangsgesteine	v.a. Basalte und Tonsteine
Vorkommen	Grünschiefer, Glimmerschiefer
metamorphe Fazies	Grünschieferfazies, oft auch bei retrograder Metamorphose
Vergesellschaftung	Epidot, Aktinolith bzw. Muskovit, Chloritoid

***Tabelle 27**: Eigenschaften von Chlorit.*

Metamorphosebedingungen teilweise oder vollkommen in Chlorit umgewandelt. Die retrograde Umwandlung erfolgt oft unvollständig, weil die Umbildungsintensität auch vom Wassergehalt der Gesteine abhängig ist. Nachdem die vorausgegangene prograde Metamorphose die Gesteine größtenteils entwässert hat, fehlt nun dieses Wasser als Transportmedium für die ablaufenden Mineralreaktionen. Deshalb erhalten sich in vielen Fällen reliktische, nur zum Teil retrograd umgewandelte Minerale, wie z. B. Granat mit Rändern aus Chlorit oder Biotite, die mit Chlorit verwachsen sind. Ist die Umwandlung vollständig, kann sich die äußere Form des ursprünglichen Minerals erhalten. In diesen Fällen spricht man von einer **Pseudomorphose** von Chlorit nach Granat bzw. nach Biotit.

***Foto 190**: Chlorit in Grünschiefer. Das Gestein besteht hauptsächlich aus dem grünen Chlorit. Albit bildet die vereinzelten hellen Punkte. Es ist aber mehr Albit vorhanden, als makroskopisch erkennbar. Beide Minerale sind gesteinsprägend für die Grünschieferfazies. Breite 5 cm.*

3.4 Die Serpentin-Gruppe

Die Serpentin-Minerale (monoklin, auch orthorhombisch oder trigonal, Schichtsilikate; **Tabelle 28**) bilden einerseits feinkörnige, dichte, muschelig brechende, matt bis speckig glänzende Aggregate (Antigorit und Lizardit – trigonal; **Foto 183**); in einigen Fällen können Antigorit und Lizardit auch einen blättrigen Habitus aufweisen (**Blätterserpentin**). Andererseits kristallisiert Chrysotil (orthorhombisch) in Form von Fasern (**Foto 191**) und bildet die typischen Serpentinasbest-Aggregate (**Faserserpentin**). Steigen die Temperaturen während der Metamorphose, wird Lizardit von Antigorit verdrängt, dessen Stabilität vor allem in der Grünschieferfazies liegt. Serpentinasbest wurde früher als feuerfestes Baumaterial verwendet. Inzwischen ist bekannt, dass er die Gesundheit gefährden kann: Mikroasbestfasern bilden feine Nadeln, welche, einmal eingeatmet, die Lungenbläschen durchstechen und in der Folge Krebs auslösen.

Serpentingruppe

Eigenschaften	Serpentin (Chrysotil, Lizardit, Antigorit)
chemische Formel	$Mg_6[Si_4O_{10}](OH)_8$
Farbe	grün, schwarzgrüne dichte Massen
Form, Habitus	derb, schuppig, faserig, wachsartiger-speckiger Glanz
Härte	3 - 5
Dichte	2,5 - 2,6 g/cm^3
Ausgangsgesteine	Peridotite
metamorphe Fazies	hydrothermale Umwandlung aus Olivin und Orthopyroxen, niedriggradige Metamorphose
Vergesellschaftung	Olivin, Pyroxen, Magnesit, Magnetit

***Tabelle 28**: Eigenschaften der Minerale der Serpentin-Gruppe.*

Sind die Serpentinitkörper tektonisch zerschert, bilden sich in ihnen oft zahlreiche Störungsflächen, die als Spiegelharnische (glatt polierte, spiegelnde Flächen) bezeichnet werden. Auf den Harnischflächen ist eine Striemung zu beobachten und parallel zu dieser wachsen meistens faserige Aggregate Chrysotil (Serpentinasbest; **Foto 192**). Mithilfe dieser Faserkristallisate, welche in der Richtung der Bewegung des Gegenblocks wachsen, lässt sich der Schersinn für die jeweilige Störungsfläche ableiten, was strukturgeologisch betrachtet von Bedeutung sein kann.

Die Serpentinminerale entstehen hauptsächlich durch die niedrigmetamorph-hydrothermale Umwandlung von Peridotiten (siehe auch voriges Kapitel bei „Ozeanbodenmetamorphose“).

Foto 191: *Chrysotil (Serpentinasbest). Die parallelfaserigen Aggregate zeigen eine typisch dunkelgrüne Färbung. Breite 20 cm. Lotru-Gebirge, Südkarpaten.*

Foto 192: *Störungsfläche in Serpentinit, auf welcher Chrysotil-Faserkristallisate gewachsen sind. Aus der Richtung der Faserkristallisate lässt sich der Bewegungssinn einer Fläche bestimmen. Ortano-Tal, Elba.*

3.5 Talk

Talk (triklin oder monoklin, Schichtsilikat; **Tabelle 29**), ein wasserhaltiges Magnesiumsilikat, erscheint feinschuppig, ist sehr weich (mit dem Fingernagel ritzbar) und hat einen Perlmutt- bis Seidenglanz. Bei Berührung fühlt es sich fettig an, weshalb Talk als feinkörnig dichtes Aggregat auch als Speckstein (Talkfels) bezeichnet wird.

Talk

Eigenschaften	Talk
chemische Formel	$Mg_3Si_4O_{10}(OH)_2$
Farbe	weiß bis hellgrün
Form, Habitus	blättrig, ähnlich den Glimmern, aber viel weicher (seifig)
Härte	1
Spaltbarkeit	vollkommen
Dichte	2,7 g/cm^3
Ausgangsgesteine	unreine Kalksteine, Peridotite
Vorkommen	Marmore, Serpentinite
metamorphe Fazies	hydrothermale Umwandlung aus Olivin und Orthopyroxen, niedriggradige Metamorphose
Vergesellschaftung	Aktinolith, Chlorit, Calcit, Dolomit

***Tabelle 29**: Eigenschaften und Vorkommen von Talk.*

Talk kommt in metamorphen Gesteinen bei Temperaturen bis maximal 500 °C vor. Das Mineral kann durch die Umwandlung SiO_2-haltiger Dolomite entstehen, bildet sich aber meistens in Metaultrabasiten. Unter bestimmten Voraussetzungen ist Talk auch in der eklogitfaziellen Hochdruckmetamorphose stabil. Talk stellt in der Farben-, Keramik- und Papierindustrie einen wichtigen Grundstoff dar; Speckstein wird für Kleinskulpturen und allgemein als Naturwerkstein für bildende Künstler verwendet.

3.6 Die Epidot-Gruppe

Epidotgruppe

Eigenschaften	Epidot (Klinozoisit - Pistazit)
chemische Formel	$Ca_2(Al, Fe) Al_2Si_3O_{12}(OH)$
Farbe	gelbgrün, pistaziengrün, selten farblos
Form, Habitus	stängelig oder derb
Härte	6 - 7
Spaltbarkeit	vollkommen (100)
Dichte	3,35 - 3,45 g/cm^3
Ausgangsgesteine	v. a. Basalte
Vorkommen	in Metamorphiten, als Alterationsprodukt in Magmatiten
metamorphe Fazies	meist Grünschieferfazies, aber auch Hochdruckmetamorphose
Vergesellschaftung	Aktinolith, Albit, Chlorit, Granat, Glaukophan

***Tabelle 30**: Eigenschaften der Epidot-Gruppe.*

Foto 193: *Epidot. Charakteristisch ist die oliv- bis pistaziengrüne Farbe des Minerals, welches hier parallele Lagen bildet. Die hellen Krusten und Bänder bestehen aus Kalzit. Rio Marina, Elba.*

Foto 194: *Säulenförmige, idiomorphe Epidotkristalle von dunkel olivgrüner Farbe in einem Blauschiefer. Die Kristalle sind auf der Schieferungsfläche divergent angeordnet. Breite 17 cm. Siros (Kykladen).*

Epidot (monoklin, Gruppensilikat; **Tabelle 30**) ist ein Mischkristall aus den beiden Endgliedern Klinozoisit (mit Al statt Fe^{3+}) und Pistazit (mit Fe^{3+}).

Epidot ist für die Grünschieferfazies charakteristisch, aber auch für den Übergang zur Amphibolitfazies (Epidot-Amphibolitfazies). In einigen Fällen kann Epidot metasomatisch während der Kontaktmetamorphose entstehen. Epidot kann sich auch hydrothermal als Füllung von Gängen oder Adern bilden. Die Farbe ist typisch gelbgrün, pistaziengrün oder dunkel olivgrün (**Foto 193, 194**), Pistazit hat manchmal wegen seines Fe-Gehalts eine dunklere Tönung. Zur Epidot-Gruppe gehört noch Zoisit (orthorhombisch, Gruppensilikat). Das Mineral (**Foto 201**) hat eine weißlich- bis gelblich-grüne, manchmal auch rosa oder blaue Farbe, ist seltener und tritt in der druckbetonten Grünschieferfazies und in Hochdruckmetamorphiten (Blauschiefer und Eklogite) auf.

3.7 Die Amphibol-Gruppe

Einige Amphibole, wie z. B. die Hornblende, bilden sich sowohl in Magmatiten als auch in Metamorphiten. Deshalb wurde das Mineral schon beschrieben (siehe Kap. II.1). In den metamorphen Gesteinen ist Hornblende der Hauptbestandteil der Amphibolite (**Foto 176, 181**). Das Mineral ist in den Metamorphiten meistens schwarz, schwarzgrün bis dunkelgrün gefärbt und hat einen stängeligen, manchmal leicht nadeligen Habitus. Typische Aspekte bieten die Hornblende-Garbenschiefer, wo die Kristallformen gut erkennbar sind (**Foto 195**).

Andere, für Metamorphite typische Minerale der Amphibol-Gruppe, sind in **Tabelle 31** dargestellt.

***Foto 195**: Hornblende-Garbenschiefer. Die dunkelgrünen Hornblendekristalle zeigen eine divergente Anordnung und sind in der Schieferungsfläche zusammen mit den Hellglimmern und Plagioklas gewachsen. Das Gestein ist regionalmetamorph in einer duktilen Scherzone entstanden. Die Hornblendekristalle sind garbenartig angeordnet, nach dem Ende der Durchbewegungsphase gewachsen. Breite 14 cm. Zillertaler Alpen, Tirol.*

Amphibolgruppe

Eigenschaften	Tremolit
chemische Formel	$Ca_2Mg_5[Si_8O_{22}](OH)_2$
Farbe	weiß bis grünlich
Form, Habitus	(lang)prismatisch, teils stengelig-faserig
Härte	5 - 6
Spaltbarkeit	vollkommen (100)
Dichte	3,0 - 3,2 g/cm³
Ausgangsgesteine	quarzführende Dolomite
Vorkommen	Dolomitmarmore, Skarne
metamorphe Fazies	Kontakt- und regionalmetamorphose
Vergesellschaftung	Diopsid, Talk, Calcit, Dolomit

Eigenschaften	Aktinolith
chemische Formel	$Ca_2(Mg, Fe)_5[Si_8O_{22}](OH)_2$
Farbe	grün, mit zunehmendem Fe-Gehalt dunkler
Form, Habitus	prismatisch, stengelig, radialstrahlige Aggregate
Härte	5 - 6
Spaltbarkeit	vollkommen (100)
Dichte	3,1 - 3,3 g/cm³
Ausgangsgesteine	v.a. Basalte
Vorkommen	Grünschiefer
metamorphe Fazies	Grünschieferfazies
Vergesellschaftung	Epidot, Chlorit, Albit

Eigenschaften	Glaukophan
chemische Formel	$Na_2(Mg, Fe)_3Al_2[Si_8O_{22}](OH)_2$
Farbe	bläulich bis violett
Form, Habitus	prismatisch, stengelig
Härte	6 - 6 1/2
Spaltbarkeit	vollkommen
Dichte	3,1 - 3,4 g/cm³
Ausgangsgesteine	v.a. Basalte
Vorkommen	Glaukophanschiefer
metamorphe Fazies	Blauschieferfazies (Hochdruckmetamorphose)
Vergesellschaftung	Lawsonit, Granat, Epidot

***Tabelle 31**: Eigenschaften von Amphibolen, die in metamorphen Gesteinen auftreten.*

Tremolit (auch Grammatit genannt; **Foto 196**) bildet helle (weil fast Fe-frei), lang gestreckte Nadeln, Garben oder strahlenförmige Aggregate.
Aktinolith (**Foto 197**), auch Strahlstein genannt, gehört zusammen mit Tremolit zur Gruppe der Ca-Amphibole und bildet langstängelige, manchmal auch radialstrahlige Aggregate, die vor allem in Talk- und Chloritschiefern erscheinen.

Foto 196: *Tremolit. Das Mineral ist meistens hell gefärbt und bildet strahlenförmige Garben oder Nadeln. Breite 10 cm. Siros (Kykladen), Griechenland.*

Foto 197: *Aktinolith. Die dunkelgrünen Kristalle bilden lange prismatische bis nadelige Aggregate. Das helle Mineral ist Talk. Die rostigen Flecken sind Eisenhydroxid-Krusten. Breite 5 cm. Siros (Kykladen), Griechenland.*

***Foto 198**: Glaukophan in Hochdruck (HP) Metapelit. Das Mineral hat eine dunkelblaue bis blaugraue Farbe. Das helle Mineral im Hintergrund ist Phengit – ein Mg-reicher Glimmer. Breite 4 cm. Siros (Kykladen), Griechenland.*

***Foto 199**: Glaukophanschiefer (Blauschiefer). Die blaue bis blaugraue Gesteinsmasse besteht aus Glaukophan. Die rundlichen, rötlichen Kristalle sind pyropreiche Granate. Breite 13 cm. Siros (Kykladen), Griechenland.*

Glaukophan (**Foto 198**), eine Natronhornblende, ist typisch für die niedriggradige Hochdruckmetamorphose und ein Hauptbestandteil der Blauschiefer oder Glaukophanschiefer (**Foto 199**).

3.8 Die Pyroxen-Gruppe

Die in metamorphen Gesteinen auftretenden Pyroxene (**Tabelle 32**) sind in allen Fällen für mittelgradige und hochgradige Metamorphite charakteristisch, unabhängig vom Metamorphosetyp. In metamorphen Gesteinen sind insbesondere Klinopyroxene verbreitet; Orthopyroxene erscheinen nur untergeordnet (z. B. in Granuliten) und sind dann makroskopisch von Klinopyroxenen nicht unterscheidbar.

Pyroxengruppe

Eigenschaften	Diopsid
chemische Formel	$CaMg[Si_2O_6]$
Farbe	grün
Form, Habitus	kurzsäulig
Härte	5 - 6
Spaltbarkeit	Spaltwinkel von 87°
Dichte	3,2 g/cm^3
Ausgangsgesteine	unreine Kalksteine oder Dolomite
Vorkommen	Skarn, Kalksilikatfels
metamorphe Fazies	Kontaktmetamorphose, höhere Regionalmetamorphose
Vergesellschaftung	Tremolit, Talk, Forsterit

Eigenschaften	Omphacit
chemische Formel	$(Na, Ca)(Al, Mg, Fe)[Si_2O_6]$
Farbe	kräftig grün - dunkelgrün
Form, Habitus	säulig, prismatisch
Härte	6,5 - 7
Spaltbarkeit	Spaltwinkel von 87°
Dichte	3,3 - 3,5 g/cm^3
Ausgangsgesteine	v.a. Basalte
Vorkommen	Eklogite
metamorphe Fazies	Eklogitfazies (Hochdruckmetamorphose)
Vergesellschaftung	Pyrop-reicher Granat, Glaukophan, Zoisit, Quarz

***Tabelle 32**: Eigenschaften von wichtigen in Metamorphiten vorkommenden Pyroxenen.*

Die Bildung von **Diopsid** ist typisch für die Druck- und Temperaturbereiche der Amphibolitfazies. Hier entsteht das Mineral hauptsächlich in „unreinen" Kalksteinen oder Dolomiten. „Unrein", weil diese Karbonatgesteine zusätzlich auch Tonminerale enthalten, folglich außer Ca und Mg (aus Kalk und Dolomit) auch Si (aber kein Fe!) vorhanden ist und diese Elemente eine Voraussetzung für die Kristallisation von Diopsid darstellen. In **Kalksilikatgesteinen** kann Diopsid auch durch die Entwässerung von Tremolit entste-

Foto 200: *Diopsid. Das Mineral zeigt eine typisch blassgrüne bis blassgraue Färbung und ist in diesem Fall kontaktmetamorph in einem Skarn entstanden. Das bräunliche Mineral ist Vesuvian (+/- Grossular). Die dunklen Streifen bestehen aus sehr feinkörnigem Biotit, die weißen Anteile im Gestein sind Kalzit (Marmor). Breite 5 cm. Spartaia (Prochio), Elba.*

Foto 201: *Omphazit. Die smaragdgrüne Farbe ist einem gewissen Cr-Gehalt zu verdanken. Das Mineral lässt teilweise noch primären hypidiomorph-prismatischen Habitus erkennen und ist in einem hochdruckmetamorph überprägten Gabbro, wahrscheinlich aus einem augitischen Klinopyroxen, entstanden. Das helle Mineral ist Zoisit. Breite 9 cm. Kampos-Melange-Zone (frz. mélange „Mischung"), Syros, Kykladen.*

hen. Das Mineral bildet sich auch während der **Kontaktmetamorphose**, wenn es gleich in der Nähe des Plutons, also bei höheren Temperaturen, zu Mineralreaktionen zwischen den silikatischen Lösungen aus dem Magma und den Karbonatgesteinen kommt. Dabei entstehen Skarne (siehe Kap. IV.5), in welchen Kalksilikate wie Diopsid verbreitet sind. Diopsid kann in Metamorphiten grüne prismatische Kristalle bilden, ist aber meist feinkörnig entwickelt und hat dann ebenfalls eine grüne bis blassgrüne, manchmal auch graugrüne Färbung (**Foto 200**).

Omphazit hat eine typisch kräftig grüne Farbe (**Foto 189, 201**), ist ein Indexmineral für die Eklogitfazies und tritt hier gemeinsam mit Granat (Pyrop) auf. Seine Bestimmung und Unterscheidung im Vergleich zu Diopsid ist dank dieser charakteristischen Paragenese somit auch indirekt möglich. Das Omphazitgrün ist in der Regel außerdem strahlender als das von Diopsid. Omphazite sind Mischkristalle aus Jadeit – $NaAl[Si_2O_6]$ – und Augit – $(Ca, Na)(Mg, Fe, Al)[(Si, Al)_2O_6]$. Das Element Na ist typisch für hohen Druck, da es wie auch Mg einen kleinen Ionenradius hat und diese Elemente somit weniger Platz im Kristallgitter eines Minerals brauchen.

3.9 Chloritoid

Chloritoid (monoklin oder triklin, Schichtsilikat; **Tabelle 33**) ist ein olivgrünes bis schwarzes oder schwarz bräunliches, relativ hartes Schichtsilikat und mit freiem Auge oft schwer von Chlorit oder Biotit zu unterscheiden. Sicher ist seine Bestimmung, wenn es Knoten mit radialstrahliger Struktur bildet (**Foto 202**). Oft bildet das Mineral feinkörnige Aggregate und ist deshalb kaum makroskopisch erkennbar. Chloritoid bildet sich in Al-reichen Metamorphiten (Metapeliten) zwischen 300 und 550 °C und ist typisch für die druckbetonte grünschieferfazielle Metamorphose. Beim Übergang in die Amphibolitfazies wandelt er sich in Staurolith um. Das Mineral kann sich auch hochdruckmetamorph (vorwiegend in der Blauschieferfazies) aus Metapeliten bilden. Die Chloritoide der Regionalmetamorphose sind meist eisenreich, diejenigen der Hochdruckmetamorphose sind magnesiumreich.

Chloritoid

Eigenschaften	Chloritoid
chemische Formel	$(Fe,Mg)_2Al_4[SiO_4]_2(OH)_4$
Farbe	dunkelgrün bis schwarz
Form, Habitus	meist in plattigen, teils radialstrahligen Aggregaten und Knoten
Härte	6,5
Spaltbarkeit	gut (001)
Dichte	3,5 - 3,8 g/cm³
Ausgangsgesteine	v.a. Tonsteine (Pelite)
Vorkommen	Chloritoidschiefer
metamorphe Fazies	(höhere) Grünschieferfazies, Blauschieferfazies
Vergesellschaftung	Muskovit, Chlorit

***Tabelle 33**: Eigenschaften von Chloritoid.*

Foto 202: *Chloritoid-Blasten (dunkel grünschwarz) in einem grafitischen Schiefer. In der unteren Bildhälfte ist ein Chloritoid-Knoten mit radialstrahliger Struktur erkennbar (siehe weißer Pfeil). Breite 4 cm. Jiu-Tal, Südkarpaten.*

3.10 Staurolith

Staurolith (monoklin, Inselsilikat; **Tabelle 34**) ist ein typisches Mineral für amphibolitfazielle Metapelite und ist zwischen etwa 500 und 650 °C stabil. Erscheint er zusammen mit Disthen, so handelt es sich um die druckbetonte Amphibolitfazies. Er zeichnet sich durch seine große Härte aus und bildet leistenförmige, idiomorphe Kristalle, die mit

Staurolith

Eigenschaften	Staurolith
chemische Formel	$(Fe, Mg)_2Al_9[SiO_4]_4(OH)_2$
Farbe	braunschwarz, rotbraun
Form, Habitus	säulig, oft charakteristische Einzelkristalle
Härte	7 - 7,5
Spaltbarkeit	schlecht
Zwillingsbildung	Durchkreuzungszwilling (Staurolithkreuz; griechisch *stavros* = Kreuz, Verwachsungen mit Disthen
Dichte	3,65 - 3,75 g/cm³
Ausgangsgesteine	Tonsteine (Pelite)
Vorkommen	in Gneisen und Glimmerschiefern
metamorphe Fazies	Amphibolitfazies
Vergesellschaftung	Granat, Disthen

Tabelle 34: *Eigenschaften von Staurolith.*

Disthen verwachsen sein können (**Foto 203**). Besonders auffällig ist das Auftreten von Durchkreuzungszwillingen (**Abb. 78**), die ihn unverwechselbar machen.

***Abb. 78**: Durchkreuzungszwilling, typisch für Staurolith.*

Foto 203: Staurolith. Ein braunroter, leistenförmiger Staurolithkristall ist in einer Quarzmasse eingebettet und mit Disthen epitaktisch verwachsen. Breite 5 cm.

3.11 Cordierit

Cordierit (orthorhombisch, Ringsilikat; **Tabelle 35**) entsteht in Al-reichen Ausgangsgesteinen (Tonsteinen) sowohl kontaktmetamorph, als auch temperaturbetont regionalmetamorph (Amphibolitfazies bis Granulitfazies) bei Temperaturen über 500 °C. In kontaktmetamorphen Gesteinen bildet er „Knotenschiefer". Sehr selten erscheint Cordierit in Graniten oder Pegmatiten. Das Mineral (**Foto 204**) hat eine blaugraue bis blassblaue Farbe und ist im Gestein nicht leicht zu identifizieren, weil es auf den

Cordierit

Eigenschaften	Cordierit
chemische Formel	$(Mg,Fe)_2Al_4[Si_5O_{18}]$
Farbe	graubläulich bis violett, durchscheinend, ähnelt dem Quarz
Form, Habitus	kurzsäulig, oft körnig und in Nestern und Knoten auftretend
Härte	7 - 7,5
Spaltbarkeit	schlecht, muscheliger Bruch wie Quarz
Dichte	3,3 g/cm^3
Ausgangsgesteine	Mg-reiche pelitische Gesteine
Vorkommen	Gneis und Schiefer
metamorphe Fazies	v.a. höhere Kontaktmetamorphose, Regionalmetamorphose
Vergesellschaftung	Granat, Sillimanit

***Tabelle 35**: Eigenschaften von Cordierit.*

***Foto 204**: Cordierit. Das Mineral (siehe weißer Pfeil) hat eine blassblaue bis graublaue Farbe und liegt in einem biotitreichen Paragneis. Die helleren Minerale bestehen aus Quarz und Plagioklas. Breite 4 cm. Wehra-Tal, Südschwarzwald.*

ersten Blick mit Feldspat oder Quarz verwechselt werden kann. Cordieritkristalle sind sehr oft umgewandelt („pinitisiert") und bilden grünlich bis grauschwarze, einige Millimeter große Flecken, die im Gestein wegen ihrer Verwitterungsanfälligkeit auch als Vertiefungen erscheinen können. Diese Flecken, bzw. das betreffende Alterationsprodukt, sind aus einem nur mikroskopisch erkennbaren Gemenge aus Muskovit, Chlorit und Zoisit zusammengesetzt.

	Mineral	Habitus	Farbe	Härte	Spaltbarkeit	Erkennungsmerkmale
Regional-metamorphose	**Epidot**	stengelig, derb körnig	grüngelb	6 - 7	vollkommen	Farbe, Habitus
	Talk	blättrig	weiß - hellgrün	1	vollkommen	Farbe, Härte
	Chlorit	blättrig	dunkelgrün	2 - 2,5	vollkommen	Farbe, Habitus, allgemeine Grünfärbung des Gesteins
	Chloritoid	radialstrahlig	schwarz, grünschwarz	6,5	gut	harte Knoten in Metapeliten
	Tremolit	stengelig, radialstrahlig	weiß - hellgrün	5 - 6	vollkommen	faseriger Habitus, Farbe
	Aktinolith	stengelig radialstrahlig	grün	5 - 6	vollkommen	faseriger Habitus, Farbe
	Serpentin	blättrig, schuppig, faserig	dunkelgrün	3 - 5	vollkommen	Farbe, Habitus
	Granat (Almandin)	körnig	rot	6,5 - 7,5	keine	Farbe, häufig idiomorph
	Staurolith	kurzsäulig	schwarzbraun	7 - 7,5	schlecht	säuliger habitus, oft sechsseitiger Umriss
	Disthen	langsäulig	blassblau	4,5 - 6	vollkommen	Farbe, Spaltbarkeit Härteanisotropie
	Andalusit	säulig	schwarz, rötlich	7,5	gut	durch Einschlüsse häufig schwarz, quadr. Querschnitt
	Sillimanit	faserig	weiß	6 - 7	vollkommen	faseriger Habitus, Farbe
	Graphit	feinschuppig	schwarz, grau	1	vollkommen	schwarzer Strich
	Cordierit	körnig	blassviolett	7	keine	Farbe, Härte, muscheliger Bruch bildet Knoten
	Diopsid	kurzprismatisch	(hell)grün	5 - 6	gut	achtseitiger Umriss, Farbe
	Hornblende	stengelig	dunkelgrün - schwarz	5 - 6	vollkommen	Farbe, sechsseitiger Umriss Habitus
Hochdruck-metamorphose	**Lawsonit**	kurzsäulig	farblos	8	gut	rautenförmiger Querschnitt
	Granat (Pyrop)	körnig	rot	6,5 - 7,5	keine	Farbe, häufig idiomorph
	Glaukophan	langsäulig	blassbläulich	6	sehr gut	sechsseitiger Umriss (typisch für Amphibole)
	Omphazit	langsäulig	grün	6	gut	Farbe
	Disthen	langsäulig	blassblau	4,5 - 6	vollkommen	Farbe, Spaltbarkeit, Härteanisotropie
Kontakt-metamorphose	**Andalusit**	säulig	schwarz, rötlich	7,5	gut	durch Einschlüsse häufig schwarz, quadr. Querschnitt
	Cordierit	körnig	blassbläulich	7	keine	Farbe, Härte, muscheliger Bruch bildet Knoten
	Wollastonit	faserig, büschelig	weiß	4,5 - 5	sehr gut	Farbe, Habitus
	Vesuvian	körnig, kurzprismatisch	grünbraun	6,5	schlecht	Farbe, Habitus
	Diopsid	kurzprismatisch	grün	5 - 6	gut	achtseitiger Umriss, Farbe
	Granat (Grossular)	körnig	rot, weiß	6,5 - 7,5	keine	Farbe, häufig idiomorph

***Tabelle 37**: Übersicht ausgewählter Minerale metamorpher Gesteine.*

3.12 Vesuvian

Vesuvian (tetragonal, Inselsilikat; **Tabelle 36**) erscheint in vielen Fällen körnig oder in derben Massen und ist braun bis rötlich braun (**Foto 200**), seltener auch grün gefärbt. Vesuvian entsteht kontaktmetamorph in Kalken, in der inneren, höher temperierten Kontaktaureole von Plutonen.

Vesuvian

Eigenschaften	Vesuvian
chemische Formel	$Ca_{10}(Mg,Fe)_2Al_4[SiO_4]_5[Si_2O_7](OH)_4$
Farbe	grün bis braun, durchscheinend bis transparent
Form, Habitus	kurzprismatisch, xenomorph körnig, manchmal Aggregate vieler Kristalle
Härte	6,5
Spaltbarkeit	schlecht (010)
Dichte	3,35 - 3,45 g/cm^3
Ausgangsgesteine	(unreiner) Kalkstein
Vorkommen	Skarn
metamorphe Fazies	Kontaktmetamorphose
Vergesellschaftung	Granat (Grossular), Wollastonit, Diopsid

***Tabelle 36**: Eigenschaften von Vesuvian.*

4 Gesteine der Regionalmetamorphose

4.1 Einführung und Übersicht

Im Vergleich mit den anderen Metamorphosetypen haben die Gesteine der Regionalmetamorphose die größte Verbreitung. Sie erfassen große Volumina der Erdkruste, sind im Laufe der Erdgeschichte während unterschiedlicher Orogenesen entstanden und heute in allen größeren Gebirgszügen oder innerhalb alter Schilde (Kratone) aufgeschlossen. Dabei wurden verschiedene Gesteinsarten (**Lithologien**) von den regionalmetamorphen Prozessen erfasst. Unter gleichen metamorphen Bedingungen können dadurch unterschiedliche Gesteine entstehen, denn der metamorphe Mineralbestand (Mineralparagenese) ist, außer von den p-T-Bedingungen, auch von der Zusammensetzung des Ausgangsmaterials abhängig. Zusätzlich hat auch der zeitliche Verlauf einen gewissen Einfluss auf den Gesteinscharakter. Die Einteilung der Metamorphite nach ihren p-T-Bedingungen in unterschiedliche Faziesbereiche (**Abb. 72**) gibt auch den Rahmen wieder, innerhalb dessen sich die Felder für die regionalmetamorphen Gesteine befinden. **Abb. 79** zeigt in einem Krustenschnitt im Bereich konvergierender Plattengrenzen die räumliche Anordnung der regionalmetamorphen Fazieszonen.

Ausgangsmaterialien der Regionalmetamorphose sind die unterschiedlichsten Sediment- und magmatischen Gesteine der kontinentalen Kruste, zu welchen noch bereits vorher gebildete Metamorphite hinzukommen können. Volumenmäßig untergeordnet gehören auch ozeanische Sedimente und Sedimentgesteine, Teile der Oze-

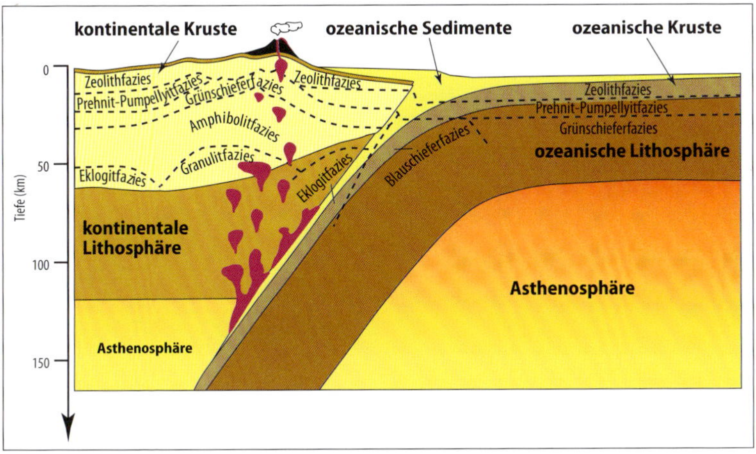

***Abb. 79**: Verteilung der metamorphen Fazien im Bereich konvergierender Plattengrenzen (verändert nach Spear 1993).*

anischen Kruste bis zu den Gesteinen des Oberen Erdmantels dazu. Die Protolithe für die regionalmetamorphen Gesteine sind daher vor allem Ton- und Siltsteine, Arkosen, Grauwacken, Kalksteine, Dolomite, saure bis intermediäre Magmatite (Granite, Rhyolithe, Diorite, Andesite) und basische Magmatite (Basalte, Gabbros), verhältnismäßig selten auch Peridotite. Diese Gesteine zeichnen sich durch oft deutlich unterschiedliche Ausgangschemismen aus:

- Tonsteine (Pelite): sehr K_2O-, SiO_2- und vor allem Al_2O_3-reich, aber auch MgO und FeO können in unterschiedlichen Mengen vorhanden sein.
- Sandsteine und Arkosen: sehr SiO_2-reich; bei Arkosen kommen noch K_2O und Na_2O und Al_2O_3 hinzu.
- Kalksteine und Dolomite: CaO- und im Falle der Dolomite auch MgO-reich; meistens gleichzeitig arm an SiO_2.
- Saure bis intermediäre Magmatite: SiO_2-reich; K_2O und Na_2O sind ebenfalls von Bedeutung. MgO und FeO sind in geringen Mengen vorhanden.
- Basische Magmatite: MgO-, FeO- und CaO-reich; bei mittleren SiO_2-Gehalten sind auch Na_2O und Al_2O_3 enthalten. K_2O ist von geringer Bedeutung.
- Peridotite: sehr MgO-reich, relativ wenig SiO_2.

Kalksteine und Sandsteine besitzen eine recht einfache Chemie, während die der Pelite und basischen Magmatite wesentlich komplexer ist. Deshalb finden in diesen Gesteinen bei steigender Metamorphose zahlreiche Mineralreaktionen statt und es bilden sich eine Reihe neuer Minerale und Mineralparagenesen, die typisch für die betreffenden metamorphen Faziesbereiche sind und auch die wichtigen Indexminerale enthalten (**Tabelle 38**). In der Praxis ist es somit von Bedeutung, **Metapelite** und **Metabasite** aufzufinden, denn mit ihrer Hilfe kann man auch den Metamorphosegrad der anderen Gesteine bzw. des gesamten Gesteinspakets präzisieren.

Innerhalb der regionalmetamorphen Faziesfelder (**Abb. 72**) unterscheidet man einen druckbetonten (**Barrow-Typ**) und einen temperaturbetonten Bereich (**Abukuma-Typ**).

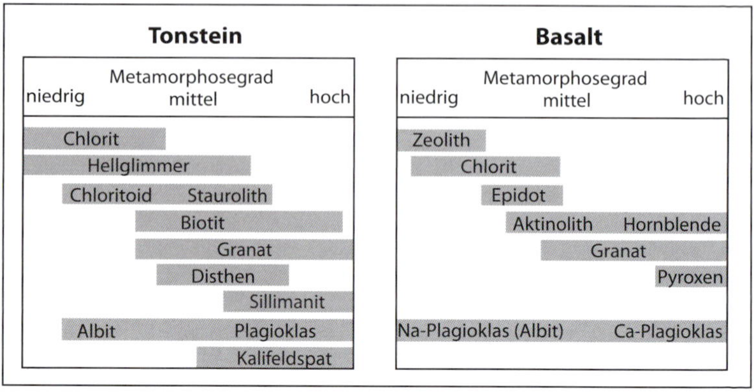

***Tabelle 38**: Typische Mineralparagenesen von Tonsteinen und Basalten bei steigenden Intensitäten der Regionalmetamorphose (nach Press und Siever 1995).*

Schon vor über 100 Jahren hatte Barrow (1893 und 1912) im Schottischen Hochland erkannt, dass in Gesteinen identischer Zusammensetzung mit zunehmenden Druck- und Temperaturbedingungen nach und nach unterschiedliche Minerale auftreten, die er Indexminerale nannte: Chlorit→Biotit→Granat→Staurolith→Disthen→Sillimanit. Lange Zeit dachte man, diese Abfolge wäre die „normale" Regionalmetamorphose, und

***Foto 205**: Kalkphyllit. Die ursprüngliche Schieferung S_1 (horizontal) wurde verfaltet und von einer zweiten Schieferung S_2 (vertikal) überprägt (siehe weiße Pfeile). Breite 3 cm. Tauernfenster, Tuxer Alpen, Tirol.*

Abweichungen davon wurden als Ausnahmen betrachtet. Erst Myashiro (1961) hat aufgrund seiner Untersuchungen im zentralen Abukuma-Plateau in Japan darauf hingewiesen, dass es auch ausgedehnte Bereiche gibt, wo regionalmetamorphe Gesteine unter einem größeren geothermischen Gradienten, d. h. bei gegebenem Druck unter höheren Temperaturen als beim Barrow-Typ entstehen, wie es in magmatischen Gürteln über Subduktionszonen der Fall ist. Es bildet sich dabei in den Metapeliten die Mineralabfolge Biotit→Andalusit→Cordierit→Sillimanit. Die Fazies des Abukuma-Typs zeigt fließende Übergänge zur Kontaktmetamorphose (siehe Kap. IV.5).

Regionalmetamorphe Gesteine sind geschiefert oder geregelt und zeigen oft eine Streckungslineation. Eine Schieferungsfläche wird mit „S“ bezeichnet. Die Schichtfläche eines Sedimentgesteins wird mit S_0bezeichnet. Wird ein geschichtetes Sediment-

Ausgangsgestein ***Ausgangsmineralogie***	**Zeolith- bis Grünschieferfazies** ***ca. 200 - 350°C)***	**Grünschiefer- bis Amphibolitfazies** ***ca. 350 - 550°C***	**mittlere Amphibolitfazies** ***ca. 550 - 650°C***	**obere Amphibolit- bis Granulitfazies** ***ab ca. 650°C***
Tonstein, Siltstein	Tonschiefer	Phyllit / Chloritoidschiefer	Glimmerschiefer	Paragneis, Anatexit, Granulit
Quarz, Tonminerale	*Quarz, Sericit*	*Quarz, Sericit, Albit, ± Chloritoid*	*Quarz, Glimmer, ± Granat, Disthen, Staurolith*	*Quarz, Feldspat, Biotit, Granat, Pyroxen, Sillimanit, ± Cordierit*
Sandstein	*(Metasandstein)* Quarzit	Quarzit	Quarzit	Quarzit
Quarz	*Quarz*	*Quarz*	*Quarz*	*Quarz*
Arkose / Grauwacke	Metaarkose / Metagrauwacke	Paragneis	Paragneis	Paragneis, Anatexit, Granulit
Quarz, Feldspat, Tonminerale	*Quarz, Feldspat, Sericit*	*Quarz, Feldspat, Glimmer*	*Quarz, Feldspat, Glimmer*	*Quarz, Feldspat, Biotit*
Kalkstein, Dolomit	Kalkmarmor, Dolomit	Kalkmarmor, Dolomitmarmor	Kalkmarmor, Dolomitmarmor	Kalkmarmor, Dolomitmarmor
Calcit, Dolomit	*Calcit, Dolomit*	*Calcit, Dolomit*	*Calcit, Dolomit*	*Calcit, Dolomit*
unreine Kalksteine	unreiner Marmor	Kalkphyllit	Kalkglimmerschiefer	Kalksilikatschiefer
Calcit, Quarz, Tonminerale	*Calcit, Quarz, Sericit, Talk*	*Calcit, Quarz, Sericit, Talk*	*Calcit, Quarz, Muskovit, Tremolit*	*Calcit, Tremolit, Diopsid, Grossular*
Granit / Rhyolith	Metagranit / Porphyroid	Metagranit / Orthogneis	Orthogneis	Orthogneis, Anatexit, Granulit
Alkalifeldspat, Plagioklas, Biotit	*Quarz, Feldspat, Biotit / Chlorit*	*Quarz, Feldspat, Chlorit, Sericit*	*Quarz, Feldspat, Muskovit, Biotit*	*quarz, Feldspat, Biotit / Pyroxen*
Basalt / Gabbro	Metabasalt / Metagabbro	Grünschiefer	Amphibolit	Amphibolit, Granulit
Plagioklas, Pyroxen	*Albit / Plagioklas, (Pyroxen), Chlorit, Zeolithe*	*Albit / Ab-reicher Plagioklas, Chlorit, Epidot, Aktinolith*	*Amphibol, Plagioklas, ± Biotit*	*Amphibol, Pyroxen, Plagioklas, ± Granat*

***Tabelle 39**: Übersicht der wichtigsten Ausgangsgesteine und der während der Regionalmetamorphose daraus entstandenen Metamorphite.*

gestein regionalmetamorph überprägt, so steht die neu gebildete Schieferungsfläche (S_1) in den meisten Fällen schräg zur Schichtfläche, weil der Druck nur selten genau auf die Schichtfläche ausgerichtet ist. Trotzdem kommt es auch vor, dass $S_0 = S_1$ ist. Die metamorphen Prozesse laufen oft in mehreren Phasen ab. Dabei kann sich die Druckrichtung ändern und die bestehende Schieferung S_1 wird durch eine neue, anders ausgerichtete S_2 überprägt. Wenn die Überprägung nicht zu intensiv ist, kann man im Gestein auch noch makroskopisch beide Schieferungen erkennen (**Foto 205**).

Die Ausgangsgesteine (Protolithe) der regionalmetamorphen Gesteine sind also während der metamorphen Prozesse, in Abhängigkeit von ihrer Zusammensetzung und von der Metamorphoseintensität, wesentlichen Veränderungen unterworfen. So hat z. B. ein Tonstein mit einem Granatglimmerschiefer bzw. ein Basalt oder Gabbro mit einem Amphibolit auf den ersten Blick keine Gemeinsamkeiten; trotzdem gibt es klare genetische Verbindungen zwischen diesen Gesteinen. In **Tabelle 39** sind die wichtigsten Ausgangsgesteine der Regionalmetamorphose, die Stadien ihrer Umwandlung bzw. die neu gebildeten Metamorphite dargestellt.

4.2 Auswahl der wichtigsten Gesteinsarten der Regionalmetamorphose

4.2.1 Ausgangsgesteine: Tonstein, Siltstein

Aus einem Tonstein oder Siltstein können sich im Laufe der Regionalmetamorphose, mit steigenden Druck- und Temperaturbedingungen, die in der Folge beschriebenen metamorphen Gesteine bilden.

4.2.1.1 Tonschiefer

Tonschiefer ist für die sehr schwachgradige Metamorphose (Anchizone, 200–350 °C) charakteristisch. Vom Tonstein unterscheiden sie sich durch einen Seidenglanz auf den Schieferungsflächen, der von neu gebildetem, sehr feinschuppigem Muskovit (Serizit) stammt (**Foto 206**). Die Serizite entstehen graduell durch bessere Gitterordnung aus den Tonmineralen. Tonschiefer sind meistens grau bis dunkelgrau gefärbt, dünnplattig geschiefert und werden deshalb oft als Dachschiefer verwendet. Kommt eine zweite Schieferungsfläche hinzu, kann das Gestein in stängelige Bruchstücke zerfallen („Griffelschiefer"). Tonschiefer können auch Pyritkristalle (oft rostig verwittert) enthalten, die sich aber noch diagenetisch gebildet haben. Mineralbestand: reliktische, teils umgewandelte Tonminerale (Kaolin und Illit), teilweise (nicht unter 300 °C) metamorph rekristallisierter Quarz, Serizit. Der Übergang zu den Phylliten der unteren Grünschieferfazies erfolgt ohne deutliche Abgrenzung.

4.2.1.2 Phyllit/Chloritoidschiefer

Phyllit (**Foto 207**) ist ein typisch grünschieferfazieller (350–550 °C) Metapelit. Das Gestein ist feinkörnig und erscheint meist dünnschiefrig blättrig. Die Serizite bilden auf der Schieferungsfläche einen zusammenhängenden Überzug, oft erscheint zusätzlich noch Chlorit, wenn im Ausgangsgestein auch eine tuffitische Komponente vorhanden war. Bei zunehmender Metamorphose (ab etwa 500 °C) wachsen die feinschuppigen Serizite zu etwas größeren Muskoviten heran. Bei höherem Quarzgehalt (wenn der

Foto 206: *Tonschiefer. Auf der Schieferungsfläche sind ganz kleine Serizit-Schüppchen erkennbar, die einen seidigen Glanz hervorrufen; sie stellen eine Mineralneubildung dar und zeigen die beginnende metamorphe Überprägung an. Das Gestein ist weich und mit dem Messer leicht ritzbar. Breite 12 cm.*

Foto 207: *Phyllit. Das Gestein ist sehr dünn geschiefert und enthält viel silbrig schimmernden Serizit auf den Schieferungsflächen. Breite 8 cm.*

Tonstein quarzreich war), wird das Gestein härter und als „**Quarzphyllit**“ bezeichnet. Die Farbe der Phyllite ist meist hell silbrig oder auch grünlich, wenn Chlorit dabei ist. Enthalten sie etwas Grafit, entstanden aus organischem Material, werden sie dunkel bis schwarz. Mineralbestand: Serizit, Chlorit, Quarz, Albit. Quarz kann sich auch, metamorph remobilisiert (druckgelöster Quarz, „Segregationsquarz“), im gefalteten Gestein in den Faltenscheiteln konzentrieren oder Linsen und Bänder bilden (**Foto 208**).

Beim **Chloritoidschiefer** (**Foto 209**) ist das tonige Ausgangsgestein außer Al- auch Fe-reich, denn dies ist eine Voraussetzung für die Bildung von Chloritoid. Chloritoidschiefer mit Serizit sind typisch für die Grünschieferfazies. Chloritoid erscheint oft als Porphyroblasten und bildet rundliche Knoten von einigen Millimetern Durchmesser, deren Inneres oft eine radialstrahlige Struktur aufweist. Die Farbe des Gesteins ist silbrig grau bis grünlich. Ist im Gestein auch Grafit vorhanden, wird es hell- bis dunkelgrau, manchmal schwärzlich. Mineralbestand: Quarz, Serizit, Chlorit, Chloritoid, ± Grafit.

4.2.1.3 Glimmerschiefer

Glimmerschiefer (**Foto 210**) sind mittel- bis grobkörnige, immer gut geschieferte Metapelite, die charakteristisch für die Amphibolitfazies (550–650 °C) sind. Zu den Phylliten gibt es fließende Übergänge. Die Glimmer (Muskovit und/oder Biotit) sind im Gestein meistens vorherrschend. Oft ist auch Quarz das vorherrschende Mineral. Glimmerschiefer können auch unter hochdruckmetamorphen Bedingungen auftreten, dabei handelt es sich aber um einen anderen, Mg-reichen Glimmer (Phengit). Die Farbe der Glimmerschiefer variiert von silbrig hell bis schwarz, je nachdem in welchem Maße Muskovit bzw. Biotit dominiert. Mineralbestand: Glimmer (Muskovit und/oder

***Foto 208**: Niedriggradige metamorphe Schiefer mit auskeilenden Bändern und Linsen aus Quarz-Mobilisaten (hell), die sich teilweise auch in den Faltenscheiteln konzentrieren. Calamita-Halbinsel, Elba.*

Foto 209: *Chloritoidschiefer. Chloritoid bildet das knotenförmige, dunkle Mineral. Die schwärzliche Farbe des schiefrigen Gesteins ist seinem Grafitgehalt zu verdanken. Serizit verleiht den leicht silbrigen Glanz. Breite 13 cm. Jiu-Tal, Südkarpaten.*

Foto 210: *Glimmerschiefer mit Granat. Das helle, glitzernde Mineral ist Muskovit. Die größeren, braunroten Kristalle sind Granat (Almandin)-Porphyroblasten. Breite 16 cm.*

***Foto 211**: Paragneis. Relativ feinkörniges, schiefriges Gestein aus Biotit (schwarz), Muskovit (hell glänzend), Quarz (hellgrau) und Felsspat (weißlich). Breite 10 cm. Câineni, Olt-Tal, Südkarpaten.*

Biotit) und Quarz sind die vorherrschenden Minerale. Feldspat (Plagioklas) erscheint untergeordnet oder fehlt. Die Glimmer bilden blättchenförmige Kristalle, die auch leicht onduliert sein können. Der Quarz kann flach gewellte Lagen im Gestein bilden. Typisch für Glimmerschiefer ist das Auftreten zahlreicher, für diese Metamorphosegrade charakteristischer, meist idiomorpher Minerale, wie Disthen, Granat (Almandin) und Staurolith (**Foto 186**, **188**, **203**), welche oft größere Kristalle (Porphyroblasten) in der glimmerreichen Gesteinsmasse bilden und dann auch namensgebend sind. Aber auch Andalusit oder Sillimanit können erscheinen, wenn temperaturbetonte Metamorphosebedingungen während ihrer Bildung ausschlaggebend waren.

4.2.1.4 Paragneis

Paragneis (**Foto 211**) ist fein bis mittelkörnig, zeigt eine etwas gröbere Schieferung und ist ebenfalls charakteristisch für die Amphibolitfazies. Die Paragneise enthalten meistens eher Biotit als Muskovit und haben deshalb eine dunklere Färbung. Wichtig ist, dass bei diesem Gestein der Feldspatanteil mindestens 20 % beträgt, was es im Vergleich zum Glimmerschiefer deutlich fester erscheinen lässt. In glimmerreicheren Paragneisen können Porphyroblasten aus Granat, Staurolith, Disthen oder Andalusit auftreten, sie erscheinen jedoch seltener als in den Glimmerschiefern. Mineralbestand: Feldspat (Plagioklas und untergeordnet Alkalifeldspat, Mikroklin), Quarz, Biotit, ± Muskovit, ± Granat, ± Staurolith, ± Sillimanit, ± Disthen.

4.2.1.5 Migmatit (Anatexit)

Migmatit (**Anatexit**) (**Foto 212, 213**): Ab 650 °C beginnen die Paragneise oder Glimmerschiefer teilweise aufzuschmelzen (Anatexis). Der Prozess findet aber nur statt, wenn genügend Wasser (Fluide oder in wasserhaltigen Mineralen gebunden), welches den Schmelzpunkt herabsetzt, im Gestein vorhanden ist. Bei Abwesenheit einer fluiden Phase bilden sich Granulite, ohne dass es zur Teilaufschmelzung kommt. Zuerst schmelzen die hellen (leukokraten) Bestandteile des Gesteins (Quarz, Feldspäte) auf, weil diese Mineralgemenge (nicht die einzelnen Minerale) niedrigere Schmelzpunkte haben. Muskovit wird instabil und wandelt sich ab 650 °C in Alkalifeldspat und Wasser um. Dabei bildet sich das **Leukosom** – helle Gesteinskörper mit granitischer Zusammensetzung (Quarz-Alkalifeldspat-Plagioklas). Die dunklen (melanokraten) Bestandteile, welche hauptsächlich Biotit, eventuell Hornblende, manchmal auch Granat oder Cordierit enthalten, bilden das **Melanosom**. Diese dunklen, nicht aufgeschmolzenen Teile werden auch **Restite** genannt. Das Ausgangsgestein, also der unveränderte oder nur wenig veränderte Paragneis, wird als **Paläosom** bezeichnet. Das neu gebildete Gestein, welches aus dem Leukosom und Melanosom (Restit) besteht, bildet das **Neosom** und ist der eigentliche Migmatit (**Abb. 80**). Teilweise aufgeschmolzene Metamorphite können auch als **Metatexite** bezeichnet werden, die Leukosome nennt man hier **Metatekte**.

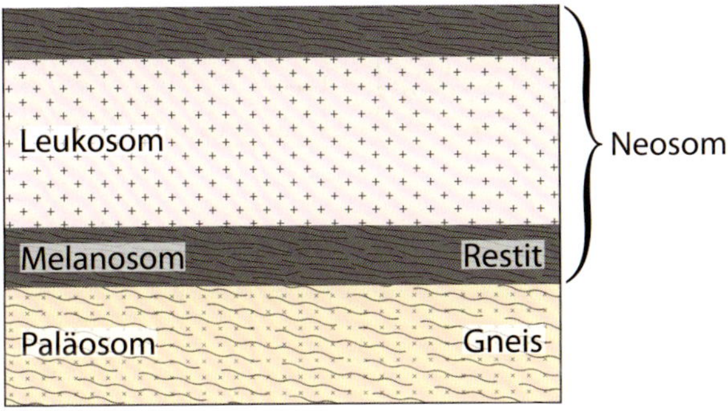

Abb. 80: *Schematische Zusammensetzung eines Migmatits. Als Paläosom (Gneis) wird das Ausgangsgestein bezeichnet. Das Neosom und besteht aus den dunklen, nicht aufgeschmolzenen Teilen (Melanosom oder Restit) und aus den hellen, aufgeschmolzenen Teilen (Leukosom).*

Migmatite (der Begriff wurde 1910 von Sederholm eingeführt) sind Gesteine, die sowohl metamorphe als auch magmatische Gefüge besitzen. Die einzelnen Gefügemerkmale (Texturen) sind dabei sehr unterschiedlich und wurden von Mehnert (1971) ausführlich beschrieben und klassifiziert. Verbreitet sind Lagentexturen, Schlierentexturen oder Faltentexturen (**Foto 212–214**). Es gibt aber auch z. B. Adertexturen, Schollentexturen, Fleckentexturen und Augentexturen. Die aufgeschmolzenen Anteile granitischer Zusammensetzung können im weiteren Verlauf konkordant oder diskordant in die umgebenden Gesteinsmassen eindringen, pegmatitische Gefüge aufweisen und auch weitere **pegmatitische Entwicklungen** verfolgen. Sie sind den Restschmelzen eines Granitplutons ähnlich, nur kommt der Entstehungsprozess aus der entgegengesetzten Richtung: es sind die zuerst entstandenen anatektisch-palingenetischen Schmelzen innerhalb eines hochgradigen Metamorphits und nicht die zuletzt gebildeten Restschmelzen eines Granitplutons. Auf diese Art bilden sich innerhalb migmatitischer Gesteinspakete oder in deren Nachbarschaft Pegmatitadern oder -linsen, welche ähnliche Größen wie die Granitpegmatite sowie die gleichen typischen Zonierungen aufweisen

Foto 212: *Migmatit (metatektischer Gneis, „Metatexit"). Im Gestein ist ein deutliches Lagengefüge erkennbar. Die hellen Lagen (Leukosom, Metatekte) bestehen aus den aufgeschmolzenen Anteilen (Quarz, Alkalifeldspat, Plagioklas). Die dunkleren Anteile enthalten viel Biotit. Breite 22 cm. Ost-Tibet (China).*

Foto 213: *Migmatit. Die Lagentextur ist deutlich erkennbar, man kann die dunklen, hauptsächlich aus Biotit bestehenden, als Bänder oder Linsen erscheinenden Restite (Melanosom) gut unterscheiden. Gleichzeitig ist ein Fortschreiten des Aufschmelzungsprozessses durch den Übergang in eine Schlierentextur, bei der die Konturen zunehmend undeutlicher werden, erkennbar. Mittlerer Schwarzwald.*

Foto 214: *Migmatit. Neben einer Schlierentextur ist im Aufschluss auch eine Faltentextur zu sehen. Neben einfachen Falten entstehen in der hochbeweglichen Gesteinsmasse auch unregelmäßige Wickel- und Knäuelfalten („ptygmatische Falten" bzw. ptygmatische Textur). Dabie-Shan Gebirge, Zentral- bist Ost-China.*

und unter gewissen Umständen wie diese, neben Muskovit und Turmalin, auch seltene Minerale wie Beryll (ein Aluminium-Beryllium-Silikat) oder das Lithium-Mineral Spodumen enthalten können (Hann 1987). Die Bedingung dafür ist, dass in den Paragneisen, welche den anatektischen Prozessen ausgesetzt sind, die betreffenden Minerale bzw. Elemente vorhanden sind.

Konvergenzerscheinungen in der Geologie

Der Begriff „Konvergenzerscheinung" bezieht sich auf die Tatsache, dass bei geologischen Vorgängen oft völlig unterschiedliche Prozesse zu identischen Aspekten bzw. Resultaten führen können. Ein erstes Beispiel ist die Entstehung der Pegmatite, aber es gibt auch andere Fälle, welche dieses Phänomen widerspiegeln.

Pegmatite entstehen sowohl aus magmatischen Restschmelzen als auch als Folge anatektischer Prozesse: aus den ersten Schmelzen einer beginnenden Aufschmelzung der Gesteine. Der Entstehungsprozess ist entgegengesetzt, das Resultat in vielen Fällen identisch.

Man kennt tektonische Brekzien (durch mechanische Reibung entlang von Störungsflächen entstanden), Hangschuttbrekzien (Verwitterung und geringer Transport), Lösungs-/Kollapsbrekzien (Einbruch von Nebengestein), Impaktbrekzien (Meteoriteneinschläge) und aquatisch gebildete Brekzien, wie sie z. B. in den Turbiditen vorkommen oder wie die Algenlaminit- (Stromatolith-) Brekzie (**Foto 133**). Man kennt auch hydrothermale Brekzien (entstanden entlang von Fluidwegen). Jede dieser Brekzienarten kann als Handstück und auch im Aufschluss mit der anderen verwechselt werden, weil sie sehr ähnlich aussehen können. Nur wenn man im Gelände direkt den Ursprung verfolgen kann, ist es möglich, die Bildungsweise des Gesteins zu verstehen. Dies bedeutet, dass sich aus vollkommen unterschiedlichen Entstehungsrichtungen – tektonisch, sedimentär, hydrothermal und kosmisch – Gesteine mit den gleichen Aspekten und Charakteristiken bilden können.

Tachylit, auch Sideromelan oder Hyalobasalt genannt, ist ein Gesteinsglas von dunkler Farbe und bildet sich hauptsächlich aus basaltischen Laven durch Abschreckung im Kontakt zu Meerwasser. Wegen des großen Temperaturkontrastes erfolgt die Abkühlung der Schmelze so schnell, dass keine Zeit für eine Auskristallisation derselben bleibt. Pseudotachylite sind Gesteinsgläser, die aus Reibungsschmelzen entstehen. In den oberen, spröden Krustenbereichen bilden sich diese entlang von tektonischen Störungen bei hohen Bewegungsraten der sich in entgegengesetzte Richtungen bewegenden Gesteinspakete. Diese Schmelzen kühlen ebenfalls rasch ab, da das Nebengestein viel niedrigere Temperaturen aufweist. Tachylite und Pseudotachylite können lokal gleich aussehen, auch der Chemismus kann ähnlich sein, sie sind jedoch durch völlig unterschiedliche Prozesse entstanden: magmatisch bzw. tektonisch.

Bei fortschreitender Aufschmelzung werden auch die dunklen Anteile (Restit, Paläosom) im Gestein mobilisiert, die Gesteine zeigen nur noch eine geringe oder keine Einregelung mehr, die Alkalifeldspatkristalle bilden jetzt auch größere Kristalle. Die Ähnlichkeit mit einem Granit wird immer größer und es entsteht ein **Diatexit** (**Foto 215**).

Foto 215: *Diatexit. Das ursprünglich geregelte Ausgangsgefüge des Gesteins ist kaum noch erkennbar. Größere oder kleinere, leicht rötliche, neu gewachsene Alkalifeldspatkristalle sind deutlich zu sehen. Breite 25 cm. Wehra-Tal, Südschwarzwald.*

Unter Diatexit versteht man ein „durchgeschmolzenes oder zur Gänze geschmolzenes Gestein", welches aber noch nicht homogenisiert ist. Die Unterschiede zwischen Leukosomen und Melanosomen, welche einen Migmatit kennzeichnen, werden aufgehoben. Bis zu einem „richtigen" Granit ist es nur noch ein kleiner Schritt.

Entwässerungsreaktionen während der Metamorphose

Die Gesteine werden mit zunehmendem Metamorphosegrad als Folge verschiedener Entwässerungsreaktionen immer „trockener", sie werden praktisch ausgepresst. So enthalten z.B. die schwach metamorph überprägten Tonsteine (Tonschiefer) als Hauptwasserträger Tonminerale, die etwa 15–20 Gew.-% Wasser enthalten. Die Tonminerale entwässern zuerst zu Muskovit/Biotit (ca. 5–10 Gew.-%). Dabei ist das Wasser nicht mehr an den Korngrenzen (intergranular), sondern im Kristallgitter der Minerale als OH-Gruppen gebunden. Bei mittleren Metamorphosegraden sind Amphibole und Staurolith die wasserhaltigen Minerale (ca. 1–2 Gew.-%). Unter granulitfaziellen Bedingungen, nachdem auch die Muskovite zusammengebrochen sind (in Alkalifeldspat und freies Wassser), werden die Metamorphite dann praktisch wasserfrei („trocken"). Folglich werden während der prograden Metamorphose beträchtliche Mengen an Wasser (Fluiden) freigesetzt.

Die gleichen Reaktionen laufen bei der retrograden Metamorphose umgekehrt ab: Wasserfreie Minerale, wie z.B. Granat oder Pyroxen, werden zuerst in Amphibol (ca. 2 % Wasser) und/oder Glimmer (ca. 4 % Wasser), später in Chlorit (ca. 10 % Wasser) umgewandelt. Die retrograden Mineralreaktionen können aber nur ablaufen, wenn Wasser vorhanden ist. Sind während der an die retrograde Entwicklung gebundenen Exhumierung und Abkühlung der Gesteine keine Fluide verfügbar, finden die begleitenden Mineralreaktionen nicht oder nur begrenzt statt. Die retrograde Überprägung der betreffenden Gesteine wird dann nicht oder nur teilweise erfolgen und deshalb werden sie auch weiterhin ihre ursprünglichen, maximal erreichten Metamorphosebedingungen dokumentieren.

4.2.1.6 Granulit

Es gibt einerseits die sogenannten „**sauren**" oder **hellen Granulite (Foto 216)**, die sich aus Metasedimenten, aber auch aus sauren bis intermediären Metamagmatiten bilden können, und andererseits die **mafischen Granulite**, welche aus basischen Magmatiten entstehen. Granulite entstehen bei hochgradiger Metamorphose und zwar dann, wenn es in der Unterkruste bei Temperaturen über 650 °C und bei Fehlen einer fluiden Phase nicht zur Aufschmelzung kommt. Man nimmt an, dass es vor allem in der unteren kontinentalen Kruste zu Granulitbildung kommt. Dabei bilden sich im Gestein nur Minerale, die keine OH-Gruppen enthalten. Biotit und Amphibol wandeln sich in wasserfreie Pyroxene und Granate um, Muskovit trägt zur Bildung von Alkalifeldspat bei. Granulite sind meist harte und dichte, oft feinkörnige Gesteine, die nicht immer deutlich geregelt erscheinen. Quarz bildet oft typische, scheibenförmige Disken, die als millimeter- bis zentimetergroße Linsen dem Gestein eine deutliche Regelung verleihen. Mineralbestand: Helle Granulite: Plagioklas, Alkalifeldspat, Orthopyroxen, Quarz, seltener Sillimanit, Disthen, Cordierit oder Granat. Muskovit ist nie vorhanden. Mafische Granulite: Plagioklas, Pyroxen.

Foto 216: *Heller (saurer) Granulit. Die vorherrschende rötliche Gesteinsmasse besteht aus Feldspäten. In ihr liegen gut erkennbare helle, teilweise plattig ausgewalzte Quarze – ein typisches Merkmal der hellen Granulite. Gleichzeitig ist das Fehlen OH-haltiger Mafite für das Gestein ebenfalls charakteristisch. Das grüne Mineral erscheint auf Klüften und ist Epidot; es stellt eine spätere Bildung dar, die keinen Zusammenhang mit der Granulitentstehung hat. Breite 12 cm. Foto Roland Vinx. Glazialgeschiebe (Strandstein), Norddeutschland.*

Foto 217: *Geschieferter Quarzit. Auf den Schieferungsflächen sind sehr feine Serizitkristalle gewachsen. Außerdem ist hier auch eine typische Streckungslineation erkennbar. Breite 12 cm.*

Den Granuliten ähnliche, jedoch relativ seltene Gesteine sind die **Charnockite**. Das Gestein ist massig bis schwach geregelt und besteht aus Orthopyroxen, Quarz und aus entmischten Alkalifeldspatphasen wie Perthit (Entmischungslamellen bestehen aus Na-reichem Plagioklas), Mesoperthit (Entmischungslamellen bestehen in gleichen Teilen aus Akalifeldspat und Plagioklas) und Antiperthit (der entmischte Anteil ist Alkalifeldspat, Na-reicher Plagioklas der Wirt). Es können noch Plagioklas, Granat oder Klinopyroxen vorkommen. Charnockite entstehen metamorph durch Entwässerung von Biotit-Graniten oder Orthogneisen. Magmatisch können sie sich auch durch Fraktionierung aufgeschmolzener Basalte bzw. primitiver basischer Magmen bilden.

4.2.2 Ausgangsgesteine: Sandsteine, Konglomerate

Aus Sandsteinen und Konglomeraten bilden sich während der Regionalmetamorphose Quarzite und Metakonglomerate.

4.2.2.1 Quarzit

Quarzite sind sehr hart, meist hell, oft massig fest, fein- bis mittelkörnig und verwitterungsresistent. Sie bilden sich hauptsächlich durch die metamorphe Umwandlung von Sandsteinen, deren Körner aus Quarz bestehen. Quarzite können auch aus Radiolariten, Hornsteinen und Metakonglomeraten, deren Komponenten aus Quarz (oder Quarzit) zusammengesetzt sind, entstehen. Es gibt „reine", monomineralische Quarzite, wenn z. B. der Sandstein kieselig gebunden war. In den meisten Fällen sind jedoch Verunreinigungen durch Ton im Ausgangsgestein enthalten und in den Quarziten entsteht dann Serizit/Muskovit, mit dessen Hilfe die Schieferungsflächen verdeutlicht werden (**Foto 217**). Nimmt der Glimmergehalt zu, entsteht ein Übergang zu Glimmerschiefern; wächst der Feldspatgehalt, bildet sich ein Gneis.

Quarzite erscheinen makroskopisch massig und granoblastisch, wenn sie nur aus rekristallisiertem Quarz bestehen. Oft sind die verzahnten Quarzkörner jedoch duktil ausgelängt, da Quarz schon bei knapp unter 300 °C plastisch reagiert und das Gestein dadurch eine Regelung erlangt. Theoretisch sollte mit steigendem Metamorphosegrad auch die Korngröße der Quarzkristalle im Gestein zunehmen. Dies hängt aber von der Intensität und Dynamik der Durchbewegungsprozesse ab, welche die „dynamische Rekristallisation" steuern (siehe Kap. 1.1) und zeitweise eine Kornverkleinerung bewirken können. Anschließend ist aber wieder ein Korngrößenwachstum möglich und diese Phasen können sich wiederholen. Man kann also einen Quarzit nicht aufgrund seiner Korngröße einer bestimmten regionalmetamorphen oder kontaktmetamorphen Fazies zuordnen. Dies ist nur realisierbar, wenn innerhalb der metapelitischen, glimmerreichen Lagen metamorphe Indexminerale wie z. B. Chlorit, Chloritoid, Granat, Disthen, Andalusit, Staurolith oder Sillimanit auftreten. War der ursprüngliche Sandstein kalkig gebunden, können sich Epidot oder Diopsid bilden.

4.2.2.2 Metakonglomerat

Metakonglomerate (**Foto 218, 219**) entstehen durch die niedriggradige metamorphe Umwandlung von Konglomeraten. Bestehen die Komponenten aus Quarz oder Quarzit, wird das metamorphe Gestein ebenfalls einen quarzitischen Charakter haben. Bei höhergradiger Regionalmetamorphose werden die Formen der Komponenten extrem gestreckt, verändert und auch vermischt („metamorphe Transposition"), sodass der ursprüngliche Charakter des Ausgangsgesteins oft nicht mehr erkennbar ist. Aus rundlich geformten Quarzen entwickelt sich eine quarzitische Bänderung, das Gestein erhält

Foto 218: *Metakonglomerat. Im Gestein sind die ursprünglich runden, aber hier deformierten, gelängten und auch plattig verformten Quarzkomponenten gut erkennbar. Zwischen den Quarzen liegt eine feine silbrig grünliche Masse aus Serizit und Chlorit (ist im linken Teil des Fotos besser zu sehen), welche die schwach metamorph umgewandelten tonigen Anteile der Konglomerat-Matrix darstellen. Breite 12 cm. Nördlich Breitestølen, Kaledoniden, Norwegen.*

Foto 219: *Metakonglomerat. Das gleiche Gestein wie in Foto 218, nur aus einem anderen Winkel fotografiert. Von dieser Seite betrachtet sind die verformten Komponenten nicht mehr erkennbar, sondern nur noch eine Bänderung. Das Gestein sieht wie ein gebänderter Quarzit aus. Parallel zu den Schieferungsflächen, welche die quarzitischen Bänder trennen, sind silbrig grünliche Serizite und Chlorite gewachsen. Wird die metamorphe Überprägung intensiver, herrscht im Gestein nur noch der gebänderte Aspekt vor und es kann nicht mehr als Metakonglomerat erkannt werden. Breite 9 cm. Nördlich Breitestølen, Kaledoniden, Norwegen.*

dadurch ein völlig anderes Aussehen. Einen Zusammenhang mit dem Ausgangsgestein kann nur noch mithilfe von eventuell erhaltenen „Zwischenstadien" der metamorphen Umwandlung rekonstruiert werden. In diesen existieren noch teilweise deformierte und nicht vollkommen zu Bändern und Streifen umgeformte quarzitische Komponenten.

4.2.3 Ausgangsgesteine: Arkose, Grauwacke

4.2.3.1 Metaarkose, Metagrauwacke

Solange die erreichten Metamorphosegrade noch in grünschieferfaziellen Bereichen bleiben und die im Sediment vorhandenen Minerale und Strukuren nicht zu sehr verändert wurden, ist es noch möglich, einen Metamorphit als **Metaarkose** (**Foto 220**) oder **Metagrauwacke** zu bezeichnen. Der Mineralbestand ist durch Feldspat, Serizit/ Muskovit und und Quarz gekennzeichnet. Chlorit kann in bestimmten Fällen auch noch dazukommen.

Foto 220: *Metaarkose. Das Gestein ist schwach metamorph, enthält viel Feldspat (weiß, vorwiegend Alkalifeldpat, da Arkosen aus der Abtragung eines Granits entstehen), Quarz (grau), etwas Serizit und relativ viel Chlorit (grünlich), welcher die Schieferungsflächen markiert. Chlorit spiegelt das Vorhandensein auch eines tuffitischen Anteils im Ausgangsgestein wider. Breite 12 cm. Nördliche Corte, Korsika.*

4.2.3.2 Paragneis, Anatexit, Granulit

Unter amphibolitfaziellen Bedingungen entwickeln sich diese Gesteine zu **Paragneisen**, das Ausgangsgestein ist dann nicht mehr klar erkennbar. Die Gesteine enthalten Muskovit (± Biotit), eventuell auch Granat. Sie können, wenn sie glimmerreicher sind, auch Indexminerale aufweisen. Weil sie aus einem Sediment hervorgegangen sind, werden sie als Paragneise bezeichnet. In der Praxis ist es manchmal schwer, ein feldspatreiches, mittelgradig metamorphes Gestein als Ortho- oder Paragneis zu definieren. Ein Glimmerreichtum weist auf eine Para-Herkunft hin. Das Gleiche gilt auch für die weitere metamorphe Entwicklung hin zu **Anatexiten** und **Granuliten**. Die Gesteine behalten ihren Feldspatreichtum, passen sich aber mineralogisch und vom Gefüge her betrachtet den entsprechenden Bedingungen, wie weiter oben beschrieben, an.

4.2.4 Ausgangsgesteine: Kalkstein, Dolomit

Marmor (**Foto 221, 222**) ist ein monomineralisches metamorphes Gestein, welches sich aus reinen Kalken oder Dolomiten gebildet hat und mehr als 80 % Karbonatanteil besitzt. Durch die Metamorphose bilden sich deshalb meist keine neuen Minerale, sondern es erfolgt durch thermische Umkristallisation eine Kornvergrößerung (Sammelkristallisation). Das Gestein kann aus Kalzit oder aus Dolomit bestehen (Unterscheidung durch Salzsäuretest). Die reinen, aus Kalzit bestehenden **Kalkmarmore** können sowohl fein-, mittel- als auch grobkörnig (Einzelkörner bis zu einigen Millimetern Größe) sein und sind meistens hell, oft weiß gefärbt. Sie haben, wie auch die Dolomitmarmore, ein granoblastisches Gefüge. Die **Dolomitmarmore** sind jedoch im Durchschnitt etwas feinkörniger als die Kalkmarmore. Sie zeigen auch meist einen gelblichen Überzug, was ebenfalls ein diagnostisches Merkmal darstellt. Bei Kalzit setzt nämlich das metamorphe Korngrößenwachstum schon bei knapp über 200 °C ein, das Mineral verhält sich ab dieser Grenze duktil. Kalke werden also bereits bei anchizonal metamorpher Überprägung zunehmend gröber kristallin. Dolomit wird erst bei Temperaturen zwischen 450 und 500 °C duktil; ab diesem Moment setzt auch sein metamorphes

***Foto 221**: Feinkörniger, weißer Marmor. Das Gestein hat ein granoblastisches Gefüge und ist vermutlich unter grünschieferfaziellen Metamorphosebedingungen entstanden. Breite 11 cm.*

***Foto 222**: Grobkörniger, weißer Marmor mit granoblastischem Gefüge. Die Umkristallisation war intensiv, deshalb könnte sich das Gestein unter amphibolitfaziellen Metamorphosebedingungen gebildet haben. Breite 8 cm.*

Größenwachstum ein und dies bedeutet mittlere bis höhere Grünschieferfazies. Kalkmarmor und Dolomitmarmor unterscheiden sich folglich in ihrem Verhalten, insbesondere im schwach metamorphen Bereich, Korngrößenunterschiede bleiben aber meistens auch noch bei höherer Metamorphose bestehen.

Aufgrund von verschiedenen, sehr fein verteilten Fremdmineralgehalten können Marmore unterschiedlich gefärbte Pigmentierungen enthalten. Es erscheinen dadurch in der Gesteinsmasse graue Schlieren oder Tönungen (Grafit; **Foto 223**), manchmal grünliche Nuancen (Serpentinminerale, Chlorit). Rosa oder rötlich gefärbter Marmor ist einer Hämatitdurchstäubung zu verdanken. Im Gestein kann untergeordnet auch Muskovit oder Phlogopit (ein Mg-reicher und Fe-armer, heller Biotit) auftreten.

***Foto 223**: Mittelkörniger Marmor mit grauer Bänderung, welche auf eine Grafit-Pigmentierung im Gestein zurückzuführen ist. Grafit ist aus kohliger Substanz entstanden, die in bestimmten Kalklagen fein verteilt vorhanden war. Breite 3 cm.*

Marmor entsteht sowohl regionalmetamorph (anchimetamorph bis einschließlich amphibolitfaziell) als auch kontaktmetamorph. In hochdruckmetamorph überprägten Marmoren wandelt sich Kalzit in Aragonit um, der unter diesen Bedingungen stabil ist.

Verwendung: Marmor ist ein sehr begehrtes Material, sowohl im Bau- als auch im Kunstgewerbe, wo es schon seit der Antike intensiv benutzt wird. Weltberühmte Skulpturen wurden in Marmor gemeißelt. Der bekannteste Marmorsteinbruch Europas befindet sich in Mittelitalien (Carrara), aber weltbekannt sind z. B. auch die antiken Steinbrüche auf den griechischen Kykladeninseln Naxos und Paros.

In der amphibolitfaziellen Regionalmetamorphose erscheinen die Marmore oft als mächtige Gesteinspakete bzw. Bänder, die zusammen mit Glimmerschiefern in typischen Abfolgen vorkommen und zusammen mit diesen großräumige Faltenstrukturen bilden können (**Foto 224**).

4.2.5 Ausgangsgesteine: Unreine Kalksteine

4.2.5.1 Kalkphyllit

Kalkphyllit (**Foto 205, 225**) ist ein niedriggradiger Metamorphit, welcher aus unreinem Kalkstein bzw. aus Mergel entsteht. Das Gestein enthält so viel Kalzit, dass dieser meistens feinkörnige, dünne, hellere Lagen bis Bänder bildet, die oft verfaltet sind. Diese werden von serizit- oder chloritreichen, meist etwas dunkleren Phyllitlagen, die auch Quarz enthalten, begrenzt. Chlorit ist dabei ein Hinweis auf eine Tuffbeimengung. In manchen Fällen ist auch Grafit vorhanden, dann wird die Färbung der Phyllitlagen grau bis dunkelgrau.

Foto 224: *Großräumig verfaltete, helle bis rostig rötliche, mächtige Marmorbänder, zwischen denen sich graue Glimmerschieferlagen befinden. Die lithologische Grenze ist am Straßenrand, wo die beiden Autos stehen, deutlich erkennbar. In der Bildmitte kann oben eine trogförmige Synklinalstruktur, die sich nach unten hin zuspitzt, gut verfolgt werden. Nordwestküste Naxos, (Kykladen), Griechenland.*

Foto 225: *Kalkphyllit. Das Gestein besteht aus helleren karbonatischen Lagen und grauen, grafitreichen Zonen, in denen auf der Schieferungsfläche vereinzelte Serizitkristalle glänzen. Das mergelige Ausgangsgestein enthielt folglich auch pflanzliche organische Substanz. Für die hellen karbonatischen Lagen ist eine bräunliche Anwitterung typisch Breite 14 cm.*

4.2.5.2 Kalkglimmerschiefer

Kalkglimmerschiefer sind eine höher metamorphe, amphibolitfazielle Weiterentwicklung der Kalkphyllite und bestehen aus etwas gröber umkristallisiertem Kalzit, der oft Bänder oder Lagen bildet und sich in enger Abfolge mit quarzreichen Glimmerschieferlagen befindet. In anderen Fällen ist der karbonatische Anteil im Glimmerschiefer mehr oder weniger regelmäßig verteilt und wird dann vor allem mithilfe des Salzsäuretests erkennbar.

4.2.5.3 Kalksilikatschiefer

Bei hoher Metamorphoseintensität reagieren z. B. Quarz und Kalzit und es kann sich Wollastonit bilden. Bei mittel- bis hochgradiger Metamorphose und bei Vorhandensein von Dolomit kann Tremolit, Diopsid oder Talk entstehen. Sind Tonminerale im kalzitischen Marmor anwesend, kann sich Grossular (Granat) und Zoisit bilden. Es entstehen, abgesehen vom weiterhin geschieferten Charakter des Gesteins, Ähnlichkeiten zur Kontaktmetamorphose, wo diese Mineralparagenesen dann auch besprochen werden. Allgemein herrschen bei den **Kalksilikatschiefern** die Silikatminerale im Vergleich zu den Karbonatmineralen vor.

4.2.6 Ausgangsgesteine: Saure und intermediäre Magmatite (Rhyolit, Granit)

4.2.6.1 Porphyroid

Porphyroid (**Metarhyolith; Foto 226**) ist ein niedriggradig metamorph (anchizonal bis grünschieferfaziell) überprägter Rhyolith, der noch vulkanische Strukturen oder Mine-

Foto 226: *Porphyroid. Im relativ straff geschieferten Gestein befinden sich graublaue Quarze (weißer Pfeil), welche reliktisch erhaltene Einsprenglinge des rhyolithischen Ausgangsgesteins darstellen. Die hellen Flaserungen bestehen aus einer feinkörnigen, feldspatreichen Masse, die eine ebenfalls reliktisch erhaltene, ignimbritische Flammenstruktur (siehe auch Kap. II.6) darstellt. Ignimbrite entstehen im Zusammenhang mit sauren, rhyolithischen Laven und die erhaltene Struktur ist ein klarer Hinweis auf das entsprechende Bildungsmilieu. Spiaggia d` Ortano, Elba.*

rale in der Gesteinsmasse erkennen lässt. Meistens sind die Quarz-Einsprenglinge des Rhyoliths noch erkennbar, oft auch noch Alkalifeldspat und Plagioklas. Diese Minerale befinden sich dann in einer schiefrigen, neu gebildeten, feinkörnigen Grundmasse, die hauptsächlich aus Quarz, Plagioklas (Albit-Oligoklas), feinschuppigem Muskovit (Serizit) und eventuell auch aus Chlorit und Epidot besteht. Ist das Gestein stärker geschiefert und glimmerreich, bildet es, z. B. innerhalb von Scherzonen, die typisch epimetamorphen **Serizitschiefer**, in welchen dann kein Feldspat mehr vorhanden ist.

Bei steigender Metamorphose entstehen in der Amphibolitfazies aus den Porphyroiden **Gneise**. Es ist dann aber oft nicht mehr möglich, diese in eine „Ortho"- oder „Para"-Herkunft einzuordnen, weil z. B. die Quarze während intensiver Deformation zu Linsen und ausgewalzten Lagen umkristallisieren und die reliktischen Gesteinsstrukturen sich ebenfalls im Zuge der dynamisch bedingten Veränderungen auflösen. Zusammen mit den ebenso rekristallisierten Feldspäten und eingeregelten Glimmern kann sich so eine für Gneise typische Bänderung des Gesteins ergeben.

Gegenwärtig weniger anerkannte Begriffe für feinkörnige dichte metamorphe, meistens schwach, manchmal auch straff geregelte Quarz-Feldspat-Gesteine, die als Ausgangsgesteine saure Vulkanite oder Tuffe haben, sind **Leptinit** (Leptit; **Foto 227**) bzw. Hälleflinta. Theoretisch betrachtet kommen aber auch Arkosen oder Grauwacken als Ausgangsgesteine infrage. Die Bezeichnungen wurden insbesondere in Skandinavien verwendet. Hellglimmer können stellenweise Schieferungsflächen markieren. Das Gefüge ist oft auch gleichkörnig granoblastisch. Nur wenn im Gestein, insbesondere in Leptiniten, Minerale wie Granat, Cordierit oder Sillimanit vorhanden sind (was relativ selten vorkommt), kann es einer metamorphen Fazies (Amphibolitfazies) zugeordnet werden. Leptinite können, im Unterschied zu Hälleflinta, auch fein- bis maximal mittel-

Foto 227: *Leptinit. Das feinkörnige und helle Gestein (unter 5% Biotit) mit schwach erkennbarer Regelung enthält Quarz (oft plattig ausgebildet – „Scheibenquarz") und Feldspat. Es handelt sich um metarhyolithische Tuffe oder Laven. Breite 7 cm. Happach, Südschwarzwald.*

Foto 228: *Orthogneis (Metagranit, Augengneis). Die Alkalifeldspäte des granitischen Ausgangsgesteins wurden deformiert und entlang der Schieferungsrichtung ausgelängt. Im Gestein ist noch Quarz (grau) und Biotit (schwarz) vorhanden. Breite 11 cm.*

Foto 229: *Heller (saurer) Granulit. Das Gestein besteht aus Feldspäten (hell), Quarz (graue, ausgewalzte Lagen) und Granat (dunkel, weil vor allem randlich umgewandelt). Foto Roland Vinx. Breite 8 cm. Robschütztal, 1 km nördlich Waldheim, Sächsisches Granulitgebirge, Sachsen.*

körniges Gefüge aufweisen. Sie enthalten manchmal plattige Quarze, die dem Gestein ein geregeltes Aussehen verleihen und welche den „Granulitquarzen" ähnlich sind, weswegen Leptinite früher auch als Granulite betrachtet wurden.

4.2.6.2 Orthogneis (Metagranit), Anatexit, Granulit

Orthogneis (**Metagranit**; **Foto 228**) entsteht bei der Metamorphose von Graniten bzw. granitoiden Gesteinen. Auch Syenite oder Monzonite können zu Orthogneisen umgewandelt werden. Weil die betreffenden Magmatite aber im Vergleich zu den Granitoiden seltener sind, sind sie auch bei den Metamorphiten weniger häufig zu finden. Der Orthogneis-Charakter eines Gesteins ist gut zu erkennen, wenn es linsige, augenförmige Feldpatkristalle enthält („**Augengneis**"), welche durch die Umbildung und Deformation von porphyrischen Alkalifeldpatkristallen entstanden sind.

Die regionalmetamorphe Umwandlung eines granitoiden Gesteins verfolgt bestimmte Entwicklungen. So werden im Falle der niedriggradigen Metamorphose die Biotite des Ausgangsgesteins in Chlorit umgewandelt. Diese prägen als Schichtsilikat die entstandene metamorphe Schieferung und verursachen eine grünliche Färbung des Gesteins. Während der Amphibolitfazies findet eine Umkristallisation der magmatischen Biotite entlang der Schieferungsflächen statt, das Mineral als solches bleibt aber erhalten, da Biotit unter diesen Bedingungen stabil ist. Das Gestein ist allgemein grau gefärbt mit helleren (Quarz, Feldspat) und dunkleren (Biotit) Mineralaggregaten. Unter den Bedingungen der Granulitfazies wandelt sich aber der Biotit in Pyroxen oder Granat um (Entwässerungsreaktionen) und das Gestein enthält außerdem weiterhin Plagioklas, Quarz und Alkalifeldspat. Es entstehen die sogenannten „Leukogranulite" oder „sauren Granulite" (**Foto 229**), die von heller, manchmal auch weißer Farbe sind. Unter anatektischen Bedingungen schmelzen die Orthogneise zuerst teilweise und dann vollkommen auf. Wenn sie danach abkühlen, bilden sie sich zu Graniten oder Granodioriten zurück.

Intermediäre Magmatite als Ausgangsgesteine verfolgen während ihrer Metamorphose, abhängig von ihren mineralogisch-geochemischen Charakteristiken, ähnliche Entwicklungen wie die sauren Magmatite.

4.2.7 Ausgangsgesteine: Basische Magmatite (Basalt, Gabbro)

4.2.7.1 Grünschiefer

Als **Grünschiefer** (**Foto 230**, **Foto 231**) werden geschieferte, selten mit Tendenz zu massigem Aussehen, grüne, chloritreiche Gesteine bezeichnet. Ihre grüne Farbe kann zusätzlich auch von Aktinolith und Epidot gegeben sein, wobei alle genannten Minerale zwischen 300 und 500 °C, also unter grünschieferfaziellen Metamorphosebedingungen, entstehen und stabil sind. Makroskopisch selten erkennbar, erscheinen noch Plagioklas (Albit) und untergeordnet auch Quarz. In einigen Fällen können im Gestein deutlich erkennbare Albit-Porphyroblasten auftreten. Beim Übergang zur Amphibolitfazies beginnt sich Granat zu bilden. Lokal enthalten die Grünschiefer auch Pyrit- oder Magnetitkristalle. Grünschiefer sind feinkörnig, wenn das Ausgangsgestein ein Basalt war, wobei Aktinolith auch größere, nadelige Kristalle bilden kann. War der Protholith ein Gabbro, bleibt dessen grobe Mineralstruktur meist erhalten. Grünschiefer können sich bei entsprechenden Zusammensetzungen auch aus Tuffiten oder Mergeln bilden.

***Foto 230**: Grünschiefer. Das Gestein besteht hauptsächlich aus Chlorit, dem auch die grüne Farbe zu verdanken ist. Das äußerst kleine, weiße Mineral ist Albit, welches in der Gesteinsmasse vor allem mikroskopisch verbreitet ist. Breite 17 cm.*

***Foto 231**: Grünschiefer. Es handelt sich um einen Chlorit-Epidotschiefer. Die chloritischen Lagen sind graugrün bis dunkelgrün, Epidot erscheint ebenfalls in Lagen konzentriert mit seiner typischen gelbgrünen Farbe („pistaziengün"). Metamorph überprägter Ophiolith (Ostalpen).*

4.2.7.2 Amphibolit

Ein **Amphibolit** (**Foto 232**, **233**) entsteht bei mittel- bis hochgradiger Metamorphose aus Grünschiefern und ist für die Amphibolitfazies namensgebend. In der höheren Grünschieferfazies (bei ca. 500–550 °C) bildet sich der **Epidot-Amphibolit**. Ein Amphibolit ist meistens mittelkörnig, seltener fein- oder grobkörnig. Das Gestein ist dunkelgrün bis schwarzgrün oder hell-dunkel gebändert und besteht hauptsächlich aus Hornblende und Plagioklas (Andesin-Labrador). Untergeordnet erscheint noch Biotit. Nehmen der Druck und die Temperatur zu, bilden sich auch Granat und Pyroxen (diopsidischer Klinopyroxen). Diese Minerale treten auch am Übergang zu basischen Granuliten auf. Amphibolite haben oft ein granoblastisches Gefüge (**Foto 234**). Wenn sich die säulenförmig länglichen Hornblendekristalle aber parallel zur Foliation orientieren, wird das Gefüge nematoblastisch. Amphibolite treten meistens zusammen mit Gneisen und Glimmerschiefern, aber auch in Marmoren als Linsen oder Bänder auf und sind mit diesen oft zusammen verfaltet. Amphibolitlinsen können auch durch die retrograde Umwandlung von Eklogiten (siehe Kap. VI.5) oder basischen Granuliten entstehen.

Werden Amphibolite von anatektischen Prozessen erfasst, bilden sich ebenfalls Migmatite („**basische Migmatite**"). Die entstandenen Teilschmelzen verbreiten sich als weiße Schlieren im Gestein, sind aus Plagioklas und Quarz zusammengesetzt und haben demnach eine tonalitische Zusammensetzung.

Das Ausgangsgestein der Amphibolite kann auch ein Mergel sein, in diesem Fall handelt es sich um **Paraamphibolite**. Die meisten Amphibolite haben jedoch magmatische Protolithe und sind deshalb **Orthoamphibolite**.

***Foto 232**: Amphibolit. Die dunkelgrüne Gesteinsmasse besteht aus Hornblende. Die hellen Streifen und Schlieren sind aus Plagioklas zusammengesetzt. Breite 11 cm.*

Foto 233: *Gebänderter Amphibolit. Das Gestein besteht vorwiegend aus dunkler Hornblende, deren längliche Kristalle meist parallel zur Bänderung gewachsen sind und hellem Plagioklas. Breite 16 cm. Südkarpaten.*

Foto 234: *Amphibolit. Innerhalb mächtigerer Amphibolitlagen kann das Gestein auch ein granoblastisches Gefüge, welches an einen Gabbro als Ausgangsgestein erinnert, vorweisen. Zu erkennen sind Hornblende (dunkel) und Plagioklas (hell). Breite 12 cm.*

4.2.7.3 Mafischer Granulit

Die Protolithe eines **mafischen (basischen) Granulits** (**Foto 235**) sind meistens Gabbros, Dolerite oder Basalte. Das Gefüge dieser Gesteine kann granoblastisch sein. Weil die granulitfazielle Metamorphose auch einen statischen Charakter hat, können die Gefüge des Ausgangsgesteins erhalten bleiben, nur die Minerale werden umgewandelt. Es herrschen nicht mehr die Amphibole vor, Biotit erscheint nur untergeordnet, dafür entstehen Granat (nicht „porphyroblastisch"), der kleine, aber noch gut erkennbare Kristalle bildet, und meist schwarzer Klinopyroxen. Zusätzlich ist noch Plagioklas vorhanden, der oft eine graue Farbe besitzt. Mafische Granulite stellen eine hochmetamorphe Weiterentwicklung von Amphiboliten unter Abwesenheit einer fluiden Phase dar.

***Foto 235**: Mafischer Granulit. Die noch erkennbare Foliation des Gesteins ist prägranulitfaziell, denn die granulitfazielle Überprägung war statisch. Plagioklas (hell) und Pyroxen (dunkel) bilden den modifizierten Altbestand eines Gabbros. Die braunrote Tönung des Gesteins ist durch Granat als wichtigste granulitfazielle Neubildung verursacht. Das Mineral ist jedoch nur mithilfe einer Lupe wahrnehmbar, weil das Gestein zusätzlich auch leicht angewittert ist. Foto Roland Vinx. Breite 10,5 cm. Glazialgeschiebe (Strandstein), Norddeutschland.*

4.2.8 Ausgangsgesteine: Peridotit, Dunit, Pyroxenit

4.2.8.1 Serpentinit

Unter **Serpentinit** (**Foto 183, 191, 192, 236**) versteht man einen metamorph umgewandelten Peridotit, Dunit oder Pyroxenit („**Metaultrabasite**"). Der Umwandlungsprozess kann regionalmetamorph bedingt sein, wenn Peridotite tektonisch in Krustenbereiche gelangen, die in Gebirgsbildungen einbezogen werden. Serpentinite entstehen aber auch während der Ozeanbodenmetamorphose (siehe Kap. IV. 2). In beiden Fällen handelt es sich um eine Umwandlung der primären Minerale Olivin und Orthopyroxen in sekundäre Serpentinminerale (siehe auch Kap. IV.3) Die Serpentinisierung ist nur bei

Foto 236: *Serpentinit. Die dunkelgrüne Gesteinsmasse und auch die hellgrünen Flächen bestehen aus Serpentinmineralen. Reliktische Pyroxene sind nicht mehr zu erkennen. Breite 7,5 cm. Nördlich Porto Azzuro, Elba.*

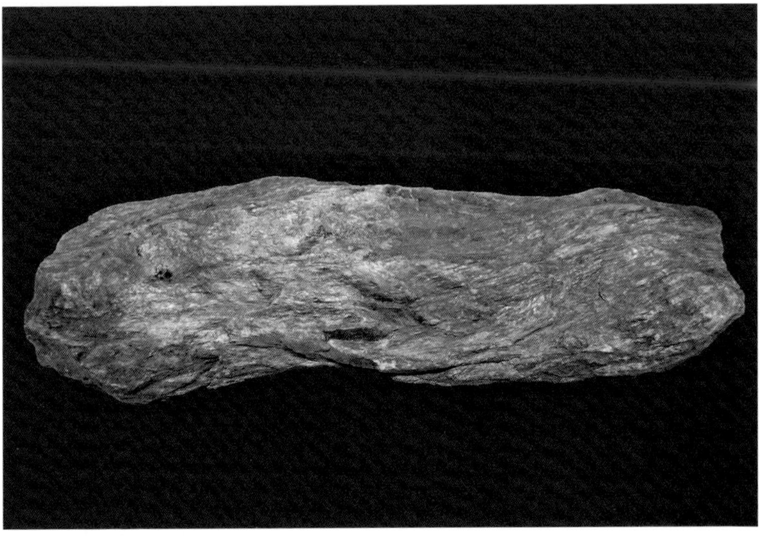

Foto 237: *Talkschiefer. Feinschuppig dichte, glimmerartige helle, parallel angeordnete Talkaggregate unterstreichen den schiefrigen Charakter, entstanden als Folge intensiver Durchbewegung. Das Mineral hat einen Perlmutt- bis Seidenglanz. Breite 15 cm. Cerişor, Poiana-Rusca-Gebirge, Südkarpaten.*

Vorhandensein einer wässrigen fluiden Phase möglich und findet schon ab ca. 100 °C statt. Serpentinminerale zerfallen thermisch ab 550 °C. Das Gestein ist meist dunkelgrün bis schwarz, wirkt speckig dicht, kann aber auch hellgrüne Partien aufweisen. Die magmatischen Klinopyroxene können aufgrund ihres Chemismus nicht in Serpentin umgewandelt werden. Sie sind an ihren deutlichen Spaltflächen erkennbar, die wie Einsprenglinge aussehen und dem Gestein den falschen Eindruck eines porphyrischen Gefüges verleihen. Sie werden häufig aber auch in Amphibol umgewandelt.

4.2.8.2 Talkschiefer

Talk kann unter fortschreitender Metamorphose, besonders in Scherzonen, die Serpentinmasse verdrängen. Er ist bis zu etwa 500 °C stabil. Der schiefrige Charakter entsteht während tektonischer Durchbewegungen. **Talkschiefer** (**Foto 237**) sind durch ihre geringe Härte gekennzeichnet. Beim Anfassen vermitteln sie einen schmierig fettigen Eindruck.

Foto 238: *Das gut geschieferte Gestein ist ein biotitreicher Gneis mit hellen Bändern, die vermutlich aus Quarz und Feldspat bestehen und das Leukosom eines Migmatits darstellen. Das Gestein bildete sich demnach bei hochgradiger Metamorphose, bei der anatektische Prozesse auftreten. Protolithe des Gneises waren wahrscheinlich Tonsteine, vielleicht mit Grauwacken vermischt. Konkordant zur Schieferung liegt eine Pegmatit-Linse, die von der Grobkörnigkeit der Feldspäte (rosa Alkalifeldspat und weißer Plagioklas) und Quarze (grau) gekennzeichnet ist. Die Pegmatit-Linse ist ein Produkt der anatektischen Aufschmelzung und nach den Gneisen entstanden. Sowohl der Pegmatit als auch die migmatitischen Gneise werden von einem rötlichen, feinkörnigen Gang durchdrungen – es handelt sich um einen Rhyolith. Am oberen linken Ende des Ganges sieht man, wie der Rhyolit beim Kreuzen der Linse einen Teil der pegmatitischen Masse mitschleppt. Der undeformierte Rhyolithgang ist also eindeutig zuletzt entstanden und aufgrund seiner Feinkörnigkeit in einem wesentlich höheren Krustenstockwerk eingedrungen, als es die vorangegangene Anatexis erfordert. Eine solche Beobachtung macht es möglich, die Abfolge der geologischen Ereignisse direkt vor Ort zu unterscheiden bzw. die Verbandsverhältnisse zu erklären. Shidao, Shandong-Halbinsel, China.*

Verbandsverhältnisse

Unter einem Verbandsverhältnis versteht man das Verhältnis der verschiedenen Gesteine und Strukturen zueinander, so wie sie beim Betrachten eines Aufschlusses erkannt werden können. Durch solche Beobachtungen wird es oft möglich, die Reihenfolge der geologischen Ereignisse zu verstehen und die abgelaufenen geologischen Prozesse zu interpretieren. Dies stellt auch eine Kontrolle der Resultate eventueller paläontologischer oder radiometrischer Altersbestimmungen dar. Diese müssen nämlich mit der im Aufschluss erkannten Abfolge von Bildungsphasen der unterschiedlichen Gesteine übereinstimmen. In **Foto 238** ist ein solches Beispiel dargestellt.

5 Gesteine der Hochdruckmetamorphose

5.1 Einführung und Charakterisierung

Die Protolithe von Hochdruckmetamorphiten (**Abb. 70**) sind hauptsächlich Gesteine subduzierter ozeanischer Kruste (Basalte, Gabbros) und der ihr auflagernden Sedimentgesteine. Aufgrund ihres geringen spezifischen Gewichts werden kontinentale Krustenteile weniger leicht und daher seltener in eine Subduktionszone hinabgezogen. Gesteine, die auch in Tiefen von bis über 100 km subduziert wurden, können wieder an die Erdoberfläche gelangen und sind daher der direkten Beobachtung zugänglich.

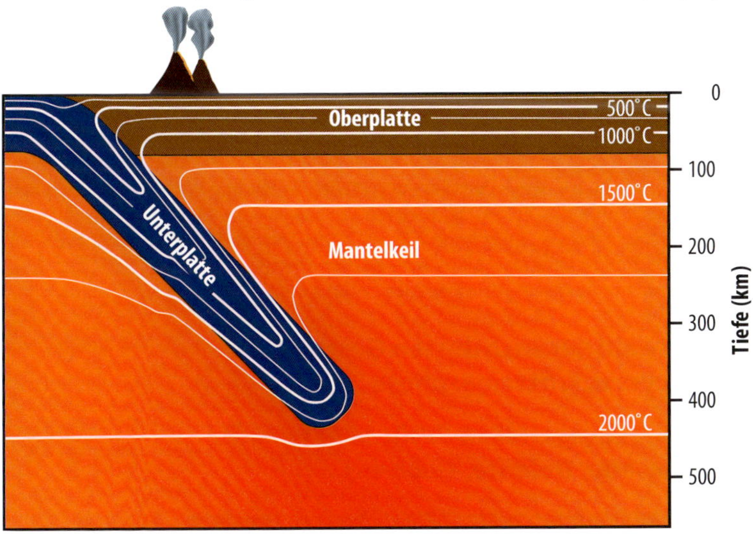

***Abb. 81**: Isothermen (Linien gleicher Temperatur) im Bereich einer Subduktionszone. In diesem Schnitt durch eine Subduktionszone mit einem Inselbogen verdeutlicht der Verlauf der Isothermen, dass durch den geologisch schnellen Subduktionsprozess relativ kalte Gesteine der ozeanischen Kruste sich im Kontakt mit den heißen Gesteinen des Mantels über der subduzierten Platte befinden.*

Die subduzierten Gesteine bleiben relativ kühl im Vergleich zu Gesteinen derselben Tiefenzone außerhalb der Subduktionszone, weil sie schlechte Wärmeleiter sind und Jahrmillionen brauchen, um sich an die Umgebungstemperaturen anzugleichen. Im Vergleich zur Regionalmetamorphose werden die entsprechenden Temperaturen daher erst in viel größerer Tiefe erreicht, das Druck-Temperatur-Verhältnis ist deutlich höher (siehe auch Kap. IV.2). Die Isothermen werden in einer Subduktionszone stark nach unten abgelenkt (**Abb. 81**). Heutige Subduktionsgeschwindigkeiten erreichen etwa 10 cm/Jahr (das sind 100 km in 1 Million Jahren). Je nach Abtauchwinkel der Subduktionszone (meist zwischen 45° und 60°) bedeutet dies eine Versenkung auf 70 bis 85 km Tiefe in 1 Million Jahren.

Die mit den Basalten und Gabbros der ozeanischen Kruste in die Tiefe gezogenen Sedimente sind Radiolarite und Tonsteine, seltener auch Kalke. Das Volumen der Sedimente ist jedoch meist relativ gering, weil nicht nur ihre primäre Mächtigkeit begrenzt ist, sondern sie an der Plattengrenze auch oft abgeschert und an der Oberplatte angeschuppt werden. Späne kontinentaler Kruste, die in die Subduktionszone gelangen, sind unterschiedlich groß und naturgemäß aus sehr unterschiedlichen Gesteinen zusammengesetzt. Die hochdruckmetamorphen Minerale, die sich in kontinentalen Krustengesteinen oder Tiefseesedimenten bilden, sind oft nicht mit freiem Auge als hochdruckspezifisch zu erkennen, weil sie Mischungsreihen mit Mineralen der Regionalmetamorphose bilden. Nur eine genaue Mineralanalyse kann ihren Hochdruckcharakter bestätigen.

Erstaunlicherweise gibt es Hochdruckmetamorphite (Eklogite), die nur wenig Deformation zeigen. Bei der Subduktion erfahren Teile im Inneren der ozeanischen Kruste oft keine starke Deformation: Es herrscht hier nur der lithostatische (allseitige) Druck, der für Mineralumwandlungen verantwortlich ist, aber keine Zerscherung des Gesteins bewirkt.

Ein charakteristisches Merkmal der Gesteine der Hochdruckmetamorphose ist die Abwesenheit von Plagioklas (Na-Ca-Feldspat). In den Gesteinen der ozeanischen Kruste bildet das Mineral einen Hauptgemengteil, wird jedoch bei steigendem Druck instabil und zerfällt, wobei sich **Glaukophan** (Blauschieferfazies) oder **Omphazit** (Eklogitfazies) bilden. Das Natrium aus dem Plagioklas führt zur Bildung des Na-Amphibols bzw. Na-Pyroxens. Durch das Zusammenbrechen der Plagioklase kann auch etwas **Quarz** oder **Disthen** entstehen. Unter hohem Druck bilden sich dichtere Mineralphasen, wodurch die Hochdruckmetamorphite ein höheres spezifisches Gewicht (Eklogit etwa 3,5 g/cm³) als ihre Ausgangsgesteine (Basalt etwa 3,0 g/cm³) erhalten.

5.2 Auswahl der wichtigsten Gesteine der Hochdruckmetamorphose

5.2.1 Ausgangsgesteine: Basische Magmatite (Basalte, Dolerite, Gabbros)

5.2.1.1 Glaukophanschiefer (Blauschiefer), Prasinit

Blauschiefer (**Foto 239**; **240**) erscheint meist geschiefert und enthält reichlich **Glaukophan** (bis zu 75 %), einen typisch graublauen, blauen bis blauvioletten Na-reichen Amphibol, welcher kennzeichnend für die Blauschieferfazies ist. Glaukophan bildet dabei sowohl größere säulenförmig prismatische Kristalle als auch feinfilzige Aggregate.

Foto 239: *Blauschiefer. Das Gestein zeigt eine dunkelblaue Farbe und besteht hauptsächlich aus dem Na-reichen Amphibol Glaukophan. Breite 8 cm. Kampos-Melange-Zone, Syros (Kykladen).*

Foto 240: *Blauschiefer im Aufschluss. Das gut geschieferte Gestein hat eine graue, graublaue bis blaue Farbe und besteht hauptsächlich aus Glaukophan. Das sehr feinschuppige, silbrig auf den Schieferungsflächen glitzernde Mineral ist Phengit (ein Mg-reicher Hellglimmer). Kampos-Melange-Zone, Syros (Kykladen).*

Foto 241: *Fuchsit. Das Mineral hat eine sehr intensive grüne Farbe und ist, zusammen mit Glaukophan (dunkelblau), charakteristisch für die Blauschiefer. Breite 12 cm. Kampos-Melange-Zone, Syros (Kykladen), Griechenland.*

Foto 242: *Blauschiefer mit Lawsonit (helle Kristalle). Finikas, Syros (Kykladen), Griechenland.*

Die Blauschiefer entstehen ausschließlich durch Subduktionsmetamorphose ab einem Druck von etwa 0,5 GPa (Gigapascal) bzw. etwa 5 kbar (knapp 20 km Versenkungstiefe) und bei Temperaturen meist deutlich unter 500 °C. Als weitere Gemengteile treten in Blauschiefern oft **Granat** (als rote bis rotbraune Porphyroblasten) und **Phengit** (ein Mg-reicher Hellglimmer; **Foto 198**), **Paragonit** (ein Na-reicher Glimmer) oder **Chlorit** auf. Es kann auch der relativ seltene, Cr-reiche (1–5 %), strahlend dunkelgrün gefärbte Glimmer **Fuchsit** vorkommen (**Foto 241**). Das Mineral wurde in der mittelalterlichen Malerei zerrieben als Farbpigment benutzt. Bei eher geringeren Drücken und Temperaturen (unter 400 °C) bildet sich weiß gefärbter **Lawsonit** (ein wasserhaltiges Ca-Al-Gerüstsilikat; **Foto 242**). Steigen die Temperaturen, wird Lawsonit von **Epidot**/Zoisit ersetzt.

Wird ein Blauschiefer regionalmetamorph (grünschieferfaziell) überprägt, entsteht ein Gestein, das **Prasinit** (**Foto 243**) genannt wird. Bei gebirgsbildenden Prozessen kommt es oft vor, dass beim Aufstieg nach der Kollision Blauschiefer regionalmetamorph überprägt werden, da nun der Druck/Temperatur-Quotient deutlich geringer ist als beim Abstieg der Gesteine. Der Druck nimmt dabei ab und der Fluidanteil nimmt zu, das Gestein wird retrograd überprägt. Ein erstes Zeichen der grünschieferfaziellen Anpassung ist dabei die Neusprossung von Albitblasten. Gleichzeitig wird der Granat chloritisiert, auch Epidot oder Aktinolith können sich dabei bilden. Je nach Intensität der retrograden Umwandlung kann das Gestein noch reliktisch streifenartige, glaukophanreiche Bereiche von blauer Farbe aufweisen, wird aber zunehmend chlorit- und epidotgrüne Farben zeigen.

Foto 243: *Prasinit. Das Gestein ist ein regionalmetamorph (niedriggradig) überprägter Blauschiefer. Die typisch blaue Farbe des Glaukophanschiefers wird dabei zunehmend graugrün bis grün (unterer und oberer Rand), weil Chlorit beginnt vorzuherrschen. Die hellen Lagen bestehen aus Plagioklas (Albit) und etwas gelbgrünem Epidot, welcher aber nur mit der Lupe erkennbar ist. Breite 13 cm. Cap Corse, Nordküste Korsika.*

5.2.1.2 Eklogit

Eklogit ist ein meist massiges, fein- bis grobkörniges Gestein, das sehr hart, zäh und relativ schwer ist und hauptsächlich aus grünem Pyroxen (**Omphazit,** Na-Al-reich) und rotem Granat (pyropreich) besteht (**Foto 244**). Einige Eklogite können auch Quarz und Disthen führen. Eklogit entsteht ab einem Druck von 1 GPa (10 kbar). Das entspricht einer Versenkungstiefe von ca. 35 km. Nur in sehr seltenen Fällen bilden sich Eklogite auch durch Krustenverdickung während einer Gebirgsbildung(**Foto 79**).

Eklogite findet man in kristallinen Gebirgsmassiven als kleinere, dezimeter- bis metergroße Linsen. Größere Körper von einigen Hundert Metern Ausdehnung kommen seltener vor. Sie sind häufig in regionalmetamorphen Gesteinen wie Paragneisen, Gneisen oder Granuliten eingeschlossen (**Foto 245**), können aber auch Einlagerungen in Peridotiten und Serpentiniten bilden. Oft bilden sie den Kern von Amphibolitlinsen oder -körpern. In diesem Fall sind sie reliktisch erhalten geblieben, gehen nach außen in Amphibolite über und bilden die sogenannten „**Eklogitamphibolite**". Granat und Omphazit des Eklogits gleichen sich an die betreffenden Druck- und Temperaturbedingungen an, indem sie miteinander reagieren. Während der retromorphen Umwandlung entstehen Hornblende und Plagioklas, die typischen Gemengteile eines Amphibolits. Ist die Umwandlung vollkommen, kann das Ausgangsgestein meistens nicht mehr erkannt werden. Amphibolitlinsen können deshalb, zumindest teilweise, durchaus eklogitischen Ursprungs sein.

In diesem Sinne kann man in Bezug auf den „Eklogitfazies-Begriff" (**Foto 79**) nicht von einem ausgedehnten Feld oder Bereich sprechen. Die in regionalmetamorphen Metamorphiten vorhandenen Eklogitkörper befinden sich, was ihre Bildungsbedingungen betrifft, in einem starken Kontrast zu den Nachbargesteinen. Sie sind aus großer Tiefe in relativ kurzer Zeit durch tektonische Prozesse in höhere Krustenstockwerke gelangt. Denn nur im Falle eines raschen Aufstiegs bei relativ niedrigen Temperaturen, also einer schnellen Abkühlung, können Hochdruckminerale erhalten bleiben. Besonders wichtig ist dabei, dass sie beim Aufstieg nicht stark durchbewegt werden und – meist damit verbunden – nicht mit Wasser in Berührung kommen. Diese Möglichkeiten sind z. B. bei gebirgsbildenden Prozessen gegeben, wo durch Krustenverdickung tief reichende, bis in den oberen Mantel reichende Scherbahnen entstehen, entlang denen Eklogite, mehr oder weniger linsenförmig deformiert (**Foto 245**), in höhere Krustenbereiche gelangen können. Andererseits kann es über Hochdruckmetamorphiten bei anhaltender Subduktion zu einer raschen Krustendehnung kommen (Platt 1996), wodurch ebenfalls die Bedingungen für einen schnellen Aufstieg und den Erhalt druckbetonter Mineralvergesellschaftungen erfüllt werden. Geht der Aufstieg der Gesteine langsam vor sich, werden die Hochdruckminerale zerstört. In unterschiedlichen Zwischenstadien kann jedoch der eklogitische Mineralbestand reliktisch erhalten geblieben sein.

Finden wir im Gelände Eklogite (oder Blauschiefer), haben wir Zeugen einer Subduktionsmetamorphose identifiziert. Deshalb sind diese Gesteine trotz ihrer relativ geringen Verbreitung von besonderer petrogenetischer Bedeutung. Als „exotische" Ausnahmen kann man das Vorkommen von Eklogiten als Xenolithe in kimberlitischen oder alkalibasaltischen, meist trichterförmigen Durchschlagsröhren bezeichnen. Sie werden aus dem sublithosphärischen Erdmantel von den betreffenden Magmen hochgerissen und gelangen dadurch, ebenfalls fast unverändert, bis an die Erdoberfläche oder befinden sich oberflächennah innerhalb der sie umgebenden Gesteine.

Foto 244: *Eklogit. Das Gestein besteht aus Omphazit (grün) und dem Mg-reichen Granat Pyrop (rot). Breite 9 cm. Münchsberger Gneismasse, NE-Bayern.*

Foto 245: *Eklogitlinse. Das Gestein wurde entlang von Scherbahnen aus dem oberen Mantel in höhere, aber noch duktile Krustenbereiche eingeschuppt und dabei linsenförmig deformiert. Die Eklogite können sich, abhängig von der Aufstiegsgeschwindigkeit, teilweise oder vollkommen retrograd in Amphibolite umwandeln. Insel Liu Gong Dao, Gelbes Meer bei Weihai, China.*

5.2.2 Ausgangsgesteine: Tonsteine

5.2.2.1 Glimmerschiefer (Hochdruckmetapelit)

Ist die Metamorphoseintensität blauschieferfaziell und die Zusammensetzung des Ausgangsgesteins entsprechend, kann sich ein Glimmerschiefer bilden, der auch Glaukophan enthält (**Foto 246**). Bei dem Glimmer handelt es sich um die Mg-reiche Hochdruckmodifikation **Phengit**. Die sedimentären Protolithe wurden zusammen mit der ozeanischen Kruste in die Subduktionszone hineingezogen.

***Foto 246**: Hochdruckmetapelit mit Glaukophan. Der Hellglimmer ist ein Phengit, die dunklen, länglichen Kristalle mit blauer Tönung sind Glaukophane. Breite 12 cm. Syros (Kykladen), Griechenland.*

5.2.2.2 Weißschiefer

Als **Weißschiefer (Foto 247)** werden eklogitfaziell überprägte Metapelite bezeichnet. Ihre weiße Farbe verdanken sie den größeren Mengen von Phengit, außerdem sind sie quarzreich und enthalten typischerweise Talk und Disthen. In den Weißschiefern ist immer wieder auch ein pyropreicher, hellrosafarbener Granat zu erkennen. Die Granate können (mikroskopische) Einschlüsse von Coesit, einer Hochdruckmodifikation von Quarz, enthalten, die bei einem Druck von 2,5 GPa (25 kbar) auftritt, was einer Tiefe von etwa 80 km entspricht. In diesem Fall spricht man von **Ultrahochdruckmetamorphose**. Die Entdeckung von metamorph gebildetem Coesit wurde im Dora Maira Massiv in den italienischen Westalpen gemacht (Chopin 1984). Bis dahin war Coesit als natürliches Vorkommen nur als Produkt von Meteoriteneinschlägen bekannt. Weil der Coesit im Pyrop eingeschlossen war, konnte er sich reliktisch erhalten. Der umschließende Pyrop verhinderte die Umwandlung des Coesits (ca. 3 g/cm^3) in den weniger dichten Quarz (2,65 g/cm^3), was mit einer Volumenvergrößerung verbunden war. Dieser Prozess hat aber oft trotzdem begonnen zu wirken und im Pyrop radiale Dehnungsrisse erzeugt,

Foto 247: *Weißschiefer. Das Gestein enthält Phengit (Mg-reicher Hellglimmer), außerdem auch viel Quarz (hell) und einige ganz hellrosa gefärbte Pyropkristalle (obere Hälfte). Breite 6 cm. Dora Maira, Westalpen (Piemont).*

was beweist, dass ein Teil des Einschlusses in Quarz umgewandelt wurde und dadurch eine gewisse Sprengwirkung entstand (**Abb. 82**).

Inzwischen kennt man von zahlreichen Lokalitäten nicht nur Coesit, sondern auch Diamant (im Mikrometerbereich) führende Ultrahochdruckmetamorphite, z. B. aus dem Kaledonischen Gebirge Norwegens, dem Dabie Shan in Ostchina oder dem Erzgebirge. Diamant (Dichte ca. 3,5 g/cm³) bildet sich aus organischer Substanz in hochdruckmetamorph umgewandelten Sedimentgesteinen bei einer Tiefe von etwa 110 km und bei einem Druck von etwa 3,5 GPa (35 kbar).

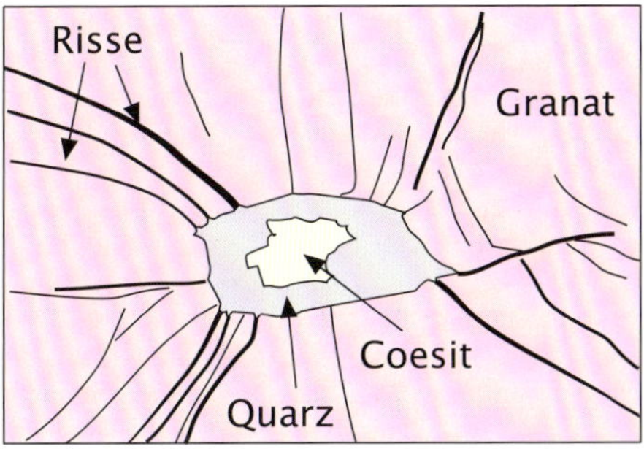

Abb. 82: *Ein bei Ultrahochdruckmetamorphose gebildeter Coesit, der in Granat eingeschlossen ist. Bei der Druckentlastung während des Aufstiegs des Gesteins begann sich ein Teil des Coesits in Quarz umzuwandeln, was mit Volumenzunahme verbunden war und dadurch die Risse im Granat bewirkte (nach Frisch & Meschede 2013).*

Foto 248: *Paramorphosen von Kalzit nach Aragonit. Die faserig länglichen Formen des Aragonits haben sich erhalten, die Kristalle bestehen aber aus Kalzit. Foto John Schumacher. Kampos-Melange-Zone, Syros (Kykladen).*

5.2.3 Ausgangsgesteine: Kalksteine

Zusammen mit den Tonsteinen können auch Kalksteine der sedimentären Bedeckung subduziert und der Hochdruckmetamorphose unterworfen werden. Weil Kalzit unter diesen Bedingungen nicht mehr stabil ist, wandelt er sich in hochdruckmetamorph stabilen Aragonit um und es bildet sich **Aragonitmarmor**. Während der Exhumierung erfolgt aber die Rückumwandlung zu Kalzit oft so schnell, dass sich „Paramorphosen" von Kalzit nach Aragonit bilden, wobei die faserig länglichen Formen der Aragonitkristalle erhalten bleiben können (**Foto 248**).

6 Gesteine der Kontaktmetamorphose

6.1 Einführung und allgemeine Kennzeichen

Bei dieser Metamorphoseart gelangen die Ausgangsgesteine nicht in tiefere Krustenbereiche und werden dort deformiert, sondern sie bleiben in einem seichteren Krustenstockwerk in wenigen Kilometern Tiefe, wo sie bei geringem und konstantem lithostatischen Druck hauptsächlich als Folge **thermischer Einwirkung** umgewandelt werden (**Abb. 72**). Heiße Magmen dringen in die viel kühleren Nebengesteine der oberen Kruste ein, heizen diese auf, geben Fluide ab und verändern sie durch die ausgelösten Mineralreaktionen. Es bildet sich dadurch bis zu einer gewissen Entfernung zum Pluton eine **Kontaktaureole**, in welcher die **kontaktmetamorphen Gesteine** entstehen. Große granitische Plutone bilden z. B. Kontaktaureolen von mehreren Hundert Metern. In den Kontaktaureolen entstehen, je nach dem Abstand zum Pluton und abhängig von der petrografischen Beschaffenheit der Gesteine, charakteristische Mineralparagenesen. Diese spiegeln die nach außen hin sinkenden Temperaturen wider.

Die Kontaktmetamorphose hat keinen dynamischen, sondern einen statischen Charakter. Weil der gerichtete Druck in der Regel nicht vorhanden ist, bildet sich in den Gesteinen, welche die Intrusion begrenzen, keine Schieferung. Sind die Nebengesteine schon vor der Intrusion geschiefert, können sie bei der Kontaktmetamorphose durch Mineralneubildungen entregelt werden. Das Kristallwachstum erfolgt nämlich während der Kontaktmetamorphose ungeregelt ohne eine Vorzugsrichtung.

Fluide spielen auch bei der Kontaktmetamorphose eine wichtige Rolle, weil mit ihrer Hilfe die Mineralreaktionen wesentlich gefördert werden. Aus diesem Grund bilden granitoide Plutone, welche viele Fluide enthalten, die als Lösungen die Nebengesteine durchtränken, die ausgedehntesten Kontaktaureolen. Gabbroplutone sind zwar viel heißer (1100 bis 1200 °C) als Granitplutone (650 bis 700 °C), sind aber gleichzeitig wesentlich „trockener“, weswegen sich in ihrer Umgebung nur relativ schmal entwickelte Kontakthöfe bilden. Die Ausdehnung eines Kontakthofs ist aber auch von der Form, Größe sowie der Tiefenlage des intrudierten Magmenkörpers abhängig. So kühlen Ganggesteine aufgrund der geringeren Mächtigkeit viel schneller ab und bilden nur einige Zentimeter mächtige Kontaktsäume. Andererseits sind bei Intrusionen, die in etwas tieferen Lagen abkühlen, die kontaktmetamorphen Mineralreaktionen schwächer entwickelt, weil der Temperaturkontrast geringer ist.

An den kontaktmetamorphen Prozessen nehmen nicht nur Fluide teil, die aus dem abkühlenden Pluton seitlich und nach oben abgegeben werden, sondern auch diejenigen, welche aus dem Nebengestein stammen und durch die Aufheizung mobilisiert werden. Fluide des Nebengesteins enthalten in seichteren Krustenstockwerken auch

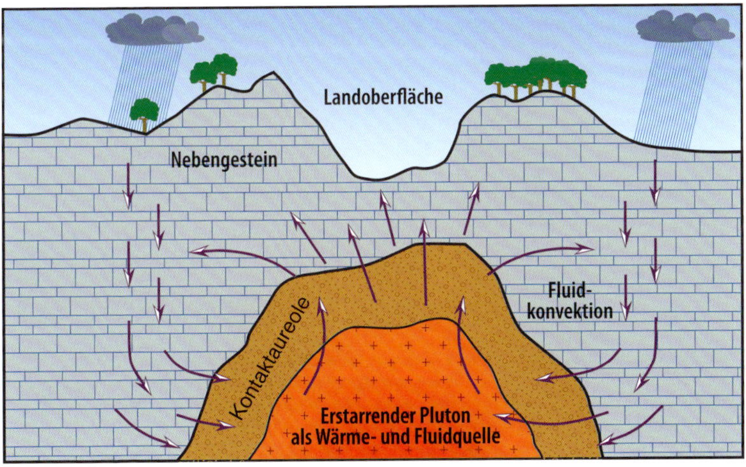

***Abb. 83**: Kontaktaureole und Fluidkonvektion. Um den Pluton bildet sich im Nebengestein eine Kontaktaureole, in der neu gebildete Minerale entstehen und Umkristallisationen stattfinden. Fluide spielen dabei eine bedeutende Rolle. Der Pluton gibt sowohl magmatisches Wasser ab, es kommen aber auch Fluide aus dem Nebengestein hinzu, die auch meteorisches Wasser enthalten. Es bildet sich eine Fluidkonvektion, wobei sich die Fluide mischen, um danach die Mineralreaktionen zu ermöglichen.*

meteorisches Wasser. Dieses erhitzt sich in der Nähe des Plutons; gleichzeitig kommt es zu einer Mischung mit den magmatischen Wässern und es entwickelt sich dadurch eine **Fluidkonvektion** (**Abb. 83**).

Die Intensität der Kontaktmetamorphose ist in großem Maße auch vom geochemischen Kontrast, welcher zwischen dem Magma des Granitplutons und dem Gestein herrscht, in welches dieser eindringt, abhängig. Ist dieser gering, z. B. wenn ein Quarzsandstein, eine Arkose oder ein Gneis intrudiert wird, finden kaum Mineralreaktionen statt, sondern hauptsächlich Umkristallisationen. Ist der geochemische Kontrast groß, z. B. bei Kalkstein, Mergel oder auch Tonstein, kommt es zu intensiven Veränderungen, d. h. Mineralneubildungen, und es entstehen im Kontakthof um den Pluton neue Minerale und Gesteine. Deshalb sind die Sedimentgesteine auch am meisten von kontaktmetamorphen Umwandlungen betroffen. Die wechselseitigen Reaktionen, die auf Austausch und gegenseitigen Ersatz von chemischer Substanz (Stoffaustausch) zurückgehen, werden unter dem Begriff der **Metasomatose** bzw. **Kontaktmetasomatose** zusammengefasst. Zu metasomatischen Prozessen kommt es sowohl innerhalb der Kontaktaureole als auch in etwas höheren Bereichen, wo hydrothermale Lösungen aktiv sind.

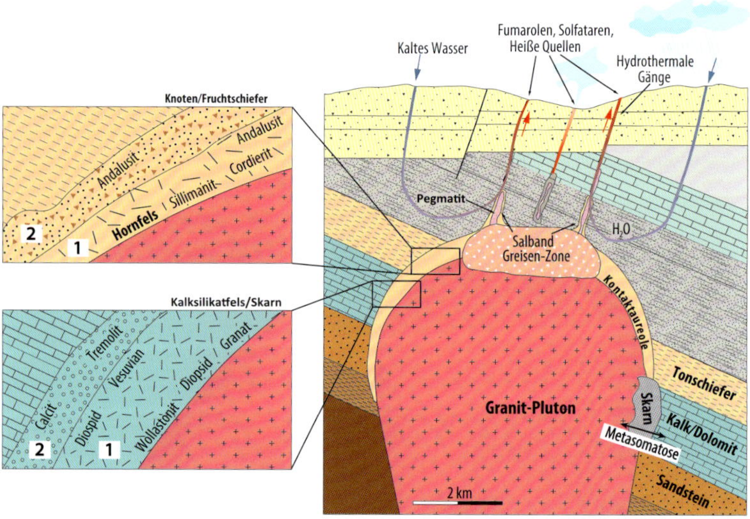

***Abb. 84**: Kontakthof (Kontaktaureole). Um die Außenseiten eines Granitplutons entsteht eine innere Zone (1), in der sich bei tonigen oder auch bei sandigen Ausgangsgesteinen Hornfelse bilden können. Im Inneren Kontakthof wachsen bei Tonsteinen in vielen Fällen auch Cordieritkristalle, die bis zu 1 cm große Knoten bilden können. Hauptsächlich im Äußeren Kontakhof (2) entstehen aus den Tonsteinen die typischen „Knotenschiefer“ oder „Fruchtschiefer“. Die Knoten bestehen aus neu gebildetem Andalusit oder Chloritoid, welche im Al-reichen Ausgangsgestein gesprossen sind. Besonders intensiv sind die Mineralreaktionen zwischen den silikatischen Lösungen eines Granitplutons und dem Kalzium- bzw. Magnesiumkarbonat der Kalksteine und Dolomite oder Marmore. Hier herrscht ein starker chemischer Gradient und es finden Austauschprozesse statt, welche zu zahlreichen Mineralneubildungen (Kalksilikate) führen. Das neu gebildete Gestein wird Kalksilikatfels (Skarn) genannt. Dabei kommt es zu metasomatischen Prozessen (Kontaktmetasomatose). Verändert nach Kölbl-Ebert.*

Im Laufe dieser Prozesse bildet sich eine **kontaktmetamorphe Zonierung** um den Magmenkörper, man spricht auch von einem **Inneren und Äußeren Kontakthof** (**Abb. 84**). Im Inneren Kontakthof sind die Umkristallisationen und die Mineralneubildungen durchgreifend und homogen, es kommt auch zu randlichen Verschmelzungen von Körnern. Im Äußeren Kontakthof sprossen einzelne Minerale, aber das Ausgangsgestein bleibt gut erkennbar.

Zusammenfassung der Faktoren, die zur Bildung kontaktmetamorpher Gesteine beitragen:

- Petrografischer Charakter der Intrusion (sauer-intermediär oder basisch). Die sauren Magmen enthalten die meisten Fluide.
- Größe und Form der Intrusion beeinflusst die Mächtigkeit des Hitzekontakts zum Nebengestein. Ein großer Pluton strahlt mehr und länger Wärmeenergie aus, die kontaktmetamorphen Prozesse sind deshalb länger wirksam.
- Die Tiefe der Magmakammer. Ist diese relativ groß (mehr als 5–6 km), nimmt die Intensität der Umwandlungsprozesse entsprechend ab, weil der Hitzekontrast wegen des geothermischen Gradienten geringer wird.
- Die Menge der am Prozess teilnehmenden Fluide. Ist ihre Quantität größer, steigt auch die Intensität der Mineralreaktionen.
- Entfernung zum Intrusionskörper: je näher, desto höher das Ausmaß der Umwandlungen.
- Die Intensität von chemischen Austauschprozessen. Der Umwandlungsgrad der Gesteine ist vom geochemischen Kontrast, der zwischen dem Magma und dem Nebengestein herrscht, abhängig. Gesteine mit ähnlichem Chemismus wie dem des Magmas werden kaum umgewandelt. Gesteine mit unterschiedlichem Chemismus werden stark verändert. Sedimentgesteine werden deshalb am meisten von kontaktmetamorphen Prozessen betroffen.

6.2 Auswahl der wichtigsten Gesteine der Kontaktmetamorphose

In **Tabelle 40** sind die wichtigsten sedimentären Ausgangsgesteine mit ihren kontaktmetamorphen Umwandlungsprodukten dargestellt.

		Äußerer Kontakthof		**Innerer Kontakthof**
Tonstein	→	Knotenschiefer	→	Hornfels
Kalkstein	→	(Kalksilikat-)Marmor	→	Skarn (Kalksilikatfels)
Sandstein	→	Quarzit	→	Quarzit

***Tabelle 40**: Sedimentäre Ausgangsgesteine und deren kontaktmetamorphe Äquivalente.*

6.2.1 Ausgangsgesteine: Tonstein

6.2.1.1 Hornfels

Im Inneren Kontakthof, gleich an der Grenze zum Pluton (**Abb. 84**), entsteht Hornfels (**Foto 249**). Im Falle eines granitischen Plutons erreicht das Nebengestein dabei Temperaturen bis zu etwa 600 °C. Je geringer die Intrusionstiefe, desto steiler ist der Temperaturabfall nach außen. Hornfels ist ein meist dicht feinkörniges Gestein und hat eine feste Kornbindung. Außerdem ist es hart und deshalb besonders verwitterungsresistent. Grobkörnige Ausbildungen sind die Ausnahme. Im Gelände ist es auf Grund seiner Feinkörnigkeit oft schwierig, das Gestein mineralogisch zu identifizieren. Sicher kann man nur sein, wenn daneben der Kontakt zum Pluton aufgeschlossen ist. Die Farbe ist gewöhnlich grau bis dunkelgrau. Ist das tonige Ausgangsgestein quarzreich, kann es „gefrittet", d. h. die Quarzkörner randlich angeschmolzen werden. Außer dem fein rekristallisierten Quarz können noch andere Minerale wie Sillimanit, Cordierit, Biotit, Granat oder Feldspat auftreten, sie sind jedoch fast immer nur mikroskopisch sichtbar.

Den Namen „Hornfels" verdankt das Gestein seiner Feinkörnigkeit, die ihm ein hornartiges Aussehen verleiht. Der Name „Fels" als petrografischer Ausdruck bezieht sich auf ein massiges metamorphes Gestein, welches nicht geschiefert ist, z. B. „Hornfels" oder „Kalksilikatfels".

Foto 249: *Hornfels. Feinkörnig dichtes Gestein, am direkten Kontakt zu einem Pluton entstanden. Ausgangsgesteine sind mehr oder weniger quarzhaltige Tonsteine. Unten rechts sieht man, wie eine millimeterdicke aplitische Ader in den Hornfels eindringt. Breite 5 cm. Südliche Pomonte, Elba.*

6.2.1.2 Knotenschiefer

Als **Knotenschiefer** (**Fruchtschiefer**) werden kontaktmetamorph überprägte Pelite bezeichnet, in welchen Cordierit-, Andalusit- oder Chloritoidkristalle gesprossen sind. Dringt der Pluton nicht in einen Tonstein, sondern in einen Tonschiefer oder einen Phyl-

Foto 250: *Cordierit-Knotenschiefer. Die grauen, derben Knoten bestehen aus Cordierit, der in einem Serizitschiefer gesprossen ist. Breite 10 cm.*

Foto 251: *Andalusit-Fruchtschiefer. Andalusit (dunkel) bildet hier mehr oder weniger idiomorphe Kristallformen, kann aber auch als Knoten oder Flecken sprossen und ist in einem Tonstein kontaktmetamorph gewachsen. Breite 12 cm.*

***Foto 252**: Chiastolithschiefer. Die Andalusitkristalle haben hier eine etwas hellere Farbe und wachsen divergent im kontaktmetamorph überprägten Tonstein. Breite 12 cm.*

lit ein, bilden sich die gleichen Minerale (der Al-Gehalt des Gesteins bleibt konstant). Diese Gesteine besitzen aber eine Schieferung, die vorher regionalmetamorph entstanden ist, und das betreffende Mineral wächst quer in diese hinein. **Cordierit-Knotenschiefer** (**Foto 250**) entsteht dabei im Inneren Kontakhof bei Temperaturen über 500 °C. Das Mineral ist hier nicht mehr bläulich grau wie in den regionalmetamorphen Paragneisen, sondern dunkelgrau bis schwarz. Der Grund dafür ist, dass die knotenförmigen Cordierit-Porphyroblasten während ihres Wachstums in Grafitschuppen umgewandelte kohlige Partikel einschließen, denen die dunkle Pigmentierung zu verdanken ist. **Andalusit-Knotenschiefer** können auch im Inneren Kontakthof entstehen, sind aber im Äußeren Kontakthof verbreiteter, weil für dieses Mineral, von den Temperaturen her betrachtet, ein größeres Bildungsintervall charakteristisch ist. Andalusit kann in den kontaktmetamorphen Tonsteinen sowohl Knoten oder Flecken als auch längliche Kristalle (**Foto 251**) bilden. Einen typischen Aspekt zeigen die sogenannten **Chiastolithschiefer** (**Foto 252**). Hier bilden die Andalusite relativ große, leistenförmige, meist von Einlagerungen durchsetzte Kristalle, die richtungslos während der Kontaktmetamorphose im Tonstein gesprossen sind.

6.2.2 Ausgangsgesteine: Kalkstein, Dolomit

Skarn ist ein schwedischer Bergmannsausdruck für **kontaktmetamorphen Kalksilikatmarmor**, welcher sich als Folge einer sauren bis intermediären Intrusion in Kalke oder Dolomite hauptsächlich im Inneren Kontakthof bildet (**Abb. 84**). Die Umwandlungen beruhen auf metasomatischen Prozessen. Diese können das Ausgangsgestein weitgehend verändern, sodass nur noch wenig rein karbonatische Gesteinsmasse übrig bleibt. Bei den Kalksilikaten handelt es sich hauptsächlich um Minerale wie **Wollastonit**

(**Foto 253**), **Tremolit** (**Foto 196**), **Diopsid**, **Grossular** oder **Vesuvian** (**Foto 254**). Hatte der Kalk tonige Einlagerungen, kann auch **Biotit** erscheinen (**Foto 254**).

Die kalksilikatischen Mineralneubildungen sind viel härter als Kalzit oder Dolomit und können deshalb hervorwittern, wobei sie den sedimentären Lagenbau nachzeichnen. Dies wird besonders deutlich, wenn das Gestein verfaltet wird. Die Kontaktmetamorphose kann nämlich in bestimmten Situationen auch einen „dynamischen Charakter" annehmen. Dies passiert z. B., wenn ein Pluton, der in einen Kalkstein eindringt, diesen aufheizt und gleichzeitig eine Aufwölbung der darüber liegenden Gesteine bewirkt. Die Kalke werden dabei plastisch verformbar und gleiten lateral ab, wodurch sie sich gleichzeitig in Falten legen, wie dies z. B. auf Elba der Fall ist (**Foto 255**). Die Faltengeometrie wird durch die lagenförmig angeordneten kontaktmetamorphen Mineralneubildungen deutlich gemacht.

Falls während der Skarnbildung Eisen in größeren Mengen Zutritt hat, bilden sich eisenreiche Kalksilikatfelse oder **Eisen-Skarne**, wie z. B. ebenfalls auf Elba. Bei den betreffenden Kontaktmineralen handelt es sich um eisenreichen **Epidot** (**Foto 193**), **Hedenbergit** (**Foto 256**) und **Ilvait** (**Foto 257**). Hedenbergit ist ein dunkelgrün gefärbter Klinopyroxen und bildet säulige Minerale und radialstrahlige Aggregate. Ilvait ist nach der Insel Elba (lat. Ilva) benannt und bildet glänzende schwarze, rosettenförmige Kristalle, seltener körnig bis massige Aggregate, die gewöhnlich mit Hedenbergit zusammen vorkommen.

Verwendung: Skarne enthalten oft reiche Kupfer oder Eisenlagerstätten. Sie sind gleichzeitig auch bekannt für Blei-, Zink-, Wolfram-, Zinn-, Molybdän- und seltener auch für Goldlagerstätten.

Foto 253: *Wollastonit. Das Mineral bildet etwa 1 cm große Kügelchen, die aus radialstrahligen Aggregaten bestehen. Die Wollastonitnadeln sind von einem Keimpunkt innerhalb des kontaktmetamorph überprägten Marmors gewachsen. Breite 8 cm. Capo Norsi, Elba.*

Foto 254: *Skarn mit Diopsid, Vesuvian, Grossular und Biotit. Die feinkörnige grünliche Masse besteht aus Diopsid. Die rotbraunen Lagen und Linsen sind aus Vesuvian und Grossular zusammengesetzt; die beiden Minerale sind hier makroskopisch nicht auseinanderzuhalten. Die feinen schwarzen Streifen bestehen aus Biotit, welcher die ehemalige Schichtung des Sedimentgesteins verfolgt und eine tonige Lage im kontaktmetamorph überprägten Kalkstein darstellt. Die weißliche Gesteinsmasse besteht aus einem feinkörnigen Marmor. Breite 12 cm. Spartaia (Marciana Marina), Elba.*

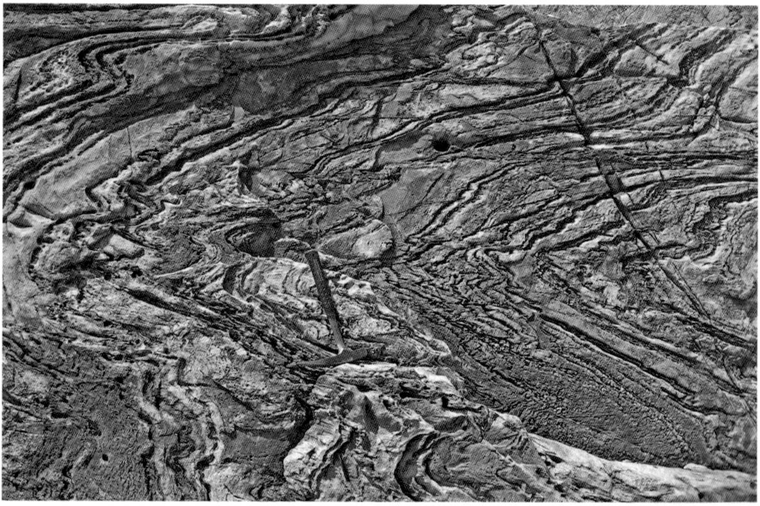

Foto 255: *Faltenstrukturen in kontaktmetamorph überprägten Kalksteinen (Elba, „Spartaia"). Diese können während der Aufwölbung, die ein Pluton bei seinem Eindringen bewirkt, entstehen. Die Kalke reagieren duktil und gleiten seitlich ab, wobei der Marmor in Falten gelegt wird. Die Faltengeometrie wird durch die hervorgewitterten, lagenförmig angeordneten kontaktmetamorphen Mineralneubildungen deutlich. (Marciana Marina), Elba.*

Foto 256: *Hedenbergit. Das dunkelgrüne Mineral ist typisch für Eisen-Skarne und bildet Rosetten mit Kristallen bis zu 20 cm Größe. Rio Marina, Elba*

Foto 257: *Ilvait. Die schwarz glänzende Farbe und die Rosettenform sind charakteristisch für dieses Mineral, welches meistens zusammen mit Hedenbergit in den Eisenskarnen vorkommt. Rio Marina, Elba.*

6.2.3 Ausgangsgesteine: Sandstein

Quarzit (**Foto 258**) ist ein vorwiegend monomineralisches Gestein. Es handelt sich um kontaktmetamorph rekristallisierte Quarz-Sandsteine oder, im Falle der Kontaktmetamorphose seltener, auch um Quarz-Konglomerate. Auch aus Radiolariten können durch Kontaktmetamorphose Quarzite entstehen. Diese werden durch die thermisch bedingte Rekristallisation grobkörniger. Im Unterschied zu den Quarziten der Regionalmetamorphose werden die kontaktmetamorphen Quarzite nicht verschiefert oder eingeregelt. Die Quarzkörner verzahnen sich während der Umkristallisation, wodurch das Gestein an Festigkeit gewinnt. Quarzite sind meist helle, fein- bis mittelkörnige Gesteine. Durch geringe Beimengen von Eisenhydroxiden oder -oxiden können sie eine rötliche Färbung erhalten. Dunkelgrau bis schwärzlich werden sie durch Grafit-Pigmentierungen.

***Foto 258**: Feiner gleichkörniger Quarzit, durch die kontaktmetamorphe Umkristallisation von Sandstein entstanden. Die rötliche Färbung ist einem geringen Gehalt an Eisenhydroxiden oder -oxiden zu verdanken. Breite 12 cm.*

Literaturverzeichnis

Barrow, G. (1893): On an intrusion of muscovite-biotite gneiss in the south-eastern highlands of Scotlands, and its accompanying metamorphism. Quart. J. Geol. Soc. London 49: 330–358.

Becker, H. (2016): Die Gesteine Deutschlands. Fundorte - Bestimmung - Verwendung. Quelle & Meyer Verlag Wiebelsheim.

Bentz, A. Erdöl und Tektonik in Nordwestdeutschland (1949). Amt f. Bodenforschung. Hannover.

Bowen, N. L. (1928): The evolution of Igneous rocks. Princeton Univ. Press, Princeton N. J.

Chamley, H. (1990): Sedimentology. Springer Verlag, Berlin.

Chopin, C. (1984): Coesite and pure pyrope in high-grade blueschists oft he Western Alps: a first record and some consequences. Contrib. Mineral. Petrol. 86: 107–118.

Duda, R. & Rejl, L. (1989): Minerals oft he World. Random House Value Publishing.

Engelhard von, W. & Pittner H. (1951): Über die Zusammenhänge zwischen Porosität, Permeabilität und Korngröße bei Sanden und Sandsteinen. Beitr. Miner. Petrogr. 2: 477–491.

Eskola, P. (1914): On the petrology oft he Orijärvi region in southwestern Finland. Bull. Comm. Géol. Finlande 40: 167–224.

Fettes, D. & Desmons, J. (Hrsg.) (2007): Metamorphic rocks, a classification and glossary of terms. Recommendations of the International Union of Geological Sciences Subcommission on the Systematics of Metamorphic rocks. Cambridge Universitary Press, Cambridge.

Frisch, W., Meschede, M. & Kuhlemann, A. (2008): Elba. Sammlung geologischer Führer. Band 98. Gebr. Borntraeger, Berlin Stuttgart.

Frisch, W. & Meschede, M. (2021): Plattentektonik. Kontinentverschiebung und Gebirgsbildung. 6. Aufl. Primus Verlag, Darmstadt.

Füchtbauer, M. (1988): Sedimente und Sedimentgesteine. Schweizerbart, Stuttgart.

Grubenmann, U. (1904; 1910): Die kristallinen Schiefer. Berlin 1904, 2. Aufl. 1910.

Hann, H. P. (1987): Pegmatitele din Carpații Meridionali. (Die Pegmatite der Südkarpaten). Editura Academiei Bucureşti.

IUGS (2021): International Union of Geological Sciences. International Chronostratographic Chart.

Jakobshagen, V., Arndt, J., Götze, H.-G., Mertann, D. & Walfass, C. M. (2000): Einführung in die geologischen Wissenschaften. Verlag Eugen Ulmer, Stuttgart.

Klockmann, F. (1978): Lehrbuch der Mineralogie. 16. Aufl., überarbeitet und erweitert von Ramdohr, P. und Strunz, H. Ferdinand Enke Verlag, Stuttgart.

Kölbl-Ebert, M. (2006): Gesteinskunde. Skript für die Übungen zur Dynamik der Erde am Institut für Geowissenschaften Tübingen. 4. überarbeitete Aufl. von J. Kuhlemann und W. Frisch, Tüb. Geowiss. Arb., Geol., Skripten.

Kölbl-Ebert, M. (2011): Gesteinskunde. Skript für die Übungen zur Dynamik der Erde. 6. überarbeitete Aufl. von Marks., M. Mathematisch-Naturwissenschaftliche Fakultät, Fachbereich Geowissenschaften, Tübingen.

Kölbl-Ebert, M. (2014). Gesteinskunde. Skript für die Übungen zur Dynamik der Erde. 7. Auflage. Schriftleitung Marks, M. Neu gesetzt von Giehl, Ch. und Loges, A. Mathematisch-Naturwissenschaftliche Fakultät, Fachbereich Geowissenschaften, Tübingen.

Le Maitre, R. W. (1984): A proposal by the IUGS Subcommission on the Sistematics of

Igneous Rocks for a chemical classification of volcanic rocks based on total alkali silica (TAS) diagramm. Australian Journal of Earth Science 31 (2): 243–255.

Le Maitre, R. W. (Hrsg.), Streckeisen, A., Zanettin, B., Le Bas, M. J., Bonin, B., Bateman, P., Bellieni, G., Dudek, A., Efremova, S., Keller, J., Lamayre, J., Sabine, P. A., Schmid, R., Sorensen, H. & Wooley, A. R. (2004): Igneous rocks: a classification and glossary of terms. Recommendations of the International Union of Geological Sciences Subcommission on the Systematics of Igneous Rocks. Cambridge Universitary Press, Cambridge.

Meschede, M. (2015): Geologie Deutschlands. Ein prozessorientierter Ansatz. Springer-Verlag Berlin Heidelberg.

Okrusch, M. & Matthes, S. (2010): Mineralogie – Eine Einführung in die spezielle Mineralogie, Petrologie und Lagerstsättenkunde. Springer Verlag, Berlin Heidelberg, 8. Aufl.

Maresch, W., Schertl, H.-P. & Medenbach, O. (2014): Gesteine. Systematik, Bestimmung, Entstehung. Schweizerbart, Stuttgart.

Markl, G. (2015): Minerale und Gesteine. Mineralogie – Petrologie – Geochemie. Spektrum. Akademischer Verlag, Heidelberg.

Mehnert, K. R. (1971) Migmatites and the origin of magmatic rocks. Elsevier Publishing Company, Amsterdam, London, New York.

Meschede, M. (2015): Geologie Deutschlands. Springer Spektrum Verlag, Berlin Heidelberg.

Myashiro, A. (1961): Evolution of metamorphic belts J. Petrol. 2: 277–311.

Okrusch, M. & Matthes, S. (2005): Mineralogie. 7. Aufl. Springer, Berlin.

Perfit, M. R., Fornari, D. J., Smith, M. C, Langmuir and Haymon, R. M. (1994): Geology 22: 375–379.

Platt, J. P. (1996): Dynamics of orogenic wedges and the uplift of high pressure metamorphic rocks. Geol. Soc. Amer. Bull. 97: 1037–1053.

Press, F. & Siever, R. (1995): Allgemeine Geologie. Spektrum Akademischer Verlag, Heidelberg Berlin Oxford.

Sederholm, J. J. (1910): Die regionale Umschmelzung (Anatexis) erläutert an typischen Beispielen. Compt. Rend. Intern. Géol. Congr. Stockholm: 573–586.

Schminke, H. U. (1986): Vulkanismus. 1. Aufl. Wissenschaftliche Buchgesellschaft, Darmstadt.

Schmincke, H. U. (2010): Vulkanismus. 3. Aufl. Wissenschaftliche Buchgesellschaft, Darmstadt.

Shannon, R. D. & Prewitt, C. T (1970): Acta Cryst. B26: 1046.

Shoemaker, E. M. & Chao, E. C. T. (1961): New evidence for the impact origin of the Ries Basin, Bavaria, Germany. J. Geophys. Res. 66: 3371–3378.

Spear, F. S. (1993): Metamorphic Phase Equilibria and – Temperature – Time Paths. Mineralogical Society of America, Washington.

Streckeisen, A. (1967): Classification and nomenclature of igneous rocks. Neues Jahrb. Mineral. Abh. 107: 144–214.

Streckeisen, A. (1976): Classification and nomenclature of igneous rocks. Geol. Rundsch. 69: 194–207.

Strunz, H., Ernest, H. & Nickel, E. H. (2001): Mineralogical Tables. Chemical-structural Mineral Classification System. 9. Aufl. Schweizerbart, Stuttgart.

Trommsdorf, V. & Dietrich, V. (1991): Grundzüge der geologischen Wissenschaften. Verlag der Fachvereine, Zürich.

Vinx, R. (1982): Das Harzburger Gabbromassiv, eine orogenetisch geprägte Layered Intrusion. N. Jb. Miner. Abh. 144: 1–28.
Vinx, R. (2011): Gesteinsbestimmung im Gelände. 3. Aufl. Spektrum. Akademischer Verlag, Heidelberg.
Vinx, R. (2016): Steine an deutschen Küsten. Finden und Bestimmen. Quelle & Meyer Verlag Wiebelsheim.
Wilde, S. A., Valley, J. W., Peck, W. H. & Grahams, C. M. (2001): Evidence from detrital zircons for the existence of continental crust and oceans on the Earth 4.4 Gyr. Ago. Nature 409: 175–178.
Wimmenauer, W. (1985): Petrographie der magmatischen und metamorphen Gesteine. Ferdinand Enke Verlag, Stuttgart.
Winkler, H. G. F. (1966): Die Genese der metamorphen Gesteine. Zweite Aufl. Springer Verlag, Berlin Heidelberg New York.
Yardley, B. W. D. (1997): Einführung in die Petrologie metamorpher Gesteine. Enke Verlag, Stuttgart.

Glossar

A

Abschiebung (normal fault): → Störung.

Abukuma-Metamorphose (Abukuma metamorphism): Niedrigdruck- → Regionalmetamorphose, tritt gewöhnlich im Magmatischen Gürtel über Subduktionszonen auf und ist temperaturbetont.

Aktiver Kontinentrand (active continental margin): Entsteht über einer → Subduktionszone, von der er unterfahren wird. Stellt eine destruktive → Plattengrenze dar (→ Passiver Kontinentrand). Ist durch die Bildung kalk-alkalischer Magmen gekennzeichnet (subduktionsgebundener Magmatismus, Inselbogenmagmatismus), es bilden sich → Granite, Granodiorite und → Diorite im plutonischen bzw. → Rhyolithe, → Dazite und → Andesite im vulkanischen Stockwerk.

Akkretion, Akkretionskeil (Anwachskeil) (accretionary wedge): Besteht aus Sedimenten der subduzierten Platte, welche während des Unterschiebungsvorgangs abgeschürft und der Oberplatte angegliedert wurden. Der Zuwachs in einem Anwachskeil erfolgt von unten her, die abgeschürften Sedimentpakete werden immer mehr gehoben und verursachen die morphologische Erhebung der Äußeren Schwelle.

Aktinolith (actinolite): Mineral, Ca- → Amphibol, typisch für schwach metamorphe Gesteine (→ Grünschieferfazies). Farbe: hell- bis dunkelgrün. Bildet langprismatische, strahlenförmige Kristalle.

Alkalibasalt (alkali basalt): Basalt mit hohen Anteilen an Alkalien (Na, K) und geringerem SiO_2-Gehalt als tholeiitischer Basalt (→ tholeiitische Magmatite).

Alkalifeldspat (alkali feldspar, potassium feldspar): Mineral, Kalium-Natrium-Feldspat → Feldspat.

Alkalisch (alkaline): Bezeichnung für Magmen oder magmatische Gesteine, die im Vergleich mit dem Kieselsäure- (SiO_2-) oder Tonerde- (Al_2O_3-) Gehalt reich an Alkalien (Na_2O, K_2O) sind.

Alpine Orogenese (Gebirgsbildung) (alpine orogeny): Hebung des Alpengürtels. Fand während der Kreide und im Tertiär statt.

Ammoniten (Kopffüßer, Cephalopoden) (ammonite): Fossilien mit einer spiralig aufgerollten, meist reich skulpturierten, gekammerten Schale. Wichtige → Leitfossilien für das jüngere Paläozoikum und insbesondere für das Mesozoikum.

Amphibol (amphibole): Mineral, das dem → Pyroxen ähnlich ist, aber Wasser (OH-Ionen) gebunden hat. Ein wichtiger Vertreter ist die → Hornblende. Erscheint in Magmatiten und Metamorphiten.

Amphibolit (amphibolite): Gestein, das bei mittel- bis hochgradiger → Regionalmetamorphose aus → Basalt und → Gabbro (untergeordnet auch aus → Mergel) entsteht und vorwiegend → Amphibol und → Plagioklas enthält.

Amphibolitfazies (amphibolite facies): Mittel- bis hochgradige → Regionalmetamorphose.

Anatexis (anatexis): Teilweise oder vollständige Aufschmelzung eines metamorphen Gesteinsverbandes in größerer Krustentiefe; es entstehen Gesteine, die → Migmatite genannt werden. Die bei der teilweisen Mobilisation verbliebenen Restbestände werden als Restite bezeichnet. Die → Restite bestehen aus dunklen, → melanokraten Mineralen, die Mobilisate bestehen aus hellen, → leukokraten Mineralen.

Anchimetamorphose (anchimetamorphism): Niedriegstgradige → Regionalmetamorphose, entsteht anschließend an die → Diagenese zwischen ca. 200 und 350 °C.

Andalusit (andalusite): Mineral, Aluminiumsilikat (Al_2SiO_5), das bei temperaturbetonter Regionalmetamorphose und → Kontaktmetamorphose entsteht. → Indexmineral.

Andesit (andesite): Vulkanisches Gestein, das sich typscherweise über → Subduktionszonen bildet. Ergussäquivalent dioritischer Magmen, intermediärer Vulkanit.

Anhydrit (anhydrite): Mineral, $CaSO_4$ (→ Gips).

Ankerit (ankerite): [Ca (Fe, Mg, Mn) (CO3) 2], auch Braunspat genannt, bildet oft rhomboedrische Kristalle von weißer, gelber bis rostig-brauner Farbe. Es entsteht metasomatisch in Kalkstein oder in hydrothermalen Gängen. Seltener in hochgradigen Metamorphiten.

Äolisch (aeolian processes): Durch den Wind bedingter Transport und bedingte Ablagerungen (äolische Sedimente).

Apatit (apatite): Mineral, $Ca_5(PO_4)_3(F,Cl,OH)$, Kristallsystem hexagonal, Härte 5, muscheliger Bruch. Farbe: farblos, weiß, gelb, rosa, grün, blau. Es ist das wichtigste Phosphat in Magmatiten, Metamorphiten und Sedimentgesteinen.

Aplit (aplite): Feinkörniges, → leukokrates Gestein, vorwiegend aus Quarz und Feldspat ± Muskovit zusammengesetzt; stellenweise erscheint auch Biotit oder Turmalin. Bildet Gänge, die in der Nachbarschaft granitisch-granodioritischer Plutone entstehen. Feinkörnige Granite werden auch „Aplit-Granite“ genannt.

Apophyse (apophysis): Seitliche Abzweigung eines Ganges oder eines anderen magmatischen Körpers kleiner Dimension, die das Nebengestein durchsetzt.

Aragonit (aragonite): → Kalzit.

Arenit (arenite): → Sandstein, dessen Körner aus Kalk oder Dolomit bestehen.

Arkose (arkose): → Sandstein mit einem Feldspatgehalt von über 25 %, meist schlecht sortiert. Entsteht nach kurzem Transportweg bis zur Ablagerung, ein sogenanntes „unreifes Sediment“.

Asbest (Chryotilasbest) (asbestos): → Serpentinmineral.

Assimilation (assimilation): Veränderung eines Magmas durch Aufnahme von Nebengestein. Bei Mischung mit fremdem Magma spricht man von Hybridisierung (Kontamination).

Asthenosphäre (asthenosphere): Schale des Oberen Mantels, beginnt unmittelbar unter der Plattenbasis, meist zwischen etwa 100 und 250 km Tiefe. Enthält geringe Schmelzanteile.

Aufschiebung (reverse fault): → Störung.

Aufschluss (outcrop): Stelle im Gelände, an der das anstehende Gestein unverhüllt durch Bodenbildung oder Pflanzenbewuchs unmittelbar beobachtet werden kann.

Augengneis (augengneiss): Metamorphes Gestein, bei dem die Feldspäte oval (augenförmig) sind. Sie entstehen bei der metamorphen Überprägung von Granitoiden oder bei → Migmatit-Bildung (anatektischen Prozessen).

Augit (augite): Mineral: → Pyroxen (Ca, Na) (Mg, Fe, Al) $[(Al, Si)_2\ Si_2O_6]$; Klinopyroxen.

Ausgangsgestein (protolith): → Protolith.

B

Barrow-Metamorphose (Barrovian metamorphism): Druckbetonte → Regionalmetamorphose, tritt typischerweise bei der Kollision von Kontinenten auf.

Baryt (Schwerspat) (barite): Mineral, $BaSO_4$, kommt meistens in → hydrothermalen Lagerstätten vor und ist durch seine hohe Dichte (4,5 g/cm^3) und gute tafelige Spaltbarkeit gekennzeichnet. Weiß bis gelblich braun oder hellgrau, wenn Spurenelemente im Kristallgitter eingelagert sind.

Basalt (basalt): Vulkanisches (mafisches) Gestein, bildet den Ozeanboden, ist aber auch in Deckenergüssen und Schildvulkanen zu finden. Basaltmagma entsteht durch Teilaufschmelzung des → Peridotits im → Mantel.

Basisch (mafic): Bezeichnung für Magmen und magmatische Gesteine mit 45–52 Gew.-% SiO_2.

Batholith (batholith): Großer Tiefengesteinskörper (→ Pluton) vorwiegend granitischer und granodioritischer Zusammensetzung mit kuppelförmigem Dach, der sich im → Magmatischen Gürtel über → Subduktionszonen oder bei Kontinent-Kontinent- → Kollisionen bildet.

Bauxit (bauxite): Gestein, das aus einem wechselnden Gemenge von verschiedenen Aluminiumhydroxid-Mineralen besteht. Eisenhydroxide (→ Limonit) sind immer beigemengt. Wichtigstes Erz zur Aluminiumgewinnung.

Beryll (beryl): Mineral, ein Beryllium-Aluminium-Silikat, $Be_3Al_2Si_6O_{18}$, Kristallsystem hexagonal, Ringsilikat. Härte 7,5–8. Keine Spaltbarkeit, muscheliger Bruch. Beryll ist ein typisches Mineral in → Pegmatiten. Seine Varietäten können gesuchte Edelsteine darstellen, z. B. Aquamarin (blau), Heliodor (goldgelb) und Smaragd (grün) – dieser erscheint allerdings nicht in Pegmatiten, sondern in Cr-haltigen Biotitgneisen.

Bimsstein (pumice): Schaumiges saures → Gesteinsglas von meist heller Farbe.

Biotit (biotite): Mineral, Mg-Fe- → Glimmer, Schichtsilikat, schwarz bis schwarzbraun, auch „Dunkelglimmer" genannt. Ist in Magmatiten und Metamorphiten weit verbreitet.

Blastese (porphyroblastic growth): Kristallwachstum während der → Metamorphose.

Blattverschiebung (→ Seitenverschiebung, Horizontalverschiebung) (horizontal strike-slip fault): → Störung, Bruch- und Bewegungsfläche mit überwiegendem Horizontalversatz.

Blauschiefer (blue schist): → Glaukophanschiefer.

Bohnerz (pisolitic iron ore): Besteht aus → Limonit oder Goethit und bildet erbsen- und bohnenförmige, schalige, rotbraune oder ockergelbe Kügelchen.

Bonebed (bonebed): → Knochenbrekzie.

Brekzie (breccia): Grobklastisches Sedimentgestein, das aus eckigen Gesteinsbruchstücken zusammengesetzt ist. Kann sedimentär, tektonisch, vulkanisch oder als Folge von Meteoriteneinschlägen (Impaktbrekzie) entstehen.

Buntsandstein (red sandstone, Lower Triassic): Mehrere Hundert Meter mächtige Gesteinsabfolge, die hauptsächlich aus rot oder rötlich gefärbtem Sandstein besteht. Tonsteine, Siltstein oder Gips kommen untergeordnet vor. Der Begriff wird gleichzeitig für die Benennung der Unteren Trias verwendet.

C

CCD: Calcite Compensation Depth → Kalzit-Kompensationstiefe.

Chalzedon (chalcedony): Mikro- bis kryptokristalliner → Quarz.

Chlorit (chlorite): Grünes, glimmerähnliches Mineral (Schichtsilikat). Ist ein → Indexmineral für die → Grünschieferfazies.

Chromit (chromite): Mineral der Spinell-Gruppe, Chromerz → Spinell.

Coccolithen (coccolithophores): Mikroskopische Bestandteile der Kalkalgen der Ordnung Coccolithophorida.

Coesit (coesite): Hochdruckmodifikation des → Quarzes.

Cordierit (cordierite): Mineral, Magnesium-Aluminium-Silikat, das in metamorphen Tonsteinen (Metapeliten) bei hoher Temperatur und niedrigem Druck auftritt.

Crinoiden (crinoidea): Seelilien (→ Echinodermen), deren Körper aus einem meist am Meeresboden verwurzelten beweglichen Stiel, einem Kelch sowie aus fünf Armen besteht.

D

Dazit (dacite): Ergussäquivalent des Granodiorits. Das Gestein ist relativ hell, liegt im Bereich zwischen sauren und intermediären Vulkaniten und bildet sich vorwiegend über Subduktionszonen.

Decke (nappe, thrust sheet): Tektonische Einheit, die über größere Entfernungen (Hunderte von Metern bis zu einigen Kilometern) eine andere Einheit überschoben hat. Typisch bei Gerbirgsbildungen (→ Störung).

Deckenbasalt (→ Trappbasalt, → Flutbasalt) (flood basalt): Große Basaltdecken, die über einem → Heißen Fleck gebildet werden. Horizontale Lagen von Laven und senkrecht darauf entstandene Klüftung führen zu einer treppenförmigen Morphologie (schwed. „trappa“ = Treppe).

Deckgebirge (basin, cover): Sedimentäre Schichtenfolge über einem kristallinen (metamorphen, magmatischen) Sockel, dem → Grundgebirge.

Deformation (deformation): Verformung von Gesteinen als Folge tektonischer Bewegungen. In oberen Krustenbereichen ist die Deformation bruchhaft bzw. → spröde, die Gesteine werden entlang von tektonischen Flächen (→ Störungen) zerrieben und zerkleinert, es entstehen → Kataklasite. In tieferen Krustenbereichen ist die Verformung → duktil, d. h. die Gesteine befinden sich in einem plastischen Zustand, sie verformen sich, ohne zu zerbrechen, und es bilden sich → Mylonite entlang von → Scherzonen. Ebenso bilden sich Schiefer und Gneise durch Deformationsvorgänge.

Dendriten (dendritic crystal): Baum-, strauch- oder moosförmige, verästelte Bildungen auf Schicht- oder Kluftflächen von Gesteinen, die aus eisen- oder manganoxidhaltigen Lösungen entstanden und auf Diffusionsvorgänge zurückzuführen sind.

Detritus, detritisches Material (detritic material): Gesteinsschutt, → klastische Sedimentgesteine.

Devitrifizierung (→ Entglasung) (devitrification): Vulkanisches Gesteinsglas wird im Laufe der Zeit durch Mineralneubildungen entglast.

Diagenese (diagenesis): Verfestigung der Lockersedimente bis zur Bildung eines Gesteins. Die Temperaturen bleiben dabei unter 200 °C. Bei höheren Temperaturen spricht man von → Metamorphose.

Diamant (diamond): Mineral, Hochdruckmodifikation des → Grafits, wird in Subduktionszonen und im Erdmantel in Tiefen von über 100 km sowie bei Meteoriteneinschlägen gebildet.

Diapir (diapir): Aufsteigender, meist röhren- bis pilzartiger Körper sehr unterschiedlichen Durchmessers. Der Aufstieg ist dem Dichteunterschied zu verdanken (z. B. → Salz unter → Sandstein- oder → Kalksteinschichten, → Serpentinit unter ozeanischer Kruste, heißer → Peridotit im → Mantel unter kühlerem Peridotit, → Heißer Fleck). Das aufsteigende Gestein ist immer verformbar, eine Eigenschaft, welche temperaturabhängig ist.

Diatexit, Diatexis (diatexite): Gestein, das durch die Aufschmelzung der hellen (Quarz, Feldspat) und teilweise auch der dunklen (Biotit, Hornblende) Mineralkomponenten während höherer Metamorphoseintensität → (Anatexis) entsteht. Es können sich dabei auch homogenisierte, granitartige Gesteine bilden, die in ihrem primären Gesteinsverband bleiben. Folglich ist ein Diatexit ein zur Gänze aufgeschmolzenes Gestein, im Unterschied zu einem teilgeschmolzenen → Anatexit.

Diatomeen (diatom): Mikroskopisch kleine, einzellige Kieselalgen.

Differenziation, magmatisch (igneous differentiation): Veränderung der Zusammensetzung eines Magmas durch Assimilation von Fremdgestein oder Auskristallisieren und anschließende Trennung von Mineralen (z. B. durch Absinken auf den Boden der Magmakammer). → Basische Magmen differenzieren zu mehr → sauren Magmen.

Diopsid (diopside): Mineral, Ca-Mg- → Pyroxen ($CaMgSi_2O_6$; Klinopyroxen).

Diorit (diorite): Plutonisches Gestein mit → intermediärer Zusammensetzung. Äquivalent des → Andesits. Besteht aus Plagioklas und etwa 30 % dunklen Gemengteilen (Hornblende, ± Biotit, ± Pyroxen). Bildet sich hauptsächlich über → Subduktionszonen.

Diskordanz (unconformity): Grenzfläche zwischen Gesteinseinheiten. Diese ist durch Erosion und anschließende Bedeckung mit Sedimenten entstanden. Zwischen den beiden Gesteinseinheiten besteht eine Zeitlücke. Die Schichtlagerung kann unterhalb und oberhalb der Diskordanz unterschiedlich sein („Winkeldiskordanz").

Disthen (Kyanit) (kyanite): Mineral, Aluminiumsilikat (Al_2SiO_5), das bei Barrow- und → Hochdruckmetamorphose entsteht. → Indexmineral.

Dolerit (dolerite): → Ganggestein, das in seiner Zusammensetzung → Basalt und → Gabbro entspricht und sich durch ein → ophitisches Gefüge auszeichnet.

Dolomit (dolomite): Mineral, Kalzium-Magnesium-Karbonat ($CaMg(CO_3)_2$). Farbe: weiß bis gelblich, grau bis dunkelgrau. Ist ein wichtiges gesteinsbildendes Mineral in sedimentären, metamorphen, nur sehr selten auch in magmatischen Gesteinen → Karbonatit. Außerdem ein monominerales Gestein.

Duktil (ductile): → Deformation. Bezeichnung für bruchloses, plastisches Verhalten bei Verformung (im Gegensatz zu → spröde).

Dunit (dunite): Ein → Peridotit, der hauptsächlich aus → Olivin besteht und im obersten Erdmantel unmittelbar unter der ozeanischen Kruste gebildet wird.

E

Echinodermen (Stachelhäuter) (echinoderm, echinodermata): Wirbellose Tiere von fünfstrahligem Bau mit verkalktem, oft stacheltragendem Hautskelett.

Einsprengling (Phänokristall) (phenocryst): Frühzeitig ausgeschiedene Mineralphase in Magmatiten (→ Vulkaniten), deren Korngröße deutlich über der Durchschnittskorngröße der feinkörnigen oder auch glasigen Grundmasse liegt.

Eklogit (eclogite): Gestein mit hoher Dichte (3,35–3,56), besteht aus grünem Pyroxen (→ Omphazit) und aus → pyropreichem Granat. Hinzukommen kann → Quarz, → Disthen, → Zoisit, → Rutil. Eklogite entstehen bei der → Hochdruckmetamorphose aus Gesteinen der ozeanischen Kruste (Basalte und Gabbros) → Eklogitfazies.

Eklogitfazies (eclogite facies): Starke → Hochdruckmetamorphose. Typisch in → Subduktionszonen.

Entglasung (devitrification): → Devitrifizierung.

Enstatit (enstatite): Mineral, Magnesium- → Pyroxen (Orthopyroxen).

Epidot (epidote): Mineral, Kalzium-Aluminium und -Eisensilikat. Hat eine auffällige oliv- bis gelbgrüne ("pistaziengrüne") Farbe. Ist in metamorphen Gesteinen der →

Grünschieferfazies häufig anzutreffen, bildet sich jedoch auch in → hydrothermalen Gängen.
Epizone: → Grünschieferfazies.
Erdkern (core): → Kern.
Erdkruste (crust): → Kruste.
Erdmantel (mantle): → Mantel.
Erdölmuttergesteine (source rock): → Faulschlamm.
Erosion (erosion): Verwitterung von Gesteinen und Abtransport der Verwitterungsprodukte.
Evaporit (evaporite): Eindampfungsgestein. Bildet sich unter trockenen und warmen klimatischen Bedingungen terrestrisch in abflusslosen Becken oder marin in abgeschnürten Meeresbecken oder Randmeeren, z. B. → Salz, → Gips.
Exogen (exogenic): Kräfte, die von außen auf die Erdoberfläche wirken, z. B. die Sonne, welche den Kreislauf des Wassers und der Luftbewegungen auslöst.
Extensionsbruch (→ Kluft) (fracture): Beim Bruch weichen die entstehenden Bruchflächen (= Kluftflächen) senkrecht zur Bruchebene auseinander.
Extrusion (extrusion): Das Ergießen von Magma auf die Erdoberfläche.

F

Falte (fold): Durch Einengung entstandene Biegung von Gesteinsschichten- oder Lagen.
Faulschlamm (Sapropel) (sapropel): Sehr feinkörniges grauschwarzes Sediment, das reichhaltig an organischer Substanz ist, weil Sauerstoffmangel im Sediment deren Zersetzung verhindert. Während der Gesteinsverfestigung (→ Diagenese) entstehen daraus Erdölmuttergesteine. Anschließend, bei schwacher Metamorphose (→ Anchimetamorphose), entsteht daraus → Schwarzschiefer.
Fazies, sedimentäre (sedimentary facies): Bei Sedimentgesteinen Bezeichnung für die Gesamtheit des Sedimentcharakters entsprechend ihrem Bildungsort und ihren Bildungsbedingungen (z. B. terrestrisch-kontinental oder marin, Flachwasser oder Tiefengewässer etc.). Siehe auch → metamorphe Fazies.
Faziesfossilien (facies fossil): Fossilien, die für eine bestimmte → Fazies typisch sind.
Feldspat (feldspar): Häufigstes Mineral der → Erdkruste. Plagioklas (Na-Ca-Feldspat) und Alkalifeldspat (K-Na-Feldspat) stellen zwei unterschiedliche Mineralgruppen dar.
Feldspatvertreter (feldspathoid): → Foide.
Feuerstein (Flint) (flint): Ein vorwiegend aus → Chalzedon und → Opal bestehendes dichtes, scharfkantig brechendes, meist graues Gestein, das sich in Knollen oder Bändern insbesondere in Kreideformationen findet.
Fluidalgefüge (Fließgefüge) (flow texture): Regelung eines magmatischen Gesteins, die an gleich gerichteten Mineralen, (z. B. Feldspäte), Streifen oder Schlieren erkennbar wird, z. B. beim Rhyolith.
Fluid, fluide Phase (fluid): Besteht meist aus „Wasser“ in Form von OH-Ionen, häufig auch aus CO_2, ist hochmobil und zirkuliert in Gesteinen an Korngrenzen. Bei der Metamorphose dient die fluide Phase als Transportmittel von Stoffen im Gestein und erleichtert die Mineralreaktionen. Der Schmelzpunkt von Mineralgemengen wird durch Fluide, z. B. über → Subduktionszonen, stark gesenkt.
Flutbasalt (flood basalt): → Deckenbasalt.
Fluviatile Sedimente (fluvial sediments): → Terrestrische Sedimente, durch Flussablagerungen entstanden.
Flysch (flysch): Abfolgen von → Trübestrom-Ablagerungen (Turbidite), welche durch

eine → gradierte Schichtung charakterisiert sind.

Foide (→ Feldspatvertreter) (feldspathoid): Minerale, welche in unterkieselten (SiO_2-armen) magmatischen Gesteinen auftreten.

Foraminiferen (foraminifera): Einzellige tierische Kleinstlebewesen (Protozoen), die kalkige organogene Sedimentgesteine bilden können.

Fracking (hydraulic fracturing): Hydraulisches Aufbrechen und Stimulation von Erdölmuttergesteinen (→ Faulschlamm) mit dem Zweck, die Erdöl- oder Erdgasproduktion zu erhöhen.

Fumarole (fumarole): Gasaushauchungen eines tätigen Vulkans oder eines sich in „Schlummerphase" befindlichen Vulkans aus Spalten in vulkanischen Gebieten.

G

Gabbro (gabbro): Plutonisches Gestein (Tiefengestein), Äquivalent des → Basalts. Innerhalb der ozeanischen Kruste ist es das am weitesten verbreitete Gestein. Besteht aus → Plagioklas und → Pyroxen. Kann aber auch → Hornblende enthalten.

Ganggestein (dyke, dike): Magmatisches Gestein, das im Bereich zwischen den in der Tiefe erstarrten Plutoniten und den Vulkaniten an der Oberfläche entsteht. Die Ganggesteine weisen eine auskristallisierte Grundmasse auf, in der größere → Einsprenglinge liegen (→ porphyrisches Gefüge). Lokal werden saure Ganggesteine auch → „Porphyre" oder → „Porphyrite" genannt, z. B. „Granitporphyr" (ist aber heute weniger gebräuchlich). Die basischen Ganggesteine heißen → Dolerite.

Gebirgsbildung (orogeny): → Orogenese.

Gefüge (rock fabric, texture, structure): Beschreibt die Lage der Bestandteile (Komponenten) im Gestein und der Minerale zueinander. Das räumliche Gefüge (Textur) charakterisiert die räumliche Anordnung der Gemengteile und deren Raumerfüllung, z. B. zellig, porös, massig, fluidal, schiefrig, geregelt. Das genetische Gefüge (Struktur) charakterisiert die Größe, Gestalt und wechselseitige Beziehung der Gemengteile, z. B. körnig, blättrig, amorph, holokristallin.

Geothermischer Gradient (geothermal gradient): Wärmezunahme mit der Tiefe, im Durchschnitt etwa 30 °C/km in der kontinentalen Kruste.

Geschiebe (moraine): Von Gletscher- oder Inlandeis aus ihrem Ursprungsgebiet verfrachtete, beim Transport kantengerundete und abgeschliffene und später in den Moränen abgelagerte Gesteinsbrocken. Sie weisen oft Schrammen auf („gekritzte Geschiebe").

Gesteinsglas (igneous glass, volcanic glass): Gestein, das aus einer Schmelze durch rasche Abschreckung im Kontakt zu Wasser oder „kaltem" Nebengestein erstarrte und bei dem die Atome wie in einer Flüssigkeit regellos (und nicht in Kristallgittern wie bei Mineralen) angeordnet sind.

Gips (gypsum): Mineral, $CaSO_4 \times 2H_2O$. Das Wasser ist adsorbtiv gebunden, Härte 2 (→ Anhydrit).

Glas (igneous glass, volcanic glass): → Gesteinsglas.

Glaukophan (glaucophane): Blaugraues bis blauviolettes Mineral der → Amphibolgruppe (Natronhornblende), das bei → Hochdruckmetamorphose entsteht.

Glaukophanschiefer (glaucophane schist): Gestein, das bei → Hochdruckmetamorphose entsteht und → Glaukophan führt. Synonym: → Blauschiefer.

Glaukophanschieferfazies (blueschist facies): Niedriggradige → Hochdruckmetamorphose. Synonym: Blauschieferfazies.

Glimmer (mica): Gruppe wichtiger gesteinsbildender Minerale, Schichtsilikate, denen oft K, Na oder Ca beigemischt ist, mit nichtmetallischem Glanz und vollkommener Spaltbarkeit. Sehr verbreitet sind → Muskovit und → Biotit.

Glimmerschiefer (mica schist): → Regionalmetamorphes Gestein, welches hauptsächlich aus → Glimmer und → Quarz besteht, untergeordnet auch → Feldspat, Granat, Disthen, Staurolith und andere Al-reiche Minerale.

Gneis (gneiss): Metamorphes Gestein, das reich an Feldspat ist, meist ein deutlich lagiges Gefüge bzw. eine Schieferung hat und aus Sedimentgesteinen oder magmatischen (meist granitischen) Gesteinen entstehen kann.

Gondwana (Gondwana): Großkontinent, dessen Landmasse die Kontinente Südamerika, Afrika inklusive Madagaskar, Vorderindien, Australien und Antarktis beinhaltet und der am Ende des Präkambriums vor rund 550 Millionen Jahren entstand.

Graben, Grabenbruch (Rift) (rift, rift zone): Dehnungsstruktur in der Kruste, die durch eine lang gestreckte Senke und gegenseitig einfallende Abschiebungen gekennzeichnet ist.

Gradierte Schicht(ung) (normal graded bedding): Schichtbank mit nach oben kleiner werdenden Korngrößen. Bildet sich aus Ablagerungen von → Trübeströmen, indem die größeren und schwereren Partikel im unteren Bereich, also zuerst abgesetzt werden.

Granat (garnet): Mineralgruppe, die hauptsächlich in metamorphen Gesteinen verbreitet ist und zwar regionalmetamorph, kontaktmetamorph und hochdruckmetamorph. In Magmatiten ist Granat selten. Die genaue Zusammensetzung des Granats kann Auskunft über die Druck- und Temperaturverhältnisse während der Metamorphose geben. → Pyrop.

Granit (granite): Saures Tiefengestein, Äquivalent des → Rhyoliths, sehr weit verbreitet, am häufigsten über → Subduktionszonen und in Kollisionsgürteln (→ Kollision).

Granitporphyr (granite porphyry): → Ganggestein.

Granoblastisch (granoblastic): Ein metamorphes Gefüge mit gleichmäßig körnigem Mineralwachstum.

Granodiorit (granodiorite): Tiefengestein, ist etwas basischer als ein Granit, bildet zusammen mit diesem die „granitoiden Gesteine“, Äquivalent des → Dazits.

Granulit (granulite): Hochmetamorphes quarz- und feldspatreiches Gestein, bei dem es wegen des Mangels einer → fluiden Phase nicht zur Aufschmelzung kommt. Kann den sogenannten „Scheiben-“ oder „Diskenquarz“ als typisches Merkmal enthalten.

Granulitfazies (granulite facies): Hochgradige → Regionalmetamorphose (→ Katazone) ohne begleitende Aufschmelzung aufgrund der Abwesenheit von Fluiden.

Grafit (graphite): Mineral, besteht aus reinem Kohlenstoff (C). Er kristallisiert in der → Grünschieferfazies aus Kohle (Anthrazit). Härte 1–2, Farbe und Strich grauschwarz.

Grauwacke (greywacke): Sandsteinartiges Sedimentgestein, bestehend aus Körnern von Quarz und Feldspäten sowie aus Gesteinsbruchstückchen (vulkanischen Ursprungs oder Tonsteinfragmente). Grauwacken werden durch → Trübeströme abgelagert.

Greisen (greisen): Körniges, meist graues, feldspatfreies Gestein, das in der Hauptsache aus Quarz besteht und ein Umwandlungsprodukt der oberen Bereiche von Graniten darstellt, verursacht durch spätmagmatische Fluide. Greise enthalten Hellglimmer, oft auch Topas oder Zinnstein. Enthalten Lagerstätten für Zinn und Wolfram.

Grundgebirge (basement): Kristalliner (metamorpher und magmatischer) Sockel, auf dem Deckschichten abgelagert wurden → Deckgebirge.

Grünschiefer (greenschist): Metamorphes Gestein, das bei niedriggradiger Metamorphose aus Basalt und Gabbro entsteht und neben → Plagioklas (Albit) typisch grüne Minerale wie z. B. → Chlorit enthält.
Grünschieferfazies (greenschist facies): Schwachgradige → Regionalmetamorphose.

H

Halit (halite): → Salz (Steinsalz).
Hämatit (Roteisenstein) (hematite): Mineral, Eisenoxid (Fe_2O_3), schwarz bis braunrot, in dünnen Plättchen rot, bildet Mischkristallreihe zu → Ilmenit ($FeTiO_3$) und ist ein wichtiges Eisenerz.
Harzburgit (harzburgite): Ein → Peridotit, der im lithosphärischen Mantel ozeanischer Plattenteile vorherrscht.
Heißer Fleck (Hotspot): Lokalität in der Erdkruste, unter der ein → Diapir im Mantel aufsteigt. Ist durch intensiven Vulkanismus gekennzeichnet, z. B. Hawaii oder Yellowstone.
Hochdruckmetamorphose (Subduktionsmetamorphose) (high pressure metamorphism, subduction zone metamorphism): → Metamorphose, die in → Subduktionszonen auftritt.
Horst (horst): Hochscholle zwischen zwei Gräben.
Hornblende (hornblend): Mineral der → Amphibol-Gruppe. Erscheint in Magmatiten insbesondere in Dioriten und Andesiten, in Metamorphiten hauptsächlich in Amphiboliten. (Na, Ca)2-3 (Mg, Fe, Al)5 (Al, Si)2 Si6 O2 (OH)2.
Hornfels (hornfels): Meist feinkörniges kontaktmetamorphes Gestein, typisch für den Inneren, heißeren Kontakthof.
Hotspot: → Heißer Fleck.
Hyaloklastit (hyaloclastite): Zerbrochenes vulkanisches Gesteinsglas in den Zwickeln von → Kissenlaven.
Hydrothermal (hydrothermal activity): Aktivität von heißen Wässern (etwa zwischen 400 und 500 °C), die im Gestein zirkulieren.

I

Illit (illite): Ein Tonmineral.
Ilmenit (ilmenite): Mineral, $FeTiO_3$, immer schwarz, bildet eine Mischkristallreihe mit → Hämatit (Fe_2O_3), wichtiges Titanerz.
Impaktmetamorphose (shock or impact metamorphism): → Metamorphose.
Indexmineral (index mineral): Ein Mineral, mit dessen Hilfe man die Druck- und Temperaturbedingungen eines metamorphen Gesteins eingrenzen kann (z. B. → Chlorit, → Disthen, → Sillimanit, → Andalusit).
Inkohlung (coalification): Diagenetischer Prozess, bei dem Pflanzenmaterial unter Sauerstoffabschluss an elementarem Kohlenstoff angereichert wird.
Inkompatible Elemente (incompatible elements): Eigentlich: mit Mantelgesteinen inkompatible Elemente (z. B. Alkalien), die bei der teilweisen Aufschmelzung von → Peridotit im Erdmantel bevorzugt in die Schmelze gehen, weil sie in die Minerale des Peridotits nicht eingebaut werden können. Da sie sich in der Kruste anreichern, werden sie auch als „lithophile Elemente" bezeichnet.
Inselbogen (island arc): Bogenförmig angeordnete Inselketten mit aktiven Vulkanen über → Subduktionszonen.
Intermediär (intermediate): Bezeichnung für Magmen und magmatische Gesteine mit

53–65 Gew.-% SiO_2.

Intraplatten-Magmatismus, -Vulkanismus (intraplate magmatism, volcanism): Magmatismus (Vulkanismus), der nicht an Plattengrenzen auftritt, sondern im Inneren von Platten über → Heißen Flecken oder entlang von Grabenbrüchen.

Intrusion (intrusion): Magma, das in die Erdkruste eindringt und dort als Tiefengestein erstarrt (→ Pluton).

I-Typ-Granit (I-type granite, I = igneous): Granitische Gesteine, die durch → Differenziation aus basischeren Magmen entstehen (→ S-Typ-Granit).

Isograde (isograd): Eine Linie, welche das Auftreten eines bestimmten → Indexminerals markiert.

IUGS: International Union of Geological Sciences.

K

Kalk, Kalkstein (limestone): Sedimentgestein aus Kalzit, das größtenteils im Meer aus Schalen und Gerüsten von Organismen gebildet wird. Kalke bilden sich auch durch chemische Prozesse, welche oft biogen gesteuert sind.

Kalk-alkalisch (calc-alkaline): Magmen und magmatische Gesteine, die vor allem über → Subduktionszonen entstehen.

Kalk-alkalischer Basalt (calc-alkaline basalt): → Basalt mit bedeutenden Anteilen an Kalzium, Alkalien und Aluminium.

Kalkphyllit (calc-phyllite): → Phyllit.

Kalksilikatfels (calcium-silicate rock, skarn): Kontaktmetamorphes Kalkgestein (Synonym: Skarn), entsteht aber auch während der Hochtemperatur-Niedrigdruck- → Regionalmetamorphose.

Kalzit (calcite): Mineral, $CaCO_3$, trigonal, Hauptbestandteil von → Kalkstein und → Karbonatit. Die orthorhombisch kristallisierende Modifikation von $CaCO_3$ heißt Aragonit, ist aber sehr selten gesteinsbildend. Kann eine Hochdruckmodifikation darstellen.

Kalzit-Kompensationstiefe (→ „CCD“) (calcite compensation depth): Grenzfläche im Meer, unterhalb der keine kalkigen Sedimente abgelagert werden, weil hier Kalzit aufgelöst wird.

Kaolinit (kaolinite): Ein Tonmineral, Schichtsilikat, häufig weiß. Wichtig für die Porzellanherstellung und in der Papierindustrie.

Karbonatit (carbonatite): Seltenes magmatisches Gestein, das vorwiegend aus Karbonatmineralen (→ Kalzit, → Dolomit) besteht. Entsteht im Zusammenhang mit alkalischem Magmatismus über → Heißen Flecken und → Grabenbrüchen.

Kataklasit (cataclasite) (→ Deformation): Gesteine, die bruchhaft (→ spröde) verformt wurden. Es können sich dabei tektonische → Brekzien bilden.

Katazone (katazone): Hochgradige → Regionalmetamorphose (Teil der Amphibolitfazies), in der Gesteine beginnen aufzuschmelzen, wenn eine fluide Phase vorhanden ist; bei Fehlen einer fluiden Phase: → Granulitfazies.

Kaustobiolith (coal rank, coal series): Brennbares Gestein (Kohle, bituminöse → Tonsteine und Bitumen- → Mergel).

Keratophyr (keratophyre): Meist helles Ergussgestein von → intermediär bis → sauer, mit → trachytischem Charakter. Die Kalifeldspat- → Einsprenglinge sind zersetzt (albitisiert). Das Gestein entsteht im Rahmen der → Ozeanbodenmetamorphose.

Kern (core): Innerste Zone der Erde unterhalb 2900 km Tiefe, vorwiegend aus Eisen und Nickel bestehend. Der Äußere Kern ist flüssig, der Innere Kern ist fest.

Kieselige Sedimentgesteine (siliceous sedimentary rocks): Gesteine, die aus Kieselschalen von Organismen (meist → Radiolarien, → Diatomeen) aufgebaut sind. Der ursprüngliche Opal der Schalen wandelt sich während der → Diagenese in → Quarz um.

Kinematische Indikatoren (kinematic indicators): Verformungsstrukturen im Gestein und auf Störungsflächen, aus denen man den Bewegungssinn während tektonischer Vorgänge ablesen kann.

Kimberlit (kimberlite): Wasser-, CO_2- und kaliumreiche Vulkanite mit Olivin und Diopsid, die explosionsartig aus bis zu 400 km Tiefe an die Erdoberfläche gelangen. Sie enthalten Bruchstücke anderer Gesteine wie → Eklogite oder → Peridotite und können → Diamanten führen.

Kissenlava (pillow lava): Basaltlava mit kissenförmigen Strukuren („Pillows“), die beim subaquatischen Austritt und Erstarren der Lava entstehen.

Klastische (→ detritische) Sedimentgesteine (clastic sedimentary rocks): Entstehen durch Verwitterung (→ Erosion), Transport, Ablagerung und anschließende Verfestigung durch die → Diagenese.

Klinopyroxen (clinopyroxene): → Pyroxen.

Kluft (joint): Feine Bruchfuge im Gestein, an der eine geringfügige Auseinanderbewegung (Extension) stattgefunden hat. → Extensionsbruch.

Knochenbrekzie (Bonebed): Marine Anreicherung phosphatischer Hartteile von Organismen (Knochen, Schuppen, Zähne).

Knollenkalk (nodular limestone): Kalk mit knolliger Struktur als Folge von Lösungsvorgängen im Bereich der → Kalzit-Kompensationstiefe (CCD).

Knotenschiefer (spotted schist): Gestein der → Kontaktmetamorphose mit Mineralneubildungen (z. B. → Cordierit oder → Andalusit), die als Knoten erscheinen. Das Gestein geht aus einem → Pelit hervor.

Kollision (Kontinent-Kontinent-Kollision) (continent-continent collision): Plattentektonischer Prozess als Folge der Kollision kontinentaler Plattenteile nach der → Subduktion dazwischenliegender ozeanischer Plattenteile. Das Resultat der Kollision ist eine Krustenverdickung auf 50–70 km und die Bildung einer → Suturzone im Grenzbereich der kollidierten Krustenblöcke. Eingeleitet durch die Subduktion von Ozeanboden findet das Stadium der Gebirgsbildung während der Kollison seinen Höhepunkt

Komatiit (komatiit): Ein peridotitisches oder basaltisches vulkanisches Gestein, das durch starke Aufschmelzung von → Peridotit entstand und reich an Magnesium ist (MgP > 18 Gew. %). Nach der Typ-Lokalität am Komati-River in Südafrika benannt und ab 1962 als Gesteinsart eingeführt.

Konglomerat (conglomerate): Grobklastisches Sedimentgestein mit gerundeten Gesteinsbruchstücken (Geröllen), durch Bindemittel zementiert. Monomikte Konglomerate bestehen aus Komponenten einer einzigen Gesteinsart, polymikte aus Komponenten unterschiedlicher Gesteinsarten.

Kontaktmetamorphose (contact metamorphism): → Metamorphose, die im Umkreis von → Intrusionen wirkt.

Kontinentale Kruste (continental crust): Äußere Schale der festen Erde, die im Schnitt etwa 35 km dick ist und die Kontinente und Schelfbereiche aufbaut. Durchschnittliche Zusammensetzung → andesitisch mit etwa 60 % SiO_2. Unter Gebirgen bis über 70 km mächtig.

Kraton (craton): Alter, starrer Teil eines Kontinents, auch Schild genannt.

Kruste (crust): Äußere starre Schale des Planeten. Man unterscheidet die leichtere →

kontinentale Kruste mit verschiedenen → Krustenstockwerken und die schwerere → ozeanische Kruste.

Krustenstockwerk (crustal level): Unterschiedlich höher oder tiefer gelegene Teile der → kontinentalen Kruste.

L

Lava (lava): → Magma, das bei Erreichen der Erdoberfläche infolge der Druckentlastung die in ihm gelösten Gase abgibt. Saure Laven sind zähflüssiger, basische Laven sind heißer und können schneller fließen.

Leitfossilien (index fossil): Fossilien, mit deren Hilfe das Alter einer Sedimentschicht bestimmt werden kann.

Lepidoblastisch (lepidoblastic): Gefüge in geschieferten metamorphen Gesteinen, welches sich durch eine parallele Anordnung der blättchenförmigen Minerale (→ Glimmer) auszeichnet.

Leptinit (Leptit) (leptite): Feinkörnig dichte → regionalmetamorphe Gesteine, die meistens auch straff geregelt sind und als Ausgangsgesteine saure → Vulkanite oder saure → Tuffe haben.

Lesestein (lag gravel, residual gravel): Durch Verwitterung aus dem Gesteinsverband herausgelöster Gesteinsbrocken, der sich über oder in der Nähe des anstehenden Gesteins befindet und Auskunft über das verborgene anstehende Gestein geben kann.

Leucit (leucite): → Foide. Ist dem Kaliumfeldspat ähnlich, aber an Kieselsäure untersättigt.

Leukokrat (leucocrat, leucocratic): Helle (leukokrate) Minerale sind SiO_2- bzw. natrium-, kalium-, aluminiumreich, z. B. → Quarz, → Feldspat, → Muskovit, → Foide. Helle Teile innerhalb eines Gesteins (Bänder, Gänge, Nester, mehr oder weniger klar abgegrenzte Zonen), die hauptsächlich aus Quarz, Feldspat und Hellglimmer bestehen.

Leukosom (leucosome): Erstarrte Schmelze, die bei der → Anatexis entsteht. Teil eines → Migmatits, besteht vor allem aus Feldspat und Quarz und hat somit granitische Zusammensetzung von heller Farbe. Entsteht während anatektischer (→ Anatexis) Prozesse.

Lherzolith (lherzolite): Ein → Peridotit, der im Oberen Mantel verbreitet ist.

Limonit (limonite): Eisenhydroxid (FeOOH) sekundäres Eisenmineral mit typischer rotbrauner Färbung. Erscheint zusammen mit dem anderen Eisenhydroxid Goethit und stellt ein Verwitterungs- oder Alterationsprodukt dar.

Lithosphäre (lithosphere): Äußere starre Gesteinsschale der Erde, aus der die Platten aufgebaut sind. Besteht aus der → Kruste (kontinentale wie ozeanische) und dem → lithosphärischen Mantel. Sie ist 70 bis über 150 km dick, unter Gebirgen auch bis über 200 km.

Lithosphärischer Mantel (lithospheric mantle): Oberster, starrer Teil des Erdmantels, der zusammen mit der Kruste die Platten aufbaut (→ Lithosphäre).

Lithostatischer Druck (lithostatic, overburden or confining pressure): Von allen Seiten gleich gerichteter Druck.

Lysokline (lysocline): Grenzfläche im Meerwasser, unterhalb der die Lösung (von → Kalzit) beginnt anzusteigen. Meist 1000 m oberhalb der → Kalzit-Kompensationstiefe.

M

Magma (magma): Gesteinsschmelze im Erdinneren; bei Austritt auf der Erdoberfläche Lava..

Magmatisches Gestein, Magmatit (igneous rock): Durch Abkühlung aus einer Schmelze entstandenes Gestein.

Magmatischer Gürtel, magmatischer Bogen (magmatic arc): Magmatische (vulkanische) Zone über einer → Subduktionszone.

Magnetit (magnetite): Mineral, Eisenoxid (Fe_3O_4), bei dem das Eisen teils in zwei-, teils in dreiwertiger Form vorliegt. Ist stark ferromagnetisch (Magneteisen) und gehört zur Spinell-Gruppe.

Mantel (mantle): Mittlere Schale der Erde, die zwischen Kruste und Kern liegt. Bei 660 km Tiefe liegt die Grenzfläche zwischen Oberem und Unterem Mantel.

Marin (marine): Bezeichnung für alle unter Mitwirkung des Meeres und im Meer abgelaufenen Vorgänge.

Marine Sedimente (marine sediments): Sedimente, die im Meer abgelagert werden.

Marmor (marble): Metamorpher → Kalkstein oder → Dolomit.

Melanokrat (melanocrate, melanocratic): Melanokrate (dunkle) Minerale sind eisen- und magnesiumreich, z. B. Olivin, Pyroxen, Hornblende, Biotit.

Melanosom (melanosome): Nicht aufgeschmolzener Restbestand anatektisch mobilisierter Gesteine → Restit (→ Anatexis).

Mergel (marl): Marines Sedimentgestein, welches aus Kalk und Ton besteht, wobei das Mengenverhältnis beider Bestandteile in weiten Grenzen schwanken kann.

Mesozone (mesozone): Mittelgradige → Regionalmetamorphose, Teil der → Amphibolitfazies.

Metamorphose (metamorphism): Umwandlung von Gesteinen in tieferen Krustenbereichen unter Beibehaltung des festen Zustandes. Unter Änderung von Druck und Temperatur (p, T) wird der Mineralbestand durch Mineralreaktionen und Umkristallisation verändert, vielfach erfolgt eine Verformung des Gesteinsgefüges (dynamische Metamorphose). Der Mineralbestand gleicht sich den herrschenden p-T-Bedingungen an, da unterschiedliche Minerale unterschiedliche Stabilitätsbereiche besitzen (→ Paragenese). Man unterscheidet eine → Regionalmetamorphose, die unter gerichtetem Druck abläuft und daher einen dynamischen Charakter hat. Hier bilden sich die typischen geschieferten oder geregelten metamorphen Gesteine (z. B. → Glimmerschiefer, → Gneise, → Amphibolite etc.). Die → Kontaktmetamorphose hat einen statischen Charakter, der Druck ist → lithostatisch (nicht gerichtet) und die Temperatur entsteht durch regional begrenzte Wärmezufuhr von aufsteigenden → Plutonen. Außerdem unterscheidet man die → Hochdruckmetamorphose (hohe Drücke, vergleichsweise niedrige Temperaturen) im Bereich von → Subduktionszonen. Hier entstehen z. B die → Eklogite (→ Eklogitfazies). Die → Ozeanbodenmetamorphose, die → Impaktmetamorphose und die → Versenkungsmetamorphose sind weitere Metamorphosearten.

Metamorphe Fazies (metamorphic facies): Man versteht darunter die mineralogischen Charakteristika von Gesteinen unterschiedlicher Zusammensetzung, die sich unter den gleichen Metamorphose-Bedingungen (im gleichen p-T-Feld) gebildet haben. Die betreffenden Gesteine enthalten Minerale oder → Mineralparagenesen, deren Stabilitätsbereiche sich mit dem Faziesfeld decken, z. B. → Grünschieferfazies, → Amphibolitfazies.

Metasomatose (metasomatism): Austausch von chemischer Substanz als Folge von

Mineralreaktionen. Der Prozess wird von Fluiden im Gestein gesteuert und ist für gewisse Bereiche der → Kontaktmetamorphose charakteristisch, findet aber auch im Erdmantel (→ Mantel) statt.

Migmatit (migmatite): Metamorph-magmatisches „Mischgestein“, das aus hochmetamorphen Schiefern und Gneisen entsteht, die teilweise aufgeschmolzen werden → Anatexis. Helle, granitische Partien (aus der Schmelze entstanden, → Leukosom) wechseln mit biotitreichen dunklen Lagen (→ Restit, Melanosom) ab.

Mikrit (micrit): feinkörniger Kalkstein, entspricht einem Tonstein (→ Pelit) bei den siliklastischen Sedimentgesteinen (verfestigter Kalkschlamm).

Mikroklin (microcline): Mineral, in Metamorphiten vorkommender Alkalifeldspat (→ Feldspat).

Mineralparagenese (Paragenese) (mineral assemblages, paragenesis): Metamorphe Mineralvergesellschaftung, die von der chemischen Zusammensetzung des Gesteins abhängig und in einem bestimmten Druck- und Temperaturbereich stabil ist. Mit ihrer Hilfe kann der Metamorphosegrad abgeschätzt bzw. die → metamorphe Fazies bestimmt werden.

Mittelozeanischer Rücken (mid-ocean ridge): Lang gestreckter Rücken in den großen Ozeanen, an denen neue ozeanische → Lithosphäre entsteht.

Molasse (molasse): Sedimente der Rand- und Innensenken von Gebirgseinheiten (Orogenen) bestehend aus verschiedenartigen klastischen, → marinen und → terrestrischen Sedimentgesteinen. Verbreitet sind Konglomerate.

Moho (Moho): Allgemein gebräuchliche Kurzform für die Mohorovičić-Diskontinuität, welche die Grenzfläche zwischen Erdkruste und Erdmantel darstellt.

Monomikt (monomict): → Konglomerat, → Brekzie.

Montmorillonit (montmorillonite): Ein Tonmineral.

Moor (moor, swamp): Bezeichnung für alle natürlichen Vorkommen mit Torfbildung.

Muskovit (muscovite): Kaliglimmer (→ Glimmer), weißlich hell, Perlmutterglanz. Erscheint selten in plutonischen Magmatiten, häufig in Metamorphiten und in manchen Sedimengesteinen (Sandsteinen, → hier als klastisches Mineral). Feinschuppiger Muskovit wird → Serizit genannt.

Mylonit (mylonite): Gestein, das in einer → Scherzone → duktil verformt und zu einem sehr feinkörnigen Mineralgemenge umkristallisiert wird. → Deformtion.

N

Nebulitisch (nebulitic structure): → Schlieren- und Wolkenstruktur in → Migmatiten.

Nephelin (nepheline): → Foid. Mineral, das dem Natrium-Feldspat ähnlich, aber an Kieselsäure untersättigt ist.

Neosom (neosome): „Neubestand“, durch Migmatitisierung (→ Migmatit) entstanden. Besteht aus → Leukosom und Melanosom (→ Restit).

Neritisch (neritic zone): Zur Flachsee gehörender Bereich eines Meeres bis zu 200 m Tiefe.

Nummuliten (nummulite): Groß- → Forminiferen, welche den „Nummulitenkalk“ aufbauen und im Unteren Tertiär verbreitet waren.

O

Obduktion (obduction): Aufschiebung eines → Ophioliths auf einen Kontinentrand oder Inselbogen. Gegensatz zu → Subduktion.

Olivin (olivine): Mineral, Magnesium-(Eisen-)Silikat, $(Mg,Fe)_2SiO_4$, an Kieselsäure (SiO_2) untersättigt. Bis in eine Tiefe von 400 km wichtigster Bestandteil von → Peridotit im Mantel.

Omphazit (omphacite): Mineral, Natrium- → Pyroxen, hat eine typisch grüne Farbe und ist wichtiger Bestandteil von → Eklogit.

Oolith (oolite): Gestein, das aus bis zu erbsengroßen konzentrisch-schaligen oder radialfaserigen kalkigen (Aragonit) oder eisenhaltigen (Eisenoolith) Kügelchen aufgebaut ist. Ein Oolith ist z. B. der Rogenstein des Buntsandsteins.

Opal (opal): Amorphe Kieselsäure (SiO_2) mit adsorptiv gebundenem Wasser. Instabil, wird über Chalzedon in → Quarz umgewandelt.

Ophiolith (ophiolite): Gesteinsfolge der ozeanischen → Lithosphäre, die durch → Obduktion oder Abschürfung während der → Subduktion jetzt in höheren Krustenbereichen der direkten Beobachtung zugänglich ist. Markiert häufig eine → Suturzone.

Ophitisches Gefüge (ophitic texture): Typisch für → Dolerite, zeichnet sich durch richtungslos angeordnete → Plagioklas-Leisten aus, die in einer Masse aus → Pyroxen liegen.

Orogen (orogenic belt): Gebirgszug.

Orogenese (orogeny): Gebirgsbildung, entsteht als Folge der Kollision zweier Kontinente. Sie ist durch Krustenverdickung, → Deckenbildung, Gesteinsverformung, → Metamorphose und teilweise Schmelzbildung gekennzeichnet. Man unterscheidet im Laufe der Erdentwicklung mehrere Orogenesen, z. B.: → variszische, → alpine Orogenese

Orthogneis: Metamorphes Gestein, dessen Ausgangsgestein (Protolith) einen magmatischen Ursprung hat (z. B. Granitgneis).

Orthopyroxen (orthopyroxene): Mineral, → Pyroxen, orthorhombisch.

Ozeanbodenmetamorphose (ocean-floor metamorphism): → Metamorphose, die im Bereich von → Mittelozeanischen Rücken die Gesteine der → ozeanischen Kruste durch zirkulierende Meereswässer verändert.

Ozeanische Kruste (oceanic crust): Im Schnitt 6–8 km dicke äußere Schale der Erde, die die Ozeanböden aufbaut. Durchschnittliche chemische Zusammensetzung basaltisch mit etwa 50 % SiO_2. Die ozeanische Kruste ist aus → Basalt, → Dolerit und → Gabbro zusammengesetzt.

P

Palingenese (complete anatexis): Höchstes Stadium der Ultrametamorphose, bei dem es zur vollkommenen Aufschmelzung der Gesteine kommt.

Paläosom (palaeosome): „Altbestand", Ausgangsgestein eines → Migmatits (Gegensatz: → Neosom).

Pangäa (Pangea): Riesenkontinent im ausgehenden Paläozoikum und frühen Mesozoikum (ca. 280–180 Millionen Jahre vor heute).

Paragenese (mineral paragenesis): → Mineralparagenese.

Paragneis (paragneiss): Metamorphes Gestein, welches durch die Umwandlung eines Sedimentgesteins entstanden ist.

Passiver Kontinentrand (passive margin): Kontinentrand, an dem die kontinentale mit der ozeanischen Kruste fest verbunden ist. Im Unterschied zum → aktiven Kontinentrand findet hier keine Subduktion statt.

Pegmatit (pegmatite): Sehr grobkörniges bis riesenkörniges magmatisches Gestein, besteht aus großen Feldspäten, Glimmern und Quarzen und enthält oft seltene Minerale, z. B. → Apatit, → Beryll, → Spodumen. Pegmatite bilden Linsen, Adern, Gänge, Nester oder größere unregelmäßige Körper. Pegmatoid = pegmatitartig.

Pelagisch (pelagic zone): Offener, uferferner Meeresbereich oberhalb der Bodenzone.

Pelit (pelite, mudstone, lutite): Sehr feinkörniges → klastisches Sedimentgestein, z. B. Tonstein.

Peridotit (peridotite): Gestein des Erdmantels, das vorwiegend aus → Olivin und → Pyroxen besteht.

Phengit (phengite): Erscheint in Hochdruckmetamorphiten (Mg-reich) und ist makroskopisch von Hellglimmer (Muskovit) nicht zu unterscheiden.

Phonolith („Klingstein“) (phonolite): Ergussgestein, enthält Sanidin-Einsprenglinge, aber auch → Nephelin oder → Leucit. Typisch ist seine dünnplattige Absonderung im Aufschluss. Diese Platten klingen beim Anschlag.

Phyllit (phyllite): Schwach metamorpher (→ Grünschieferfazies) Tonstein, fein geschiefert, vorwiegend aus → Quarz und → Serizit bestehend. Enthält das Gestein Kalzit, ist es ein Kalkphyllit.

Plagiogranit (plagiogranite): Tiefengestein, das bei der Bildung der → ozeanischen Kruste entstehen kann und häufig neben → Gabbros in → Ophiolithen vorkommt. Es besteht hauptsächlich aus Plagioklas und Quarz, ist hell und feinkörnig.

Plagioklas (plagioclase): Mineral, Natrium-Kalzium-Feldspat → Feldspat.

Plattengrenze, destruktive (konvergente) (convergent boundary, destructive plate margin, active margin): Eine Platte wird unter die andere hinabgebogen (subduziert), in den Mantel eingegliedert und zerstört (→ Subduktionszone).

Plattengrenze, konservative (transform fault, conservative plate boundary): Die Platten gleiten aneinander vorbei, es wird weder Material zerstört noch neu gebildet (→ Transformstörung).

Plattengrenze, konstruktive (divergente) (divergent boundary): Neue, ozeanische → Lithosphäre wird gebildet, der Plattenrand wächst (→ Mittelozeanischer Rücken).

Plattenkalk (plattenkalk, lithographic limestone): Feinkörniges (mikritisches) karbonatisches Sedimentgestein, welches plattig (im Zentimeter-Bereich) geschichtet ist (z. B. „Solnhofener Plattenkalk“, Oberer Jura). Auf den Schichtflächen erscheinen oft → Dendriten.

Pluton (pluton): Körper aus Tiefengesteinen, erstarrte Magmakammer.

Plutonit (plutonite): → Tiefengestein.

Polymikt (polymict): → Konglomerat, Brekzie.

Porphyr (Porphyrit) (porphyry): → Ganggestein.

Porphyrisches Gefüge (porphyritic texture): Größere, meist gut ausgebildete Kristalle liegen in einer feinkörnigeren Grundmasse. Die Korngößenverteilung ist bimodal.

Protolith (protolite): Das der Metamorphose vorausgegangene Ausgangsgestein eines metamorphen Gesteins.

Psammit (psammite, sandstone, arenite): → Sandstein.

Psephit (psephite, rudite): Grobkörniges Sedimentgestein mit Korngrößen über 2 mm, z. B. → Konglomerat, → Brekzie etc.

Pseudotachylit (pseudotachylite): Zu → Gesteinsglas erstarrte Schmelze, welche durch Reibungswärme bei ruckartigen Bewegungen an einer Störungsfläche entsteht und rasch wieder abkühlt. Äußerlich ist es einem schwarzen Basaltglas (→ Tachylit) ähnlich.

Pyrit (Eisenkies, Schwefelkies) (pyrite): Mineral, Eisensulfid (FeS_2). Metallglanz, oft gelb (im Volksmund „Katzengold“). Dient zur Gewinnung von Schwefelsäure.

Pyrop (pyrope): Mineral, ein magnesiumreicher Granat, der bei → Hochdruckmetamorphose entsteht, wichtiger Bestandteil von → Eklogit.
Pyroxen (pyroxene): Mineralgruppe, Magnesium-Eisen-Silikat, z. B. der Orthopyroxen Enstatit. → Diopsid und Augit (Klinopyroxene) enthalten größere Mengen an Kalzium und Magnesium. Wichtiger Bestandteil von → Peridotit, → Gabbro und → Basalt.

Q

Quarz (quartz): Mineral, SiO_2. Neben Feldspäten das zweithäufigste Mineral der kontinentalen Kruste und in vielen Gesteinsarten verbreitet.
Quarz-Diorit (quartz diorite): → Diorit, der geringe Mengen an Quarz (max. 20 % der hellen Gemengteile) führt.
Quarzit (quartzite): Metamorphes Gestein, das aus Quarzsandstein entsteht und im Wesentlichen aus Quarz aufgebaut ist.

R

Radiolarien (radiolaria): Strahlentierchen, kieselschalige Einzeller (Protozoen).
Radiolarit (radiolarite): Gestein, das aus den Gehäusen von → Radiolarien gebildet wird und aus sehr feinkörnigem Quarz besteht.
Radiometrische (Alters-) Bestimmung (radiometric dating): Datierung von Mineralen und Gesteinen mithilfe des Zerfalls radioaktiver Isotope (z. B. Uran-Blei-Methode).
Rapakivi Gefüge, Rapakivi Granit (rapakivi structure, rapakivi granite): ovoidale Alkalifeldspat-Großkristalle werden von Plagioklashüllen umsäumt. Anorgene Granite in Präkambrischen → Kratonen.
Rauwacke (Zellenkalk) (rauhwacke, dolomite boxwork, palaeocarst): Karbonatisches Gestein, im Rahmen der → Evaporitbildung entstanden. Enthält Auflösungsstrukturen, die ein löchrig zelliges Aussehen desselben verursachen. Weggelöst wurde Gips.
Regionalmetamorphose (regional metamorphism): → Metamorphose, die im → Magmatischen Gürtel über → Subduktionszonen und bei Gebirgsbildungen weitreichende Krustenbereiche erfasst. Unterteilt in → Abukuma- und → Barrow-Metamorphose.
Restit (restite): → Melanosom (→ Anatexis).
Rhyolith (rhyolite): Ergussgesteinsäquivalent von Graniten. Helles, saures (SiO_2-reiches) vulkanisches Gestein.
Rift (rift): → Graben.
Rodinia (Rodinia): Superkontinent, der ähnlich → Pangäa alle großen Landmassen umfasste. Er entstand vor 1000 Millionen Jahren und zerfiel vor rund 750 Millionen Jahren.
Roteisenstein (hematite): → Hämatit.
Rotliegendes (Rotliegendes): Regional verwendete stratigrafische Bezeichnung für das mitteleuropäische Unterperm, die erste Abteilung des Perms (ca. 300–265 Millionen Jahre).
Rutil (rutile): Mineral, TiO_2, stängelig, rotbraun bis schwarz. Kann auch körnig massige Aggregate bilden. Erscheint in Magmatiten, Metamorphiten und in klastischen Sedimentgesteinen. Kann nadelige Einschlüsse in Quarz bilden: „Rutilnadeln".

S

Salband (salband): Feinkörnige, schmale Zone am Rand eines Ganges, an der Grenze zum Nebengestein. Als Salband kann aber auch eine schmale Zone im angrenzenden Nebengestein, die stark verändert oder auch teilweise aufgeschmolzen wurde, bezeichnet werden.

Salz (Steinsalz, Halitit) (halite, halitite): Mineral- bzw. monominerales Sedimentgestein, das durch Eindampfung salzhaltigen Wassers aus diesem gefällt wird.

Sandstein (Psammit) (sandstone, psammite): → Klastisches Sedimentgestein. Die Sandkörner bestehen meistens aus Quarz, untergeordnet aus Kalk oder Dolomit (→ Arenit) und haben Korngrößen zwischen 0,06 und 2 mm.

Sanidin (sanidine): → Alkalifeldspat.

Sauer (felsic): Bezeichnung für Magmen und magmatische Gesteine mit über 65 Gew.-% SiO_2.

Schelf (continental shelf): Der den Kontinentalsockel umgebende Meeresbereich zwischen 0 und 200 m Wassertiefe. Die dort abgelagerten Sedimente werden als Schelfsedimente bezeichnet.

Scherzone (shear zone): Zone unterschiedlicher Breite mit starker Verformung, entlang der zwei Gesteinsblöcke versetzt werden. Im Unterschied zu einer → Störung ist die Verformung nicht bruchhaft, sondern → duktil, die Bewegung ist nicht auf eine Fläche konzentriert, sondern erstreckt sich über eine Zone, deren Breite u.a. vom Versetzungsbetrag abhängt. Bruchhafte Störungen können in der Tiefe in Scherzonen übergehen.

Schicht (layer, bed, bedding): Durch Ablagerung entstandener plattiger Gesteinskörper von erheblicher flächenhafter Ausdehnung. Die obere und untere Begrenzung einer Schicht bezeichnet man als Schichtfläche.

Schildvulkan (shield volcano): Zeichnet sich durch flach abfallende und ausgedehnte Kegel aus und fördert meist große Mengen dünnflüssiger und gasarmer → basaltischer → Lava. Gleichzeitig ist eine geringe Ascheförderung typisch. Bekannte Schildvulkane sind der Mauna Loa auf Hawaii oder in Europa der Ätna (aktiv) und der Vogelsberg (erloschen).

Schillkalk (Muschelpflaster, Lumachelle) (shelly limestone): Besteht aus Schalenresten von Muscheln.

Schlieren (schlieren): Unregelmäßig und unscharf begrenzte Gesteinspartien in → Magmatiten oder → Migmatiten, die in Mineralbestand oder Gefüge und meist auch in der Farbe von dem umgebenden Hauptgestein abweichen.

Schörl (Schörl): Mineral, → Turmalin.

Schwarzschiefer (black shale): Tonschiefer, der reich an organischer (bituminöser) Substanz ist. Entsteht aus → Faulschlamm. Erdölmuttergestein.

Schwefelkies (pyrite): → Pyrit.

Schwerspat (baryte): → Baryt.

Seelilien (crinoid, crinoidea): → Crinoiden.

Seismik (seismic lines): Umfasst geophysikalische Methoden, mit deren Hilfe die obere Erdkruste durch natürliche oder künstlich angeregte seismische Wellen erforscht wird.

Seismologie (seismology): Befasst sich mit der Erkundung des Aufbaus des tieferen Erdinneren und mit der Erdbebenforschung, wobei hauptsächlich natürliche seismische Quellen, die Erdbeben, dazu benutzt werden.

Seitenverschiebung (strike-slip fault): → Störung.

Serizit (sericite): → Muskovit, feinschuppig.

Serpentin (serpentine): Mineral, das meist bei der Metamorphose durch Wasseraufnahme aus → Olivin oder → Orthopyroxen entsteht.

Serpentinit (serpentinite): Gestein, das vorwiegend aus Serpentinmineralen gebildet wird.

Silikate (silicate minerals): Verbindungen von Siliziumdioxid SiO_2 mit basischen Oxiden. Zu ihnen gehören die wichtigsten gesteinsbildenden Minerale, z. B. → Feldspäte, → Amphibole, → Glimmer.

Sillimanit (Fibrolith, Faserkiesel, Glanzspat) (sillimanite, fibrolite): Mineral, Al_2SiO_5, bildet sich hautsächlich in der hochgradigen → Regionalmetamorphose, kann aber auch → kontaktmetamorph (in der innersten Kontaktzone) entstehen. → Indexmineral.

Siltstein (siltstone): Feinkörniges → klastisches Sedimentgestein, das an der Grenze zwischen Ton und Sandstein liegt (Korngrößen zwischen 0,002 und 0, 06 mm).

Skarn (skarn): → Kalksilikatfels.

Spilit (spilite): → Basalt, bei dem der Plagioklas in Albit umgewandelt wurde; Spilite entstehen an → Mittelozeanischen Rücken im Rahmen der → Ozeanbodenmetamorphose.

Spinell (spinel group): Mineralgruppe, der Magnetit (Fe^{2+}-Fe^{3+}-Spinell), Chromit (Fe^{2+}-Cr^{3-}Spinell) und Mg-Al-Spinell des tieferen Oberen Mantels (zwischen 400 und 660 km Tiefe) zugehören.

Spodumen (spodumene): Mineral, $LiAl(Si_2O_6)$, Kettensilikat, gehört zur Gruppe der → Pyroxene. Meistens farblos bis grünlich oder grünlich grau (Hiddenit), gelblich (Triphan) oder rosa (Kunzit).

Spröde (brittle): Bruchhaftes Verhalten bei der → Deformation (im Gegensatz zu → duktil).

Staurolith (staurolite): Mineral, Eisen-Aluminium-Silikat, Faziesmineral der mittelgradigen Regionalmetamorphose.

Steinsalz (halite): → Salz.

Stishovit (stishovite): Hochdruckmodifikation des → Quarzes.

Strahlentierchen (radiolaria): → Radiolarien.

Stratigrafie (stratigraphy): Befasst sich mit der Aufeinanderfolge der Schichten, ihrem Gesteins- und Fossilinhalt.

Störung (fault, fault zone): Bruchhafte Verwerfung, entlang der zwei Gesteinsblöcke versetzt werden. Abschiebung: schräg einfallende Störung, bei der der Block über der Störung relativ nach unten bewegt wird (bildet sich dort, wo Krustendehnung stattfindet, z. B. bei Grabenbrüchen). Aufschiebung: Block über der Störung wird relativ nach oben bewegt (entsteht bei Krusteneinengung). Überschiebung: Aufschiebung an einer nur wenig geneigten Störungsfläche (zeigt erhebliche Krustenverkürzung an, Entstehung von → Decken). Seitenverschiebung (Blattverschiebung): Horizontalbewegung zweier Gesteinspakete entlang einer steilen Störung.

Stromatolith (Algenlaminit, stromatolithischer → Kalk) (stromatolite): Feinschichtiger (laminierter) Kalkstein als Folge der Tätigkeit von Cyanobakterien entstanden.

S-Typ-Granit (S-type granite, S = sedimentary): Granitische Gesteine, die durch Aufschmelzung (→ Anatexis) aus ursprünglichen Sedimentgesteinen bei → Gebirgsbildungen (Orogenesen) entstehen (→ I-Typ-Granit).

Subduktion (subduction): Plattentektonischer Vorgang, bei dem während der Annäherung (Konvergenz) zweier Platten die eine Platte unter die andere absinkt, subduziert wird. Subduktionsvorgänge reichen bis an die Grenze des Unteren Mantels.

Subduktionszone (subduction zone): In den Oberen Erdmantel abtauchende Lithosphärenplatte. → Destruktive (konvergente) → Plattengrenze.

Suevit (suevite): Impaktbrekzie mit Anteil an geschmolzenem Gesteinsmaterial. Im Nördlinger Ries (zwischen Schwäbischer Alb und Fränkischer Alb gelegen) zuerst beschrieben – "Schwabenstein". Enthält die Quarz-Hochdruckmodifikationen → Stishovit und → Coesit.

Suturzone, Sutur (suture zone): Schmale, lang anhaltende Zone, welche eine ehemalige Plattengrenze markiert, entlang der zwei kontinentale Schollen als Folge der Subduktion des dazwischen liegenden Ozeans kollidiert sind („Schweißnaht"). Die Suturzonen enthalten häufig → Ophiolith-Reste.

Syenit (syenite): Helles plutonisches Gestein, welches hauptsächlich aus → Alkalifeldspat besteht.

T

Tachylit (tachylite): Basaltisches → Gesteinsglas.

Tektonik (tectonics): Beanspruchung von Gesteinskörpern, ausgelöst durch die Bewegung von Gesteinsmassen. Verursacht → duktile oder → spröde Verformungen (Strukturen) in Gesteinen. Wirkt in allen Größenbereichen vom submikroskopischen bis in den Bereich ganzer Platten (Plattentektonik).

Terran (terrane): Krustenscholle, die an einen Kontinent angeschweißt wurde und eine von diesem unterschiedliche Entwicklung durchgemacht hat.

Terrestrische Sedimente (terrestrial sediment): Sedimente, die nicht im Meer abgelagert werden (Fluss- oder Seeablagerungen, Wind- oder Eisablagerungen).

Terrigene Sedimente (terrigenous sediment): → Klastische Sedimente im Meer, deren Bestandteile durch Flüsse vom Land her angeliefert wurden.

Textur (texture): → Gefüge.

Tholeiitische Magmatite (Basalte und Gabbros) (tholeiitic magma series): Sind arm an Kalium und die Basalte enthalten etwas mehr Kieselsäure (SiO_2) als die alkalischen Basalte. Bilden sich an → Mittelozeanischen Rücken und über → Heißen Flecken durch relativ hohe Schmelzanteile (15–25 %) aus dem → Peridotit des Mantels. Die Gesteine enthalten neben Plagioklas und Diopsid bzw. Augit zusätzlich Olivin und Orthopyroxen.

Tiefengestein (pluton, plutonic rock, intrusive igneous rock): → Magmatisches Gestein, das in der Tiefe erstarrt ist. Synonym: Plutonit.

Tiefseerinne (abyssal trench): Rinne mit Wassertiefen bis zu 11 km, die jene Zonen markieren, an denen eine subduzierende Platte in die Tiefe abtaucht (konvergente → Plattengrenze).

Tillit (tillite): Verfestigte Moränenablagerung. Besteht aus Geschiebelehm mit eingelagerten gekritzten und geschrammten Geschieben.

Titanit (Sphen) (titanite): Mineral, $CaTiSiO_5$, gelb, grünlich oder braun, kommt meistens als Kristall (flach linsig) von meißel- oder keilförmiger Gestalt vor. Erscheint in Metamorphiten und Magmatiten.

Tonalit (tonalite): Tiefengestein, das dem → Plagiogranit ähnlich ist, aber weniger feinkörnig.

Tonstein (clay): → Klastisches Sedimentgestein (→ Pelit) aus Quarz und Tonmineralen mit Korngrößen unter 0,06 mm, im engeren Sinne unter 0,002 mm. → Siltstein.

Torf (peat, turf): Brennbares Zersetzungsprodukt aus pflanzlichen organischen Substanzen, die Vorform der Kohle.

Trachyt (trachyte): Ist das vulkanische Äquivalent von → Syenit. Enthält Einsprenglinge aus Sanidin. Tritt häufig in Grabenbrüchen auf.

Transformstörung (transform fault): Seitenverschiebung (→ Störung), die die ozeanische oder kontinentale → Lithosphäre durchschneidet und Abschnitte von → Mittelozeanischen Rücken oder → Subduktionszonen verbindet. Der Versatz entlang von Transformstörungen ist meist horizontal.
Transgression (marine transgression): Vorrücken des Meeres auf eine Landmasse. Verlagerung der Küste landeinwärts durch Anstieg des Meeresspiegels.
Trappbasalt (flood basalt): → Deckenbasalt.
Travertin (travertine): Süßwasserkalk, wird aus heißen Mineralwässern ausgefällt.
Trochiten (trochite, stem): Stielglieder der → Crinoiden.
Trondhjemit (trondhjemite): Magmatisches Gestein ähnlich dem → Tonalit und → Plagiogranit, führt einen Na-reicheren Plagioklas (Oligoklas) und ist relativ quarzreich.
Trübestrom (turbidity current): Suspension von Sediment in Wasser, die einen Hang hinabgleitet. Häufig an Aktiven Kontinenträndern. Führt zur Bildung von → Turbidit-Sequenzen.
Tuff (tuff): Zu Gestein verfestigte vulkanische Aschen. Tuff ist oft leichter als Wasser, da er viele Hohlräume enthält.
Tuffit (tuffite): Verfestigte vulkanische Aschen, die auch bis zu 50 % nichtvulkanisches Sedimentmaterial enthalten.
Turbidit (turbidite): Ablagerung eines → Trübestroms, gekennzeichnet durch → gradierte Schichtung („Bouma-Zyklus“).
Turmalin (tourmaline): Mineral, Bor-Silikat, Kristallsystem trigonal, Ringsilikat. Härte 7–7,5. Keine Spaltbarkeit, muscheliger Bruch. Die Farbe ist sehr variabel. In Gesteinen meist schwarze, stängelige und glänzende Kristalle (→ „Schörl“). Größere Kristalle kommen in → Pegmatiten vor. Varietäten wie z. B. Elbait (bunt), Dravit (braun), Indigolith (blau), Verdelith (grün) werden auch zu Edelsteinen verschliffen.

U

Überschiebung (thrust fault): → Störung.
Ultrabasisch (ultramafic): Bezeichnung für Magmen und magmatische Gesteine mit weniger als 45 Gew.-% SiO_2.
Ultrahochdruckmetamorphose (ultra-high pressure metamorphism): Metamorphose in → Subduktionszonen mit extrem hohem Druck (Versenkungstiefe über 80 km).

V

Variszisch (Variszische Orogenese) (Variscan orogeny): Fand in West- und Mitteleuropa im oberen Paläozoikum (Devon–Karbon/Perm) statt.
Verarmter Mantel (depleted mantle): Erdmantel, dem durch Teilaufschmelzung basaltische Schmelzen entzogen wurden und der daher an → inkompatiblen Elementen „verarmt“ ist.
Versenkungsmetamorphose (burial metamorphism): → Metamorphose.
Viskosität (viscosity): Maß für die Zähigkeit einer Flüssigkeit. Generell besitzen → saure Magmen und solche, die geringe Mengen an → Fluiden gelöst haben, eine höhere Viskosität (Zähflüssigkeit).
Vulkanischer Bogen, Vulkanischer Gürtel (volcanic arc): → Magmatischer Gürtel, Magmatischer Bogen.
Vulkanisches Gestein, Vulkanit (volcanic rock, volcanics): → Magmatisches Gestein, das an der Erdoberfläche (untermeerisch oder an Land) erstarrte. Besteht aus erstarrter → Lava oder → Tuffen.

X

Xenolith (xenolithe): Fremdgesteineinschluss in einem erstarrten magmatischen Körper.

W

Windkanter (ventifact): Geröll, dem durch Windschliff, hauptsächlich in ariden Gebieten, kielartige Kanten und glatte Flächen angeschliffen wurden.

Wollsackverwitterung (spheroidal weathering): Häufige Verwitterungsform des Granits, bei der das Gestein wollsackähnliche, runde Blöcke bildet.

Z

Zeolith (zeolite): Mineralgruppe, deren Vertreter sich bei geringer Temperatur (→ Diagenese und sehr schwachgradige Metamorphose) bilden.

Zeolithfazies (zeolite facies): Sehr schwachgradige → Regionalmetamorphose.

Zirkon (zircon): Mineral, Zirkonium-Silikat, $ZrSiO_4$. Wird für → radiometrische Altersbestimmungen verwendet, da in seinem Gitter Uran-Atome eingebaut sind.

Zoisit (zoisite): Mineral, Kalzium-Aluminiumsilikat, farblos, weiß, grau bis gelblich. Typisches metamorphes Mineral, kommt auch in → Eklogiten sowie in hochdruckmetamorphen Metagabbros vor.

Register

„Feldvariante" der Streckeisen-Diagramme für Plutonite und Vulkanite (QAPF-Diagramme).

Plutonite

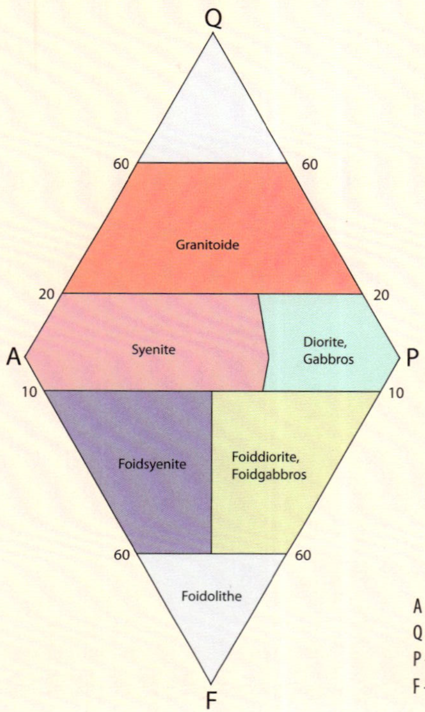

Vulkanite

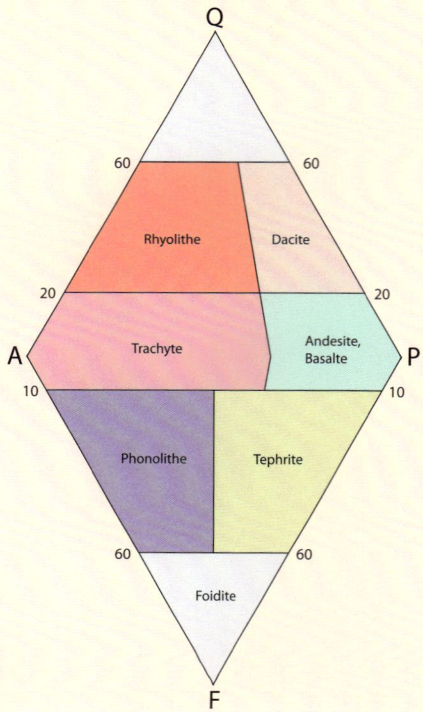

A – Alkalifeldspat
Q – Quarz
P – Plagioklas (An > 05 %)
F – Foide.